DIALÉTICA DA BIOLOGIA

Ensaios marxistas sobre
ecologia, agricultura e saúde

RICHARD LEWONTIN E RICHARD LEVINS

DIALÉTICA DA BIOLOGIA

Ensaios marxistas sobre
ecologia, agricultura e saúde

TRADUÇÃO
Grupo Multidisciplinar de Desenvolvimento
e Ritmos Biológicos da Universidade de São Paulo

1ª edição

EXPRESSÃO POPULAR

São Paulo • 2022

Copyright Monthly Review Press
Copyright desta edição© 2022, by Editora Expressão Popular Ltda.
Richard Lewontin and Richard Levins. Biology Under the Influence –
Dialectical Essays on Ecology, Agriculture and Health. New York: Monthly
Review Press, 2007.
Coordenação de tradução: Luiz Menna-Barreto e Nelson Marques
Equipe de tradução: Adriana Tufaile. Adriana Yoko Sasatani, Alberto Tufaile, Antonio Takao, Bruna Del Vechio Koike, Cris Juciara, Evany Bettine, John Fontenele Araújo, Luiz Menna-Barreto, Maria Cristina de Lucca, Mário Miguel , Nelson Marques, Robson Silva, Rúbia Mendes, Ruy Soares e Vania Agostinho
Produção editorial: Miguel Yoshida
Revisão: Aline Piva e Lia Urbini
Projeto gráfico e diagramação: Zap Design
Capa: Rafael Stédile

Dados Internacionais de Catalogação-na-Publicação (CIP)

L678d	Lewontin, Richard C., 1929-2021
	    Dialética da biologia : Ensaios marxistas sobre ecologia, agricultura e saúde / Richard Lewontin e Richard Levins ; Coordenação de tradução: Luiz Menna-Barreto e Nelson Marques ; tradução Grupo Multidisciplinar de Desenvolvimento e Ritmos Biológicos da Universidade de São Paulo. -- 1. ed.-- São Paulo : Expressão Popular, 2022.
	    480 p. : tabs., grafs.
	
	    ISBN 978-65-5891-074-9
	    Título original: Biology Under the Influence – Dialectical Essays on Ecology, Agriculture and Health.
	
	    1. Biologia - Filosofia. 2. Biologia – Aspectos sociais. 3. Biologia – Ensaios. 4. Ecologia – Ensaios. 5. Agricultura – Ensaios. 6. Saúde – Ensaios. I. Levins, Richard. II. Menna-Barreto, Luiz. III. Marques, Nelson. IV. Grupo Multidisciplinar de Desenvolvimento e Ritmos Biológicos da Universidade de São Paulo. V. Título.

	CDU 574

Catalogação na Publicação: Eliane M. S. Jovanovich CRB 9/1250

Todos os direitos reservados.
Nenhuma parte deste livro pode ser utilizada ou reproduzida sem a autorização da editora.

1ª edição: setembro de 2022

EXPRESSÃO POPULAR
Rua Abolição, 197 – Bela Vista
CEP 01319-010 – São Paulo – SP
Tel: (11) 3112-0941 / 3105-9500
livraria@expressaopopular.com.br
www.expressaopopular.com.br
🅕 ed.expressaopopular
🅞 editoraexpressaopopular

SUMÁRIO

Nota dos tradutores...9

Apresentação.. 11
Maíra Tavares Mendes e Victor Marques

Introdução 15

PARTE I

O fim da História Natural?... 21

O retorno de velhas doenças e o aparecimento das novas............................27

Falsas dicotomias... 35

Acaso e necessidade.. 41

Organismo e ambiente.. 47

O biológico e o social.. 53

Quão diferentes são as ciências naturais e sociais?............................. 59

Alguma coisa nova já aconteceu?... 65

A vida em outros mundos 71

Nós somos programados?.. 77

Psicologia evolutiva.. 85

Deixe os números falarem.. 91

A política das médias 99

A Lei de Schmalhausen... 105

Um programa para a Biologia 113

PARTE DOIS

Dez proposições sobre ciência e anticiência 123

Dialética e Teoria de Sistemas.. 139

Aspectos das totalidades e das partes em Biologia das Populações................ 169

Estratégias de abstração 199

A borboleta *ex Machina* 221

Educando a intuição para lidar com a complexidade 241

Preparando para a incerteza 259

PARTE TRÊS

Greypeace 283

Genes, ambiente e organismos 285

O sonho do genoma humano 303

A cultura evolui? 341

O capitalismo é uma doença? A crise na saúde pública dos EUA 379

Ciência e progresso: sete mitos desenvolvimentistas na agricultura 407

Amadurecimento da agricultura capitalista: o agricultor como proletário ... 417

Como Cuba aderiu à ecologia 433

Vivendo a 11ª tese 459

Referências 471

Cinco cubanos estão cumprindo longas sentenças nas prisões dos EUA por monitorar as atividades de grupos terroristas cubanos emigrados em Miami. De suas celas, eles têm sido ativos tanto na ajuda para tornar a vida na prisão mais suportável para os outros detentos de sua comunidade próxima quanto na participação integral na vida da Revolução Cubana. Admiramos sua firmeza e criatividade na resistência, e dedicamos este livro a Antonio Guerrero, Fernando González, René González, Gerardo Hernández e Ramón Labañino, e a todos aqueles ao redor do mundo que estão lutando por sua libertação.[1]

---

[1] Quando o livro foi originalmente publicado, em 2007, foi dedicado aos "cinco heróis cubanos": membros dos serviços de inteligência de Cuba que foram presos enquanto monitoravam, na comunidade cubano-estadunidense em Miami, atividades de grupos terroristas contrarrevolucionários, responsáveis por colocar bombas em aviões e hotéis. Todos já foram liberados e retornaram a Cuba. Em 2020 a Netflix lançou um filme – "Redes de espiões" (*Wasp Network*) – sobre a história dos cinco cubanos, estrelado por Wagner Moura, Penelope Cruz e Gael Garcia Bernal. (N.E.)

NOTA DOS TRADUTORES

Richard Lewontin, um pioneiro da biologia evolutiva, crítico radical do racismo científico e do determinismo genético, geneticista e matemático e ativista social, faleceu em 4 de julho de 2021, aos 92 anos (*New Scientist, July 5, 2021*). Em menos de dois anos, passamos de uma alegria e satisfação imensas, por sua imediata e efusiva aprovação de traduzirmos e publicarmos sua obra em língua portuguesa, ao sentimento de tristeza. Nestes dois anos de trabalho rigoroso gostaríamos de ter podido entregar ao fim deste tempo, dezembro de 2021, a sua obra *Dialética da biologia: ensaios marxistas sobre ecologia, agricultura e saúde*. Infelizmente para ele e para nós, suas condições de saúde se agravaram nos últimos meses e ele acabou não resistindo, falecendo apenas três dias depois do passamento da sua esposa de muitos anos, Mary Jane.

O livro que você tem em mãos, trata de temas fundamentais da pesquisa biológica, relevante tanto do ponto de vista de sua fundamentação, quanto das proposições e demonstração da importância da atuação política dos próprios cientistas. Richard Charles Lewontin foi um biólogo evolutivo e crítico de muitas proposições científicas de cunho racista. Lewontin nasceu em New York City, New York, em 29 de março de 1929. Richard "Dick" Levins, falecido em Massachusetts, EUA, em 19 de janeiro de 2016, havia nascido em 1º de junho de 1930 no Brooklyn, New York, com heranças ucraniana e judia. "Dick" partiu do trabalho em sua própria terra, em Porto Rico, junto com sua esposa

Rosario Morales, no início dos anos 1950, depois de ser "listado" por atividades antiamericanas, ainda quando estudante na Cornell, para se transformar num ecologista, geneticista de populações, biomatemático e filósofo da ciência.

Os dois Richards, Lewontin e Levins, desenvolveram pesquisas na área da diversidade das populações humanas e teoria evolutiva, publicando trabalhos seminais, hoje transformados em clássicos, e de referência constante. Importante destacar que ao lado da sua atuação política, foram acadêmicos também atuantes, Levins na *Cornell University* (na área da agricultura e matemática), *Columbia University* e, até o seu falecimento, na *Harvard School of Public Health*; Lewontin na Columbia University, University of Chicago e na Harvard University, onde ocupou a cátedra Alexander Agassiz Professor of Zoology and Biology, até 1998.

Os seus trabalhos acadêmicos percorreram os campos da genética de populações, diversidade da genética humana, biologia e modelagem e muito em implicações sociais da biologia. As suas críticas, de Lewontin e Levins, giram em torno da biologia evolutiva, sociobiologia, psicologia evolutiva e sobre as questões econômicas e sociais do agronegócio. Muitos de seus trabalhos foram reunidos nos dois livros de coleção temática de ensaios: *The Dialectical Biologyst*, publicado em 1985, pela *Harvard University Press* e no *Biology Under the Influence*, publicado pela *Monthly Review Press*, em 2007, e que agora, você leitor, tem essa obra em português, publicada pela Expressão Popular.

Como demonstração clara de seu envolvimento crítico com os afazeres acadêmicos e sociais, há um aspecto pouco conhecido de ambos, que é a publicação sob o pseudônimo de Isadore Nabi, de uma série de trabalhos satíricos criticando a sociobiologia, a modelagem de sistemas em ecologia e muitos outros tópicos.

Todos os responsáveis por esta tradução em português – coordenadores, colaboradores e editores – externam aqui o seu sentimento de pesar e constrição.

Nelson Marques e Luiz Menna-Barreto,
em nome da equipe de tradutores
Julho de 2022

APRESENTAÇÃO

Maíra Tavares Mendes e Victor Marques[1]

Chega em boa hora a publicação no Brasil deste conjunto de ensaios que abordam a dialética da relação entre ciência e humanidade, natureza e cultura, economia e política, intelectualidade acadêmica e ativismo político. As reflexões de Richard Levins e Richard Lewontin, dois biólogos conscientemente influenciados pelo marxismo, ganham uma extraordinária atualidade em um momento em que a crise sanitária da pandemia se entrelaça com uma crise econômica e social, mostrando o insuperável enredamento entre biologia e sociedade.

Tanto Levins quanto Lewontin ganharam renome e reconhecimento por trabalhos técnicos pioneiros em suas áreas de especialização. Lewontin, aluno de Theodosius Dobzhansky, foi vanguarda nos estudos de evolução molecular, autor de artigos que revolucionaram a genética de populações e pioneiro no uso de simulação computacional e técnicas de eletroforese para estudos de *loci* genéticos polimórficos. É coautor dos principais manuais de referência em análise genética moderna. Levins, por sua vez, contribuiu de forma inovadora para o campo da ecologia

---

[1] Maíra T. Mendes é bióloga formada pela USP, com mestrado e doutorado em Educação. É docente do curso de licenciatura em Ciências Biológicas da Universidade Estadual de Santa Cruz (UESC) e cofundadora da Rede Emancipa. Victor Marques é formado em Ciências Biológicas pela USP, professor de filosofia da ciência na Universidade Federal do ABC (UFABC) e diretor editorial da revista Jacobin Brasil.

matemática, inaugurando a teoria de metapopulações e oferecendo novos recursos formais para a modelagem de evolução populacional em ambientes em transformação. Por suas pesquisas com modelos epidemiológicos, Levins, que faleceu em 2016, ocupou até o fim da vida uma cátedra de professor na Escola da Saúde Pública da Universidade de Harvard – a mesma universidade em que Lewontin ocupou a cátedra Alexander Agassiz de Zoologia.

Como pesquisadores destacados, ambos foram convidados a ingressar na prestigiada Academia Nacional de Ciências dos Estados Unidos – Lewontin renunciou ao posto, Levins não chegou a aceitá-lo. Era uma forma de protesto contra o envolvimento da Academia em pesquisa militar relacionada à guerra do Vietnã. Influenciados pelas lutas travadas no final dos anos 1960 – o ativismo estudantil contra a guerra, o antirracismo do movimento pelos direitos civis, a luta feminista e as lutas anticoloniais – Levins e Lewontin se entendiam não apenas como cientistas e acadêmicos, mas também como militantes. Ambos participaram ativamente do movimento "Ciência para o povo". Já no primeiro volume da revista do movimento, de 1970, consta um artigo de autoria de Lewontin: uma crítica bastante atual às tentativas ideológicas de justificar as desigualdades sociais a partir de uma suposta natureza biológica inata – tema que Lewontin continuaria desenvolvendo em livros como *Not in Our Genes* e *Biologia como ideologia*.

O envolvimento de Levins com a política radical vem ainda de mais longe: no ensaio autobiográfico "Vivendo a Tese 11", ao final deste livro, Levins dá a entender que aprendeu sobre socialismo no colo dos pais, crescendo em um bairro de classe trabalhadora e em uma família de militantes marxistas. Levins se casa também com uma ativista, Rosario Morales, de origem porto-riquenha, com quem se muda para Porto Rico em 1951, onde vivem como agricultores e participam ativamente do movimento camponês e do movimento independentista. Esse período de mais de uma década em que viveram por lá, marcou a política de Levins com uma forte orientação latino-americanista e o dotou do que chama de uma "consciência anti-imperialista", que se expressa também em sua relação de solidariedade com Cuba. Levins fez visitas regulares à ilha desde 1964, quando foi pela primeira vez a Cuba para contribuir com o desenvolvimento da pesquisa biológica no país, ainda nos primeiros anos da revolução. Durante o período especial, na década de 1990, Levins contribuiu diretamente para a transição ecológica em Cuba, um episódio fascinante belamente descrito em um dos capítulos deste livro.

Tanto neste volume como na coletânea anterior que publicaram conjuntamente, *The Dialectical Biologist* [O biólogo dialético] (de 1985), Levins e Lewontin ressaltam a convicção de que o envolvimento militante e, em especial, a relação com a tradição de pensamento marxista tiveram efeitos positivos em suas atividades científicas. Levins costumava dizer que se inspirou nos *Grundrisse* de Marx para escrever seu trabalho clássico, *Evolution in Changing Environments [Evolução em ambientes em mudança]*. Contudo, a aplicação das lições dialéticas que aprenderam de Marx nunca foi rígida ou dogmática, como nos velhos manuais soviéticos. Por dialética, entendiam uma visão relacional, antirreducionista, que enfatize o caráter processual dos fenômenos materiais, assim como a própria historicidade das teorias científicas, e que chame atenção para a interconexão universal das dinâmicas da natureza, assim como sua organização em níveis integrativos de diferentes escalas. Nesse sentido, a dialética nos ajuda na tarefa urgente de compreender "a complexidade como o problema intelectual central do nosso tempo" – com suas implicações epistemológicas, éticas e políticas.

Fomos, em nossa formação de biólogos, profundamente influenciados pela seriedade intelectual e postura crítica engajada expressa na fértil parceria dessa dupla de autores e amigos. A chegada, enfim, de uma edição brasileira da obra possibilita um salto de qualidade na formação de estudantes, cientistas e docentes, que agora têm mais elementos para ousar ir além da hegemonia de uma visão de ciência que é cúmplice das injustiças da nossa época e refém de amarras ideológicas que constrangem o pensamento.

Para além dos estudiosos da vida orgânica, todas as pessoas interessadas em ferramentas úteis para a compreensão da natureza, da ciência, da política – assim como de suas relações mútuas – a partir de bases dialéticas, sejam elas cientistas de outras áreas, ambientalistas, intelectuais críticos ou militantes, encontrarão neste livro uma indispensável contribuição.

INTRODUÇÃO[1]

Dialética da biologia é uma coleção de ensaios nossos construídos em torno do tema geral da natureza dual da ciência. Por um lado, a ciência é o desenvolvimento genérico do conhecimento humano ao longo de milênios, porém, por outro, é um produto cada vez mais mercantilizado da indústria capitalista do conhecimento. O resultado é um desenvolvimento peculiarmente desigual: crescente sofisticação ao nível do laboratório e de projetos de pesquisa, ao lado de uma também crescente irracionalidade do empreendimento científico em seu conjunto. Isso resulta em um padrão de discernimento e cegueira, conhecimento e ignorância, que não é ditado pela natureza, deixando-nos impotentes no enfrentamento dos grandes problemas que afligem nossa espécie. Essa natureza dual nos dá uma ciência impelida – tanto por seu desenvolvimento interno quanto pelos variados resultados de suas aplicações – a compreender a complexidade como o problema intelectual central do nosso tempo. Entretanto, esse movimento é bloqueado pela tradição filosófica do reducionismo, pela fragmentação institucional da pesquisa e pela economia política do conhecimento como mercadoria.

Isso significa que temos que nos envolver em duas frentes de luta: 1) na oposição à anticiência obscurantista, que abrange desde as manipu-

---

[1] Tradução: Luiz Menna-Barreto.

lações diretas das agências EPA e FDA[2] pelo governo e o exagero nas campanhas da indústria farmacêutica, até o criacionismo e a mistificação do caos matemático; mas 2) também na rejeição ao cientificismo, a noção segundo a qual as ideias dos outros povos seriam superstição, enquanto as nossas estão amplamente apoiadas em conhecimento objetivo confirmado por números. Rejeitamos a visão pós-moderna que, ainda atordoada pela descoberta da falibilidade da ciência, passa a negar a validade do conhecimento, ou, ainda, entusiasmada com os detalhes das particularidades, recusa-se a admitir padrões mesmo nas singularidades. O cientificismo se foca sobretudo nos últimos estágios da pesquisa, ou seja, o teste de hipóteses, ignorando assim a questão das origens das hipóteses a serem testadas e das fontes das regras de validação dessas hipóteses. Nós desafiamos tanto o holismo místico que vê tudo como uma mesma "totalidade", feito um borrão sem partes, e o reducionismo, que reivindica que as verdades mais fundamentais se encontram nas menores partes das coisas. Mostramos como essas visões aparecem na agricultura, saúde, ecologia e evolução. A partir daí damos um passo atrás para analisar os processos de abstração e construção de modelos, e retornamos para os obstáculos da atualidade propondo uma visão de mundo integral, complexa e dinâmica.

Chegamos a este projeto como observadores e participantes. Ambos estivemos ativos em áreas sobrepostas, mas algo distintas, da genética populacional, ecologia, evolução, biogeografia e modelagem matemática. Como participantes, estivemos engajados nas engrenagens das nossas ciências, nos nossos laboratórios, no campo e nos computadores. Em nosso trabalho científico, tentamos aplicar as intuições do materialismo dialético que enfatizam a totalidade, a conectividade, a contingência histórica, a integração entre níveis de análise e a natureza dinâmica das "coisas", como retratos instantâneos de processos. Embora tenhamos trabalhado com enzimas, moscas das frutas, milho, formigas, frequências genéticas e laranjeiras, nossos pontos de vista sempre foram influenciados pelo modo de vermos o mundo enquanto um todo.

---

[2] Evironmental Protection Agency e Food and Drug Administration, agências de proteção ambiental e de alimentos e drogas do governo estadunidense. (N. T.)

INTRODUÇÃO 17

Também damos um passo além dos problemas científicos específicos para nos tornarmos observadores e para examinar a natureza da ciência e os usos da matemática e da modelagem. Nesse caso, adentramos no que se costuma chamar de Filosofia da Ciência. Em algumas ocasiões, trabalhamos juntos. Em outros momentos, nossos trabalhos individuais foram mais ou menos influenciados por nosso diálogo contínuo ao longo de quase 45 anos.

Também fomos militantes e companheiros nos movimentos *Science for the People* [Ciência para o Povo], *Science for Vietnam* [Ciência para o Vietnã], *New University Conference* [Conferência para uma Nova Universidade], além de lutas contra o determinismo biológico, o racismo "científico", o criacionismo e em apoio aos movimentos estudantis e contra a guerra. No dia em que a polícia de Chicago assassinou Fred Hampton, líder dos Panteras Negras, visitamos juntos seu quarto ainda banhado em sangue e vimos seus livros na cabeceira: ele foi assassinado por causa de sua militância bem informada e intelectualmente séria. Nosso ativismo é um lembrete constante da necessidade de relacionar a teoria com os problemas do mundo real, bem como da importância da crítica teórica. Em movimentos políticos, temos defendido frequentemente a importância da teoria como forma de proteção contra o risco de nos vermos sobrecarregados pelas urgências momentâneas e locais, enquanto no ambiente acadêmico ainda temos que argumentar que a fome e o direito à comida não são um problema filosófico.

Os ensaios deste livro foram escritos ao longo de 20 anos, e foram dirigidos a diferentes públicos: alguns para colegas da academia, outros para militantes com pouco conhecimento técnico. Nem todos os capítulos serão igualmente relevantes para todos. A redundância é geralmente indesejável em livros, mas aqui se justifica por duas considerações: a remoção das repetições destruiria a coerência de alguns capítulos e, visto que a abordagem não é amplamente conhecida, repetições em diferentes contextos não são um problema.

Alguns dos textos são pequenos ensaios da nossa coluna *Eppur si muove* publicada na revista *Capitalism, Nature, Socialism* [Capitalismo, natureza, socialismo]. Eles incluem "Nós somos programados?", sobre determinismo genético, "A política das médias", sobre estatística, "A Lei de Schmalhausen", sobre vulnerabilidade, "A vida em outros mundos", "Psicologia evolutiva" e vários outros. Textos mais extensos, alguns publicados previamente, debatem incerteza, economia política da agricultura, Cuba, Teoria dos Sistemas, construção de modelos, a relação organismo/ambiente e caos. E, claro, há também a contribuição de Isador Nabi, "Greypeace", por meio da qual dissipamos, com humor, nossa raiva.

Há, ainda, tópicos importantes que não discutimos. Não temos nenhum ensaio específico sobre análise feminista, crítica cultural ou o papel da subjetividade na vida social, projetos para um mundo melhor, ou questionamentos sobre como chegar lá. Aqui, somos consumidores dos trabalhos de nossos companheiros. Isso pode levar alguns críticos à conclusão equivocada de que somos indiferentes a essas questões e que somos materialistas mecanicistas.

Seguimos a mesma regra do livro anterior, *The dialectical biologist* [O biólogo dialético]: não dizemos nada sobre algo para o qual não temos nada a acrescentar.

PARTE I

O FIM DA HISTÓRIA NATURAL?[1]

Os biólogos deste século encontram-se em uma posição profundamente contraditória em questões como diversidade e mudança. Eles são herdeiros da tradição da História Natural e evolutiva do século XIX, para a qual a imensa diversidade e as alterações de longo prazo que ocorreram nos seres vivos estiveram no centro dos interesses. Há milhões de espécies distintas hoje existentes, que representam menos do que 0,1% de todas as espécies que já existiram – e essas também um dia se tornarão extintas. Entretanto, apenas uma fração diminuta de todos os tipos de organismos que podem ser imaginados chegou ou chegará a existir. Nenhum indivíduo de uma espécie é igual a outro; a composição das espécies está sempre mudando, o tamanho das populações varia marcadamente de ano a ano, e as condições físicas da vida estão em fluxo constante.

No final do século XVIII e no século XIX, a ideologia da mudança – tema central das revoluções burguesas e convulsões sociais necessárias para o crescimento do capitalismo – foi facilmente transferida para o mundo natural. Herbert Spencer declarou que a mudança era uma

---

[1] Este capítulo apareceu inicialmente de forma um pouco distinta em Lewontin, Richard e Levins, Richard. "The End of Natural History?", *Capitalism, Nature, Socialism 7*, n. 1, 1996. Tradução: Luiz Menna-Barreto.

"necessidade benéfica" e, embora isso tenha deixado Tennyson triste, ele ouviu a natureza clamar: "não me importo com nada, tudo deve passar". Entretanto, as revoluções burguesas foram bem-sucedidas, e a "interpretação liberal[2] da História" se converteu em "Biologia liberal". Nós vivemos no fim da História Natural. O mundo se assentou, depois de um começo turbulento, em um estado estável. Constância, harmonia, leis simples da vida que predizem características universais dos seres vivos e a autorreprodução e dominância absoluta de uma única espécie de molécula, o DNA, são os temas hegemônicos da Biologia moderna. Os biólogos sofrem de um caso grave de inveja da Física, e nenhum outro ramo da Biologia foi mais impiedoso do que a Ecologia e a evolução na busca de um "sistema hamiltoniano",[3] uma única equação cuja maximização caracterizaria toda a biosfera. De fato, o preço da admissão na "ciência real" para esses campos da História Natural foi desistir de seu foco na mudança e na contingência, e provar seu status como ciência – e não de mera "coleção de borboletas" – produzindo leis universais de previsibilidade. Se mudanças devem ocorrer, que ao menos sejam causadas por uma força semelhante a uma simples lei da natureza.

No modelo da Física newtoniana, a mudança e a diversidade, em vez de serem o estado natural das coisas, tornam-se desvios de seu estado natural de repouso ou movimento linear que devem ser explicados por externalidades. Mas aí está o problema. Na Física clássica, os sistemas estão suficientemente isolados entre si, de modo que seus movimentos ideais podem ser estudados isoladamente, levando em consideração o efeito de impulsos externos. A lua manterá seu curso inteiramente previsível em torno da Terra, a menos que algum objeto muito grande, oriundo do espaço externo, interfira. Porém, todas as populações, espécies e comunidades – de fato, *toda* a biosfera – está constantemente mudando de maneiras que parecem ser imprevisíveis. Tampouco as fronteiras entre o sistema e o espaço externo são claras. Como podemos explicar uma

---

[2] O termo empregado na versão original é *whig*, nome do partido inglês que se opunha aos conservadores, com atuação importante no século XIX. (N. T.)

[3] Sistema de equações que sintetizam a energia cinética de todas as partículas de um sistema. (N. T.)

mudança num sistema como resultado da ação imprevisível de externalidades se não sabemos com certeza o que é externo?

Duas respostas foram dadas: uma vinda de uma tradição pré-científica e outra vinda das próprias entranhas da Física.

O primeiro tipo de resposta nega a constante renovação e instabilidade dos seres vivos, ao mesmo tempo que aliena a espécie humana do resto da natureza, reafirmando a realidade da distinção entre artificial e natural. A sociedade humana tecnológica, perturbando o mundo natural de seu estado normal de harmonia e equilíbrio, torna-se a externalidade. Na transformação de quantidade em qualidade, o que era, nos estágios iniciais de sua evolução, apenas uma parte de um todo harmonioso e equilibrado, atinge uma nova esfera de ação, tornando-se ator autônomo, dominando e explorando o resto da natureza a partir de fora. A sociedade humana tecnológica o faz, é claro, por sua própria conta e risco, uma vez que, como qualquer explorador, pode extinguir, por exploração imprudente, tanto a si mesma como ao sistema que a sustenta. Segundo esse modelo, o papel da ciência é descobrir as leis do comportamento do mundo natural não perturbado e utilizar essas leis para controlar os efeitos da força externa perturbadora.

A outra resposta não tenta identificar externalidades que produzam irregularidades imprevisíveis em um sistema simples regido por leis, mas nega a própria ocorrência de irregularidades, reafirmando a previsibilidade na biosfera a partir de princípios geradores simples. Houve três tentativas nos últimos 25 anos, cujos próprios nomes são metáforas da ansiedade da falta de sentido que as engendrou: a Teoria da Catástrofe, a Teoria do Caos e a Teoria da Complexidade. Todas consistem em tentativas de demonstrar que relações extremamente simples em sistemas dinâmicos resultarão no que parecem ser, à primeira vista, mudanças imprevisíveis e uma extraordinária diversidade de resultados, mas que são, de fato, absolutamente regulares e similares às leis naturais.

A Teoria da Catástrofe – desenvolvida nos anos 1960 pelo matemático Rene Thom – mostra que, em alguns sistemas que estão mudando no tempo segundo leis matemáticas bem simples, as mudanças observadas podem ser deformações contínuas e graduais do estado do sistema em um momento anterior e que, em determinado ponto crítico, toda a forma do sistema passará por uma mudança "catastrófica" e então continuará seu desenvolvimento por uma via totalmente nova. Muitas deformações físicas resultantes de força continuamente crescente atingirão um nível crítico no qual se quebrarão como um galho retorcido. O exemplo clássico, conhecido por experiências às vezes dolorosas para os moradores da praia de Malibu, é a quebra da onda. Na medida em que essa onda cresce em uma curva convexa profunda, ocorre uma deformação contínua de sua forma, até que a tubularidade é repentina e catastroficamente perdida em um ponto crítico de sua ondulação: a onda desaba. Os adeptos da Teoria da Catástrofe esperavam que ela pudesse fornecer a explicação para as mudanças na forma ao longo do desenvolvimento de organismos individuais, assim como para a extinção de espécies, entre outras coisas; porém, não há traço de evidências dessa teoria na prática biológica. De fato, o ponto de vista das externalidades ganhou espaço, mais recentemente, na explicação de que eventos verdadeiramente "catastróficos" – impactos de meteoros, mais do que catástrofes matemáticas – foram responsáveis pela maioria das extinções em massa. O fascínio com a possibilidade dessas catástrofes externas resultou em uma completa negação da questão do porquê toda espécie acaba extinta – com ou sem meteoros.

Nos anos 1980, a Teoria do Caos foi apresentada para demonstrar que sistemas dinâmicos bastante simples podem entrar em equilíbrio, ou sofrer oscilações regulares, em uma certa faixa de parâmetros, enquanto em outras faixas passarão de um estado para outro no que aparenta ser uma forma totalmente aleatória, mas que, de fato, pode ser prevista com exatidão, momento a momento, a partir de equações de movimento. Assim, um mundo diverso e incerto resulta da solução de uma equação trivialmente simples. Em particular, regimes matematicamente caóticos foram oferecidos como explicação para tamanhos imprevisivelmente variados de uma população, tipicamente exibidos de uma geração a outra. No reinado da Teoria do Caos, a contingência histórica desaparece. O conjunto da história demográfica de uma população a partir de sua condição inicial aparece contido na equação determinística de seu crescimento e é completamente fixada por processos internos dos organismos que compõem essa população. Nenhuma referência precisa ser feita aos processos históricos no mundo exterior ou às variações aleatórias que emergem da finitude de populações reais. Até agora, os biólogos não foram capazes de usar a Teoria do Caos fora de seu caráter especulativo, uma vez que ninguém sabe como reconstruir essas equações a-históricas hipotéticas dos movimentos a partir de dados aparentemente aleatórios.

Mais recentemente, pensadores do Instituto Santa Fé começaram a desenvolver uma Teoria da Complexidade que, segundo nos prometem, seria capaz de gerar a estonteante diversidade de histórias de vida a partir do comportamento de redes de entidades simples com uma grande quantidade de conexões simples. Não querendo romper com especulações prévias, esses pensadores também afirmam que os sistemas vivos estão "no limite do caos". Existirão "leis" da complexidade das quais a vida seria um exemplo, mas apenas um exemplo. A Teoria da Complexidade consiste em mais uma tentativa de produzir uma teoria da ordem no universo, uma teoria muito mais ambiciosa do que a Astrofísica. Não apenas toda a história das estrelas estaria presente naquele milionésimo de segundo em que o universo começou, mas toda a história da vida também. Não se trata simplesmente de termos chegado ao fim da história – nunca houve história para começar.

Nenhuma dessas teorias, todas destinadas a domesticar a diversidade e a mudança, e, ainda mais importante, expurgar as contingências históricas, admite a alternativa de que os seres vivos constituem o nexo de um número muito grande de forças fracamente determinantes, de tal forma que a mudança e a variação e a contingência constituam as propriedades básicas da realidade biológica. Como Diderot disse: "Tudo passa, tudo muda, apenas a totalidade permanece".

O RETORNO DE VELHAS DOENÇAS E O APARECIMENTO DAS NOVAS[1]

Uma geração atrás, a posição de consenso entre lideranças no campo da saúde pública era a de que as doenças infecciosas haviam sido "derrotadas" e estava-se no caminho para eliminá-las como causas importantes de doenças e mortalidade. Recomendava-se que os estudantes de medicina evitassem especialização em doenças infecciosas porque esse era um campo que estava morrendo. De fato, o Departamento de Epidemiologia da Escola de Saúde Pública de Harvard passou a se especializar em câncer e doenças do coração.

Eles estavam errados. Em 1961, a sétima pandemia de cólera atingia a Indonésia; em 1970, chegava à África e, nos anos 1990, à América do Sul. Após ser refreada por alguns anos, a malária voltou com força total. A tuberculose cresceu a ponto de se tornar líder de mortes em muitas partes do mundo. Em 1976, a doença dos legionários apareceu numa convenção da Legião Americana na Filadélfia. A doença de Lyme espalhou-se pelo Nordeste dos Estados Unidos. A criptoesporidiose afetou 400 mil pessoas no estado de Milwaukee. Síndrome do choque tóxico, síndrome da fadiga crônica, febre lassa, ebola, febre hemorrágica venezuelana, febre hemorrá-

---

[1] Este capítulo apareceu de forma um pouco distinta em Lewontin, Richard e Levins, Richard. "The Return of Old Diseases and the Appearance of New Ones". *Capitalism, Nature, Socialism* 7, n. 2, 1996, p. 103-107.
Tradução: Nelson Marques.

gica boliviana, febre hemorrágica da Crimeia-Congo, febre hemorrágica argentina, vírus Lanca, e, lógico, a Aids, são todas novas doenças que tivemos que enfrentar. A doutrina da transição epidemiológica estava totalmente errada. As doenças infecciosas continuam sendo um grande um problema de saúde em todos os lugares do mundo.

Por que a saúde pública foi tão completamente pega de surpresa?

Parte da resposta é que a ciência está frequentemente errada porque estudamos o desconhecido fazendo de conta que ele é parecido com o conhecido. E frequentemente é mesmo, o que faz a ciência possível, mas algumas vezes não é, fazendo a ciência ainda mais necessária e tornando as surpresas inevitáveis. Os físicos no fim dos anos 1930 lamentavam o fim da Física Atômica. Todas as partículas fundamentais eram já conhecidas – o elétron, o nêutron e o próton haviam sido medidos. O que mais haveria? Então vieram os neutrinos, pósitrons, mésons, antimatéria, *quarks* e "cordas". E a cada nova descoberta, o fim era declarado.

A explicação, no entanto, demanda algo mais do que o fato óbvio de que a ciência estará frequentemente errada. Antes que possamos responder por que a saúde pública foi pega de surpresa, precisamos nos perguntar: o que tornou a ideia da transição epidemiológica tão plausível para os teóricos e profissionais da saúde?

Eram três os argumentos principais:

1. as doenças infecciosas estiveram em declínio como causa de morte na Europa e na América do Norte por aproximadamente 150 anos, desde que as causas de mortalidade começaram a ser sistematicamente registradas. A varíola havia praticamente desaparecido, a tuberculose estava diminuindo, a malária havia sido eliminada da Europa e dos Estados Unidos, a pólio tinha se tornado uma raridade e os flagelos da difteria e da tosse convulsa em crianças estavam desaparecendo. Mulheres não mais morriam de tétano após o parto. Era só olhar para frente e ver que as outras doenças seguiriam o mesmo caminho;

2. tínhamos agora "armas" cada vez melhores na "guerra" contra as doenças: melhores testes de laboratório para detectá-las, drogas, antibióticos e vacinas. A tecnologia estava avançando, enquanto

os germes só tinham uma única forma de responder – com novas mutações. É lógico que iríamos vencer;
3. o mundo todo estava se desenvolvendo. Logo todos os países seriam capazes de usar tecnologias avançadas e alcançar um perfil moderno de saúde.

Cada um desses argumentos era vagamente plausível – e cada um deles estava errado. O problema é que, apesar de parecerem ser argumentos históricos, eles perdem completamente a compreensão da contingência histórica ou a maneira como as mudanças históricas alteram as condições de mudanças futuras.

Em primeiro lugar, os profissionais de saúde pública olhavam para um horizonte temporal demasiado curto. Se em vez de contarem somente com os últimos um ou dois séculos eles tivessem olhado para um período mais longo da história humana, teriam visto um quadro diferente. A primeira erupção confirmada da peste – a Peste Negra – atingiu a Europa na época do imperador Justiniano, quando o Império Romano já estava em declínio. A segunda praga espalhou-se na Europa no século XIV, durante a crise do feudalismo. Qual foi a relação de eventos econômicos e políticos com esses surtos não é tão claro, mas quando os registros históricos são mais completos, as causas são mais fáceis de serem identificadas. A grande peste do norte da Itália, no início do século XVII, foi consequência direta da fome e do movimento generalizado de exércitos durante as guerras dinásticas do período. E o mais devastador evento epidemiológico que conhecemos acompanhou a conquista europeia das Américas, quando uma combinação de doença, excesso de trabalho, fome e massacres reduziu a população nativa americana em cerca de 90%. A Revolução Industrial trouxe as terríveis doenças das novas cidades, sobre as quais Engels escreveu em seu *A situação da classe trabalhadora na Inglaterra*.

Portanto, em vez de dizer que doenças infecciosas estão em declínio para sempre, devemos afirmar que toda alteração importante na sociedade, na população, no uso da terra, nas condições climáticas, na nutrição ou na migração também é um evento de saúde pública, com seus próprios padrões de doenças.

As ondas de conquistas europeias espalham peste, varíola e tuberculose. O desmatamento nos expõe a doenças transmitidas por mosquitos, carrapatos e roedores. Megaprojetos hidrelétricos e os canais de irrigação que os acompanham espalham os caramujos que carregam o verme da fascíola hepática, e permitem que os mosquitos se proliferem. Monoculturas de grãos são alimentos para os camundongos e ratos, e se as corujas, felinos e cobras que comem os ratos e camundongos são exterminados, as populações de roedores irrompem, com seus próprios reservatórios de doenças. Novos ambientes, tais como as águas quentes e cloradas dos hotéis, permitem a expansão das bactérias dos "Legionários". É um germe amplamente disseminado, geralmente raro porque é um competidor pobre, mas que tolera melhor o calor do que a maioria dos outros e pode invadir os protozoários maiores para evitar o cloro. Finalmente, os modernos chuveiros de pulverização fina fornecem às bactérias gotículas que podem chegar nos mais afastados cantos de nossos pulmões.

Em segundo lugar, a saúde pública era limitada de outra maneira: olhava apenas para os seres humanos. Mas se veterinários e patologistas de plantas tivessem sido consultados, novas doenças poderiam ser vistas com frequência em outros organismos: febre suína africana, doença da vaca louca na Inglaterra, os vírus de cinomose nos mamíferos do Mar do Norte e do Báltico, doença da tristeza dos citros, doença do mosaico dourado do feijão, síndrome do amarelecimento das folhas da cana de açúcar ("amarelinho"), vírus Gemini do tomate, e a grande variedade de doenças que matam árvores urbanas tornavam claro e óbvio que alguma coisa estava errada.

A terceira forma em que a saúde pública era demasiado restrita estava em sua teoria: ela não presta atenção à evolução ou à ecologia das interações entre espécies. Os teóricos da saúde pública não perceberam que o parasitismo é um aspecto universal da evolução da vida. Os parasitas normalmente não se dão bem em solo ou água livres, então eles se adaptam a *habitats* especiais do interior de outro organismo. Eles (quase) escapam da competição, mas têm que lidar com demandas parcialmente contraditórias daquele novo ambiente: onde obter uma boa alimentação, como evitar as defesas dos organismos e como encontrar uma saída e infectar outro organismo. A evolução subsequente dos parasitas responde ao ambiente interno, às condições externas de transmissão e ao que quer que façamos para curar ou prevenir doenças. Grandes populações de lavouras, animais ou pessoas são novas oportunidades para bactérias, vírus e fungos; e eles não param de tentar.

Um problema profundo é o fracasso em avaliar a mudança evolutiva que ocorre nos organismos causadores de doenças como consequência direta da tentativa de lidar com eles. Os teóricos da saúde pública não consideraram como os insetos poderiam reagir à prática médica, apesar da resistência aos medicamentos ter sido descrita já desde os fins dos anos 1940, e de que os gestores de pragas na agricultura já sabiam de muitos casos de resistência aos pesticidas. A fé na abordagem de "soluções mágicas" para controlar a doença e o amplo uso de metáforas militares ("armas na guerra contra...", "ataque", "defesa", "entrar para matar") tornou mais difícil reconhecer que a natureza também é ativa, e que os nossos tratamentos evocam necessariamente algumas respostas.

Finalmente, a expectativa de que o "desenvolvimento" conduziria à prosperidade mundial e a grandes aumentos nos recursos aplicados para a melhoria da saúde é um mito da teoria clássica do desenvolvimento. Durante a Guerra Fria, as alternativas à abordagem para o desenvolvimento defendida pelo Banco Mundial/FMI foram taxadas de comunistas e acabaram marginalizadas. No mundo real, caracterizado pela dominação exercida pelas economias ricas já formadas, as nações pobres obviamente não conseguem fechar o abismo em relação aos países ricos, e mesmo quando suas economias cresceram, isso não significou que a maioria da população prosperou ou que mais recursos foram dedicados às necessidades sociais.

Mais profundamente, os processos sociais de pobreza e opressão e as condições reais do comércio mundial não eram o material da ciência "real", que lida com micróbios e moléculas. Assim, um surto de cólera é visto apenas como a chegada da bactéria da cólera em muitas pessoas. Mas a cólera vive em meio ao plâncton, ao longo das costas marítimas, quando não está nas pessoas. O plâncton floresce quando os mares ficam quentes e quando o escoamento dos esgotos e dos fertilizantes agrícolas alimentam as algas. Os produtos do comércio mundial são transportados em navios cargueiros que utilizam água do mar como lastro, que é descarregado antes de chegar ao porto, junto dos animais que vivem nessa água de lastro. Os pequenos crustáceos comem as algas, os peixes comem os crustáceos, e a bactéria da cólera chega, assim, nas pessoas que comem o peixe. Finalmente, se o sistema de saúde pública de uma nação já foi destroçado por "ajustes estruturais" da economia e políticas de austeridade, então a explicação completa da epidemia é, conjuntamente, a *Vibrio cholera* e o Banco Mundial.

Assim, em um nível de explicação, o fracasso da teoria da saúde pública pode ser associado a ideias erradas e a uma visão excessivamente estreita. Mas esses fatores, por sua vez, demandam mais explicações. Os médicos que só olharam para os últimos 150 anos eram pessoas instruídas. Muitos estudaram os clássicos. Eles sabiam que a história não começou na Europa do século XIX. Mas esses tempos passados, por alguma razão, não importaram para eles. O rápido desenvolvimento do capitalismo levou a ideias sobre a novidade única de nosso tempo, imortalizada por Henry Ford no lema "história é bobagem". Eles compartilham o pragmatismo estadunidense (e europeu, menos extremado), uma impaciência com a teoria (neste caso, as teorias da Evolução e da Ecologia). Portanto, não viram o que plantas e pessoas tinham em comum, como espécies entre espécies. Ministros da Saúde não falam com ministros da Agricultura. As escolas de agricultura são rurais e mantidas pelo Estado, seus alunos são frequentemente oriundos de comunidades agrícolas. As escolas médicas são urbanas e geralmente privadas, e seus alunos vêm da classe média urbana. Eles não socializam entre si ou leem as mesmas revistas científicas. O pragmatismo dos dois grupos é reforçado pelo sentido de urgência em responder a uma necessidade humana imediata.

O desenvolvimento de uma epidemiologia coerente é frustrado pelas falsas dicotomias que permeiam o pensamento de ambas as comunidades: as oposições entre o biológico e o social, o físico e o psicológico, o acaso e a determinação, a hereditariedade e o ambiente, a doença infecciosa e a crônica, além daquelas que discutiremos em outros capítulos.

Há mais um nível de explicação que nos ajuda a compreender as barreiras intelectuais que levaram à surpresa epidemiológica. Estreiteza e pragmatismo são características das formas dominantes do pensamento sob o capitalismo, onde o individualismo do homem econômico é um modelo para a autonomia e o isolamento de todos os fenômenos, e onde uma indústria do conhecimento transforma ideias científicas em mercadorias comercializáveis – precisamente as "soluções mágicas" que a indústria farmacêutica vende às pessoas. A longa história da experiência capitalista encoraja essas ideias, que são reforçadas pela estrutura organizacional e econômica da indústria do conhecimento para criar padrões especiais de discernimento e ignorância que caracterizam cada campo, tornando inevitáveis suas próprias surpresas particulares.

FALSAS DICOTOMIAS[1]

Nossa compreensão da natureza é profundamente restringida pela linguagem que precisamos utilizar, uma linguagem que é, ela própria, tanto produto quanto reprodutora da prática ideológica vigente. Toda ciência, mesmo a "radical", é atormentada por dicotomias que parecem inevitáveis devido às próprias palavras que estão disponíveis para nós: organismo/ambiente, natureza/criação, psicológico/físico, determinista/aleatório, social/individual, dependente/independente. Uma fração notável da reanálise radical da natureza em que nos engajamos girou em torno de uma luta para dissipar as obscuridades que surgem a partir dessas falsas oposições.

Um aspecto das dicotomias de geral/particular e externo/interno é a relação entre médias e variações em torno dessas médias. Uma importante divergência na explicação, especialmente nas lutas políticas sobre as causas de doenças e tensões sociais, diz respeito à importância determinante das condições médias gerais em oposição ao papel da variação individual preexistente. O meio onde se localizam as causas da tuberculose ou da violência doméstica – seja em estresses sociais e ambientais,

---

[1] Este capítulo apareceu de forma um pouco distinta Lewontin, Richard e Levins, Richard. "False Dichotomies", *Capitalism, Nature, Socialism 7*, n. 3, 1996, p. 27-30.
Tradução: Cris Juciara e Evany Bettine.

seja na variação física e psíquica intrínseca entre os indivíduos – tem consequências políticas poderosas.

Todos os ambientes variam no espaço e no tempo, desde os eventos mais generalizados e duradouros até os eventos extremamente locais e transitórios, que frequentemente chamamos de aleatórios. Todos os organismos variam, tanto em resposta aos intrincados padrões do ambiente quanto por sua própria dinâmica interna. Para a maioria das pesquisas médicas, epidemiológicas e sociais, essa variação é um incômodo, e muita engenhosidade é mobilizada para remover a variação, experimental ou estatisticamente, a fim de detectar efeitos médios ou "principais". Para compreender os processos de evolução, em contraste, a variação entre os organismos dentro de uma espécie é um ingrediente necessário para a evolução por seleção natural e um objeto de interesse por si só. Na Ecologia, uma ciência que se desenvolveu em parte como uma extensão da Fisiologia e, em parte, como um aspecto da Evolução, há uma certa confusão no que se refere à importância das condições médias que afetam indivíduos "típicos", em oposição à variação, nessas condições e nas propriedades, de resposta dos indivíduos. Precisamos considerar a relação entre a média da população, sua amplitude de variação e os valores extremos que ocorrem dentro da população – todos aspectos da interpenetração e determinação mútua da variação nos organismos e seus ambientes.

Em primeiro lugar, diferentes características do mesmo organismo diferem nas consequências de variação. Para algumas, como temperatura corporal, açúcar no sangue ou suprimento de oxigênio para o cérebro ou coração, uma constância da característica em si é crucial. Quando fluxos internos ou externos as deslocam, mecanismos entram em ação para trazê-las de volta para uma faixa tolerável. Para essas características, maior variação pode significar que foram submetidas a mais choques ambientais ou que os mecanismos de autorregulação foram avariados. Indivíduos diferem em seus sistemas de autorregulação, mas sob as condições "normais" nas quais evoluíram, os resultados são essencialmente os mesmos – as temperaturas, a concentração de açúcares no sangue ou os níveis de oxigênio no cérebro precisam estar sempre dentro da faixa tolerável. Sob condições mais extremas de temperatura, nutrição ou altitude, as diferenças individuais tornam-se mais importantes, pois alguns indivíduos conseguem manter a fisiologia na faixa tolerável, enquanto para outros um limite crítico é ultrapassado, resultando em morte. Finalmente, em condições ainda mais extremas, nenhum indivíduo dispõe de capacidade regulatória suficiente, e a variação desaparece porque a população inteira morre.

Outras características fazem parte do próprio sistema regulatório e, portanto, são elas mesmas variáveis. Mudanças nas taxas metabólicas estabilizam a temperatura. Variar a ingestão de alimentos e o nível de insulina equilibra a quantidade de açúcar no sangue. A redistribuição de sangue mantém o cérebro respirando. Variar atividades parece ser importante para o bem-estar humano. Para essas características, variação indica que as coisas estão funcionando bem. Se a desnutrição nos impedir de aumentar as taxas metabólicas, se a disciplina de trabalho nos impedir de variar nossa atividade ou alimentação como parte da automanutenção, então nosso estado fisiológico pode sair da faixa tolerável e o resultado será doenças cardíacas, dores musculares, dores de cabeça e depressão causada pelo trabalho alienado. Evitamos aqui a complexidade adicional de que as mesmas características são tanto reguladas quanto reguladoras.

Em segundo lugar, embora muitas características tenham uma variação contínua, muitas vezes limiares críticos distinguem bons e maus resultados. Mas a quantidade de indivíduos que ultrapassa o limiar muda em consequência do nível médio das condições e, como resultado, a variação manifesta na característica se altera também. Diferenças, no interior de uma população, na suscetibilidade a doenças e, especialmente, em mortalidade, aumentam quando há baixos níveis nutricionais. O sarampo, uma doença que consome proteínas, não matou alunos em escolas primárias de Nova York quando éramos crianças, embora todos tenham contraído a doença. Na mesma época, o sarampo foi a principal causa de mortalidade infantil na já desnutrida África Ocidental, de modo que as diferenças individuais no metabolismo e na resistência foram da maior importância.

O mesmo fenômeno se aplica à incidência de violência ocasional ou à prevalência de estupro. Nem todo mundo que assiste à violência na TV vai cometer um assassinato; nem todos os homens sexistas são estupradores. Mas se a validação sistêmica média da violência aumenta, então talvez um a cada mil em vez de um a cada 10 mil agirá dessa forma. Um erro grave na análise das causas surge quando deixamos de levar em conta a dialética das condições médias e variações em resposta a essas condições e, em vez disso, consideramos a variabilidade como uma força causal independente e com uma magnitude intrínseca. Quando as rebeliões urbanas eclodiram nas cidades estadunidenses na década de 1960, uma resposta foi dizer que, quando as pessoas são suficientemente privadas de poder social e segurança econômica por outras pessoas, e quando há um aumento da consciência de sua privação, elas se rebelarão. A reação da direita a essa explicação foi apontar que nem todos nos bairros pobres queimaram e saquearam, mas que essas atividades haviam sido obra de um pequeno grupo. Esse grupo, afirmavam os conservadores, teria uma predisposição biológica para a violência. Assim, a explicação é realocada do nível médio de condições para uma variabilidade intrínseca preexistente entre os indivíduos. Colocando a questão das causas biológicas de lado, é certamente verdade que os indivíduos diferem em sua disposição de tolerar insulto e injúria, bem como na maneira em que escolhem expressar a insatisfação. No entanto, se um número significativo achará a inação intolerável, isso certamente depende do nível desse insulto e injúria. Portanto, o nível de opressão que leva à rebelião depende do padrão de variação na resposta entre os indivíduos, mas essa variação na resposta, por sua vez, depende também do nível da provocação a qual esses indivíduos estão submetidos.

Terceiro, deixando de lado o efeito do nível médio sobre a proporção de indivíduos que se encontra acima de um certo limiar, as diferenças nas condições médias têm um efeito amplificador ou redutor sobre a resposta quantitativa dos organismos a pequenas variações no ambiente. Um velho problema no melhoramento de cultivos é se a diferença entre variedades novas e antigas é mais facilmente observada sob condições de estresse ou sob condições ideais de crescimento. Os argumentos refletiam, em parte, visões ideológicas *a priori* sobre as relações sociais. O verdadeiro teste de mérito individual seria o comportamento "sob pressão", em circunstâncias mais desafiadoras, que separam o joio do trigo? Ou seriam as condições que permitem o maior florescimento de habilidades intrínsecas as que ampliariam as diferenças, pequenas demais em circunstâncias depauperadas? Em parte, a discussão gira em torno de quais características do organismo estão em questão. Considere, por exemplo, a mortalidade infantil em comunidades pobres. Tais características não estão espalhadas uniformemente na comunidade, mas tendem a se agrupar naquelas famílias com baixo nível educacional, pouco apoio social, deficiências de informação nutricional etc., enquanto em uma comunidade rica, esses mesmos déficits, em vez de levar a mortalidade, podem ser meras inconveniências.

A análise das causas mesmas, porém, continua da mesma maneira. O analfabetismo ou as deficiências em habilidades não são, em si, dados. Talvez uma ligeira deficiência visual tenha tornado a lousa embaçada em uma sala de aula mal iluminada e superlotada. A visão deficiente leva a um déficit de aprendizagem, desânimo e abandono escolar. A variação individual foi consequência da falta de meios (atenção, lâmpadas, óculos) e da predominância de um mecanismo que amplifica o desvio – no caso, a visão comprometida – que, em condições mais afortunadas, poderia mobilizar mecanismos de autorregulação restaurativa (que reduz desvios, em vez de amplificá-los). Em outro nível, retornamos à variação individual. Afinal, nem todas as crianças chegam à escola com uma visão deficiente, um infortúnio pessoal. "Ah, mas a visão deficiente costuma estar associada à deficiência de vitamina A em comunidades pobres". "É verdade, mas não em todas...". Voltamos assim à alternância entre um foco nas condições médias e sistêmicas, que tornam as pessoas vulneráveis, e na faixa de variação, que garante que alguns acabem caindo abaixo de um valor crítico. Uma análise correta (assim como um programa de ação) exige que média e variação, explicações sistêmicas e individuais, não sejam vistas como alternativas mutuamente exclusivas, mas como codeterminantes de uma mesma realidade.

ACASO E NECESSIDADE[2]

Desde os grandes avanços da Física Quântica nos anos 1920 e 1930 e a descoberta das mutações aleatórias como uma força evolutiva, as pessoas têm se perguntado se o mundo é determinado ou aleatório. A implicação "mais comum" de aleatória – seja no caso de um número "aleatório", seja de uma mutação "aleatória" – é a de que algum evento que não poderia ter sido previsto aconteceu, não importando quanta informação estivesse disponível acerca do estado inicial do mundo. A desintegração espontânea do núcleo radioativo é dita "aleatória" por que não há nenhuma diferença entre os núcleos atômicos antes de um deles se desintegrar. Aleatoriedade tem sido associada à ausência de causalidade e imprevisibilidade e, portanto, irracionalidade, a uma falta de propósito, e à existência de livre arbítrio. Também tem sido invocada como a negação do comportamento regido por leis e, portanto, de qualquer entendimento científico da sociedade. Assim, se torna justificativa para uma passividade reacionária. Como no adesivo de para-choque que diz: "Merdas acontecem". Portanto, pare de reclamar.

---

[2] Este capítulo apareceu de forma um pouco distinta em Lewontin, Richard e Levins, Richard. "Chance and Necessity". *Capitalism, Nature, Socialism* 8, n. 2, 1997, p. 65-68. Tradução: Nelson Marques.

Na maioria dos casos, no entanto, aleatoriedade e causalidade, acaso e necessidade, não são opostos mutuamente exclusivos, mas se interpenetram.

Primeiro, a abordagem fundamentalista ao aleatório, que o equivale com a perda de qualquer causalidade, exclui um grande domínio de eventos para os quais a noção de acaso se aplica. Se, apressado para uma reunião, você sai correndo na estrada e é atingido por um carro "ao acaso", cujo motorista estava a caminho do trabalho, é claro que tanto o seu caminho quanto o daquele carro estavam determinados, e mesmo bem "planejados" antecipadamente. O que faz o encontro ser ao acaso é que os caminhos causais dos objetos que colidiram são independentes entre si. Os oponentes do mecanismo darwiniano da evolução costumam acusar os evolucionistas de acreditarem que organismos complexos apareceram apenas por processos aleatórios. Afinal, os biólogos não dizem que todas as mutações acontecem ao acaso? Mas isso confunde dois conceitos de aleatoriedade. Pode ser realmente verdade que algumas mutações são o resultado da indeterminação no nível da Mecânica Quântica, mas isso não é o relevante. A essência do darwinismo é que o processo que produz a variação entre os organismos em primeiro lugar, ou seja, as mutações, é causalmente independente do processo que leva à incorporação destas variações nas espécies. Mutações são aleatórias com relação à seleção natural. A menos que estejamos lidando com fenômenos no nível mais profundo da Mecânica Quântica, aleatoriedade significa independência causal, e não ausência da causalidade.

Aleatoriedade por independência causal tem implicações poderosas na Biologia. Objetos biológicos diferem de outros sistemas físicos em relação a dois aspectos importantes: são intermediários em tamanho e funcionalmente heterogêneos internamente. Como consequência, seus comportamentos não podem ser determinados a partir do conhecimento de um pequeno número de propriedades, da forma como podemos especificar a órbita de um planeta com base em sua distância do sol, sua massa e sua velocidade, sem se preocupar com a matéria com a qual ele é feito. Objetos biológicos são o resultado de um número muito grande de forças individualmente fracas. Embora haja, de fato, interações entre estas forças (e as interações são frequentemente a sua essência) é também o caso em que há um grande número de subsistemas de caminhos causais essencialmente independentes uns dos outros. Variações em nutrientes no ambiente são causalmente independentes de variações genéticas entre sementes transportadas pelo vento que caem em diferentes partes da floresta, então a interação entre ambiente e genótipo que determina o crescimento da planta é uma interação de fatores que são aleatórios um em relação ao outro.

Eventos locais individuais que são a intersecção de um grande número de percursos causais específicos afetam a sociedade como se fossem aleatórios. A morte de Franklin Roosevelt certamente não foi um acidente com relação ao próprio corpo do presidente e ao seu estado geral de saúde. Mas foi um acidente ao nível da política internacional.

Segundo, a determinação pode surgir da aleatoriedade, mesmo da aleatoriedade abissal da Física Quântica. Os relógios mais precisos do mundo, medindo tempo na faixa de nanossegundos sem erros cumulativos, são baseados no decaimento radioativo aleatório. Independente de eventos individuais ocorrerem ao acaso no sentido quântico, ou apenas no sentido de causas independentes, o acúmulo de um grande número de ocorrências independentes nas médias, somas e probabilidades permite previsões extremamente acuradas e reproduzíveis. Além disso, regularidades estatísticas podem ser alteradas por processos determinados. Embora não possamos prever que mutação ocorrerá em um gene quando alteramos a temperatura ou expomos um organismo a uma droga mutagênica, sabemos o efeito médio do aumento da temperatura, de radiações ionizantes, de drogas tóxicas, e mesmo da presença de outros genes, tanto nas taxas médias de mutação quanto no quão drásticas estas mutações podem ser em seus efeitos.

O colapso da usina de Chernobyl foi tanto um acidente quanto um evento causal. Alguns meses antes da catástrofe, o diretor da usina nuclear deu uma entrevista tranquilizadora, em que afirmou que o sistema de segurança era tão bom que não se esperaria um acidente sério mais do que uma vez a cada dez mil anos. O aspecto arrepiante disso não é que ele estivesse errado, mas que mesmo se estivesse superestimando a segurança da sua própria usina, estava certo. Há mais de mil reatores na Europa, portanto a chance de acontecer alguma coisa com qualquer um deles é de um a cada dez anos. Aconteceu, por acaso, em Chernobyl. Para o diretor, foi um acidente improvável, mas para a Europa como um todo não era tão improvável. Um acontecimento fortuito com baixa probabilidade torna-se uma certeza determinada quando há um grande número de oportunidades.

Terceiro, aleatoriedade pode surgir da determinação. Uma técnica padrão na simulação por computador de processos do mundo real é a geração dos assim chamados números aleatórios. Mas seria mais apropriado chamá-los de números pseudoaleatórios, porque eles são, na verdade, gerados por uma regra numericamente determinística muito simples: por exemplo, usando os dez dígitos do meio de potências sucessivas de algum número inicial de partida. Se conheço o número inicial de partida, posso reproduzir exatamente a sequência pseudoaleatória. Contudo, os números são "ao acaso" no que diz respeito ao processo que estou simulando, porque a regra de gerá-los não tem qualquer relação com o resto do processo.

Quarto, processos aleatórios são condicionados causalmente. "Acaso" não significa "vale tudo". Alterações aleatórias nos organismos são, no entanto, alterações na vizinhança do estado pré-existente. Uma mutação na ervilha verde ou nas moscas das frutas resulta na alteração do desenvolvimento das ervilhas ou das moscas das frutas. As moscas não produzirão vinhas que se enroscam nos galhos e nem as ervilhas irão voar ou botar ovos. Os "mutantes" perigosos da ficção científica são ficcionais precisamente porque são impossíveis à luz da organização do corpo em que ocorrem, e não porque sejam raros. Alterações ao acaso são, então, imprevisíveis somente dentro do domínio do permissível, e um dos maiores problemas da Ecologia e da Evolução é como delimitar o domínio permissível para organismos e comunidades dentro das quais processos aleatórios podem operar. É precisamente o problema do materialismo histórico: para onde é possível ir daqui?

A interpenetração de acaso e determinação tem a ver com o problema de como pode haver uma abordagem científica da sociedade quando o comportamento individual humano e a consciência parecem imprevisíveis. Aqueles que se desesperam salientam que pessoas não são máquinas, que há processos subjetivos na tomada de decisões, que não são as classes, mas sim os indivíduos que fazem escolhas. Termos tais como "fator humano" ou "fatores subjetivos", com suas implicações de acaso e imprevisibilidade, são invocados como a negação da regularidade e da legalidade. E de fato é verdade que o comportamento individual e a consciência são consequências da intersecção de um grande número de forças determinantes fracas. Mas não se segue que onde há escolha, subjetividade, e individualidade não pode haver previsibilidade. O erro é tomar o indivíduo como causalmente anterior ao todo e não perceber que o social tem propriedades causais no interior das quais a consciência individual e a ação são formadas. Ainda que a consciência de um indivíduo não seja inteiramente determinada por sua posição de classe, mas influenciada por fatores idiossincráticos que parecem aleatórios, estes fatores aleatórios operam dentro de um domínio constrangido e dirigido por forças sociais e com probabilidades igualmente constrangidas e dirigidas por forças sociais.

ORGANISMO E AMBIENTE[1]

Não há nada mais central para uma concepção dialética da natureza do que a compreensão de que as condições necessárias para que um estado passe a existir no mundo podem ser destruídas pelo próprio estado da natureza que elas dão origem. E assim como é na natureza, também é no estudo da natureza. A contribuição mais poderosa de Darwin ao desenvolvimento da Biologia moderna não foi sua criação de uma teoria satisfatória do mecanismo evolucionário. Foi, na verdade, sua separação rigorosa, no interior dessa teoria, entre forças internas e externas que, nas teorias prévias, eram antes inseparáveis. Para Lamarck, o organismo se transforma, de maneira permanente e transmissível hereditariamente, por seu esforço obstinado de se acomodar à natureza, incorporando assim a natureza externa em si mesmo. Ao confundir totalmente forças internas e externas em um todo não analisável, a biologia pré-moderna estava presa em amarras que tornavam a continuidade de seu progresso impossível. A divisão traçada por Darwin entre as forças completamente internas aos organismos – que determinavam a variação entre indivíduos em uma população – e as externas – forças autônomas moldando os ambientes nos

---

[1] Este capítulo apareceu de forma um pouco distinta em Lewontin, Richard e Levins, Richard. "Organism and Environment". *Capitalism, Nature, Socialism 8*, n. 2, p. 1997, p. 95-98. Tradução: Robson Silva.

quais os organismos, por acidente, estavam – "destroçou essas amarras".[2] Para a Biologia darwiniana, o organismo é um ponto de concatenação entre forças internas e externas. É apenas por meio da seleção natural de variações internamente produzidas, que calham de combinar, por acaso, com demandas ambientais externamente geradas, que o que é interno e o que é externo se confrontam. Sem tal separação de forças, o progresso feito pela Biologia moderna reducionista teria sido impossível. E, no entanto, para os problemas científicos de hoje, essa separação é "má biologia", e constitui uma barreira para a continuidade do progresso.

O desenvolvimento de um organismo não é um desdobramento de um programa autônomo interno, mas a consequência de uma interação entre os padrões de resposta internos do organismo e seu meio externo. Muitos experimentos demonstraram – e muito já foi escrito sobre – a codeterminação do organismo pela ação recíproca entre gene e ambiente ao longo do desenvolvimento. Mesmo aí, entretanto, o meio ambiente é tratado como um choque externo em um programa autônomo, ou como recursos necessários para a sua realização. Mas os aspectos do ambiente que são ocorrências regulares se tornam eles mesmos partes do processo de desenvolvimento. Quando uma semente germina somente depois de uma chuva abundante, não se trata meramente de resposta a um sinal de que as condições são apropriadas. A chuva se torna um fator do desenvolvimento tanto quanto as proteínas do tegumento. O desenvolvimento de nossa capacidade de ver pressupõe luz; o desenvolvimento de nossos músculos pressupõe movimento.

O que tem de longe recebido menos atenção, tanto conceitualmente quanto na prática, é a codeterminação recíproca: o papel do organismo na produção do meio ambiente. O darwinismo representa o meio ambiente como um elemento preexistente da natureza, formado por forças autônomas, como um tipo de palco teatral no qual se desenrola a vida dos organismos. Mas os ambientes são tanto produto dos organismos quanto os organismos o são do ambiente. A alienação darwiniana do

---

[2] A passagem faz referência ao trecho do Manifesto do Partido Comunista, que diz: "Estas [relações de propriedade] obstruíam a produção em vez de incentivá-la, transformando-se em outras tantas amarras que a paralisavam. Elas precisavam ser destroçadas e foram destroçadas." (Marx e Engels, 2008, p. 17). (N.T.)

meio ambiente em relação a seu produtor, embora uma condição necessária para a formação da Biologia moderna, é agora um obstáculo tanto ao desenvolvimento subsequente das ciências da Evolução e Ecologia quanto à elaboração de uma política ambiental racional.

Não há organismo sem ambiente, mas não há ambiente sem organismo. Há um mundo físico fora dos organismos e esse mundo passa por certas transformações que são autônomas. Vulcões entram em erupção, a Terra faz o movimento de precessão em torno de seu eixo de rotação. Mas o mundo físico não é um ambiente, ele é apenas as circunstâncias a partir das quais os ambientes podem ser feitos. Você pode tentar descrever o ambiente de um organismo que talvez nunca tenha visto: há uma infinidade incontável de maneiras pelas quais os fragmentos do mundo podem, concebivelmente, ser montados para formar ambientes, mas apenas um pequeno número destes realmente existiu, um para cada organismo. A noção de que o ambiente de um organismo preexiste ao organismo está encarnada no conceito de "nicho ecológico", uma espécie de buraco no espaço ecológico que pode ser preenchido por uma espécie, mas que também pode estar vazio, à espera de um ocupante. No entanto, se pedirmos para um ornitologista descrever o "nicho", digamos, do papa-moscas, a descrição será algo como:

> O papa-moscas voa para o sul no outono, mas retorna à floresta mista do norte no início da primavera. O macho marca um território que patrulha e no qual procura insetos, enquanto a fêmea, chegando duas semanas depois, constrói um ninho de capim e lama em uma saliência horizontal na qual deposita quatro ovos. Geralmente, os insetos são capturados em voo, mas os filhotes são alimentados por regurgitação de insetos capturados próximos ao solo.

O nicho inteiro é descrito pelas atividades sensíveis da vida do pássaro, não por algum cardápio de circunstâncias externas. Os organismos não experimentam nem se adaptam a um ambiente, eles o constroem.

Primeiro, os organismos justapõem pedaços do mundo e assim determinam o que é relevante para eles. A grama que cresce na base de uma arvore é parte do ambiente de um papa-moscas, que a usa para fazer um ninho, mas não de um pica-pau, que faz um ninho sem forro num buraco de uma árvore. Uma pedra caída na grama faz parte do meio ambiente de um tordo comedor de caramujos, que a usa como uma bigorna, mas não faz parte do mundo dos papa-moscas e pica-paus. A temperatura pareceria uma condição externa e fixa, mas todo organismo terrestre é cercado por ar úmido e quente produzido por seu próprio metabolismo, um invólucro que constitui seu "ambiente" mais imediato. Quando perguntamos: "Qual é a tolerância à temperatura de uma formiga?", descobrimos muitos significados distintos. A temperatura que uma formiga pode tolerar por alguns minutos ou por horas enquanto forrageia? Ou a temperatura que um formigueiro em uma árvore pode tolerar por um ciclo de vida completo? Ou quais temperaturas permitem uma vegetação e presas suficientes para que uma população de colônias de formigas persista em contato com outras espécies de formigas?

Mesmo a relevância de fenômenos físicos fundamentais é ditada pela natureza do próprio organismo. O tamanho é crítico. Embora a gravitação seja uma força importante no ambiente imediato de grandes objetos como árvores e seres humanos, não é sentido pela bactéria em um meio líquido. Para elas, devido ao tamanho, o movimento browniano é um fator ambiental dominante, enquanto nós humanos não somos empurrados de um lado para outro pelas moléculas que nos bombardeiam. Mas essa disparidade de tamanho é uma consequência de uma diferença genética entre formas de vida: assim como o meio ambiente é um fator no desenvolvimento de um organismo, os genes também são um fator na construção do meio ambiente.

Em segundo lugar, os organismos reconstroem continuamente o ambiente, em todos os momentos e em todos os lugares. Cada organismo consome recursos necessários para sua sobrevivência, e produz resíduos que são tóxicos para si mesmo e para outros. Ao mesmo tempo, organismos criam seus próprios recursos. Raízes de plantas produzem ácidos húmicos que facilitam as relações simbióticas, e estas alteram a estrutura física do solo de forma a promover a absorção de nutrientes. Formigas cultivam fungos e minhocas constroem seus próprios *habitats*. Muitas espécies alteram as condições de seus arredores de modo a impedir que seus próprios descendentes as sucedam. Isso é o que significa ser uma erva daninha. Todo ato de consumo é um ato de produção e todo ato de produção é um ato de consumo. E na dialética da produção e do consumo, as condições de existência de todos os organismos são alteradas. No momento, nenhuma

ORGANISMO E AMBIENTE

espécie terrestre pode evoluir a menos que possa sobreviver a uma atmosfera com 18% de oxigênio. No entanto, este oxigênio foi posto na atmosfera por formas primitivas de vida, que viveram em uma atmosfera rica em dióxido de carbono, tornando-o indisponível para formas posteriores de vida ao depositá-lo no calcário e em hidrocarbonos fósseis.

Terceiro, os organismos, por meio de suas atividades de vida, modulam a variação estatística dos fenômenos externos à medida que afetam outros organismos. Plantas calculam sua produtividade em relação à variação diurna e sazonal da luz solar e da temperatura pelo armazenamento dos produtos da fotossíntese. Pés de batata armazenam carboidrato em tubérculos. Nós nos apropriamos dessa reserva em nossa gordura corporal, em armazéns e em dinheiro.

Finalmente, o organismo transduz as naturezas físicas dos sinais vindos do mundo exterior à medida que se tornam parte de seu ambiente efetivo. A rarefação do ar que atinge meus tímpanos e os fótons que atingem minha retina quando ouço e vejo uma cascavel são transformados pela minha fisiologia em níveis elevados de um sinal químico, a adrenalina, e essa transformação é uma consequência da minha biologia mamífera. Se eu fosse uma cascavel, uma transformação muito diferente ocorreria.

Uma consequência da codeterminação do organismo e seu meio ambiente é que eles coevoluem. À medida que a espécie evolui em resposta à seleção natural em seu ambiente atual, o mundo que ela constrói em torno de si mesma é ativamente alterado. No momento, devido à estreita problemática da Biologia e Ecologia evolutivas, que imaginam um organismo em mudança em um mundo externo autônomo estático ou em mudança lenta, sabemos pouco além do anedótico sobre a maneira como os organismos em mudança levam a ambientes em mudança. Sabemos um pouco mais, mas ainda muito pouco, sobre como, por meio de suas atividades de vida, os organismos são os criadores e recriadores ativos de seu meio. Mas uma ecologia política racional demanda esse conhecimento. Não se pode fazer uma política ambiental sensata com o mote "Salve o meio ambiente" porque, primeiro, "o" meio ambiente não existe, e, segundo, porque toda espécie, não apenas a espécie humana, está a todo momento construindo e destruindo o mundo que habita.

O BIOLÓGICO E O SOCIAL[1]

As disputas por legitimidade entre ideologias políticas por fim remetem a disputas pelo que constitui a natureza humana. Atualmente, de forma mais evidente, esse debate está entre um determinismo biológico vulgar, representado pela sociobiologia, em um polo, e, em outro, um subjetivismo extremo. Para o determinismo, todos os fenômenos sociais são meramente a manifestação coletiva de aptidões fixas e limitações individuais, codificadas nos genes humanos como consequência da evolução adaptativa. O polo oposto, o da subjetividade, postula que todas as realidades humanas são criadas por uma consciência socialmente determinada, livre de fatores de natureza física e biológica herdados, sendo todos os pontos de vista igualmente válidos.

Na melhor das hipóteses, o pensamento liberal tenta combinar o biológico e o social em um modelo estatístico que atribui pesos relativos aos dois, permitindo algum componente de interação entre eles. Mas a divisão de causalidade entre causas biológicas e sociais, que depois podem então interagir, deixa escapar a real natureza de sua codeterminação.

---

[1] Este capítulo apareceu de forma um pouco distinta em Lewontin, Richard e Levins, Richard. "The Biological and the Social". *Capitalism, Nature, Socialism* 8, n. 3, p. 1997 p. 89-92.
Tradução: Cris Juciara e Evany Bettine.

Como qualquer outra espécie, os seres humanos têm claramente certas propriedades biológicas de anatomia e fisiologia que tanto os restringem quanto os capacitam, propriedades que são compartilhadas, em parte, com outros organismos, como consequência de sermos sistemas vivos e parcialmente únicos, e da particularidade genética da nossa espécie. Todos temos que comer, beber e respirar; todos somos suscetíveis a ataques de patógenos; existem limites para as temperaturas externas que nossos corpos nus podem suportar e todos nós iremos morrer. Nenhuma contingência histórica ou mudança na consciência pode remover essas necessidades. Mas, ao mesmo tempo, o sistema nervoso central dos seres humanos, combinado com seus órgãos da fala e a capacidade de manipulação das mãos, leva à formação das estruturas sociais que produzem as transformações e formas históricas dessas necessidades. Embora de fato a sociabilidade humana seja, em si, uma consequência de nossa biologia herdada, a biologia humana é ela mesma uma biologia socializada.

Em um nível individual, nossa fisiologia é uma fisiologia socializada. O fluxo da pressão arterial ou o nível de glicose no sangue, a integridade das interfaces epiteliais entre o interior e o exterior de nossos corpos, as maneiras como percebemos distância ou padrões, a disponibilidade de nosso sistema imunológico para enfrentar invasões de outros organismos, a formação e ruptura de conexões em nossos cérebros: tudo depende, de maneira variável, da posição de classe social, da natureza do trabalho, do *status* social de nossa origem étnica, das mercadorias que circulam em nossa sociedade e das técnicas de sua produção.

Em um próximo nível, nossos ambientes são ativamente selecionados por nós, ou são selecionados para nós por outros. Às vezes em uma escala de momento-a-momento, como quando alguém é forçado a trabalhar no calor do sol do meio-dia ou, ocasionalmente, por meio de decisões menos frequentes sobre onde morar, que trabalho fazer, com quem se associar, quando e como reproduzir. Mas um ambiente para se fixar ou trabalhar tem muitas outras características para além daquelas que guiaram a decisão de seleção. O local em um rio pode ter sido escolhido como centro político, pela facilidade na coleta de tributos e, no entanto, ali também pode ser um criadouro de caramujos transmissores da esquistossomose.

A construção e a transformação, socialmente condicionadas, de nossos ambientes determinam a atualização efetiva dos limites biológicos. As fronteiras da habitação humana não correspondem aos reais extremos geográficos de temperatura e oxigênio ou à disponibilidade de alimentos que precisaríamos para sobreviver em um mundo não transformado socialmente; correspondem, na verdade, aos lugares onde a atividade econômica e o poder político forneceram os meios para regular nossa temperatura e oxigênio, e importar alimentos. Ao habitarmos esses lugares, também mudamos os determinantes dos limites de outros organismos. A fronteira norte do trigo, na América do Norte, não é o limite físico de onde as plantações de trigo podem crescer com sucesso, mas onde a lucratividade do trigo, em anos de boa colheita, compensa os anos piores, de modo que o retorno médio de lucro com o trigo é maior do que para outros cultivos.

Conforme a tecnologia fornece mediações culturais entre nós e as condições físicas, novos impactos ambientais são criados. Um inverno rigoroso em um ambiente urbano não produz tantas queimaduras por congelamento, mas fome – quando os pobres deslocam recursos de alimentos para combustível. O racismo se torna um fator ambiental, afetando as glândulas adrenais e outros órgãos, da mesma forma que ocorreu com tigres ou cobras venenosas em épocas históricas anteriores. Em um mercado de trabalho capitalista, as condições sob as quais a força de trabalho é vendida afetam o ciclo de glicose do indivíduo, assim como o padrão de esforço e descanso dependem mais das decisões econômicas do empregador do que da autopercepção do fluxo metabólico do trabalhador. A ecologia humana não é a relação de nossa espécie em geral com o resto da natureza, mas sim as relações de sociedades diferentes, e das classes, gêneros, idades, graus e etnias mantidas por essas estruturas sociais. Assim, não é exagero falar do "pâncreas sob o capitalismo" ou de "pulmão proletário".

A socialização do meio ambiente também determina quais aspectos da biologia individual são importantes para a sobrevivência e a prosperidade. O metabolismo da melanina, já não mais muito relevante para regulação do calor, tornou-se um indicador da posição social, que interfere na maneira como as pessoas têm acesso aos recursos e estão expostas à toxicidade e às injúrias. E, como um organismo sob estresse em um dos eixos de suas condições de existência estará mais vulnerável para o estresse em outros eixos à medida que suas condições de homeostase são sobrecarregadas, se observará um acúmulo de efeitos danosos à saúde e ao bem-estar naqueles lares ou famílias em privação ou sob estresse, mesmo quando as condições que induzem a esse acúmulo pareçam fisiologicamente triviais. É a mediação social dos fenômenos biológicos individuais que convertem um único dia de falta no trabalho, devido a uma gripe, em perda definitiva do emprego para um trabalhador já marginalizado, com consequente e catastrófica carência econômica e desintegração das condições gerais de vida e saúde.

Além das necessidades biológicas adquirirem formas específicas de acordo com diferentes épocas e lugares, o tipo de interação social que é biologicamente possível para a espécie humana tem uma propriedade ainda mais poderosa, a propriedade de negar as limitações biológicas individuais. Nenhum ser humano pode voar agitando os braços, nem uma multidão de pessoas poderia voar com a ação coletiva de todos batendo os braços. Porém voamos como consequência de um fenômeno social. Livros, laboratórios, escolas, fábricas, sistemas de comunicação, organizações estatais e empresas são os meios de produção para voar; combustível, aeroporto, pilotos e mecânicos tornam possível para cada um de nós fazer algo que Leonardo Da Vinci não era capaz de fazer.

Quem voa de um lugar para outro não é a "sociedade", mas seres humanos individuais. Sem ajuda, nenhum ser humano pode lembrar mais do que alguns fatos e números, mas um produto social, como o *Resumo Estatístico dos Estados Unidos*, bem como a biblioteca na qual ele está, constitui uma negação dessa limitação. No entanto, o processo social que leva à negação dessa limitação começa apenas quando uma condição de existência é percebida como uma *limitação*, ou seja, quando um mundo alternativo é tido como possível. O domínio do que imaginamos ser transformável é socialmente construído, ainda que a capacidade de fazer construções mentais de coisas que não existam e planejar com antecedência realizações intencionais possa ser, de fato, uma propriedade biológica generalizada do sistema nervoso central humano. Na verdade, a afirmação reducionista vulgar de que os seres humanos são inevitavelmente impelidos por sua biologia a se comportar de certa maneira é uma "profecia autorrealizável", na medida em que toma esses comportamentos fora de contexto e os coloca no domínio dos "fatos da vida" inquestionáveis, como parte de um substrato de condições de existência não examinadas. É por isso que a luta ideológica corrente entre "o biológico" e "o social" é o conflito político elementar entre aqueles que desejam mudar a natureza da existência humana e aqueles que preferem mantê-la em seu estado atual.

QUÃO DIFERENTES SÃO AS CIÊNCIAS NATURAIS E SOCIAIS?[1]

Uma caricatura do estudo da "natureza" e da "sociedade" vê as ciências sociais como profundamente corrompida pelos elementos subjetivos introduzidos pelo observador, enquanto as ciências naturais são levadas a cabo por meios objetivos. E não é somente o cientista natural positivista, desdenhoso das ciências sociais, que propaga essa visão.

Argumenta-se frequentemente, especialmente os cientistas sociais, que a dialética é fundamentalmente diferente nas ciências naturais em comparação com as ciências sociais. Diz-se que a diferença provém da ativa participação dos seres humanos na dinâmica da sociedade e, especialmente, do papel único da subjetividade. Não é frutífero, contudo, debater se a natureza e a sociedade são diferentes apesar das semelhanças, ou semelhantes apesar das diferenças. Muito da disputa depende do nível de análise. Obviamente, cada domínio de estudo é diferente. Na Física de partículas, a aleatoriedade da Mecânica Quântica é uma característica central. Na maior parte da Química comum, um vasto número de relativamente poucos tipos de átomos permite uma média estatística que mascara a aleatoriedade na escala micro. Mas macromoléculas como

---

[1] Este capítulo apareceu de forma um pouco distinta em Lewontin, Richard e Levins, Richard. "How Different Are Natural and Social Science?". *Capitalism, Nature, Socialism 9*, n. 1, 1998, p. 85-89.
Tradução: Nelson Marques.

o DNA estão presentes apenas uma vez, ou poucas, em cada célula, e comportam-se mecanicamente. A fisiologia de organismos individuais pode ser entendida em parte como dirigida por fins, enquanto a metáfora do organismo é enganadora no estudo de comunidades ecológicas. As sociedades também têm suas propriedades únicas, entre as quais a emergência do trabalho, da cultura, da ideologia e da subjetividade. Mas a questão permanece: a singularidade do social é diferente em tipo da singularidade de outros domínios?

Aqueles que argumentam que sim salientam que a observação de processos sociais é, ela mesma, um processo social. Enfatizam que os processos sociais envolvem a subjetividade do objeto de estudo, e por vezes falam casualmente sobre o "fator humano", o qual presumivelmente torna a incerteza inevitável e duplicações impossíveis (os termos "fator humano" ou "condição humana" não são termos analíticos: não se referem ao papel do trabalho na nossa formação, à utilização da linguagem ou símbolos, ou reprodução sexual – são, mais frequentemente, um sinal de exasperação ou desespero). Acrescentam que na Ciência Natural podemos conceber experiências e observar um grande número de repetições que anulam muitas fontes de erro. Portanto, afirmam, as ciências naturais podem ser objetivas de formas que as ciências sociais não podem. Acrescentam que seria fútil esperar ter equações preditivas para a sociedade, enquanto mesmo os padrões complexos da atmosfera terrestre podem, em princípio, ser considerados como obedecendo a um conjunto, mesmo que muito grande, de equações ainda não especificadas. Quem poderia sequer conceber a possibilidade de escrever equações que previssem a emergência e o conteúdo do pós-modernismo?

Esse argumento é falacioso por muitas razões. Primeiro, ele aceita fácil demais a própria autodescrição dos cientistas naturais. Escrever equações, e mesmo prever a partir delas, é somente uma das atividades da ciência. A formulação de um problema, as definições de variáveis relevantes, as escolhas de incluir ou deixá-las de fora, a decisão do que é um tipo aceitável de resposta, a interpretação dos resultados, as regras de validação e a ligação das conclusões de diferentes estudos a um quadro teórico: tudo isso é também resultado de processos sociais, alguns muito idiossincráticos, interagindo com os fenômenos naturais em estudo. A

QUÃO DIFERENTES SÃO AS CIÊNCIAS NATURAIS E SOCIAIS?

ciência tornou-se muito sofisticada na correção das peculiaridades sub-jetivas de seus praticantes, mas não para a correção dos preconceitos e vieses compartilhados pelas comunidades de estudiosos. Uma longa tradição da investigação marxista do processo científico é perdida pelo caminho quando os marxistas tomam os cientistas por suas próprias palavras e aceitam a autodescrição da objetividade científica, ou mesmo quando os pós-modernistas imaginam que a crítica da ciência começou com Thomas Kuhn.[2]

Segundo, ciência não é o mesmo que quantificação ou experimento. Há situações nas quais os resultados numéricos são vitais para a tomada de decisões teóricas. Em testes da Teoria da Relatividade, na confirmação da proporção mendeliana de 3:1 na genética e na predição da existência do planeta Netuno a partir de anomalias da órbita de Urano, medições precisas foram cruciais. Mas, mesmo aí, as conclusões importantes não foram quantitativas, mas sim qualitativas ou semiquantitativas: que a gravitação pode afetar a luz, que as características genéticas segregam, que há algo mais para além de Urano. Os testes estatísticos são frequen-temente usados para decidir se algum fenômeno teve ou não um "efeito significativo" em algum processo, ou é mais ou menos importante do que algum outro fenômeno. Tais testes podem ser utilizados para demonstrar a relação entre saúde e classe, a associação entre pobreza e taxa de suicí-dio, e a crescente concentração da riqueza. Mas em outras descobertas, resultados numéricos têm um papel muito menor: o reconhecimento de Lucy, o fóssil *Australopithecine*, como um ancestral humano próximo; a formulação da estrutura do DNA; a confirmação de que mosquitos trans-mitem agentes patogênicos; o papel da formação de placa bacteriana nas doenças coronárias; os padrões de deriva continental; e a expansão do universo. Os vários papéis que a medição precisa desempenhar separam diferentes ramos tanto das ciências naturais quanto das sociais, não a ciência natural e social uma da outra.

Programas de computador de grande escala podem simular aspectos importantes de um processo, mas no final o que nos dão são mais nú-

---

[2] Ver capítulo "Dez proposições sobre ciência e anticiência", neste volume, para um breve resumo dos aspectos "objetivos" e "subjetivos" das ciências naturais.

meros. Estes são frequentemente úteis para projeções, desde que nada de importante mude. E são certamente essenciais na hora de desenhar e construir algo, quando a precisão quantitativa pode ser crucial. Mas não há substituto para a compreensão qualitativa, a demonstração de uma relação entre o particular e o geral, que requer uma prática teórica distinta da resolução de equações ou da estimativa das suas soluções.

A experimentação também não é um ingrediente necessário da ciência. Embora os processos que ocorrem na escala do muito pequeno possam ser duplicados em laboratório, certamente não podemos replicar supernovas ou epidemias, nem a formação de espécies ou a deriva continental. Aqui, precisamos de outros modos de verificação. O estudo dos fenômenos sociais em grande escala partilha com a Ecologia, Evolução, Epidemiologia e Biogeografia as características de que o número de exemplos de cada tipo disponíveis para estudo é pequeno em comparação ao número de *tipos* de objetos relevantes que realmente existem ou são possíveis. Por conseguinte, a replicação não é possível. Não podemos comparar 150 revoluções socialistas estratificadas pelo grau de sexismo nas suas sociedades para comparar resultados, ou 50 continentes isolados com e sem grandes mamíferos para ver como afetam o desenvolvimento da agricultura ou a evolução das aves.

Em contraste, existem relativamente poucos tipos de átomos ou partículas fundamentais ou estrelas, cada um presente em número extraordinariamente elevado de réplicas essencialmente idênticas. Mas há um número razoavelmente grande de pequenas empresas e de políticos eleitos para cargos locais de modo a possibilitar estudos comparativos. Aqui, a previsão é avaliada não em experimentos controlados, mas por meio de um conjunto de dados que não foi utilizado para fazer a previsão. Essas diferenças certamente afetam a metodologia das ciências e os tipos de questões com que lidam, mas não separam as ciências naturais das ciências sociais.

Assim, a falta de equações ou de experiências controladas nas ciências sociais não as torna fundamentalmente diferentes das ciências naturais. E nem a questão da previsibilidade. Enquanto os exemplos clássicos da Física mostravam o glorioso poder de confirmação da previsão precisa, a teoria moderna dos sistemas dinâmicos revela muitas situações, mes-

QUÃO DIFERENTES SÃO AS CIÊNCIAS NATURAIS E SOCIAIS? 63

mo bastante simples, nas quais não é possível uma previsão precisa. A previsão do tempo é um exemplo notório: o interesse moderno no "caos" foi estimulado pelas tentativas de Lorentz para resolver um modelo de atmosfera com apenas três variáveis, e a sua descoberta de que mesmo pequenas alterações arbitrárias de uma variável poderia levar a resultados drasticamente diferentes, e pequenos erros arbitrários de estimativa poderiam tornar as previsões extremamente incertas. No entanto, mesmo os sistemas caóticos têm aspectos regulares, bem como aparentemente aleatórios. Podemos não ser capazes de projetar a trajetória de uma população autorreguladora e, no entanto, sabemos que muito provavelmente ela oscilará entre certos limites, e que em um desvio para baixo desse limite poderá vir a extinguir-se. A estrutura do capitalismo torna a luta de classes inevitável; a singularidade de cada configuração histórica torna as formas particulares de luta de classe, e mesmo os seus resultados, incertos do ponto de vista apenas dessa estrutura.

Assim, há dois tipos de incerteza na ciência: todos os sistemas, por mais complexos que sejam, têm um exterior no qual a influência não incluída na teoria pode penetrar e ter efeitos importantes; e a dinâmica dos próprios sistemas complexos pode resultar em caos, uma combinação de aspectos previsíveis e imprevisíveis do processo. Nenhum desses aspectos é exclusivo das ciências sociais.

A subjetividade é subjetiva somente a partir do interior: nossas teorias não descrevem a sensação em primeira pessoa. Mas subjetividade pode também ser estudada objetivamente. Crenças e sentimentos têm causas, e eles próprios são causas. Podem tornar-se mais ou menos comuns. Nós podemos, por exemplo, incluir o medo ou o desespero como elos no progresso de uma epidemia, respondendo à prevalência de uma doença mortal e à disponibilidade de tratamentos eficazes, e afetando a taxa de contágio que retroalimenta a prevalência. As subjetividades alteradas devem ser incluídas em qualquer avaliação realista da pandemia de Aids. O estudo de muitas subjetividades diferentes revela padrões de subjetividade que tornam possíveis as terapias psicossociais.

Assim, não há nenhuma base para argumentar que a dialética funciona para as ciências naturais, nas quais a previsibilidade e a legalidade prevalecem, mas não nas ciências sociais, nas quais a operação errática das subjetividades caprichosas frustra a ciência. Ou, alternativamente, que a dialética serve nas ciências sociais, nas quais as contradições abundam diante de nossos olhos, mas não nas ciências naturais, porque a natureza é determinística e mecânica, ou estatística. Tanto o materialismo dialético quanto intuições mais restritas da teoria de sistemas são relevantes para a compreensão seja dos processos naturais, seja dos processos sociais.

ALGUMA COISA NOVA JÁ ACONTECEU?[1]

O cansado e desanimado autor do Livro de Eclesiastes, escrevendo no segundo ou terceiro século antes de Cristo, assegura-nos que "não há nada de novo sob o sol" e que "tudo é vaidade". Mais recentemente, Francis Fukuyama deixou aberta a possibilidade de que talvez as coisas realmente *costumavam* acontecer, mas agora a história terminou. No intervalo de tempo entre os dois, muitos provérbios pitorescos repetiram o mesmo tema, incluindo "Você não pode mudar a natureza humana" e *"Plus ça change, plus c'est la méme chose"* [quanto mais as coisas mudam, mais elas permanecem iguais].

Alegações de que fenômenos são radicalmente novos, ou que são apenas a mesma velha história, não surgem de alguma ideologia geral, mas destinam-se, em cada instância, a tarefas específicas. Em alguns casos, aqueles que preferem que não haja mudanças, assim como aqueles que tentaram promover a mudança apenas para ver seus esforços frustrados, se juntam em escolher maneiras de mostrar que épocas diferentes são semelhantes, a fim de negar a diferença. Por exemplo, para apoiar um argumento de que o empreendedorismo é um aspecto básico e imutável da

---

[1] Este capítulo apareceu de forma um pouco distinta em Lewontin, Richard e Levins, Richard. "Does Anything Ever Happen?". *Capitalism, Nature, Socialism 9*, n. 2, 1998, p. 53-56.
Tradução: Mário Miguel.

natureza humana, qualquer tipo de troca de bens é visto como "comércio", e todo o comércio é interpretado como uma forma de troca capitalista. Então, um cadáver da Idade da Pedra encontrado nos Alpes com mais ferramentas do que ele poderia usar, ou um par de cubanos trocando bens racionados para satisfazer suas diferentes necessidades, são agrupados em uma propensão humana universal para o comércio (presumivelmente localizada no mesmo cromossomo que os genes para a propensão a colar nas provas e desconfiar de estranhos). Nessa perspectiva, a União Soviética era apenas uma continuação do império tsarista com uma retórica superficialmente alterada, e todas as revoluções são similares, uma vez que apenas substituem um grupo dominante por outro. No entanto, em uma aparente reversão da ideologia, apologistas burgueses afirmaram que o capitalismo sofreu uma mudança revolucionária, substituindo a dominação dos donos do capital pela dos tecnocratas, como resultado da "revolução gerencial", enquanto ficou a cargo dos teóricos marxistas nos lembrar que *"plus ça change, plus c'est la méme chose"* [quanto mais se muda, mais permanece].

É sempre possível, claro, encontrar tanto semelhanças quanto diferenças entre os fenômenos. O esquema evolutivo traçado por Darwin dependeu de ambos: as similaridades revelavam a ancestralidade comum e estabeleciam as restrições dentro das quais as divergências ocorreram, enquanto as diferenças indicavam divergência histórica. Caso houvesse apenas diferenças, com cada tipo de organismo único e sem características comuns a quaisquer outros, então a criação especial seria uma melhor explicação das observações do que a própria evolução.

Dependendo do trabalho a ser feito, é apropriado enfatizar similaridade ou mudança. Ao olhar para o capitalismo contemporâneo, vemos a continuação da exploração, a extração de lucros, assim como a mudança nos meios de produção como a principal fonte de riqueza e a relação de mercadoria penetrando em todos os lugares. Para a perspectiva que procura contestar o sistema inteiro, esses elementos de continuidade são mais importantes do que o novo: o surgimento das indústrias da informação, a crescente independência dos instrumentos financeiros, muitos degraus distantes da produção e vistos como grandes oportunidades de investimento que oferecem a maior taxa de retorno de capital, o caráter endêmico do desemprego e a ascensão da corporação transnacional. Mas quando planejamos estratégias, temos que aumentar a resolução e examinar as novas características que afetam nossa capacidade de organização, a necessidade de solidariedade para além das fronteiras e a posição cada vez mais perigosa dos Estados Unidos, como uma economia em declínio com poder militar de primeira linha, enfrentando-se agora com o problema de como usar seu poderio bélico a serviço da economia.

Ao observar as semelhanças, é importante notar que dois objetos ou eventos "semelhantes" podem ter significados bastante diferentes, e podem estar em trajetórias de desenvolvimento bastante diferentes, por se encontrarem em contextos diferentes. Por exemplo, o voto é agora difundido em muitas sociedades. Mas o voto tem tido papéis bem distintos: a confirmação de uma relação de poder existente (todos os alemães foram autorizados a votar no plebiscito de Hitler em 1934, dando-lhe autoridade para governar por decreto); a escolha entre partidos políticos, dentro da qual a população em geral tem pouca voz; um referendo ratificando os resultados de ampla consulta prévia popular, como na votação de orçamentos em assembleias municipais da Nova Inglaterra; um concurso de popularidade dirigido por técnicos de publicidade – são todas "votações".

Quando os conservadores enfatizam a ausência de mudança, falam de "conflito étnico" e "inimizades antigas" em vez de conflito nacionalista, o que expressa uma escolha política. Mas se conservadores sublinham similaridade quando esta é espúria, o pensamento anarquista enfatiza a continuidade, como na crença de que a catarse da revolução cria "um novo povo", pronto e disposto a viver vidas coletivas em igualdade e solidariedade, totalmente livre da consciência anterior. A experiência real de construir o socialismo mostra o contrário. Algumas relações sociais são extraordinariamente tenazes e, como ressaltou Rosa Luxemburgo, estamos sempre tentando construir um futuro com os materiais do passado.

A alegação de que nada de novo está acontecendo é um dispositivo comum para se opor à ação social e política, seja porque nenhuma ação seria possível, pois a situação atual é uma constante imutável da natureza, seja porque nenhuma nova ação seria necessária, uma vez que as coisas não são materialmente diferentes do que sempre foram. As manifestações atuais mais ativas dessa jogada conservadora se opõem às demandas por ações radicais em duas esferas em que a consciência pública tem se elevado – a desigualdade social e a deterioração ambiental. O problema da desigualdade tem sido um fator dominante de agonia da vida burguesa desde as revoluções do século XVIII, revoluções que reivindicavam a igualdade como seu princípio legitimador. A resposta a uma demanda que é irrealizável dentro da sociedade burguesa tem sido alegar que relações sociais realmente novas são biologicamente impossíveis, haja visto que a natureza humana é competitiva, agressiva, auto-orientada e egoísta. Essa natureza teria sido embutida pela evolução nos nossos ancestrais pré-humanos. Nada de realmente novo surgiu na evolução da espécie humana. Somos simplesmente "macacos nus", possuidores de nossa própria natureza animal espécie-específica, inalterada e profundamente arraigada. Por isso, as tentativas de mudar os arranjos sociais são delirantes.

Nossa ansiedade a respeito de que a atual forma e escala de transformação de recursos em breve tornará uma vida materialmente digna insustentável para os seres humanos é respondida com a alegação de que "nada de novo está acontecendo". Marx não nos lembra, nos *Grundrisse*, de que todo ato de produção é um ato de consumo e todo ato de consumo é um ato de produção? E não só para nós, seres humanos. Cada espécie de organismo consome os recursos necessários para sua vida e, se não controlada pela predação ou competição, incorreria em um crescimento ilimitado. Todo organismo produz resíduos que são tóxicos para si. E por que todo o alvoroço sobre a extinção? Afinal, 99,999% de todas as espécies que já existiram estão extintas e, em última análise, nenhuma escapará à extinção. Tempo e acaso acontecem para todos. Além disso, nenhuma espécie de vertebrado ou planta com flores foi extinta na Grã-Bretanha nos últimos cem anos, apesar do derramamento tóxico dos "sombrios moinhos satânicos". Os gregos já tinham desmatado completamente suas terras nos tempos da Antiguidade Clássica e não há mais pradarias na América do Norte há mais de um século, mas isso não parou nem os gregos nem os estadunidenses de se tornarem dominantes em seu tempo.

Ambos os argumentos enfatizam a operação atual das mesmas forças básicas que serviram como motores da história passada, e a continuidade do presente com o passado. Mas essa ênfase carece das características essenciais dos sistemas dinâmicos que permitem a ocorrência de novidades apesar da continuidade e uniformidade dos processos subjacentes. Primeiro, os domínios do mundo que não haviam sido anteriormente tocados pelo processo podem ser incorporados. Todas as espécies usam recursos, mas os seres humanos são únicos na utilização de recursos não renováveis, como combustíveis fósseis e minerais, no próprio centro de seus padrões de consumo. Segundo, os domínios do mundo que não haviam entrado em contato previamente podem ser justapostos e interagir. A maioria das reações químicas produzidas por seres humanos nunca ocorreram antes na natureza porque os reagentes nunca estiveram em contato anteriormente. Terceiro, sistemas dinâmicos passam por mudanças de forma em valores críticos de variáveis contínuas, os chamados pontos de catástrofe, como quando um galho, cada vez mais arqueado por um aumento contínuo de força, de repente quebra. Então, mesmo para recursos renováveis, baixas taxas de produção e consumo desses recursos podem estar dentro de um intervalo de valores que permite uma estabilidade dinâmica do sistema, embora a exploração fora desse intervalo possa resultar em um colapso. Mas uma "catástrofe" matemática também pode ser uma novidade construtiva. Conforme o sistema nervoso central dos ancestrais primatas humanos foi crescendo, com conexões se multiplicando, partes do cérebro começaram a executar novas funções, entre elas funções linguísticas sem análogos em primatas não humanos. Em quarto lugar, sistemas dinâmicos não lineares comportam-se suave e previsivelmente para alguns intervalos de seus parâmetros, mas fora destas faixas oscilam descontroladamente e sem qualquer previsibilidade óbvia (é o chamado regime "caótico"). Uma economia de pequenos produtores locais, que abastece um mercado local, não tem a mesma dinâmica que o capital financeiro globalizado.

Dizem que quando Galileu, confrontado pelas ferramentas desagradáveis da Inquisição, se retratou de sua afirmação de que a Terra, como outros corpos celestes, estava em movimento, ele murmurou *"Eppur' si muove!"* [Mas ela se move!]. Nós não sabemos se ele realmente disse isso, ou se é apenas o que deveria dizer para satisfazer a lenda da mudança progressiva. Nós adotamos essa frase para o título de nossa coluna na revista *Capitalismo, Natureza, Socialismo* em um ponto baixo da história do nosso movimento para uma nova forma de vida social, quando o triunfo do capitalismo parecia irresistível e o grito de Margaret Thatcher – "Não há alternativa!" – parecia fechar todas as possibilidades. Os dialéticos sabiam que não era uma boa ideia.

A VIDA EM OUTROS MUNDOS[1]

Desde os primeiros anos do programa espacial estadunidense, a detecção da vida extraterrestre tem estado na agenda. Quando a sonda *Viking* chegou a Marte, em 1976, carregava um dispositivo para detectar vida marciana, um aparelho que era o resultado de um programa de desenvolvimento iniciado com os primeiros planos para o desembarque de um veículo não tripulado no Planeta Vermelho. Assumiu-se que nenhum pequeno homem verde seria visto correndo pela superfície e que a vida, se existisse, seria microscópica. No início do programa, havia dois esquemas concorrentes para detecção de vida. Um consistia em uma espécie de língua longa e pegajosa que se desenrolaria na superfície marciana capturando pedaços de poeira. A língua, então, se retrairia e sua superfície seria investigada sob um microscópio, resultando em imagens que seriam transmitidas de volta aos microbiologistas na Terra que, presumivelmente, reconheceriam um organismo vivo quando o vissem. Podemos chamar isso de definição morfológica da vida: se parece uma célula ou se agita-se como uma célula, então está vivo. O esquema concorrente, e por fim adotado, parecia mais objetivo e mais sofisticado.

---

[1] Este capítulo apareceu de forma um pouco distinta em Lewontin, Richard e Levins, Richard. "Life in Other Worlds". *Capitalism, Nature, Socialism 9*, n. 4, 1998. p. 39-42). Tradução: Mário Miguel.

A sonda transportava um tubo de ensaio preenchido com uma solução solúvel de substrato de carboidratos para o metabolismo, em que os átomos de carbono haviam sido marcados radioativamente – uma espécie de canja de galinha radioativa. Acima do nível do líquido, havia um detector que registraria a presença do dióxido de carbono radioativo. O pó era retirado da superfície marciana e depositado na sopa. Se houvesse organismos vivos, eles usariam o carboidrato como fonte de energia e dióxido de carbono radioativo seria liberado. Essa é a definição fisiológica da vida: não importa a aparência, se tem metabolismo, está vivo.

O leitor pode imaginar a emoção no controle da missão quando, de fato, contagens radioativas começaram a aparecer e aumentaram exponencialmente, precisamente o que esperaríamos de uma cultura de microorganismos se dividindo em meio a um nutriente quase ilimitado. Mas então as coisas deram errado. De repente, nenhuma nova contagem radioativa foi registrada, embora o aparelho estivesse funcionando. Normalmente, uma cultura crescente de microrganismos desacelera e atinge uma fase estacionária de tamanho da população, com um consumo constante de nutrientes e uma produção constante de resíduos por um longo período, mas as criaturas marcianas pareciam ter sido desligadas ou terem desaparecido completamente em um instante! Depois de considerável debate e busca por explicações, entendeu-se que não era vida o que havia sido detectado, e que o dióxido de carbono tinha sido produzido a partir de uma quebra catalítica do carboidrato nas partículas de argila finamente depositadas na superfície marciana, e que então essas partículas haviam ficado saturadas. Uma reação semelhante foi reproduzida em laboratório na Terra.

A definição morfológica da vida foi considerada muito ingênua porque, como um século de ficção científica nos convenceu, a vida marciana poderia, de fato, ter uma aparência muito esquisita. Uma extraordinária diversidade de formas surgiu no curso da evolução na Terra e uma diversidade bastante distinta pode ter aparecido em outros mundos. Afinal, as formas orgânicas são apenas conjuntos de moléculas, e podem assumir uma variedade desconcertante de formas, com os mesmos processos e leis subjacentes. A forma é superficial e sujeita aos caprichos da história. São os processos moleculares que são os invariantes da vida, sujeitos aos princípios físicos gerais. Moléculas são a base; formas brutas são a mera superestrutura. Então, se quisermos procurar por vida extraterrestre, devemos não nos ater às especificidades superficiais das formas vivas que por acaso ocorreram na Terra, mas buscar, no nível molecular, constâncias que subjazem a variação nos níveis mais altos.

O problema de detectar vida em Marte, no entanto, é mais profundo do que os cientistas da Nasa imaginavam. A dificuldade representada pela contingência histórica não pode ser evitada concentrando a atenção na função em vez da forma, ou em moléculas, em vez da anatomia macroscópica, pois a função molecular também evolui e carrega o efeito de contingências históricas. O que a sonda *Viking* fez foi apresentar a vida marciana a um "ambiente" sem nunca ter visto esta vida. Mas, como argumentamos no capítulo "Organismo e ambiente", assim como não há organismo sem um ambiente, não há ambiente sem um organismo. Como, entre a infinidade de maneiras possíveis que o mundo físico pode ser estruturado, nós sabemos qual representa um ambiente, a não ser por ter visto um organismo que vive nele? O que o experimento da *Viking* mostrou foi que, aparentemente, não há vida em Marte vivendo no ambiente de uma gama restrita de microorganismos terrestres. O ambiente oferecido à potencial vida marciana era depauperado, tanto no que fornecia como no que deixava de fora. Primeiro, forneceu apenas um carboidrato particular como nutriente para extração de energia. Mesmo supondo que a vida marciana é baseada em carbono e não, digamos, baseada em silício, como sabemos que usa carboidratos em vez de, digamos, hidrocarbonetos? Afinal, uma bactéria que metaboliza o petróleo bruto foi produzida na Terra. E mesmo que a vida marciana metabolize carboidratos, talvez seja um açúcar que não é fermentado por bactérias terrestres. Por meio de experimentos de mutação e seleção, foi possível criar cepas de *E. coli* que não fermentam a lactose, sua fonte de energia normal, mas sim um açúcar alterado, que não é encontrado na natureza. Organismos terrestres têm utilizado historicamente apenas uma pequena fração dos possíveis padrões metabólicos básicos.

Em segundo lugar, a sonda *Mars* não levou em conta a maior parte da complexidade que caracteriza ambientes terrestres. O mesmo experimento feito na terra teria deixado de detectar a presença da maioria das formas de vida microbiana já conhecida. Não existe um meio de cultura microbiana geral, e essa procura é cega sem um conhecimento, por exemplo, da especificidade do substrato físico, ou dos oligoelementos inorgânicos necessários para algumas espécies, e tóxicos para outros. Esse experimento, por exemplo, não teria conseguido encontrar bactérias fixadoras de enxofre, bactérias fixadoras de nitrogênio que não podem viver livremente, mas que devem estar associadas às raízes das plantas, nem fungos e algas que estão associados em líquenes, ou termófilos extremos, halófilos e assim por diante. Para alguns fungos terrestres, os esporos isolados não germinam, mas precisam se concentrar em um pequeno volume para que seu metabolismo de baixo nível, quando combinado, leve o substrato a um estado crítico, permitindo a todos eles quebrarem sua dormência. A vida marciana é caracterizada por esse tipo de dormência? Se sim, que condições são necessárias para quebrá-la? Toda essa rica variedade de metabolismo celular é o resultado da evolução historicamente contingente e nenhuma dessas formas precisava ter existido.

A crença de que encontraremos, no nível molecular, características não contingentes da vida é uma consequência da dominância de um modelo simples derivado das ciências físicas. A Biologia é vista como uma ciência menor na medida em que depende de detalhes contingentes. Talvez no estudo do metabolismo não tenhamos descido suficientemente na hierarquia da natureza física. O que e como os organismos comem pode, de fato, ser um produto de uma evolução contingente, mas certamente deve haver alguma universalidade molecular que caracterizaria qualquer coisa que gostaríamos de chamar de "vida". Moléculas informativas? Mas é claro que não precisava ser o DNA. Nem a informação precisa se concentrar em um tipo de molécula. Em vez disso, as estruturas podem ser autoespecificadas e podem ser copiadas diretamente pelo maquinário reprodutivo, como no caso das paredes celulares em bactérias que têm sua própria herança somática e que não podem ser fabricadas sem algum primer da parede celular anterior. Mas por que reprodução em tudo? Como qualquer sistema físico, matéria viva necessariamente sofre acidentes, destruições e decadência, e se não houvesse algum processo de renovação, a vida acabaria em breve. Mas por que *reprodução*? Por que enviar o carro antigo para o ferro-velho e comprar um novo, se o antigo pode ser reparado indefinidamente? Todos os sistemas vivos que conhecemos têm mecanismos de reparo, incluindo a regeneração de órgãos e tecidos, a recuperação de células danificadas, e correção de erros na cópia do DNA. E por que indivíduos? Não poderia a vida em outro lugar consistir em um único objeto fisicamente contíguo, variando de lugar em lugar em sua extensão e no tempo como consequência da rotatividade de seus constituintes físicos? Quando uma árvore caiu na parte traseira do sedan de quatro portas de um dos nossos vizinhos em Vermont, ele converteu o carro em uma caminhonete.

O problema que assola a investigação de formas de vida alternativas e independentes é a observação de que a ciência é necessária porque as coisas são diferentes, mas essa ciência só é possível porque as coisas são iguais. A busca pela vida em outro lugar que olhe simplesmente para uma replicação detalhada da vida terrestre vai deixar passar a maioria dos casos, se não todos, pois negligencia completamente a esmagadora importância da contingência histórica. No entanto, contingência não significa que vale tudo. O problema não pode ser resolvido por especulação ilimitada. Deve haver algo concreto a ser procurado por métodos concretos que considerem restrições físicas razoáveis. A Nasa não entende a forma do problema e está prestes a repetir o erro da sonda *Viking* em uma escala mais ambiciosa. Anunciou um programa em Astrobiologia, para encontrar vida em outros sistemas planetários. Mas este programa é restrito inteiramente a projetos experimentais e de engenharia, sem nenhum componente teórico. O resultado certamente será elaborado, com máquinas caras projetadas para detectar a vida terrestre mais simples em outro lugar.

A importância de uma formulação correta do problema não é, evidentemente, apenas encontrar vida em outros planetas, um projeto cuja probabilidade de sucesso é extremamente pequena. Em vez disso, um modelo adequado para sua solução é um modelo para o gerenciamento da vida terrestre. As coisas no futuro não podem ser exatamente como eram no passado. Os ecossistemas mudarão e espécies serão extintas. A vida "tal como a conhecemos" pode não ser mantida. Mas o mesmo vale também para um "futuro possível", limitado apenas pela imaginação e pelo desejo. Nosso problema metodológico é desenvolver uma abordagem para um planejamento e uma mobilização que leve em conta tanto a contingência histórica quanto os limites de suas possibilidades.

NÓS SOMOS PROGRAMADOS?[1]

Os organismos vivos são caracterizados por duas propriedades que os tornam diferentes de outros sistemas físicos: eles são de tamanho médio e funcionalmente heterogêneos, do ponto de vista interno. Por serem menores que os planetas e maiores que os núcleos atômicos, e porque há um grande número de processos interagindo dentro deles, os organismos estão conectados a um número muito grande de forças determinantes individualmente fracas. Seu comportamento individual ou coletivo não pode ser descrito ou previsto por referência a umas poucas leis com alguns parâmetros, ao contrário das leis do movimento do sistema solar ou as leis da Física Quântica que se aplicam a sistemas muito grandes, ou muito pequenos, e bastante homogêneos. A consequência para a ciência, uma empreitada que adotaria a Mecânica newtoniana como seu modelo *par excellence*, tem sido buscar analogias e metáforas para sistemas vivos que de alguma forma reduziriam sua desconcertante variedade de comportamentos a algum sistema administrável de explicação e previsão.

A história dessas metáforas espelha a história da ciência e da tecnologia e as ideologias de sucessivos períodos. A metáfora fundadora

---

[1] Este capítulo apareceu de forma um pouco distinta em Lewontin, Richard e Levins, Richard. "Are we programmed?". *Capitalism, Nature, Socialism 10*, n. 2, 1999, p. 71-75. Tradução: Mário Miguel.

da Biologia moderna é o modelo de máquina de Descartes, no qual o organismo é análogo, às vezes, a um relógio com suas engrenagens e alavancas e, às vezes, a um sistema de bombeamento mecânico. Descartes contornou o problema da imprevisibilidade do comportamento humano por um dualismo puro, colocando o livre-arbítrio no reino inteiramente não físico da alma. Problemas de fé e moralidade foram atribuídos a outro departamento, no qual o conhecimento era revelado pela Igreja, deixando a ciência livre para descrever a maquinaria do corpo.

Desde Descartes, o uso de novas tecnologias e ideologias para modelar os organismos e, especialmente, os seres humanos, tem sido a regra invariável, e em cada época a metáfora reflete o estado atual da ciência, tecnologia e ideologia. A ideia de que o coração é uma bomba, que nossos ossos e músculos são alavancas e polias, que o nosso sistema circulatório é encanamento, e que os discos da coluna vertebral são amortecedores pertence à tecnologia simples que remonta aos séculos XVII e XVIII. Mas o desenvolvimento da ideologia social também entra aqui. Pendurado na parede de um dos nossos escritórios há um grande gráfico educacional do final da década de 1920 mostrando a operação interna de "The Human Factory" [A Fábrica Humana] com quartos, máquinas e trabalhadores reminiscentes do último episódio de *Tudo o que você sempre quis saber sobre sexo*, de Woody Allen. As engrenagens, polias, correias, tanques químicos e os trabalhadores que os operam são todos sinalizados ao longo de fios que funcionam por meio de uma central telefônica operada por mulheres. A entrada para esse painel de controle vem literalmente "do topo" – três escritórios no crânio, nos quais homens de terno e gravata executam as funções de inteligência, julgamento e força da vontade.

Como a tecnologia mudou, a metáfora dominante mudou. A central telefônica era claramente simples demais para explicar o sistema nervoso central; ela logo se tornou um holograma para incluir as novas observações de que a informação é armazenada de forma dispersa. Mas o modelo de holograma não conseguiu dar conta da tarefa e fomos resgatados pela invenção do computador. A realização física da máquina abstrata de Turing, o computador digital, é um arranjo de componentes elétricos e mecânicos cuja função última é servir como substrato físico para um conjunto abstrato de direções preexistentes, o programa, que transformará a entrada de dados sobre o mundo em saída. O computador em si é o mero dispositivo eletromecânico, o músculo do empreendimento produtivo. É o programa, o plano, que é a essência da operação produtiva. Nada manifesta melhor a ideologia da separação do trabalho físico e mental e da superioridade do mental sobre físico do que o computador e seu programa. O imenso poder ideológico da metáfora do programa de computador resultou em sua propagação, passando de um modelo específico do sistema nervoso central para um modelo de todo o organismo. Os genes contêm o programa, a essência do organismo, enquanto a maquinaria celular simplesmente lê o plano e executa as instruções.

O problema com analogias e metáforas é que precisamos delas para entender a natureza, mas seu poder de iluminar a natureza é acompanhado por grandes perigos. Cada avanço tecnológico revela um aspecto diferente de nossas relações com a natureza, e novos domínios da tecnologia frequentemente implicam uma compreensão mais profunda da natureza. Essa nova compreensão pode então ser aplicada em outros lugares. Também não é útil colocar uma analogia sob um microscópio para ver até onde ela se encaixa ou deixa de encaixar. Claro, haverá diferenças entre o modelo e o que está sendo modelado. Como Norbert Wiener escreveu, "O melhor modelo de um gato é outro ou, de preferência, o mesmo gato". A questão é: o que o modelo faz por nós, para aprofundar ou enfraquecer nossa compreensão?

Vejamos o que está implícito na analogia do computador.

Quando alguém diz que algum comportamento é programado, a implicação é que é inevitável, determinado com antecedência. Para os cientistas, há o prazer de perfurar a ilusão autoimportante de que tomamos decisões e escolhemos comportamentos livremente, talvez com um toque de cutucada anticlerical na alma. Nos chamar de programados é uma expressão autodepreciativa semelhante a se referir a homens cheios de si, pomposos e competitivos como "macho alfa", ou quando na escola afirma-se que o ser humano vale uns poucos centavos de produtos químicos, ou que se apaixonar é uma mera questão de "química".

As analogias tecnológicas do passado serviram todas a fins úteis. O coração é uma bomba. Suas contrações enviam sangue pelo corpo, a força das contrações e o volume preenchido antes de contrair nos diz o quanto de sangue será bombeado. A placa aterosclerótica nas paredes das artérias *restringe* o fluxo de sangue e, portanto, de oxigênio onde ele é necessário. Mas o coração também *não é* uma bomba: uma placa é muito mais dinâmica do que a ferrugem sendo depositada e removida das artérias; uma artéria pode ser bloqueada por uma placa, mas também comprimida, reversivelmente, pelo estresse. A analogia do encanamento não permitiria a reconhecida possibilidade de reversão da doença cardíaca, ou sensibilidade à intrincada relação entre estado cardiovascular, fluxo emocional e posição social. A analogia do cérebro com uma rede de circuitos também é útil: as funções são concentradas em regiões específicas e os danos a essas regiões prejudicam a função. Mas uma atividade é realizada em muitas partes do cérebro ao mesmo tempo, e quando há danos para uma parte, as atividades podem ser realocadas para outras seções. Conexões de circuito não garantem a transmissão, já que neurotransmissores são necessários onde as células nervosas se encontram. Nervos estão continuamente refazendo suas conexões e as células nervosas lesadas podem se regenerar. Assim, o *"hardware"* do cérebro é, na verdade, *"soft"* (dinâmico), desenvolve-se durante o desenvolvimento pré-natal e pós-natal do corpo e depende das conexões serem usadas.

O modelo do programa não implica que sempre façamos a mesma coisa. Em vez disso, temos um programa sofisticado, que pode responder diferentemente em situações diferentes e, comparando os resultados de um comportamento a se é bom ou ruim para nós, o programa pode aprender. Os computadores podem aprender algumas coisas muito bem, como jogar xadrez. No caso do famoso computador que derrotou o enxadrista Garry Kasparov, Deep Blue "aprendeu" fazendo uma varredura de um número muito grande de escolhas e avaliando seus resultados. Cada vez mais, programas de computador são projetados para simular o comportamento do cérebro. E quando fazem isso, nos dizem: "veja, o cérebro é como um computador".

Mas a noção de que somos "programados" é enganosa em vários pontos importantes:

1. o cérebro gera atividade espontânea. Quando a entrada sensorial é reduzida, como no sono ou isolamento, a atividade cerebral nos dá sonhos, fantasias ou alucinações. Ao contrário de um progra-

ma de computador, o cérebro não está em um estado de repouso quando não está interagindo diretamente com o mundo. *Como consequência, o cérebro nunca se encontra no mesmo estado duas vezes, de modo que o mesmo estímulo não precisa evocar necessariamente a mesma resposta;*

2. os "programas" cerebrais são influenciados não apenas pelos dados que podem ser considerados legitimamente como "*input*" (entrada), mas por processos estranhos ao programa, que podem distrair, excitar, deprimir ou alterá-lo de maneiras que não fazem parte de sua própria constituição. Neurônios que estão envolvidos em cálculos podem ser influenciados pela fome, barulho, excitação sexual, preocupações de outra esfera da vida, exaustão ou atividades internas geradas espontaneamente. Computadores também podem fazer mais de uma coisa de cada vez, mas quando isso ocorre é, em geral, por "tempo compartilhado" – ou seja, em "multitarefa" por meio do tempo compartilhado – essencialmente, programas diferentes trabalhando simultaneamente, executando tarefas diversas, sem influenciar uns aos outros. *O cérebro está sempre fazendo muitas coisas ao mesmo tempo, e essas coisas influenciam umas às outras;*

3. o "programa" não é uma entidade física separada do corpo, que é ativado pelo cérebro. Já em uma máquina ou robô computadorizado, a saída ("*output*") é conceitualmente distinta dos sensores, computadores e do programa em si. Em um organismo, estes são feitos do mesmo material que os membros ou os olhos. Por exemplo: os sensores de pressão sanguínea no rim podem ser danificados pela pressão alta e, em consequência, alterar a regulação da pressão sanguínea. Contra a noção hierárquica de uma aristocracia programadora que comanda o corpo camponês, temos as estruturas e atividades do corpo desenvolvendo e controlando umas às outras;

4. o cérebro tem cerca de 10^9 neurônios, e estes podem ter centenas de conexões cada. Assim, o número de arranjos de circuito possíveis é muito maior que o número de partículas subatômicas no universo visível. O genoma tem apenas entre 10^6 e 10^9 genes.

Assim, não pode haver um modelo genético específico para a construção de cada cérebro. Ao contrário, existem alguns padrões mais gerais que são prescritos pelos fluxos de proteínas: localização de ramificação, probabilidades de ligação, proporções de vias excitatórias e inibitórias, síntese de neurotransmissores e outras propriedades muito gerais, a partir das quais nos produzimos, a nós mesmos, por meio de interações com os ambientes – primeiro do útero e, depois, do mundo mais amplo. Nessa interação, o organismo em desenvolvimento seleciona, transforma e define seu ambiente, além de ser transformado por ele.

Pouco se sabe sobre os equivalentes neurológicos de comportamentos particulares, mesmo que conheçamos as regiões do cérebro envolvidas. Por exemplo: se as pessoas têm que resolver problemas de aritmética, podemos detectar atividade aumentada em algumas regiões corticais, mas não temos ideia de como fazer uma adição é diferente, por exemplo, de fazer uma longa divisão. Podemos detectar uma região do cérebro que é especialmente ativa enquanto contemplamos obras de arte, mas não discriminar padrões neurológicos diferentes para a arte expressionista e a cubista. Podemos identificar caminhos de atividade neural e química associada ao estresse, mas não podemos diferenciar porque algumas coisas são estressantes e outras não, ou como o medo de um automóvel que se aproxima difere do medo de perder seu trabalho. O que podemos dizer é que existem respostas ao estresse, atividades coordenadas de nervos, glândulas e músculos que formam um aglomerado de comportamento mais ou menos coerente. Mas esses grupos estão ligados, mesmo que frouxamente, uns aos outros e à cognição, aos processos que avaliam uma situação que exige a mobilização dos recursos do corpo. Nosso comportamento total é, portanto, uma combinação única de subunidades mais ou menos estereotipadas, o que faz com que os comportamentos pareçam familiares. Então, sim, nossa "impressora" pode ser programada para imprimir letras conforme "instruída", mas o texto mesmo é criado em outro tipo de lugar.

Como interpretamos a observação de que os babuínos machos que têm "*status* social baixo" em uma tropa têm padrões cardiovasculares semelhantes aos dos machos humanos de baixo *status*? Claramente, ambos estão estressados por suas circunstâncias sociais. Este não é um argumento para a universalidade da hierarquia, mas sim uma crítica à nossa sociedade que cria uma hierarquia de *status* ligada a todo o tipo de privilégio, dos quais estar excluído é estressante. A resposta ao estresse em si é parcialmente compartilhada com outros mamíferos (uma vez que estudamos os padrões em laboratório, selecionamos justamente os aspectos que podem ser comparados, e assim permanecemos ignorantes sobre os aspectos da resposta ao estresse que são exclusivamente humanos). Mas o que é estressante em si, evidentemente, não é a mesma coisa; o aglomerado de comportamentos de estresse está conectado, na comparação entre as espécies, a fenômenos bastante distintos. Apesar da metáfora do programa de computador ter alguma utilidade quando aplicada no nível da tradução de genes em proteínas específicas, seu uso torna-se cada vez mais problemático à medida que nos afastamos desse nível em direção a níveis cada vez mais altos de função no organismo. Genes podem muito bem ser um "programa" para a estrutura proteica primária, mas a estrutura proteica não contém todas as informações necessárias para construir o corpo físico de um organismo no nascimento, assim como a estrutura física no nascimento não prevê o curso do desenvolvimento posterior. Mais distante ainda de um modelo de programa é a formação específica, o desenvolvimento e o funcionamento, instante a instante, do cérebro. Para citar Wiener novamente, "o preço da metáfora é a eterna vigilância".

PSICOLOGIA EVOLUTIVA[1]

Com o declínio da religião como a principal fonte da legitimação da ordem social, a Ciência Natural se torna a fonte de explicações e justificativas para a inevitabilidade das relações sociais nas quais estamos imersos. A Biologia, especialmente, desempenha um papel central na criação de uma ideologia da inevitabilidade da estrutura da sociedade porque, afinal, essa estrutura é o comportamento coletivo dos indivíduos de uma determinada espécie de organismo, uma manifestação da natureza biológica do *Homo sapiens*. Supõe-se que a Biologia ofereça as respostas para duas grandes perguntas. A primeira: por que – apesar da ideologia de igualdade que parece ser inquestionável e essencial na teoria social burguesa – há tanta desigualdade em relação ao *status*, à riqueza e ao poder? A resposta biologicista é que essas imensas desigualdades são consequências de distribuições desiguais de temperamento, habilidade e capacidade cognitiva, manifestações de diferenças genéticas determinadas entre indivíduos, raças e sexos. Mas essa alegação deixa sem resposta a segunda pergunta. Suponhamos que seja verdade que haja diferenças geneticamente determinadas entre indivíduos e entre grupos. Essas

---

[1] Este capítulo apareceu de forma um pouco distinta em Lewontin, Richard e Levins, Richard. "Evolutionary Psychology". *Capitalism, Nature, Socialism 10*, n. 3, 1999, p. 127-130. Tradução: Adriana Yoko Sasatani.

diferenças em si não ditam uma sociedade hierarquizada. Por que não "de cada um segundo suas habilidades e para cada um de acordo suas necessidades?".[2] É necessário um quadro explicativo, biologicamente informado, para as motivações e interações humanas capaz de dar conta, entre outras coisas, de por que homens extraordinariamente hábeis em jogar basquete ficam ricos e famosos, mas jogadoras mulheres nem tanto. Ou seja, para completar seu projeto de explicar a sociedade humana, a biologia deve ter uma teoria da natureza humana.

Uma explicação biológica do comportamento individual humano e sua interação social não pode ser simplesmente uma história de determinação genética. Deve também incorporar uma explicação sobre como esses genes particulares que são tidos como as causas eficientes do comportamento humano vieram a caracterizar a espécie, em contraste com os genes que governam o comportamento de outras espécies – um peixe, por exemplo. Uma explicação biológica moderna, para ser respeitável, precisa ser evolutiva. Mas uma explicação plausível deve ser mais do que uma mera narrativa, fornecendo um histórico reconstruído de características ao longo da evolução de uma espécie. Primeiro, deve nos convencer de que as características do comportamento humano, embora específicas para a espécie humana, são, no entanto, alterações detectáveis das propriedades comportamentais gerais de outros organismos. De alguma forma, o que os humanos fazem devem ser casos especiais de agressão ou comunicação, ou competição sexual, ou soluções de problemas, ou um mecanismo para trapacear em um compartilhamento coletivo de recursos, ou qualquer outra propriedade que todos os animais supostamente exibem. Um comportamento único, que não pode ser derivado de um outro comportamento relacionado em uma espécie relacionada, é algo muito embaraçoso para esses "contadores de estórias evolutivas".

Segundo, uma vez que a função ideológica de uma explicação evolutiva é garantir uma justificativa para o comportamento, deve ser possível dar uma explicação desses comportamentos como resultando da seleção natural, de modo que os genes para o comportamento não apenas estejam

---

2   Referência à frase de Karl Marx, a ser inscrita no estandarte da sociedade comunista, presente em *Crítica ao Programa de Gotha*, texto disponível em Antunes, R. (org.) *Dialética do trabalho*. São Paulo: Expressão Popular, 2013. (N. E.)

presentes, como sejam superiores às alternativas. É essa história de seleção que, ao lado da determinação genética, cumpre a parte mais importante desse trabalho ideológico. Se um comportamento é geneticamente determinado, ou ao menos fortemente influenciado pelos genes, então mudá-lo por meio de meros arranjos sociais será visto como muito difícil, ou, mesmo se pudesse ser mudado, o novo comportamento seria instável e susceptível a recaídas de volta ao seu estado "natural". Se os genes para esse comportamento foram estabelecidos pela seleção natural, então é o próprio bem--estar dessa espécie que está em jogo. A visão mais difundida da seleção natural, uma herança direta da "mão invisível" de Adam Smith, é a de que a evolução é um processo de otimização, no qual a escolha do indivíduo mais apto maximizará a eficiência ou a estabilidade de uma espécie, ou sua probabilidade de sobrevivência. Se mudamos o que foi estabelecido pela seleção natural, estamos por nossa conta e risco.

Ao longo dos últimos 25 anos, tivemos duas versões amplamente disseminadas do argumento evolutivo para o comportamento social humano. A primeira, da Sociobiologia, oferecia uma explicação adaptativa específica para cada manifestação social que o criador da teoria, E. O. Wilson, conseguiu enumerar, incluindo: religiosidade, empreendedorismo, xenofobia, dominação masculina, necessidade do conformismo e facilidade de aceitar doutrinação. A teoria sociobiológica foi um sucesso instantâneo nas explicações sobre o comportamento animal, mas gerou, dentro da Biologia, fortes ataques críticos tanto quanto à sua pretensão quanto ao seu estatuto de Ciência Natural bem-sucedida. Como consequência, embora continue sendo parte da estrutura explicativa usada por muitos economistas, cientistas políticos e psicólogos sociais, a "Sociobiologia" tornou-se um termo de opróbio dentro da Biologia e o próprio Wilson passou a dedicar-se ao campo mais aceitável da conservação das espécies. Em seu lugar, surgiu a temática da "psicologia evolutiva", uma versão mais sutil e sofisticada que substitui as afirmativas da Sociobiologia, um tanto ingênuas e fáceis de atacar, por uma teoria adaptacionista mais geral. As afirmações básicas da Psicologia Evolutiva são expressas pelos seus mais conhecidos proponentes, Cosmides e Tooby:

> O cérebro pode processar informações porque contém circuitos neurais complexos que são funcionalmente organizados. O único componente do

> processo evolutivo que pode construir estruturas complexas funcionalmente organizadas é a seleção natural. Cientistas cognitivos precisam reconhecer que, embora nem tudo no *design* dos organismos seja produto da seleção, toda organização funcional complexa é. (Cosmides e Tobby, 1995)

Infelizmente, não nos são dadas orientações úteis sobre como reconhecer uma "organização funcional complexa" quando a vemos. Essa teoria geral é aplicada, em particular, no que diz respeito ao comportamento social humano, alegando que o que foi selecionado foram certos mecanismos especializados, como "o dispositivo de aquisição de linguagem [...], mecanismos de preferência de parceiros [...], mecanismos de contrato social, e assim por diante". A lista é muito menos específica que a xenofobia e a religiosidade, mas, no entanto, abrange o mesmo território. Como a sua antecessora – a Sociobiologia –, a Psicologia Evolutiva depende de noções mal definidas de complexidade e adaptação, afirmando, sem provas definitivas, que os traços julgados como adaptativos só podem ter sido estabelecidos pela seleção natural, em oposição, digamos, ao aprendizado por indivíduos e grupos em um ambiente social. O que caracteriza essas explicações evolutivas do comportamento humano é a falta de qualquer teoria social articulada. O mais próximo que a psicologia evolutiva se aproxima de uma teoria social é quando afirma que indivíduos foram selecionados para ter a capacidade de entrar em "contratos sociais", ou seja, a capacidade de se dispor a seguir normas de grupo. Como se chegou nessas normas, qual é sua dinâmica histórica, como se daria a socialização individual que varia entre grupos, entre sexos, entre indivíduos – tudo isso está fora da teoria. Trata-se, de fato, de uma teoria sem um conteúdo social.

Considerando que a Psicologia Evolutiva e sua predecessora, a Sociobiologia, derivam o apelo que têm fora da ciência para fundamentar a legitimação das estruturas políticas e econômicas, não se deve supor que a motivação para inventar essas teorias venha de tais necessidades justificatórias. Há algo mais em jogo para os cientistas naturais e teóricos acadêmicos da sociedade. O modelo corrente de uma ciência "real" exige universalidade no domínio de suas explicações. Na Biologia Evolutiva, a motivação para aplicar a estrutura esquemática da evolução por seleção natural a todos os aspectos dos organismos vivos é o desejo de fornecer

PSICOLOGIA EVOLUTIVA

à ciência sua legitimação definitiva. Afinal, se os princípios da evolução não podem explicar os aspectos mais significativos da existência humana – nossas vidas psíquicas e sociais – então que tipo de ciência é essa? Mais do que isso, o campo de maior prestígio na Biologia moderna, e que reivindica a maior generalização bem-sucedida, não é o da Evolução, mas o da Biologia Molecular. Assim, a ciência da evolução, para ser bem--sucedida, deve não apenas ser universal em sua aplicação, mas também obedecer ao reducionismo extremo da Biologia Molecular. A explicação social é vista como algo que mais confunde do que esclarece.

Em busca de uma explicação reducionista, algumas (mas não todas) descobertas recentes da Neurobiologia são usadas. Áreas mais ou menos imprecisas do cérebro podem ser identificadas ao tornarem-se metabolicamente mais ativas (isto é, consumindo mais açúcares ou mostrando atividade elétrica mais intensa) quando envolvem processos de memória, cognição ou emoções. A atuação de moléculas de neurotransmissores que participam de um tipo específico de atividade, como controle motor ou memória, e distúrbios como a doença de Parkinson e o Alzheimer, tem sido associada a alterações na sua produção. Isso encoraja os psicólogos evolucionistas a acreditarem que o Projeto Genoma Humano revelará a determinação genética da neuroanatomia e da neuroquímica e, consequentemente, do comportamento humano.[3]

Entretanto, outras descobertas são ignoradas, como a capacidade das células nervosas de se desenvolverem e reconectarem ao longo da vida e o impacto da experiência social em toda nossa fisiologia. O córtex cerebral, agindo por meio de conexões lábeis e de neurotransmissores, liga a experiência social à nossa biologia. Por exemplo, o equilíbrio dos dois ramos do sistema nervoso autônomo, o simpático e o parassimpático, na regulação da função cardíaca é diferente em adolescentes da classe trabalhadora e da classe média. Assim, a casualidade flui em ambas as

---

[3] O projeto genoma foi concluído já há duas décadas e a biologia molecular ainda não ofereceu nenhuma cura miraculosa para essas condições. Sem dúvida, a ciência fez avanços significativos na compreensão da origem, assim como no tratamento de várias doenças neurológicas ou neuropsiquiátricas, mas os resultados foram sempre mais complexos e intricados do que as promessas entusiasmadas e simplistas dos propagandistas do genocentrismo. (N.E.)

direções, e uma diferença biológica associada a uma diferença comportamental não é evidência para determinação biológica interna, nem diferenças comportamentais explicam a organização social.

O impulso para a legitimação intelectual também condiciona a Psicologia, a Sociologia e a Antropologia. Essa busca de legitimação demandou a criação de uma "ciência social" como um desenvolvimento do "mero" estudo humanístico da História, da Antropologia e da Sociologia. Evolução é uma forma de História, e nada mais fácil do que conquistar a respeitabilidade de uma Ciência Natural ao confundir História e Evolução. Mas como a Biologia Evolutiva é levada a um reducionismo extremo como preço de sua própria respeitabilidade, a teoria social evolutiva não pode ser, de forma alguma, considerada uma teoria social.

DEIXE OS NÚMEROS FALAREM[1]

Depois de três séculos de reducionismo científico, na Europa e em seus herdeiros culturais, durante os quais a questão "O que é isso?" teria que ser sempre respondida com "Isso é aquilo do que é feito", a ciência moderna tem crescentemente se confrontado com o problema da complexidade e da dinâmica. Se, por um lado, os grandes sucessos da ciência têm sido, em larga medida, descobertas sobre fenômenos isolados ou sobre objetos pequenos nos quais operam um número pequeno de causas determinantes, as falhas mais dramáticas têm surgido onde tentativas são feitas para resolver problemas envolvendo sistemas complexos e dinâmicos. Não é exagero afirmar que a complexidade é o problema científico central do nosso tempo.

Nos capítulos anteriores criticamos abordagens reducionistas nos diversos campos, desafiando o pressuposto fundamental da ciência reducionista, segundo o qual se podemos entender um sistema a partir de suas partes menores, então tudo o que temos que fazer é colocá-los juntos na sequência correta para entender o todo. Como uma tática de pesquisa, esse modelo certamente funciona, desde que o sistema em es-

---

[1] Este capítulo apareceu de forma um pouco distinta em Lewontin, Richard e Levins, Richard. "Let the Numbers Speak". *Capitalism, Nature, Socialism 11*, n. 1, 2000, p. 63-67. Tradução: Vania Agostinho.

tudo seja simples o suficiente, e mesmo para sistemas muito complexos, vários pedaços e fragmentos são praticamente independentes uns dos outros, e podem ser melhor entendidos por uma estratégia de pesquisa reducionista. A metáfora de Descartes do organismo como uma máquina semelhante a um relógio certamente funciona para relógios, ou para o coração visto como uma máquina de bombear isolada, mas não para o organismo como um todo, nem para a organização social e econômica, ou para comunidades de espécies. Nossa crítica ao modelo da máquina, simples e reducionista, baseia-se numa afirmação sobre a real natureza das coisas, a saber: em geral, suas propriedades não existem de maneira isolada, mas emergem, na verdade, como uma função de seu contexto. Assim, supor que nós podemos entender sistemas compostos dividindo-os em partes *a priori*, e então estudando a propriedade dessas partes isoladamente, seria o que os filósofos denominam de um "erro ontológico". E, contudo, a estratégia de pesquisa reducionista para estudar sistemas complexos tem sido abandonada também por outra razão, mesmo por cientistas que são reducionistas ontológicos e acreditam que o mundo é realmente um grande conjunto de engrenagens e alavancas com propriedades intrínsecas e isoláveis. Se esses têm abandonado o reducionismo é porque passaram a acreditar que, na prática, não temos como estudar todas as propriedades e todas as conexões de sistemas muito complicados, constituídos de muitas partes diferentes, com muitas vias de interação entre si, e nos quais as forças causais são individualmente fracas. São antirreducionistas *epistemológicos* (e não ontológicos) ao afirmarem que aplicar uma estratégia reducionista nesses casos simplesmente é difícil demais, que não temos recursos e tempo suficientes, ou então porque, devido a restrições físicas, políticas ou éticas, todo o poder da estratégia reducionista não está disponível para nós – por exemplo, até recentemente, dissecar um cadáver humano era um ato criminoso.

Laplace é famoso por sua afirmação de que, se conhecesse a posição e velocidade de toda partícula no universo, poderia prever toda a história futura. Essa foi a reivindicação mais forte do reducionismo que poderia ser feita num universo material determinista. Mas Laplace também sabia que não haveria como toda essa informação estar disponível, de modo que, usando a noção de probabilidade, tratou os efeitos de todas as causas inexplicáveis como aleatórios. A compreensão de que o mundo pode ser demasiadamente complexo para ser estudado por dissecção, mesmo se na realidade fosse de fato parecido com uma máquina, deu origem a um modo de investigação que, na metade do último século, tornou-se a principal metodologia para a análise de causas em sistemas complexos físicos e sociais. Essa metodologia é a *estatística*. No século XVIII, a estatística era simplesmente um conjunto de técnicas descritivas para caracterizar um conjunto de objetos, especialmente a população humana, usado como ferramenta política (estatal). A partir do final do século XIX, a estatística, por meio de uma união com a teoria da probabilidade, tornou-se o principal modo de inferência de relações causais quando, por uma razão ou outra, o método reducionista preferido – de dissecção e reconstrução – não é possível.

Embora usualmente pensemos a estatística como uma análise de populações, a base da abordagem estatística para inferir causas é um modelo do indivíduo, e é uma explicação das propriedades do indivíduo que está sendo buscada. Assume-se que as propriedades de cada indivíduo são consequências de um nexo de causas variáveis cujas magnitudes são, na relação entre elas, insuficientes para um efeito inequívoco em cada objeto individualmente. Toda árvore que é cortada cairá porque a força única da gravitação supera todas as outras pequenas perturbações, mas cada árvore tem tamanhos e formas diferentes porque o crescimento é uma consequência da interação de um número muito grande de influências genéticas e ambientais, individualmente fracas, assim como de eventos moleculares microscópicos variáveis no interior das células. Não precisamos da estatística para inferir a gravitação, pelo menos não para objetos grandes, mas métodos estatísticos são técnicas dominantes na aferição de relações causais de genes, ambiente e "ruído" molecular na natureza, porque todo indivíduo é singular no que diz respeito aos efeitos dessas causas variáveis. A fim de superar a dificuldade por decorrência de um grande número de causas, cada uma com um efeito fraco, um grande número de indivíduos é aglomerado em populações estatísticas, e valores médios de causa e efeito são estudados. É na formação dessas populações e no cálculo das médias que está todo o segredo da coisa.

Existem, essencialmente, apenas duas técnicas de inferência estatística. Em uma delas, a análise de contrastes, os indivíduos são classificados em duas ou mais populações com base em alguns critérios *a priori*: homens e mulheres, diferentes grupos étnicos, idades, classe sociais. Algum tipo de descrição da média de alguma característica de interesse é então calculado dentro de cada grupo e se essas médias são suficientemente diferentes entre os grupos, então o critério usado para estabelecer o grupo é considerado significante do ponto de vista das causas. A média que é calculada pode ser simplesmente a média numérica da característica – por exemplo, a renda média – pode ser a proporção da população abrangida em alguma classe, digamos famílias com rendimentos acima de 50 mil dólares; ou pode ser alguma medida da variabilidade da característica de indivíduo para indivíduo.

A técnica alternativa, análise de correlação, consiste em agrupar todos os indivíduos em uma única população, para medir duas ou mais características, novamente escolhidas *a priori*, e depois procurar tendências em uma ou mais dessas características, à medida que outras características variam. Alguma medida de doença tende a aumentar conforme a renda familiar diminui? Comumente, a variável escolhida é o tempo. Para todas as pessoas que morreram de câncer de pulmão nos últimos 100 anos, a proporção de pessoas que morrem da doença aumenta à medida que a data de nascimento é mais e mais tardia? Quando alguma relação entre variáveis é encontrada, se faz então alguma inferência sobre a causalidade.

Embora se afirme, frequentemente, que as técnicas estatísticas são formas de permitir que os dados objetivos falem por si mesmos, em ambos os modos de inferência estatística todo o trabalho pesado é, de fato, feito pelas decisões *a priori* trazidas para análise. Quais categorias *a priori* serão utilizadas, no primeiro modelo, para criar as populações contrastantes? O gênero é relevante, a classe social, ou a etnia? Essas decisões devem ser tomadas antes que os dados sejam coletados. A Sociologia estadunidense é bem conhecida por ignorar o conceito de classe social, "carregado de teoria", como uma variável, usando no lugar "*status* social-econômico" como uma medida numérica e, portanto, "objetiva". Seja na análise de contraste, seja na correlacional, quais características devem ser medidas? É melhor a média da renda familiar, fortemente influenciada por um pequeno número de famílias com renda muito alta, ou a mediana da renda familiar, que não é tão enviesada nesse sentido? O número de dias perdidos de trabalho, para uma dada causa de problemas de saúde, pode ser maior em famílias mais ricas do que naquelas em que os trabalhadores precisam ir trabalhar mesmo doentes. Quais características devem ser mantidas constantes enquanto outras são comparadas? Negros e brancos diferem no estado de saúde se os dados são filtrados de forma a igualar o *status* ocupacional e a renda entre os dois grupos? E, finalmente, qual é a causa e qual é o efeito? A baixa renda é a causa de problemas de saúde ou a falta de saúde é a causa da baixa renda? Em cada conjuntura da análise, desde a coleta de dados até a análise final, um modelo teórico *a priori* de relações causais guia a metodologia estatística "objetiva". Portanto, é necessário reconhecer que as relações causais inferidas de comparações estatísticas podem ser artefatos do conjunto de suposições que entram na avaliação estatística "objetiva" dos dados.

No que resta desse capítulo, vamos explorar brevemente o problema da direcionalidade da causalidade e a relação entre causa e efeito, de um lado, e variáveis dependentes e independentes, de outro. Uma variável que é considerada "independente" é aquela que é assumida como determinada por condições externas e autônomas em relação aos efeitos estudados. A distinção entre variáveis independentes e dependentes é uma construção teórica fundamental de muitos trabalhos estatísticos envolvendo correlações. Em estudos ambientais, o nível de tratamento com pesticidas pode ser a variável "independente" e a prevalência de câncer cerebral, a variável "dependente". Em economia, a taxa de imposto pode ser a variável independente e o investimento, a variável dependente. No novo campo das "políticas públicas", uma escolha de política, como a alocação de recursos para programas de saúde, pode ser tratada como a variável independente e os resultados na saúde, a variável dependente. Em seguida, são feitos cálculos estatísticos usando essas variáveis *a priori* e inferências sobre causas e efeitos. Uma ou outra regra estatística é usada para decidir se a suposta relação causal é suportada pela relação entre as variáveis independentes (causas) e as dependentes (efeito).

Mas o que acontece se a causa fluir em ambas as direções? O que acontece se os resultados das políticas de saúde resultarem em ações públicas para mudar a política, ou se a deficiência afetar a renda? No século passado, Engels escreveu sobre o encadeamento entre causa e efeito, os fisiologistas descreveram a autorregulação e os engenheiros estavam projetando processos industriais autocorretores. Em qualquer sistema complexo há circuitos de retroalimentação, e estes afetam a relação entre resultados estatísticos e causas possíveis.

Na retroalimentação negativa, uma mudança em um elemento de um sistema leva a mudanças em outros que acabam negando a mudança original. A negação pode ser parcial, completa ou mesmo excessiva, resultando no contrário, de modo que, por exemplo, um despejo de nitrogênio em uma lagoa pode reduzir o nível de nitrogênio caso ocorra uma mudança radical na composição das espécies presentes, ou a aplicação de pesticidas pode aumentar a carga de pragas ao remover do ambiente competidores da praga que são mais sensíveis que ela ao pesticida ou, como ocorre frequentemente, matar os predadores das espécies de pragas. Os predadores são envenenados diretamente pelo pesticida, mas aí tanto um circuito negativo quanto um positivo de retroalimentação estão envolvidos. No circuito positivo, os predadores diminuem porque a sua fonte de alimentos, a própria espécie de praga, é reduzida pelo pesticida. No circuito de retroalimentação negativa, a praga, ao carregar moléculas de inseticida, envenena o predador, o que por sua vez resulta em um aumento das presas. Nesse caso, não é que os predadores sejam fisiologicamente mais sensíveis ao inseticida, mas sua localização no circuito os torna mais vulneráveis ecologicamente. O ponto importante para a análise estatística é que cada ciclo de retroalimentação negativo tem um ramo negativo e positivo. Ao longo do ramo positivo, as presas aumentam a população predadora, assim como o açúcar elevado no sangue aumenta a insulina, a adição de nutrientes aumenta o crescimento das algas, e os preços agrícolas elevados estimulam a produção. Ao longo desse ramo, ambas as variáveis aumentam ou diminuem juntas: isso é formalizado como uma correlação positiva entre as variáveis dependentes e independentes. Mas ao longo do ramo negativo do ciclo de retroalimentação, os predadores diminuem suas presas, a insulina reduz o açúcar no sangue, o alto crescimento de algas cria uma escassez de minerais, o aumento da produção reduz os preços agrícolas. Então as duas variáveis se movem em direções opostas e mostram uma correlação negativa.

Esses ciclos de retroalimentação são incorporados em contextos maiores e outras influências podem afetar o ciclo em qualquer ponto, movendo-se primeiro ao longo do ramo positivo ou negativo. Então o mesmo par de variáveis – predador/presa, insulina/açúcar, produção/preço, nutriente/algas – pode mostrar correlações positivas em algumas situações e negativas em outras. Finalmente, se as influências de outras variáveis se infiltram ao longo dos ramos positivo e negativo, pode não haver correlação alguma, mesmo se as variáveis estiverem interagindo fortemente. Isso pode levar à conclusão errônea dos alunos de que a correlação não é o mesmo que ato ou efeito de causar. Por que, então, eles fariam análises de correlações?

A POLÍTICA DAS MÉDIAS[1]

É senso comum que diferentes tipos de médias dão informações muito diferentes sobre as populações e, portanto, podem sugerir diferentes conclusões a partir da mesma base de dados. A média aritmética da renda familiar, por exemplo, simplesmente toma a renda total da população inteira e divide pelo número de lares, de modo que uma única família muito rica acaba compensando um grande número de famílias pobres. Se alguém quer te convencer que as pessoas no geral estão bem de vida, esse é o número que vão usar. A mediana da renda familiar, em contrapartida, é o valor no qual metade de todas as famílias se enquadram, levando em conta a proporção de famílias em diferentes categorias de rendimentos e proporcionando, assim, uma visão mais realista da situação na qual as famílias de fato se encontram. Nos Estados Unidos, a mediana da renda familiar é aproximadamente dois terços da média. Se Bill Gates e outros capitalistas ricos dobrarem suas rendas, a média da renda familiar vai aumentar, mas não a mediana. Medidas tais como a renda dos "10% mais ricos" ou dos "20% mais pobres", ou a proporção entre

---

[1] Este capítulo apareceu de forma um pouco distinta em Lewontin, Richard e Levins, Richard. The Politics of Average. *Capitalism, Nature, Socialism 11*, n. 2, 2000, p. 111-114. Tradução: Maria Cristina de Lucca.

elas, capturam melhor os aspectos distributivos, enquanto as médias são mais convenientes para falar do quão bem "nós", em agregado, estamos.

O que já não é tão bem compreendido é que todas as taxas e razões, como aquelas usadas comumente em Ecologia, estudos populacionais e Economia, sofrem da mesma ambiguidade das médias simples, e oferecem a mesma oportunidade tanto para obscurecer quanto para revelar a situação real. Essa ambiguidade surge porque a média da razão entre duas variáveis não é, em geral, igual à razão das médias, e essa discrepância é muito grande quando a variação é grande tanto para o numerador quanto para o denominador. A caracterização da densidade populacional e de recursos é um caso em que essa discrepância é particularmente aparente e distorcida. Por exemplo, a densidade populacional de um país ou de uma região é geralmente calculada como o número total de indivíduos dividido pela área total. Para os Estados Unidos, de acordo com o censo de 1990, a densidade populacional era:

$$\frac{248.709.873 \text{ pessoas}}{3.539.289 \text{ milhas quadradas}} = 70 \text{ pessoas/milha quadrada}$$

Essa, no entanto, é evidentemente uma subestimação grosseira da efetiva densidade na qual as pessoas estão vivendo, porque a estimativa toma toda a ampla e densa população urbana e a trata como se as pessoas estivessem uniformemente espalhadas pelos vastos desertos da Grande Bacia de Nevada. De fato, a densidade efetiva na qual as pessoas realmente vivem nos Estados Unidos acaba sendo algo por volta de 3 mil pessoas por milha quadrada.

A densidade populacional pode ser calculada de duas maneiras. Em ambos os casos, começamos dividindo toda extensão da população em pequenas áreas dentro da qual a população está mais ou menos uniformemente distribuída, municípios ou lagoas ou pedaços de terra, a depender da espécie. Então medimos a área de cada fragmento e contamos o número de indivíduos em cada uma para calcular a densidade local. A questão que agora surge é como iremos combinar estas razões locais individuais para caracterizar a população como um todo. Um caminho é ponderar cada razão pela proporção da área total que está no fragmento local, produzindo assim a chamada "densidade ponderada por área".

A POLÍTICA DAS MÉDIAS

Mas tal densidade ponderada por área dá grande peso a todas aquelas áreas com poucos indivíduos, ou nenhum, e, assim, tende a subestimar consideravelmente a densidade real em que a maioria dos indivíduos vivem. Por exemplo, suponha que há três pessoas vivendo em um terreno de um acre e uma pessoa vivendo em outro de três acres. Há quatro pessoas para quatro acres, assim a média da densidade populacional é uma pessoa por acre. No entanto, três pessoas estão vivendo em uma densidade de três por acre e uma está vivendo em uma densidade de 1/3 por acre. A alternativa é ponderar cada razão local pela proporção da população inteira em questão, e somá-las para produzir uma "densidade ponderada por organismo", dando uma imagem realista da densidade na qual os indivíduos estão de fato vivendo. Em nosso exemplo simples, a média da densidade efetiva é então:

$$\frac{3x\,(3/1) + 1x\,(3/1)}{4} = 2,33 \text{ pessoas por acre}$$

A densidade ponderada por pessoa é sempre maior, e frequentemente muitas vezes maior, que a densidade ponderada por área, com consequências às vezes inconvenientes para um governo nacional ou para o Banco Mundial. No entanto, se, como ecologistas, queremos saber "Qual é a pressão média da atividade humana exercida em um pedaço de terra?", então a medida por área ponderada seria apropriada, embora ainda deixe de fora a informação de que alguns pedaços de terra são muito mais explorados que outros.

Como exemplo, consideremos o padrão de tamanho e distribuição de lotes rurais no Panamá em 1973, a respeito do qual temos informações de um censo. A população total das fazendas era de 575.153 pessoas, ocupando uma área total de 2.098.062 hectares, resultando em apenas 0,27 pessoa por hectare ou, inversamente, 3,65 hectares por pessoa, uma densidade não muito alta para o padrão mundial. No entanto, como se poderia esperar, os 20% da população mais densamente concentrados ocupavam apenas 0,2% da área total, e o terço mais concentrado de trabalhadores rurais ocupava apenas 1% de toda a terra. Na outra ponta da distribuição, apenas 0,1% dessa população ocupa um total de 10% de toda a área de agricultura. A densidade efetiva da ocupação da terra, calculada pela densidade ponderada por pessoa, resulta em 22,07 pessoa por hectare ou, inversamente, somente 0,045 hectare por pessoa, uma área obviamente insuficiente para sustentar pessoas mesmo com altas taxas de produtividade. A densidade ponderada por pessoa, 80 vezes maior que o cálculo mais convencional, dá uma imagem bastante diferente das causas da pobreza rural no Panamá.

Assim como há diferentes formas de calcular densidade, há diferentes formas de calcular a média de pobreza, isto é, a média da quantidade de recurso disponível para cada indivíduo. A medida convencional, como na renda *per capita*, pega a riqueza agregada e divide pelo total de número de indivíduos, como na medida convencional de densidade. Mas, novamente, isso deixa de levar em conta o efeito da distribuição desigual de recursos. Por analogia com a medida de densidade, nós podemos calcular uma "riqueza ponderada por recursos" e uma "riqueza ponderada por organismo". A medida convencional, paralela à densidade ponderada por área, é dessa vez a riqueza ponderada por organismo, que superestima quanta riqueza um indivíduo tipicamente possui porque não leva em conta a desigualdade na distribuição de recursos. Novamente, não nos surpreende nada que seja a medida usada em estatísticas públicas.

Em questões ecológicas, a escolha da medida de densidade ou dos recursos disponíveis depende de se tomar o ponto de vista dos recursos ou do consumidor. Considere, por exemplo, uma planta uniformemente distribuída que é consumida como alimento por um inseto com uma distribuição irregular e aglomerada – uma situação comum quando há alimentação de larvas. Do ponto de vista do inseto como consumidor, a maioria dos indivíduos está densamente aglomerada em relação ao recurso consumido, de modo que a densidade ponderada dos insetos é uma medida apropriada para essa população. Do ponto de vista da planta, no entanto, a maioria dos indivíduos está livre de predadores (ou quase), e é a riqueza ponderada em função dos recursos que conta. Questões evolucionistas a respeito da força da seleção natural dependem da densidade ponderada por organismo no que se refere à pressão para ajustar o comportamento de busca do predador, mas da riqueza ponderada em recursos no que se refere a pressões sobre a planta para desenvolver compostos venenosos secundários que resistirão ao inseto. Assim, predador e presa respondem a duas diferentes medidas de densidade bastante diferentes que surgem na mesma interação predador-presa. Não há, então, nenhuma medida "correta" de densidade média ou riqueza, seja em Ecologia ou em Economia Política. A questão é: de que lado você está?

A LEI DE SCHMALHAUSEN[1]

Ivan Ivanovich Schmalhausen foi um biólogo evolucionista soviético que trabalhou na Academia de Ciências de Minsk. Na década de 1940, seu livro *Factors of Evolution* [Fatores da evolução] foi lançado – sendo, logo em seguida, denunciado por T. D. Lysenko, cujas teorias neolamarquistas estavam em ascensão. Quando o Congresso da Academia Lenin de Ciências Agrárias de 1948 se aproximava, foi revelado que Stalin havia endossado o relatório de Lysenko, no qual se afirmava que o meio ambiente pode alterar a composição hereditária dos organismos de uma forma direta, alterando também seu desenvolvimento. Schmalhausen foi um dos poucos que manteve sua oposição a Lysenko, e passou o resto de sua vida em seu laboratório estudando a evolução e a morfologia de peixes.

No Ocidente, as concepções de Lysenko foram simplesmente descartadas de pronto. Mas Schmalhausen não tinha como ignorar o programa de pesquisa de Lysenko, que insistia em uma interpenetração entre hereditariedade e ambiente mais complexa do que a genética tradicional costumava reconhecer. Ao lado de cientistas marxistas e progressistas do Ocidente, como C. H. Waddington, do Reino Unido, Schmalhausen

---

[1] Este capítulo apareceu de forma um pouco distinta em Lewontin, Richard e Levins, Richard. "Schmalhausen's Law". *Capitalism, Nature, Socialism 11*, n. 4, 2000, p. 103-108. Tradução: Bruna Del Vechio Koike.

aceitou o desafio. Como resultado, desenvolveu uma abordagem mais sofisticada para entender essas interações e ajudou a explicar as observações de alguns dos melhores estudos citados pelos partidários de Lysenko.

Schmalhausen argumentou que a seleção natural não é somente unidirecional, produzindo novas adaptações a novas circunstâncias, mas também estabilizadora. Isto é, se uma característica da espécie faz com que ela seja bem adaptada, então uma variação aleatória na característica, causada por perturbações internas ou externas, reduziria a adaptação do organismo; logo, a seleção natural agirá no sentido de prevenir tais distúrbios. O desenvolvimento e a fisiologia das espécies serão selecionados para serem canalizados, ou seja, serão insensíveis a essas perturbações aleatórias. Essas perturbações não vêm somente do meio ambiente, mas também de variações genéticas de indivíduo a indivíduo. Dessa forma, serão selecionados genes que funcionam de tal maneira que a maioria das combinações genéticas produza descendentes mais ou menos viáveis e similares. Assim, a variação genética individual permanece oculta devido à canalização do desenvolvimento.

A seleção para canalizar o desenvolvimento e a fisiologia opera sobre uma gama restrita de condições naturais que caracterizam a extensão ambiental usual à qual a espécie é submetida durante sua evolução. No entanto, sob condições incomuns ou extremas, em que a seleção não teve a oportunidade de agir, essas diferenças genéticas já existentes se expressam como uma variação maior. Essa alegação forneceu uma explicação alternativa para a observação de que populações aparentemente uniformes sob condições normais apresentam uma ampla variação hereditária sob condições novas ou extremas. Enquanto Lysenko argumentava que essas populações eram geneticamente uniformes e que o ambiente produzia novas variações genéticas, Schmalhausen defendia que o ambiente apenas revelava diferenças genéticas latentes, que poderiam então ser selecionadas.

Waddington desenvolveu ainda mais essa linha de raciocínio com sua ideia de assimilação genética. Suponha que haja alguma condição limite no ambiente para o desenvolvimento de uma característica específica. Muito abaixo do limiar, nenhum dos indivíduos a expressam, e muito acima do limiar, todos o fazem. Mas sob algumas condições intermediárias, algumas estarão acima e outras, abaixo do limiar. Se as condições ambientais mudarem de modo que seja vantajoso para todos os indivíduos manifestarem a característica, então aqueles com o limiar mais baixo serão favorecidos pela seleção natural. O limiar médio na população diminuirá e eventualmente produzirá organismos cujo limiar é tão baixo que a característica sempre aparece sob quaisquer condições nas quais o organismo possa sobreviver. Então o traço tornou-se "assimilado": uma condição que originalmente era ambientalmente induzida tornou-se totalmente genética.

A percepção de Schmalhausen de que a seleção natural opera para mudar a sensibilidade da fisiologia e do desenvolvimento frente a perturbações, mas que ela age somente sob a gama usual e normal de variações ambientais e genéticas experimentadas pela espécie em sua evolução, leva a um resultado com amplas implicações. Este resultado é conhecido como Lei de Schmalhausen. Ela diz que quando os organismos estão vivendo dentro de sua faixa normal de ambiente, as perturbações nas condições de vida e a maioria das diferenças genéticas entre os indivíduos têm pouco ou nenhum efeito sobre sua fisiologia e desenvolvimento presentes, mas sob condições de estresse severas ou incomuns até mesmo diferenças pequenas, ambientais ou genéticas, produzem grandes efeitos.

Dois exemplos da aplicação da Lei de Schmalhausen podem ser encontrados na determinação da distribuição de espécies e no efeito de substâncias tóxicas na saúde da população. Ambos mostram o perigo de prever o resultado de perturbações em populações naturais usando os resultados de experimentos sobre fatores individuais em condições controladas.

Em Biogeografia

Em quase todos os lugares do planeta, a comunidade ecológica é conformada por espécies próximas às condições limites de sua distribuição e outras que estão mais no meio de sua faixa de viabilidade. Quando o ambiente muda, isso tem um grande impacto nas espécies próximas de condições limites. Alguns podem extinguir-se localmente, outros podem experimentar grande expansão de sua abundância e alcance, e outros ainda permanecerão mais ou menos como estavam. Além disso, as populações próximas aos limites são especialmente sensíveis às mudanças de condições e são mais propensas a apresentar grandes diferenças de ano para ano. Assim, predições simples sobre o efeito da mudança climática estão destinadas a errar se levarem em conta apenas o impacto fisiológico direto da mudança ambiental nas espécies separadamente, fora do contexto de suas interações com a comunidade. Em contraste, as espécies mais ao centro de sua faixa provavelmente mostrarão menos efeitos a partir de uma mudança ambiental. Portanto, quando perguntamos como uma mudança de temperatura de 1°C afetará a distribuição da malária, temos que perguntar quão próximos estão de seus limites não apenas o mosquito vetor, mas também seus inimigos naturais e concorrentes. Localidades diferentes próximas ao limite responderão de forma diferente sem nenhuma razão óbvia, apenas por causa da extrema sensibilidade mesmo às mudanças mais indetectáveis das circunstâncias.

Os limiares de toxicidade

Níveis toleráveis de substâncias tóxicas são frequentemente estabelecidos com base em experimentos com animais. Normalmente, o trabalho é feito com animais saudáveis padronizados sob condições bem controladas para minimizar o "erro" devido a diferenças individuais ou variações no ambiente. No entanto, esta metodologia subestima o impacto de uma toxina por várias razões. Se um organismo é exposto a uma substância tóxica de origem externa ou interna, há vários mecanismos para desintoxicar. Mas a toxina ainda está presente. Se houver um nível constante de exposição, a toxina alcançará algum nível de equilíbrio entre a nova absorção da toxina e a taxa de remoção. Esse equilíbrio depende do nível de exposição e da capacidade máxima do sistema de desintoxicação para remover o veneno.

Claro, sabemos que a exposição ambiental não é constante para todos os membros de uma população, ou mesmo para um indivíduo ao longo do tempo. E também sabemos que diferentes membros da população diferem em sua capacidade de desintoxicação, que pode inclusive variar ao longo do tempo para o mesmo indivíduo. Além disso, essa variabilidade importa e não há como simplesmente se desfazer dela tirando uma média.

De que serve um modelo que pressupõe condições constantes? Aqui vemos uma das formas poderosas em que os modelos podem ser tanto úteis quanto perigosos na ciência. Nas Ciências Físicas e na Engenharia, muitas vezes é possível isolar um problema o suficiente para ignorar as influências externas: assumir que todos os interruptores são idênticos no que é relevante, que todas as moléculas de sal são intercambiáveis, e assim por diante. Então, podemos medir com precisão e obter equações que são tão exatas quanto queremos. Mas nas Ciências Ecológicas e Sociais isso não é possível – as populações não são uniformes, as condições mudam e há sempre um impacto externo sobre o sistema de interesse. Não podemos acreditar nas equações muito literalmente. Mas ainda podemos estudar esses sistemas. Primeiro, encontramos as consequências dos modelos sob condições irreais, mas que podem ser facilmente estudadas e fornecem resultados precisos. Então, perguntamos: como os desvios desses pressupostos afetam os resultados esperados? Neste caso, o nível de toxicidade, uma medida do dano causado a um organismo, é uma função matemática de $d - e$, a capacidade máxima de desintoxicação (d) menos a exposição (e) (ver Figura 1). A taxa máxima de remoção tem que ser maior que a exposição ou, então, de acordo com o modelo matemático, a toxicidade se acumulará sem limite. Na realidade, acumular-se-á até o ponto em que outros processos, insignificantes no modelo original, assumam o controle. Esses processos podem manifestar-se – como qualquer uma das consequências da toxicidade – como morte celular. Em condições relativamente não estressantes, quando d é maior que e, o gráfico de toxicidade traçado $d - e$ diminui à medida que a capacidade excede a exposição por quantidades cada vez maiores. Além disso, tem uma concavidade para cima.

Ou seja, é mais íngreme quanto mais perto estamos de $d = e$ e nivela quando a capacidade de desintoxicação é muito maior do que a exposição. Se medirmos a curva de resposta à dose no intervalo em que a capacidade é muito maior do que a exposição, os resultados mostrarão pouco efeito do veneno, e seremos tranquilizados pelas alegações de que não há efeito detectável. O teste é frequentemente realizado sob condições ideais em populações uniformes de animais experimentais, a fim de obter resultados uniformes, reduzir o erro e evitar "fatores de confusão".

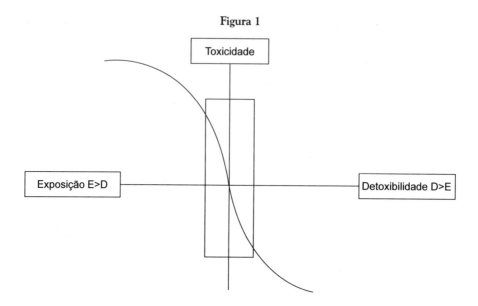

Figura 1

Se diferentes fatores de estresse forem confrontados pelas mesmas vias de desintoxicação, eles podem se somar no nível de exposição e agir sinergicamente no nível da toxicidade. Portanto, se olharmos apenas para um tipo de dano de cada vez, os outros "fatores de confusão" aumentam o efeito total deletério além do que esperávamos.

Nos Estados Unidos, a exposição varia com a localização e ocupação. As comunidades pobres, excluídas e marginalizadas, como as cidades do interior, as colônias e as reservas, frequentemente estão sujeitas a múltiplas exposições devido a incineradores, maquiladoras, má qualidade da água, desnutrição e trabalhos insalubres. Portanto, mesmo as substâncias tóxicas que atendem aos padrões governamentais serão mais prejudiciais do que o esperado. Mas esses efeitos serão difíceis de detectar, já que observaremos uma série de problemas de saúde, em vez de um único dano aparecendo em diferentes graus.

O mesmo tipo de argumento vale também se a capacidade de desintoxicar varia entre os indivíduos: devido à forma da curva relacionando a toxicidade à capacidade de desintoxicação, a toxicidade média na população é maior do que a capacidade média de desintoxicação. Mais uma vez, se as capacidades de desintoxicação forem reduzidas, cada unidade de fator estressante terá um efeito maior do que o esperado.

As capacidades de desintoxicação diminuem no curso da vida para todos nós após as duas primeiras décadas, mas suspeitamos que condições adversas acelerem esse processo, fazendo com que a vulnerabilidade aumente mais rapidamente e a expectativa de vida seja reduzida, por exemplo, em cerca de cinco anos para mulheres negras e em sete anos para homens negros.

A variabilidade dos resultados

Sob estresse, quando "$d - e$" é pequeno, diferenças sutis em qualquer um podem ter grandes efeitos. Uma população que já sofre condições desfavoráveis mostrará grandes diferenças entre as pessoas por razões que não somos capazes de apontar diretamente, e diferentes comunidades pobres expressarão uma ampla diferença nas taxas de resultados adversos. Isso pode ser facilmente mal interpretado: parece que sob as "mesmas" condições, alguns se saem bem e outros mal, e então podemos culpar os últimos pelo seu próprio infortúnio. Mas o que realmente está acontecendo, na verdade, é que, sob condições de qualquer tipo de estresse, pequenas diferenças têm grandes efeitos.

A Lei de Schmalhausen direciona nossa atenção para a relação histórica de uma população e seu ambiente, para a resposta fisiológica a fatores de estresse, os novos e os usuais, e na inerente variabilidade tanto dos organismos quanto dos ambientes.

UM PROGRAMA PARA A BIOLOGIA[1]

Desenvolvimentos internos recentes na Biologia e na Ciência Social estimulam a necessidade de confrontar a rica complexidade dos fenômenos de interesse, ao mesmo tempo que os problemas práticos de grande escala – e mais preocupantes –, tais como eliminar a pobreza, promover a saúde, equidade e sustentabilidade, exigem abordagens mais integrais, multiníveis e dinâmicas do que aquelas com as quais estamos acostumados. Ambas as áreas do conhecimento estão engajadas no esforço de encontrar maneiras de escapar da causalidade unidirecional, das categorias *a priori*, das hierarquias reducionistas e das rígidas fronteiras disciplinares que têm dominado o pensamento e levado a alguns dos maiores enganos intelectuais dos últimos tempos. A maioria destes – como a Revolução Verde, a transição epidemiológica, a sociobiologia, a reificação ou coisificação dos testes de inteligência e o atual fetichismo do genoma – erram ao colocar os problemas de forma muito restrita, tratando o que é variável como se fosse constante, e até mesmo universal, e oferecendo respostas em um único nível.[2]

---

[1] Este capítulo apareceu de forma um pouco distinta em Lewontin, Richard e Levins, Richard. "A Program for Biology". *Biological Theory 1*, n. 4, 2006, p. 1-3. Tradução: Rubia Mendes.

[2] A transição epidemiológica é a proposição de que os países, quando se desenvolvem, veriam um declínio das doenças infecciosas e essas seriam substituídas por doenças crônicas como os maiores problemas de saúde.

A pesquisa cumulativa em cada área aponta para uma abordagem dialética e dinamicamente complexa, mas tradições teóricas e filosóficas no interior das ciências, arranjos institucionais de disciplinas e interesses econômicos se combinam para resistir a esse desenvolvimento bastante óbvio. Causas únicas são mais prontamente patenteadas do que as redes complexas de determinação recíproca – e produzem melhores manchetes. Os cientistas são recompensados ou excluídos conforme seu trabalho se encaixe confortavelmente nos limites departamentais ou nas definições dos programas de financiamento, uma vez que projetos mais convencionais e restritos têm maior probabilidade de chegar a conclusões publicáveis dentro dos limites de tempo do ciclo de recontratação e promoção. Portanto, embora existam programas interdisciplinares, transdisciplinares ou não disciplinares, e institutos de pesquisa sejam criados para estudar as complexidades, as ciências em seu conjunto ainda tropeçam nos obstáculos que todos reconhecemos.

A principal conquista teórica do projeto genoma foi a refutação de sua maior expectativa – que um mapeamento da sequência de bases do DNA também seria um mapeamento de todas as características de interesse do organismo, vulnerabilidade a doenças, comportamentos individuais e de grupo e a origem de vida. A fonte do erro está na repetição contínua do mantra de que "genes determinam organismos", porque os genes "fazem" proteínas e proteínas "fazem" organismos. Mesmo deixando de lado o fato de grande importância de que os organismos são consequências de processos que dependem, de maneira interativa e dialética, dos genes, do meio ambiente e de eventos aleatórios no desenvolvimento, o erro começa no nível molecular. Nenhuma sequência de DNA contém todas as informações necessárias para a especificação de uma proteína. Uma sequência de DNA contém uma receita para a sequência de aminoácidos em um polipeptídio, mas esse polipeptídio deve se dobrar em uma estrutura tridimensional, uma proteína, sendo necessário um valor mínimo de energia livre para esse dobramento. A dobra que ocorre depende, em particular, das condições celulares, da presença das assim chamadas chaperonas e outras moléculas e estruturas celulares. A sequência de DNA de um gene nem sempre tem informação suficiente para determinar a sequência de aminoácidos no polipeptídio. Em alguns organismos, como os flagelados, há uma edição do RNA mensageiro que é transcrito a partir do DNA, visto que sua mensagem não contém todas as informações na sequência de aminoácidos a ser montada. Esta edição pode envolver a inserção de muitos nucleotídeos faltantes na sequência de RNA ou pode resultar em um embaralhamento na sequência de blocos do RNA mensageiro em uma sequência final que é então traduzida em uma sequência de aminoácidos. De modo geral, antes de uma sequência de aminoácidos se tornar uma proteína com um papel na estrutura e no metabolismo celular, os aminoácidos individuais podem ser quimicamente modificados, a sequência cortada ou ter outras sequências de aminoácidos ligadas a ela (modificação pós-traducional).

A alternativa para a concepção de uma sequência unilinear é a de uma alça de retroalimentação na qual todos os elementos de um circuito têm o mesmo estatuto. Até a distinção entre genoma e soma, útil para a genética da transmissão, é enganosa na discussão sobre desenvolvimento e evolução. Em vez disso, temos que confrontar um sistema multinível mais complexo, no qual o genoma, o proteoma, metaboloma, o "comportamentoma" e o "sociotoma"[3] existem em rede de interações e controles que se retroalimenta reciprocamente em uma dinâmica não linear complexa, muito diferente da simples sequência linear e unidirecional: DNA-RNA-proteína-comportamento.

No contexto da genética, o primeiro circuito de retroalimentação ocorre no âmbito celular, onde o RNA, as proteínas e os metabólitos interagem com as sequências de DNA para regular o tempo, o ritmo e a localização da conversão celular de uma sequência de informação do DNA em proteína. Grande parte dessa dinâmica de retroalimentação é uma consequência das mudanças físicas no organismo que fluem de eventos próprios do desenvolvimento. Alterações no número celular, forma e localização e a produção de proteínas dentro dessas células afetam os processos dentro das células vizinhas. Mas essas mudanças dentro

---

[3] Os autores estão aqui fazendo um jogo de palavras com a febre em torno do "genoma". Para entender a complexidade dos fenômenos humanos seria necessário não apenas mapear a totalidade dos genes, mas entender tanto como se encaixam no contexto mais amplo comportamental e social. (N.E.)

do organismo alteram o ambiente externo que, como consequência, retroalimenta o desenvolvimento e o metabolismo do próprio organismo.

Ao mesmo tempo, resultados experimentais e novas tecnologias de mapeamento funcional do cérebro mostram a surpreendente plasticidade do sistema nervoso central e a disseminação de quase todas as atividades interessantes por todo o cérebro. Isso não nega a especialização genérica de cada região, mas põe em dúvida a rigidez nos limites destas regiões, a invocação repetida de uma "circuitaria" inata e fixa como explicação, assim como as afirmações insistentes de que cada nova região que surge na evolução do cérebro deixa as anteriores intactas e limitadas às suas antigas funções. A área límbica dos seres humanos não é um fóssil da era mesozoica, um "cérebro reptiliano" que supostamente seria a parte mais profunda de nós mesmos em um sentido não apenas anatômico. A moderna amígdala recebe sinais a partir do córtex, sendo confrontada com novos padrões de estimulação, e tem evoluído neste novo contexto. Hoje em dia, todos os biólogos concordam, ao menos em princípio, que o organismo depende tanto de processos internos quanto do ambiente. Mas a distinção entre interno e externo é ela mesma discutível. O interior do organismo também é um "ambiente": cada parte é um ambiente para todas as outras partes. Mesmo dentro do útero, gêmeos monozigóticos, que compartilham o mesmo interior da mesma mãe, podem estar em ambientes muito diferentes se estiverem conectados a córions separados, e expressam mais diferenças fenotípicas do que se tivessem compartilhado um mesmo córion. A voz da mãe afeta o feto de uma maneira que torna o "inato" bem diferente do "genético".

C. H. Waddington escreveu sobre a assimilação genética, um processo pelo qual uma característica que depende de um estímulo externo se torna "genética" pela diminuição do limiar do sinal que desencadeia seu desenvolvimento até o ponto em que esse sinal está presente em todas as circunstâncias ambientais compatíveis com a viabilidade do organismo. Assim, os calos aparecem nos pés do avestruz já ao nascimento, antes que qualquer estresse causado pela fricção com o solo ao caminhar possa induzir sua formação. A seleção natural favoreceu essa aparição incondicional de calos, que protege a ave jovem dos danos que seriam causados durante o desenvolvimento dos calos a partir do estresse externo.

A visão complementar desse processo é que uma parte do "externo", que é quase universal, pode ser incorporada ao sistema em desenvolvimento como um tipo de invólucro externo. Então suas consequências pareceriam inatas, pré-programadas. A estimulação sensorial é necessária para formar certos traços quase universais do cérebro, como a organização do córtex visual e, no caso de animais sociais, o cuidado dos adultos desempenha um papel vital no desenvolvimento dos jovens.

Finalmente, isso levanta questões sobre a emergência do sistema nervoso partindo de mecanismos reflexos de entrada-saída aparentemente passivos e chegando a redes capazes de atividade espontânea. A estabilidade e a dinâmica dessa rede dependem das relações entre as alças de retroalimentação longas e curtas, positivas e negativas (vias excitatórias e inibitórias). Para que o sistema nervoso funcione, a atividade excitatória deve prevalecer primeiro e depois ser atenuada pelas vias inibidoras mais lentas, que reduzem a atividade. Mas um grande número de sinapses é necessário para atividades mais complexas, para fazer mais distinções no ambiente e iniciar mais respostas diferenciadas e complexas. Portanto, um sistema que pode fazer muitas coisas em resposta a estímulos externos terá muitas vias inibitórias. Se a conectividade da rede for densa o bastante e o número total de neurônios grande o suficiente, então as mesmas condições que mantêm a limitação também levam à instabilidade local, isto é, à atividade espontânea.

Ao examinar a Revolução Verde, vemos que uma visão baseada na causalidade unidirecional leva à expectativa de que, uma vez que as gramíneas precisam de nitrogênio, um genótipo que consuma mais nitrogênio seria mais produtivo; uma vez que os pesticidas matam as pragas, seu amplo uso protegeria as lavouras; uma vez que as pessoas precisam de comida, o aumento da produtividade aliviaria a fome. Em cada caso, as inferências lineares eram plausíveis. Os resultados contraintuitivos surgiram devido à ramificação de circuitos e vias de interação a partir do ponto de partida: o aumento na produtividade do trigo foi conseguido em parte por meio do cruzamento de plantas anãs, que são mais vulneráveis às ervas daninhas e à inundação; a morte de pragas foi acompanhada da morte de seus inimigos naturais, seguido da sua substituição por outras pragas e evolução da resistência a pesticidas. O aumento bem-sucedido da produção incentivou o abandono do uso da terra para plantação de legumes e desviou seu uso para atividades mais comercialmente lucrativas. O pacote técnico de fertilizantes, pesticidas, irrigação e mecanização promoveu a diferenciação de classes no campo e a expulsão dos camponeses da terra.

Quando um sistema complexo é perturbado – por exemplo, ao adicionar uma medicação a um sistema fisiológico –, o impacto penetra por muitas vias. Ele pode ser tamponado ao longo de algumas vias, amplificado ao longo de outras, ou mesmo invertido em algumas vias, dando um resultado oposto do esperado (a Ritalina, por exemplo, é usada tanto para despertar quanto para acalmar). E quanto mais forte o medicamento, mais eficaz o efeito pretendido, mas também maior a probabilidade de ter grandes efeitos inesperados.

Uma estratégia para evitar os tipos de erros que acabamos de discutir partiria das seguintes proposições:

1. A verdade é o todo. Obviamente, não podemos ver o todo, mas isso nos adverte a colocar o problema em termos mais amplos, com ramificações complexas, do que faríamos de outra maneira. Por exemplo, podemos escrever uma equação para uma população de presas:

População de presas = a - b (população de predadores)

Aqui o predador é a variável independente e a presa, a variável dependente. Se os medirmos cuidadosamente, poderemos encontrar o coeficiente de regressão b e "contabilizar" uma grande fração da variância. Porém, o predador é simplesmente dado, de fora do modelo. Temos que perguntar sempre: onde está o resto do mundo? Nesse caso, poderíamos começar explicitando como o predador é também determinado pela presa, e adicionar uma alça de retroalimentação negativa no modelo. Isso nos daria uma compreensão mais rica, porque mostra uma determinação mútua que nos permite ver o padrão de covariância entre predador e presa, quando o resto do mundo entra principalmente por meio de uma dessas duas espécies. A primeira equação não está "errada". Ela ajusta a população de presas ao nível do predador com a maior precisão possível, mas também é uma maneira empobrecida de observar a natureza.

2. Reconhecer que nem tudo no mundo é relevante para todo o resto. A morte de uma única borboleta não tem efeitos palpáveis para o resto do mundo vivo. Precisamos encontrar os limites dos subsistemas dentro dos quais há interações efetivas e entre os quais existe independência efetiva. Esse processo de "dissecar a natureza em suas articulações" é uma das tarefas mais difíceis na Biologia, porque os mesmos objetos materiais, moléculas, células, indivíduos e populações pertencem a múltiplos subsistemas funcionais, dependendo do processo que está sendo considerado.

3. As coisas são do jeito que são porque elas ficaram assim; nem sempre foram assim e não terão que ser assim para sempre. A história é importante, no curto prazo, para o desenvolvimento de indivíduos específicos; no médio prazo, para o conjunto de indivíduos em populações e ecossistemas; e, no longo prazo, para a evolução.

Levantamos, assim, três perguntas:

1. Por que as coisas são do modo como são, em vez de um pouco diferentes (a questão da homeostasia, autorregulação e estabilidade)?;
2. Por que as coisas são do modo como são, em vez de muito diferentes (a questão da evolução, história e desenvolvimento)?; e
3. Qual é a relevância para o resto do mundo?

PARTE DOIS

DEZ PROPOSIÇÕES SOBRE CIÊNCIA E ANTICIÊNCIA[1]

Desde que os radicais começaram a olhar para a ciência como uma força de emancipação, os marxistas, tanto como críticos sociais quanto como cientistas participantes, têm se debatido com sua natureza contraditória. Como há uma rica diversidade de pensamento marxista sobre a ciência, não posso afirmar que o que se segue é "a" posição marxista. Apenas posso oferecer, em uma forma esquemática, algumas proposições sobre ciência que orientaram o trabalho ao menos deste cientista marxista que vos fala.

1. Todo conhecimento vem da experiência e da reflexão sobre essa experiência à luz de um conhecimento anterior. A ciência não é exclusivamente diferente de outros modos de aprendizagem nesse aspecto.

O que há de especial na nossa ciência é que se trata de um momento particular na divisão do trabalho, em que recursos, pessoas e instituições são destacadas de uma maneira específica para organizar a experiência com o propósito da descoberta. Nessa tradição, um esforço autoconsciente foi feito para identificar tipos e fontes de erros e corrigir vieses peculiares. Frequentemente, esse esforço tem se mostrado bem-sucedido. Aprendemos

---

[1] Este capítulo apareceu de forma um pouco distinta em LEWIS, Richard. "Ten Propositions on Science and Antiscience", *Social Text* 46-47, 1996, p. 101-112. Tradução: Nelson Marques.

a estar atentos aos possíveis papéis dos fatores de confusão e à necessidade de comparação controlada; aprendemos que correlação não significa causalidade e que as expectativas do pesquisador podem afetar o experimento; também aprendemos como lavar vidraria de laboratório para evitar contaminantes e como extrair tendências e distinções de um "pântano" de números. A nossa autoconsciência reduziu certos tipos de erros, mas de forma alguma os elimina, nem protege a construção da ciência como um todo contra os vieses e preconceitos compartilhados de seus praticantes.

Em contrapartida, o assim chamado "conhecimento tradicional" não é estático nem irrefletido. Os africanos (principalmente as mulheres africanas) trazidos escravizados para as Américas desenvolveram rapidamente uma medicina afro-americana à base de ervas. Esse conhecimento foi elaborado, em parte, com base em conhecimentos guardados na memória sobre plantas encontradas tanto na África quanto nas Américas, em parte tomando de empréstimo a tradição cultural dos povos nativos americanos e, complementarmente, experiências com base em regras africanas sobre como deveria ser uma planta medicinal. O ensino desse tipo de medicina tradicional sempre envolve experimentação, mesmo quando se apresenta como transmissão de conhecimentos pré-existentes. Finalmente, os critérios para prescrever várias terapias à base de ervas na medicina não europeia/estadunidense estão provavelmente mais bem fundamentados do que aqueles que orientam as decisões sobre cesáreas, implantes de marca-passo ou mastectomias radicais na prática médico-científica dos EUA.

Mesmo o que é descrito como "conhecimento intuitivo" (em oposição a "conhecimento intelectual") vem também da experiência: nosso sistema neuroendócrino é um impressionante integrador de nossas ricas e complexas histórias em uma apreensão holística, que não precisa ter consciência de suas origens ou componentes. Os conhecimentos científico e intuitivo não são fundamentalmente diferentes do ponto de vista epistemológico; diferem mesmo, na verdade, em seus processos sociais, pelos quais são produzidos – e não são mutuamente exclusivos. Na verdade, um dos meus objetivos ao ensinar matemática para cientistas da saúde pública é educar a intuição, de modo que o arcano se torne óbvio e até trivial, e a complexidade perca o seu poder de intimidação.

2. Todos os modos de descoberta abordam o novo tratando-o como se fosse igual ao velho, já familiar. Como muitas vezes o novo é de fato muito parecido com o velho, a ciência é possível. Mas o novo, às vezes, é muito diferente do velho; quando a simples reflexão sobre a experiência não é suficiente, precisamos de uma estratégia de descoberta mais autoconsciente. Portanto, a ciência criativa se torna necessária. No longo prazo estaremos fadados a encontrar novidades mais estranhas do que podemos imaginar, e ideias anteriores bem fundamentadas se revelarão erradas, limitadas ou irrelevantes. Isso é verdade em todos os casos, tanto nas sociedades modernas quanto nas tradicionais – com classes e sem classes. Portanto, tanto a ciência moderna europeia/estadunidense quanto os conhecimentos de outras culturas não apenas são falíveis, como seguramente se mostrarão falhos no futuro.

Chamar algo de "científico" não significa que seja verdade. Durante toda a minha vida, afirmações científicas como a inércia dos "gases nobres", as maneiras pelas quais dividimos os seres vivos em grandes agrupamentos, as visões sobre a antiguidade de nossa espécie, os modelos do sistema nervoso como uma central telefônica, as expectativas de como sistemas de equações diferenciais se comportariam no longo prazo e noções de estabilidade ecológica foram derrubadas por novas descobertas ou perspectivas. E grandes esforços técnicos baseados na ciência levaram a resultados desastrosos: pesticidas aumentam as pragas; hospitais são focos de infecção; os antibióticos dão origem a novos patógenos; o controle de inundação aumenta os danos da inundação; e o desenvolvimento econômico aumenta a pobreza. Também não podemos assumir que o erro pertence ao passado e que agora sim resolvemos tudo – um tipo de doutrina do "fim da história" para a ciência. O erro é intrínseco à ciência realmente existente. O presente não tem um estatuto epistemológico único – apenas acontece de vivermos nele.

Temos de considerar, portanto, a noção de "meia-vida" de uma teoria como uma espécie de regulador descritivo do processo científico, e até sermos capazes de perguntar (mas não necessariamente de responder), "sob que circunstância poderia a segunda lei da termodinâmica ser derrubada?"

3. Todas as formas de conhecimento pressupõem um ponto de vista. Isso é tão verdadeiro para outras espécies quanto para a nossa. Cada ponto

de vista define o que é relevante na enxurrada de estímulos sensoriais, o que perguntar sobre os objetos relevantes e como encontrar respostas.

O ponto de vista é condicionado pelas modalidades sensoriais da espécie. Por exemplo, os primatas e as aves dependem esmagadoramente da visão. Com a informação visual, os objetos têm limites bem diferenciados. Mas não é esse o caso quando os odores são o principal tipo de informação, como é para as formigas. Um lagarto *Anoline* enxerga os objetos em movimento como sendo do tamanho certo para comer ou como representando perigo. A fêmea do mosquito percebe, por exemplo, uma conferência acadêmica como gradientes de dióxido de carbono, umidade, e amoníaco, que indicam a possibilidade de uma farta refeição de sangue, ao passo que uma anêmona marinha confia que glutationa na água é razão suficiente para estender seus tentáculos na expectativa de um almoço. O fato de vivermos na superfície da Terra faz com que pareça natural concentrar nossa astronomia em planetas, estrelas, e outros objetos, ignorando, ao mesmo tempo, os espaços entre eles. A escala de tempo de nossas vidas faz com que as plantas pareçam imóveis e sem movimento até que a fotografia com lapso de tempo torna suas mudanças aparentes. Interagimos mais confortavelmente com objetos nas mesmas escalas temporais e de tamanho que as nossas, e tivemos de inventar métodos especiais para lidar com o muito pequeno ou o muito grande, o muito rápido ou o muito lento.

4. Um ponto de vista é absolutamente essencial para sobreviver e fazer sentido de um mundo fervilhando de potenciais entradas sensoriais. A maior parte da aprendizagem é dedicada à definição do que é relevante e do que pode ser ignorado. Portanto, a resposta apropriada à descoberta da universalidade dos pontos de vista em ciência não é a tentativa vã de eliminar pontos de vista, mas o reconhecimento responsável dos nossos próprios pontos de vista e a utilização desse conhecimento para olhar criticamente para nossas próprias opiniões e as opiniões dos outros.

5. A ciência tem uma natureza dupla. Por um lado, esclarece-nos sobre as nossas interações com o resto do mundo, produzindo compreensão e orientando as nossas ações. Aprendemos realmente muito sobre a circulação do sangue, a geografia das espécies, o dobramento das proteínas e a movimentação dos continentes. Podemos ler os registros fósseis de

DEZ PROPOSIÇÕES SOBRE CIÊNCIA E ANTICIÊNCIA

um bilhão de anos atrás, reconstruir os animais e climas do passado e a composição química das galáxias, rastrear as vias moleculares dos neurotransmissores e as trilhas de odor das formigas. E podemos inventar ferramentas que serão úteis muito depois das teorias que as geraram se tornarem notas de rodapé pitorescas na história do conhecimento.

Em contrapartida, como produto da atividade humana, a ciência reflete as condições sociais de sua produção e os pontos de vista dos seus produtores (ou proprietários). A agenda da ciência, o recrutamento e formação de uns e a exclusão de outros da possibilidade de se tornarem cientistas, as estratégias de pesquisa, os instrumentos físicos de investigação, o quadro intelectual em que os problemas são formulados e os resultados interpretados, os critérios para avaliar o que é uma solução bem-sucedida para um problema e as condições de aplicação dos resultados científicos são, em grande parte, produto da história das ciências, e das tecnologias associadas, assim como das sociedades que as formam e possuem. Os padrões de conhecimento e ignorância na ciência não são ditados pela natureza, mas estruturados por interesses e crenças. Impomos facilmente a nossa própria experiência social sobre a vida social dos babuínos, ou a nossa compreensão de ordem no mundo nos negócios (implicando uma hierarquia de controladores e controlados) na regulação de ecossistemas e sistemas nervosos. As teorias, apoiadas por "megabibliotecas" de dados, são muitas vezes sistemática e dogmaticamente ofuscantes, obscurecedoras.

A maior parte das análises da ciência falha ao não levar em conta essa natureza dual. Focam apenas num ou noutro aspecto da ciência. Podem enfatizar a objetividade do conhecimento científico como representando o progresso humano genérico na nossa compreensão. Depois rejeitam a determinação social óbvia e os usos anti-humanos tão familiares da ciência, como "usos indevidos", como "má ciência", mantendo seu modelo de ciência como a busca desinteressada da verdade, intacto.

Ou então utilizam a crescente consciência da determinação social da ciência para negar qualquer validade às suas reivindicações. Imaginam que as teorias não estão relacionadas com seus objetos de estudo e são meramente inventadas para servir aos objetivos venais das carreiras individuais ou de classe, gênero e dominação nacional.

Ao salientar apenas o caráter cultural da ciência, essas análises ignoram as características comuns das astronomias e os calendários dos babilônios, maias, chineses e britânicos. Cada uma vem de um contexto cultural diferente, mas todas olham (mais ou menos) para um mesmo céu comum. Reconhecem anos de mesma duração, notam a mesma lua e planetas e calculam os mesmos eventos astronômicos por meios muito diferentes.

Os deterministas sociais também ignoram os usos paralelos de plantas medicinais no Brasil e no Vietnã, a identificação de plantas e animais que correspondem aproximadamente ao que rotulamos cientificamente como espécies distintas. Todos os povos procuram plantas curativas e tendem a descobrir usos semelhantes para ervas semelhantes.

Outras tradições além da nossa também têm seus contextos sociais. Os padres babilônicos ou os administradores chineses não eram burgueses liberais, mas nem por isso eram necessariamente mais sábios ou, muito menos, livres de pontos de vista. A frase "os antigos dizem" não nos diz nada sobre a validade do que eles dizem. Os antigos, como os modernos, pertencem a gêneros, às vezes a classes, sempre a culturas, e expressam essas posições em seus pontos de vista. Aliás, aqueles antigos cujo pensamento foi preservado por escrito também não eram uma amostra aleatória dos antigos em geral.

Ser socialmente determinado e condicionado ao ponto de vista não significa, no entanto, ser arbitrário. Embora, eventualmente, todas as teorias se mostrarão erradas, algumas não são nem mesmo temporariamente certas. A determinação social da ciência não implica uma defesa ou tolerância a doutrinas patentemente falsas de superioridade racial ou de gênero, ou mesmo das próprias categorias de raça, seja nas formas acadêmicas convencionais, seja no "homem adâmico" e no "povo da lama" do movimento de identidade cristã. O racismo é um objeto mais real do que a raça, e determina as categorias raciais.

Assim, a tarefa do analista da ciência é rastrear as interações e interpenetrações do trabalho intelectual e os objetos desse trabalho, sob diferentes condições de trabalho e sob diferentes arranjos sociais. A arte da investigação é a sensibilidade para decidir quando uma simplificação em algum momento útil e necessária se tornou uma supersimplificação que mais confunde do que ilumina.

DEZ PROPOSIÇÕES SOBRE CIÊNCIA E ANTICIÊNCIA

6. A ciência moderna europeia/estadunidense é um produto da revolução capitalista. Compartilha com o capitalismo moderno a ideologia progressista liberal que informa sua prática e que ajudou a moldar. Como o liberalismo burguês em geral, essa ciência é tanto liberada quanto desumanizada. Proclamou ideais universais que não obedecia e que, de fato na prática, violava, chegando até mesmo a revelar, por vezes, que esses ideais eram opressivos mesmo em teoria.

Portanto, existem vários tipos de crítica à ciência. Uma crítica conservadora herda a crítica pré-capitalista: está preocupada com o desafio que o conhecimento científico representa para as elites governantes e as regras sociais e crenças religiosas tradicionais; não aprova o julgamento independente de ideias e valores; não exige evidências onde a autoridade já se manifestou e, portanto, se incomoda principalmente pelo lado radical da ciência. Os criacionistas identificam com bastante precisão o conteúdo ideológico da ciência, que rotulam de "humanismo secular", não comprando a fórmula liberal de que a ciência é o oposto neutro da ideologia. Mas por mais que os criacionistas vasculhem os periódicos científicos em busca de evidências de conflitos entre evolucionistas e pontos fracos na teoria evolucionista moderna, o desafio que eles se colocam não é o de tornar a ciência mais "científica", mais democrática, mais aberta e menos refém da ideologia dominante. Ao contrário, o que propõem é o retorno à fé, aos tipos mais tradicionais de autoridade, e às certezas anti-intelectuais. O seu anti-intelectualismo instintivo é frequentemente expresso no prazer com que zombam das asneiras dos cientistas, em oposição à sabedoria do "homem simples", um escárnio que à primeira vista parece ter um apelo democrático. Mas não se trata, nesse caso, da afirmação de que qualquer um, qualquer pessoa normal, é capaz de um pensamento rigoroso e disciplinado. Em vez disso, é simplesmente a negação total da importância do pensamento sério e complexo, em favor da convicção espontânea das certezas incultas. As críticas conservadoras aceitam a dicotomia "conhecimento *versus* valores" e optam por seus valores particulares sempre que houver conflito.

Ao mesmo tempo, as críticas conservadoras rejeitam os aspectos reducionistas e fragmentários da ciência moderna em nome de uma visão holística e "orgânica" do mundo. Em um nível estético e emocional, esse holismo ressoa parcialmente com a crítica radical, mas se trata, na verdade, de um holismo hierárquico e estático, enfatizando a harmonia, o equilíbrio, a lei e a ordem, e a adequação ontológica de como as coisas são – ou de como se imagina que elas tenham sido.

Os mais consistentes críticos liberais da ciência aceitam as pretensões da ciência como objetivos válidos, mas criticam as práticas que acabam violando essas próprias pretensões. Por exemplo, aprovam a ciência como conhecimento público, mas deploram o sigilo imposto pela "propriedade" militar e comercial que se faz dela. Querem acesso democrático à ciência, determinado apenas pela capacidade, e deploram as barreiras de classe, gênero e raça para a formação científica, emprego e credibilidade. Concordam que as ideias devem ser julgadas somente pelos seus méritos e a partir das evidências, independentemente da origem das ideias, mas acabam reforçando as hierarquias de credibilidade por meio de um vocabulário farto para rejeitar ideias pouco ortodoxas (e seus defensores) como "fora de questão", "heterodoxo", "ideológicos", "marginal", "desacreditado", "anedótico" ou "especulativo". Podem ficar horrorizados com os usos da ciência na produção de mercadorias nocivas ou armas perversas, ou com as justificações igualmente perversas da opressão, sem renunciar às crenças de que o pensamento e o sentimento devem ser mantidos separados.

Como reação à cegueira, à estreiteza, ao dogmatismo e à intolerância (para não falar da influência de interesses comerciais) visivelmente crescentes na ciência oficial, surgiram movimentos alternativos, especialmente na saúde e na agricultura. Esses movimentos devem ser examinados com as mesmas ferramentas críticas que usamos para analisar a ciência "oficial". Quem são os donos, qual são as origens, que pontos de vista exprimem, como são validados, que preconceitos teóricos carregam? Incorporadas como estão num contexto capitalista, essas alternativas são também um campo de exploração, produzindo mercadorias e, frequentemente, envoltas por uma propaganda comercial despudorada. Também esses movimentos alternativos têm suas raízes de classes, que levam alguns a separar os indivíduos da causa social (por exemplo, criticando as "balas de prata" da indústria farmacêutica, mas vendendo as suas próprias curas milagrosas "naturais", ou promovendo tratamentos holísticos para o câncer, mas ignorando as origens industriais de muitas de suas formas). As comunidades alternativas são domínios onde a crítica radical perspicaz se mistura com o empreendedorismo pequeno-burguês.

A crítica marxista procura ver a ciência – seja em seus aspectos libertadores, seja nos opressores – em seus discernimentos poderosos e em suas cegueiras militantes, como uma expressão mercantilizada dos interesses (e ideologias) capitalistas, machistas e europeus liberais, organizados de forma a lidar com fenômenos naturais e sociais bastante reais. A ideologia da ciência é tanto um produto do liberalismo europeu como uma contribuição autônoma e autogerada a ele, e não um mero reflexo passivo.

Críticas radicais à agricultura, medicina, genética, desenvolvimento econômico e outras áreas das ciências aplicadas apontam tanto para os aspectos externos quanto para os internos que limitam a capacidade da ciência de alcançar seus objetivos autodeclarados. O aspecto externo se refere à posição social da ciência como uma indústria do conhecimento, possuída e dirigida para fins de lucro e poder, guiada por crenças compartilhadas, e executada principalmente por homens. Os modos de recrutamento e exclusão da ciência, as várias subdivisões em disciplinas, as condições-limite ocultas que restringem a investigação científica tornam-se inteligíveis apenas quando examinamos seu contexto social. Podemos abordar as modalidades dominantes da terapia química na medicina e na agricultura como expressões da mercantilização do conhecimento pela indústria química. Mas a confiança em "balas mágicas moleculares" também é compatível com a filosofia reducionista que dominou a ciência europeia/estadunidense desde a sua formação no século XVII e que, por sua vez, é apoiada pela experiência atomística da vida social burguesa. Aliás, conforme rastreamos as conexões, vemos que o aspecto "interno" e o aspecto "externo" não são, na verdade, explicações rigidamente alternativas, outro exemplo do princípio geral de que simplesmente não existem subdivisões disjuntas, completas e profundas da realidade. E, no entanto, a ciência ainda é atormentada pelas falsas dicotomias tais como organismo/ambiente, natureza/criação, determinístico/randômico, social/individual, psicológico/fisiológico, ciências exatas/ciências "leves" (humanas), variáveis dependentes/independentes, e assim por diante.

O interno refere-se às ideologias reducionistas, fragmentadas, descontextualizadas, mecanicistas (em oposição ao holístico ou dialético) e às políticas liberais-conservadoras da ciência. Os marxistas e outros críticos radicais sempre exigiram o alargamento do âmbito das investigações, colocando-as em um contexto histórico, reconhecendo a interconectividade dos fenômenos e a prioridade de processos sobre as coisas, enquanto a ideologia conservadora normalmente advoga uma precisão elegante sobre objetos circunscritos e aceitando condições de contorno sem refletir sobre elas.

7. Uma crítica radical da ciência amplia também o funcionamento interno do processo de investigação. Ao abordar um novo problema, o marxismo me encoraja a fazer duas perguntas básicas. A primeira é: por que é que as coisas são como são, em vez de um pouco diferentes? E a segunda é: por que é que as coisas são como são, em vez de muito diferentes? Aqui, "coisas" tem um duplo significado, referindo-se tanto aos objetos de estudo como ao estado da ciência que os estuda.

A resposta newtoniana para a primeira questão é que as coisas são como são porque nada de especial acontece com elas.

Já a nossa resposta é que as coisas são como são devido a ações de processos opostos. Essa primeira questão é a da autorregulação dos sistemas, da homeostasia. Face às constantes perturbações e influências que podem deslocar os objetos de seus estados, como é que as coisas permanecem reconhecíveis como elas são? Uma vez colocada propriamente a questão, entra-se no domínio da teoria de sistemas em um sentido restrito: a modelagem matemática de sistemas complexos. Essa disciplina começa com um conjunto de variáveis e suas conexões e equações aplicadas para perguntar: o sistema é estável? Com que rapidez ele restaura a si mesmo após uma perturbação? Como ele responde a alterações permanentes ao seu redor? Quanta alteração ele pode tolerar? Quando eventos externos afetam o sistema, como percolam por toda a rede, sendo amplificados ao longo de algumas vias e diminuídos ao longo de outras?

Trabalhamos com noções como alças de retroalimentação positivas e negativas, vias, circuitos, conectividade, sumidouros, atrasos, barreiras que refletem e atrasam. Em seus próprios termos, esta análise é "objetiva". Mas as próprias variáveis são produtos sociais. Por exemplo, a noção aparentemente não problemática de densidade populacional tem pelo menos quatro definições diferentes que levam a diferentes fórmulas de medição e resultados distintos quando as medidas são comparadas entre países ou classes. Podemos simplesmente dividir o número total de pessoas pela área total (ou recurso):

$$D = \text{Somatória de pessoas/Somatória da área}$$

Poderíamos perguntar: qual é a densidade média onde as pessoas vivem? Então nós usaríamos:

$$D = \text{Somatória (pessoas/área) (pessoas nessa área)/Somatória de pessoas}$$

A irregularidade de acesso aos recursos ou à terra é, então, incluída. Ou poderíamos fazer a mesma coisa, mas da perspectiva do recurso. O total de recursos por pessoa é:

$$D = \text{Somatória de área/Somatória de pessoas}$$

A intensidade média de exploração de um recurso é dada por:

$$D = \text{Somatória(área/pessoa) (área)/Somatória de área.}$$

Assim, mesmo o que parece ser uma medida objetivamente dada é carregada de ponto de vista, que pode ser ou levado em conta ou ocultado. Nancy Krieger, professora da Universidade de Harvard, usou a metáfora da "autossimilaridade fractal" para enfatizar que a inseparabilidade do social e do biológico ocorre em todos os âmbitos, das escalas mais macro aos pequenos detalhes micro em epidemiologia (Krieger, 1994, p. 887-903).

A segunda questão é a da evolução, história e desenvolvimento. Sua resposta básica é: as coisas são como são porque ficaram assim, não porque sempre foram assim, ou porque essa é a única maneira de ser. Desta perspectiva, reexaminamos a primeira questão e perguntamos: quais variáveis são próprias do sistema, e como elas apareceram? O que realmente queremos saber sobre o sistema? O que exatamente queremos dizer com "nós"? Quem é o "nós" que fala? Novas conexões aparecem e as antigas declinam? As variáveis se fundem ou se subdividem? As próprias equações mudam? Devemos usar equações ou outros meios de descrição? E uma vez que entendemos que os modelos que usamos não são imagens fotograficamente precisas da realidade, como um deslocamento dos pressupostos afetaria os resultados? Quando isso importa?

O que era dado na primeira formulação agora aparece como questão. É aqui que os potentes princípios iluminadores da dialética marxista, quando combinados a um conhecimento substantivo dos objetos de interesse e habilidades técnicas de manipulação especializadas, se mostraram mais produtivos. É aí que as proposições familiares da unidade e interpenetração dos opostos, conexão universal, desenvolvimento por meio das contradições, níveis de integração e assim por diante, tão secos nos esquemas dos manuais formais, explodem em ricas implicações e brilham em potencial criativo.

Finalmente, esses mesmos métodos são usados reflexivamente para examinar as restrições históricas que atuaram sobre o próprio marxismo como consequência de suas próprias circunstâncias históricas específicas e da composição dos movimentos marxistas. Mas esses métodos não devem ser usados de forma mecanicista, essencialista, rejeitando noções só por serem "europeias" e, portanto, estranhas à América Latina, ou masculinos, e por isso irrelevantes para as mulheres, ou de origem no século XIX e, portanto, inaplicáveis para o século XXI. Afinal, toda ideia é estrangeira na maioria dos lugares onde é utilizada, e em qualquer lugar do mundo a maioria das ideias atuais tem uma origem estrangeira. Em vez disso, o contexto histórico pode ser usado para avaliar as ideias criticamente, para descobrir as boas intuições assim como as limitações, e as transformações que se fazem necessárias. As novas percepções do feminismo e do movimento ecológico, em especial aqueles ramos que se misturaram com o marxismo, são especialmente úteis para ganhar a distância necessária para esse exame. Temas que haviam sido relegados à periferia da maioria das visões marxistas podem agora ser restaurados aos seus lugares de direito no materialismo histórico, e as sociedades podem ser estudadas de forma mais rica como modos sociais/ecológicos de produção e reprodução.

8. Embora diferentes teorias usem diferentes termos, olhem para diferentes objetos e tenham diferentes objetivos, elas não são mutuamente ininteligíveis. Lineu viu as espécies como fixas no momento da criação, cada instância individual particular sendo uma versão corrompida do projeto arquetípico. Os biólogos evolucionistas veem as espécies como populações que são intrinsecamente heterogêneas e sujeitas a forças de

mudança. A descrição do típico é então vista como uma abstração do conjunto dos animais ou plantas reais. Não obstante, em meu trabalho como biólogo ainda uso os nomes em latim de Lineu para gêneros e espécies, muitos dos quais o próprio Lineu reconheceria, e até poderia conversar com ele sobre as plantas, discutir sobre sua anatomia ou distribuição geográfica. Lineu ficaria encantado em saber que nossas tecnologias nos deram novas maneiras de distinguir plantas semelhantes. Discordaríamos sobre o significado da variação dentro de uma espécie, e não sei como ele reagiria à ideia chocante de que a semelhança muitas vezes implica uma origem comum. Mas conseguiríamos conversar.

Isso é verdade até mesmo para diferenças culturais maiores. Todas as pessoas nomeiam plantas e animais. A maioria dos povos atribui nomes diferentes para o que corresponderia, de fato, a diferentes espécies na nomenclatura de Lineu, e dividem o mundo botânico basicamente da mesma forma que nós. Os povos tradicionais tendem também a distinguir mais precisamente entre os organismos que precisam ser tratados de maneira diferente. E, como nossas próprias teorias, as deles também "funcionam", e orientam ações que muitas vezes levam a resultados aceitáveis. Quer você seja um taxonomista moderno que reconhece que metade das cobras nas florestas úmidas de Darien são venenosas, ou um choco nativo[2] que dirá que todas as cobras são venenosas, mas que matam apenas na metade das vezes, a conclusão prática é semelhante: ao caminhar na floresta, cuidado com as cobras.

Além disso, as ferramentas de investigação mostram uma continuidade maior do que as teorias. Galileu ficaria impressionado com nossos sofisticados telescópios, mas não ficaria completamente perdido num observatório moderno. Embora um economista marxista possa não estar interessado nos modelos de equilíbrio de insumo-produto da escola neoclássica, ou nas técnicas de análise de custo-benefício tão caras à mentalidade corporativa, estes seriam perfeitamente compreensíveis para ele. A afirmação de que diferentes perspectivas são incomensuráveis, falam línguas diferentes e não encontram pontos de contato é uma distorção

---

[2] Referência à selva de Darien, região fronteiriça do território colombiano considerada a selva mais perigosa da América. Choco é o nome do departamento que abriga a selva e de seus habitantes. (N.T.)

grosseira da compreensão do ponto de vista social. Barreiras teóricas não significam a solidão existencial imaginada por observadores distantes.

9. A diversidade da natureza e da sociedade não impede a compreensão científica. Cada lugar é claramente diferente e cada ecossistema tem suas características únicas. Portanto, a Ecologia não busca regras universais como "a diversidade vegetal é determinada pelos herbívoros", nem tenta prever a flora de uma região conhecendo seu regime de chuvas. O que pode ser feito é procurar os padrões de diferença, os processos que produzem a unicidade. Assim, o número de espécies em uma ilha depende tanto dos processos de colonização e especiação, que aumentam o número espécies, quanto de processos de extinção, que reduzem o número de espécies. Podemos ir mais longe e relacionar a colonização à distância de uma fonte de migrantes, a extinção à diversidade de *habitats* e à estrutura da área e da comunidade, tentar explicar por que os migrantes são de um tipo específico, e assim por diante. Os resultados serão bem diferentes em ilhas pequenas onde as populações não duram o tempo suficiente para gerar novas espécies ou estão perto demais da origem dos migrantes a ponto de escamotear qualquer diferenciação local se comparado com ilhas muito remotas, com alta diversidade de *habitats*.

O uso de especificidade local para rejeitar generalizações amplas está mal colocada. O que procuramos é a identificação dos processos opostos que impulsionam a dinâmica de uma espécie de sistema (por exemplo, floresta tropical, ou ilha, ou economia capitalista) em vez de propor um resultado único e universal.

10. Os radicais defensores da ciência não podem defender a ciência tal como ela é hoje. Em vez disso, devemos seguir em frente como críticos tanto da ciência liberal quanto de seus inimigos reacionários. O presente ataque da direita à ciência é parte de um assalto mais geral ao liberalismo, agora que a desaparição de um adversário socialista mundial torna o liberalismo desnecessário e a competição intensificada durante um período de estagnação de longo prazo faz com que o liberalismo pareça muito caro. Embora sua oposição ao liberalismo seja uma oposição aos aspectos libertadores dessa doutrina, o ataque reacionário ao liberalismo frequentemente enfatiza os aspectos opressivos ou ineficazes do liberalismo.

Temos que reivindicar a abertura da ciência aos excluídos, democratizar o que é uma estrutura autoritária modelada na corporação capitalista, e insistir no objetivo de uma ciência voltada para a construção de uma sociedade justa, compatível com uma natureza abundante e diversa. Não devemos nos esconder, mas antes minar o culto da *expertise* dos peritos em favor de abordagens que combinem a participação profissional e a não profissional. A condição ideal para a ciência é um pé na universidade e um na comunidade em luta, de modo que possamos ter a riqueza e a complexidade teórica que vem do particular e também a visão comparativa e as generalizações só possíveis de se alcançar com certa distância do particular. Essa dupla posição também nos permitiria ver a combinação de relações cooperativas e competitivas que temos com nossos colegas na academia, e as formas pelas quais o compromisso político militante desafia o senso comum compartilhado nas comunidades profissionais da ciência.

Não devemos fingir ou aspirar a uma neutralidade branda, mas proclamar nossa hipótese de trabalho: todas as teorias que promovem, justificam ou toleram a injustiça estão erradas.

Não devemos encobrir ou lamentar em particular a trivialidade de tantas pesquisas publicadas, mas denunciar essa trivialidade como proveniente da mercantilização de carreiras acadêmicas e das agendas de dominação que descartam muitas das questões realmente interessantes.

Devemos desafiar o individualismo competitivo da ciência em favor de um esforço cooperativo para resolver os problemas reais.

Devemos rejeitar a estratégia reducionista da "fórmula mágica" que serve à ciência mercantilizada em favor do respeito à complexidade, à conectividade, ao dinamismo, à historicidade e ao caráter contraditório do mundo.

Devemos repudiar a estética do controle tecnocrático em favor do regozijo com a espontaneidade do mundo, deleitando-se com a incapacidade dos índices de capturar a vida, saboreando o inesperado e o anômalo, e buscando o nosso sucesso não em dominar o que é realmente indomável, mas em respostas previdentes, humanas e gentis à surpresa inevitável.

A melhor defesa da ciência sob o ataque reacionário é insistir em uma ciência para o povo.

DIALÉTICA E TEORIA DE SISTEMAS[1]

Em uma resenha, no geral simpática, de nosso último livro, *The Dialectical Biologist* [*O Biólogo dialético*], e também em conversas pessoais, John Maynard-Smith tem argumentado que o desenvolvimento de uma teoria dos sistemas com elementos matemáticos rigorosos e quantitativos tornou a dialética obsoleta (Smith, 1986). A expressão meio desajeitada de Engels sobre a "determinação mútua de causas e efeitos" poderia ser substituída por "retroalimentação". Já a misteriosa "transformação da quantidade em qualidade" seria agora o que entendemos como "transição de fase" ou um efeito de limiar. Maynard-Smith ainda admite que, "mesmo na minha fase marxista mais convicta, nunca pude ver muito sentido na negação da negação ou na interpenetração dos opostos". Ele poderia ter acrescentado que a teoria da hierarquia captura algumas intuições de noções dialéticas como "níveis de integração" ou "sobredeterminação".

Mary Boger, expoente de uma escola marxista de Nova York, tem insistido comigo por anos para não permitir que a dialética fosse reduzida à Teoria dos Sistemas. Apesar da preocupação da Teoria dos Sistemas com conceitos como complexidade, interconexão e processo,

---

[1] Este capítulo apareceu de forma um pouco distinta em Levins, Richard. "Dialectics and Systems Theory", *Science & Society* 62, n. 3, 1996, p. 375-399.
Tradução: John Araújo.

ela argumentava que ainda se trata de uma teoria fundamentalmente reducionista e estática, e, apesar do poder de seu aparato matemático, não lida com a riqueza da contingência dialética, da contradição ou da historicidade. E, por fim, enfatizava que a noção de "interconexão" das teorias sistêmicas e da complexidade não dá conta de abarcar as sutilezas da "mediação dialética".

Aqui, tento sistematizar meu próprio ponto de vista, tal como evoluiu em discussões com Mary Boger, Rosario Morales, Richard Lewontin e outros camaradas.

Ao começar a explorar essa questão, logo me dei conta de duas tentações opostas. Por um lado, gostaria de enfatizar a distinção entre dialética e a Teoria dos Sistemas contemporânea, reivindicar que nossos fundamentos teóricos não estão obsoletos e, ao contrário, continuam a ter coisas importantes para dizer ao mundo da ciência que as abordagens sistêmicas ainda não incorporaram. Em contrapartida, assim como Engels em seu tempo, acho gratificante ver a ciência – mesmo que de má vontade e de forma hesitante e inconsistente, mas inexorável – tornando-se cada vez mais dialética. Ambas as afirmações são verdadeiras, mas o apelo emocional de cada uma delas também pode levar a erros de unilateralidade. Tentei me aproveitar dessa consciência reflexiva para questionar minhas conclusões quando me inclinei mais para uma ou outra dessas reivindicações.

Qualquer descrição da Teoria dos Sistemas e do materialismo dialético está sujeita a dois tipos de problemas: em ambas as áreas há muitos pesquisadores que as utilizam com visões bem divergentes. Não vou sequer tentar fazer aqui qualquer tipo de levantamento abrangente da Teoria dos Sistemas, ou "abordagem sistêmica", mas me limito à Teoria dos Sistemas no sentido estrito, como uma abordagem matemática para "sistemas" compostos de muitas partes. Além disso, a Teoria dos Sistemas e a dialética não são mutuamente exclusivas. Alguns teóricos sistêmicos que contribuíram para o desenvolvimento da teoria também são marxistas ou foram influenciados pelo marxismo em suas pesquisas. Do mesmo modo, outros tantos teóricos marxistas tiveram pelo menos algum contato passageiro com a Teoria dos Sistemas, e usaram algumas de suas noções em suas pesquisas marxistas. Por exemplo, Goran Ther-

DIALÉTICA E TEORIA DE SISTEMAS

born, um cientista social sueco marxista, influenciado pela Teoria dos Sistemas, abordou a natureza do Estado a partir de duas perspectivas: a visão marxista tradicional do papel do Estado como expressão do poder de classe e um exame sistêmico-cibernético da dinâmica do Estado visto como um sistema com entradas e saídas. A propaganda editorial do livro *"What Does the Ruling Class Do When It Rules?"* [Como domina a classe dominante?] resume bem a obra: "Therborn usa as categorias formais da análise de sistemas – mecanismos de entrada, processos de transformação, fluxos de produção – para avançar em uma análise marxista substantiva do poder do Estado e dos aparelhos estatais" (Therbon, 1978).

No entanto, a dialética e a Teoria dos Sistemas são diferentes em suas origens, objetivos e bases teóricas. No que se segue, discutirei vários temas gerais que hora unem, hora diferenciam ambas: totalidade e interconexão, seleção de variáveis ou partes, teleologia e efeitos de processos. Aqui, a dialética materialista não é oferecida como uma filosofia da natureza completa e acabada, como um sistema no sentido clássico.[2] Os dialéticos estão bem conscientes da contingência histórica do nosso próprio pensamento para ter qualquer ilusão de que um dia possa se chegar a uma visão única de mundo final. Em primeiro lugar, o que farei aqui é uma polêmica, uma crítica das falhas vigentes tanto da abordagem mecanicista reducionista quanto do seu oposto, a perspectiva holista idealista. Em conjunto, essas duas opções intelectuais dominaram a ciência natural e social euro-estadunidense desde o seu surgimento na Grã-Bretanha do século XVII, como parceira da revolução burguesa. Também dominaram a política como o amplo consenso liberal-conservador que definiu a política "hegemônica" no capitalismo democrático.

Em segundo lugar, o materialismo dialético se concentrou principalmente em alguns aspectos selecionados da realidade, ignorando outros. Às vezes, enfatizamos a materialidade da vida contra o vitalismo, como

---

2   O termo "materialismo dialético" é frequentemente associado à exposição rígida particular feita por Stalin e suas aplicações dogmáticas na apologia soviética, enquanto "dialética" por si mesma é um termo acadêmico respeitável. Em um momento em que o recuo do materialismo atinge proporções epidêmicas, vale a pena insistir na unidade do materialismo com a dialética e recapturar a vibração total desta abordagem para compreender e agir no mundo. Aqui eu uso a dialética materialista e o materialismo dialético de forma intercambiável.

quando Engels diz que a vida era um modo de movimento de "corpos albuminosos" (isto é, proteínas; hoje diríamos macromoléculas). Isso parece estar em contradição com nossa rejeição ao reducionismo, mas simplesmente reflete momentos diferentes de um debate em curso, no qual os principais adversários foram, em primeiro lugar, a ênfase vitalista na descontinuidade entre o reino inorgânico e o mundo vivo, e, em um segundo momento, o apagamento reducionista das descontinuidades reais entre níveis. Às vezes, apoiamos Darwin ao enfatizar a continuidade da evolução humana com o resto da vida animal; outras vezes, queremos chamar atenção para a singularidade da evolução humana, socialmente impulsionada. Poderíamos classificar nossas espécies como omnívoros, ao lado dos ursos, para enfatizar que somos apenas outra espécie animal que tem que obter sua energia e matéria ao comer outros seres vivos, e não se limita a apenas um tipo de alimento. Ou podemos sublinhar a nossa condição especial como "produtores", que não apenas encontram a nossa alimentação e o nosso *habitat*, mas os produzem. As duas coisas são verdadeiras; a relação processual entre continuidade e descontinuidade é um aspecto da dialética que a Teoria dos Sistemas simplesmente não trata.

A crítica, porém, não é apenas julgamento, e a dialética vai além da mera rejeição do pensamento reducionista ou idealista para oferecer uma alternativa coerente, e o faz mais pela maneira como coloca as questões do que propriamente pelas respostas específicas que teóricos dialéticos propuseram em um determinado momento particular da história. O foco está na totalidade e na interpenetração, na estrutura dos processos mais do que nas coisas, nos níveis integrados, na historicidade e na contradição. Tudo isso é aplicado aos objetos do estudo, ao desenvolvimento do pensamento sobre esses objetos, e, de modo autorreflexivo, a nós mesmos, pensadores dialéticos, a fim de não perder de vista a contingência e a historicidade de nosso próprio engajamento com os problemas que estudamos.

O materialismo dialético é único entre as análises críticas da ciência na medida em que suas raízes estão tanto dentro da academia quanto fora, na luta política, na medida em que dirige a crítica tanto ao reducionismo quanto ao idealismo, e na medida em que é conscientemente autorreflexivo e rejeita o objetivo de um "sistema final". Mas a dialética é diferente da crítica pós-moderna da ciência, que usa o caráter contingente das afirmações científicas para negar a validade real, ainda que historicamente limitada, dessas hipóteses em favor de um pluralismo acrítico.

A Teoria dos Sistemas tem uma origem dupla: na Engenharia e na crítica filosófica do reducionismo. A primeira fonte vem da Engenharia como cibernética, do estudo de mecanismos de autorregulação por meio de circuitos muitas vezes bastante complexos. Norbert Wiener introduziu o termo cibernética em seu livro de mesmo nome (Wiener, 1961). O termo tornou-se de uso corrente na União Soviética, mas nos Estados Unidos foi substituído principalmente pela Teoria do Controle, Teoria dos Servomecanismos e Teoria dos Sistemas. Dessa forma, trata-se da matemática da retroalimentação, o estudo de modelos matemáticos. O prefácio de *The Theory of Servo-mechanism* [*A Teoria do Servomecanismo*], um dos primeiros textos clássicos nesse campo, afirma:

> O trabalho em servomecanismos no Laboratório de Radiação [de Livermore] surgiu da necessidade de utilizá-los em sistemas de radar automáticos. Por conseguinte, era necessário desenvolver a Teoria dos Servomecanismos em uma nova direção, e considerar o servomecanismo como um dispositivo destinado a lidar com uma entrada de caráter estatístico conhecido na presença da interferência de caráter estatístico conhecido [...]. Um servomecanismo envolve o controle do poder por algum meio ou outro envolvendo uma comparação entre a saída do poder a ser controlado e o dispositivo de atuação. A comparação às vezes é referida como retroalimentação. (James, Nichols e Phillips, 1947, ix, 2)

Essa forma de Teoria dos Sistemas é altamente matemática e formal. Suas versões anteriores pressupunham sistemas tomados como dados, com equações conhecidas e medidas precisas. Mas logo a análise de sistemas foi adotada por projetistas militares, com a ideia de um sistema de armas substituindo o desenvolvimento de armas específicas como o problema teórico e por sistemas de gerenciamento, como os aspectos científicos da direção de grandes empresas. Aqui, as medições são mais vagas, as equações não são desconhecidas e, portanto, outras técnicas se fazem necessárias. Herbert Simon, na Universidade Carnegie Mellon, Mihajlo D. Mesarovic, na Case Western Reserve, o Instituto Internacional de Análise de Sistemas Aplicados, da Áustria, bem como matemáticos e engenheiros na União Soviética e em outros centros, trabalharam para avançar no arcabouço conceitual e no aparato matemático, assim como nas simulações computacionais que pudessem dar conta de sistemas de muitas variáveis interagindo de uma só vez. Mais recentemente, o Instituto Santa Fé fez do estudo da complexidade o seu problema intelectual central.

O papel crucial da engenharia e da gestão de sistemas no desenvolvimento das teorias sistêmicas se reflete no pressuposto do comportamento teleológico, orientado a propósitos, que persegue objetivos. Assim, Donella H. Meadows, Dennis L. Meadows e Jörgen Randers definem um sistema como "um conjunto interligado de elementos organizados coerentemente em torno de algum propósito. Um sistema é mais do que a soma de suas partes. Pode exibir comportamentos dinâmicos, adaptativos, teleológicos, autoconservadores e evolutivos" (Meadows, Meadows e Randers, 1992).

Mas o "sistema" da Teoria dos Sistemas não é a própria realidade, mas um modelo da realidade, uma construção intelectual que apreende alguns aspectos da realidade que queremos investigar, mas que também difere dessa realidade, por ser mais "administrável", e mais fácil de se estudar e alterar. Portanto, os modelos não são "verdadeiros" ou "falsos". São projetados para atender a uma série de critérios parcialmente contraditórios entre si, como o realismo, a generalidade e a precisão (Levins, 1966, p. 421-431). Os pesquisadores que analisam esses sistemas só podem esperar que o distanciamento da realidade que faz com que nossos modelos sejam mais fáceis de estudar não levem a falsas conclusões sobre a realidade que pretendem representar.

A totalidade, a interligação entre partes e a orientação a propósitos dos sistemas são enfatizadas. As duas primeiras qualidades são inerentes ao que queremos dizer por "sistema".

O todo

A outra fonte da Teoria dos Sistemas se encontra nas tentativas críticas de combater o reducionismo predominante na ciência desde o século passado. Aqui, seus limites não estão bem definidos, mas se confundem gradualmente em vários holismos.

O holismo não é novo. A história da ciência não é apenas a história de sua linha principal, a sucessão de paradigmas dominantes

DIALÉTICA E TEORIA DE SISTEMAS

popularizada por Thomas Kuhn. Na ciência, sempre houve dissidência, insatisfação com ideias dominantes, abordagens alternativas em várias disciplinas e mesmo "ortodoxias" divergentes no interior das disciplinas. A crítica "holística" sempre coexistiu com o reducionismo dominante. Foi expressa em correntes como o vitalismo da Biologia do desenvolvimento, na noção de "emergência" de Bergson, na Psicologia (Bronfenbrenner, Perl, Piaget), na Ecologia (biosfera de Vernadsky, a geo-biocoenose soviética, os ecossistemas de Clements e, mais tarde, de Odum), na Antropologia (o superorganismo de Kroeber) e em outros campos, como uma orientação à totalidade e à interconexão. Nesse aspecto, geralmente é referido nos Estados Unidos como "abordagem sistêmica" ou "pensamento sistêmico". Alguns autores estão envolvidos com a Teoria dos Sistemas tanto no sentido estrito como no sentido amplo. Especialmente ambiciosa e crucial foi a Teoria Geral dos Sistemas, de Ludwig von Bertalanffy, da década de 1930 (Bertalanffy, 1950, p. 139-164). A complexidade biológica geralmente era um desafio central. O livro de William Ross Ashby, *Design for a Brain* [*Projeto para um cérebro*], coloca questões como a de reconciliar estrutura mecanicista e comportamento aparentemente teleológico.

> Tomamos como básicos os pressupostos de que o organismo tem uma natureza mecanística, que é composto de partes, de que o comportamento do todo é o resultado das ações das partes, que os organismos mudam seus comportamentos aprendendo, e que mudam para que o comportamento posterior seja mais bem adaptado ao seu ambiente do que o anterior. Nosso problema é, em primeiro lugar, identificar a natureza da mudança que aparece como 'aprendizado' e, em segundo lugar, descobrir por que essas mudanças tendem a causar uma melhor adaptação para o organismo como um todo. (Ashby, 1960, ênfase no original)

A Ecologia também trouxe para a consciência pública a rica interconectividade do mundo. Exemplos – muitas vezes contraproducentes – dos efeitos inesperados das intervenções direcionadas a resolver um problema particular são apresentados regularmente. Os pesticidas aumentam os problemas de pragas, drenar um mangue pode aumentar a poluição, os antibióticos provocam resistência aos antibióticos, derrubar florestas para aumentar a produção de alimentos pode levar à fome. O dito de Barry Commoner de que "tudo está ligado a tudo" e que "tudo vai para algum lugar", se tornou parte do senso comum de pelo menos uma parte da população em geral.

O poderoso impacto da compreensão de que as coisas estão conectadas às vezes leva a afirmações de que "não se pode separar" o corpo da mente, a economia da cultura, o físico do biológico ou o biológico do social. Uma boa quantidade de pesquisa criativa foi dedicada a mostrar a conexão de fenômenos geralmente tratados como separados. Às vezes se chega até a dizer que, devido à interligação generalizada, tudo é "UM", um elemento importante da sensibilidade mística que afirma nossa "unidade" com o universo.

Claro que se *pode* sim separar o "corpo" das construções intelectuais de "mente", o "físico" do "biológico", o "biológico" do "social". Fazemos isso o tempo todo, no momento mesmo em que os rotulamos. E é preciso rotulá-los para reconhecê-los e investigá-los. Esse passo analítico é um momento necessário no entendimento do mundo. Mas não é suficiente. Depois de separar, temos que juntá-los novamente, mostrar a interpenetração, a determinação mútua, a evolução entrelaçada, assim como sua continuada distinção. Não são "UM". Pares de espécies mutualistas, ou predador e presa, certamente estão ligados em sua dinâmica populacional. Às vezes, a ligação é frouxa, como quando cada um afeta a vida do outro, mas o efeito não é necessário. Às vezes, a ligação é muito estreita e íntima, como na simbiose de algas e fungos nos líquenes. As corujas da neve e as lebres do Ártico conduzem os ciclos da população uns dos outros em um circuito de retroalimentação bem determinado. Espécies mutualistas podem, inclusive, evoluir para se tornarem "UM", como Lynn Margulis foi pioneira em defender em sua teoria simbiótica para a origem das estruturas celulares. Mas predadores e presas não são "UM", pelo menos não até os estágios avançados de digestão. Os psicoterapeutas trabalham tanto com a afirmação da conexão no exame dos sistemas familiares quanto com a crítica à "codependência", a perda patológica de limite e autonomia. Há, por certo, uma unilateralidade no holismo que enfatiza a conexão do mundo, mas ignora a autonomia relativa das partes.

Contra as separações, atomistas e absolutizadas, do reducionismo, os holistas contrapõem a unidade do mundo. Ou seja, se alinham ao polo da "unidade" na ponta do espectro que vai do isolamento total ao "UM".

DIALÉTICA E TEORIA DE SISTEMAS

147

Procuram algum princípio organizador por trás da totalidade, alguma "harmonia" ou "equilíbrio" ou propósito que dê ao conjunto sua unidade e persistência. Nos sistemas tecnológicos, há um objetivo projetado pelos engenheiros, que é o critério para avaliar o comportamento do sistema e para modificar seu desenho. Na medida em que o desenvolvimento da Teoria dos Sistemas tem sido dominado pelos sistemas artificiais e projetados da engenharia, o comportamento teleológico, de perseguir objetivos, aparece como uma propriedade óbvia dos sistemas enquanto tais e, portanto, é também procurado ao se estudar os sistemas naturais.

No estudo da sociedade, isso pode levar a um funcionalismo que assume um interesse comum na condução da sociedade. Mas uma sociedade não é um servomecanismo; as classes que a compõe perseguem objetivos diferentes, que podem ser tanto compartilhados quanto conflitantes. Não é um sistema "orientado a propósitos", mesmo quando muitos de seus componentes têm, separadamente, comportamentos que perseguem objetivos.

No âmbito do holismo estático, é difícil ver a mudança como outra coisa além de destrutiva, de modo que a Biologia da Conservação frequentemente enfatiza a preservação de uma determinada espécie ou formação ecológica, em vez de condições que permitam uma evolução contínua.

Os dialéticos valorizam a crítica holística ao reducionismo. Mas rejeitamos a dicotomia acentuada entre separação e conexão, ou autonomia e totalidade, assim como uma subordinação absoluta a um ou outro polo da dicotomia. Não se trata de rejeitar "extremismos". "Extremista" é a reprovação favorita dos liberais, para quem a condição desejada é a moderação, uma opção do meio, "nem um extremo nem outro", uma solução de compromisso que rejeite os extremos. Suas cores favoritas são "nem preto nem branco, mas tons de cinza". Em contraste, a crítica dialética não é contra o extremismo, mas contra a "unilateralidade", o apego a um lado de um par dicotômico, ou de uma contradição, que é tomado como se fosse o todo. Nosso espectro não é o de um gradiente de preto ao branco, passando por todos os cinzas, mas um arco-íris fractal.

É claro, apesar do dito de Hegel de que "a verdade é o todo", não podemos estudar diretamente "o todo" enquanto tal. Mas o valor prático da afirmação de Hegel é duplo.

Primeiro, os problemas são maiores do que imaginamos, e devemos ampliar os limites de uma questão para além dos limites originais. Mesmo a Teoria dos Sistemas constrói problemas muito pequenos, seja porque o domínio é atribuído ao analista como um "sistema" dado ou porque as variáveis adicionais conhecidas por interagir com o sistema inicial não são mensuráveis ou não possuem equações conhecidas, ou mesmo devido aos limites tradicionais das disciplinas. Assim, uma análise sistêmica da regulação do açúcar no sangue pode incluir as interações entre o próprio açúcar, insulina, adrenalina, cortisol e outras moléculas, mas é improvável que inclua também a ansiedade, ou as condições sociais geradoras de ansiedade, como a intensidade do trabalho e a taxa de consumo de reservas de açúcar, ou então se o regime de trabalho permite ou não que um trabalhador cansado faça um repouso ou coma um lanche. Modelos de doenças cardíacas em geral incluem o colesterol e as gorduras que são transformadas em colesterol, mas não as classes sociais das pessoas em quem o colesterol é formado e quebra. A análise sistêmica não saberia como lidar com o pâncreas sob o capitalismo ou com as glândulas suprarrenais em um local de trabalho racista. Modelos de epidemias podem incluir taxas de reprodução de vírus e sua transmissão, mas não a criação social de um senso de agência, que pode permitir que as pessoas se encarreguem de diminuir sua exposição e fazer o tratamento.

A segunda aplicação da compreensão de que a verdade é o todo é que, depois de termos definido um sistema nos termos mais amplos que podemos, em um determinado momento, há sempre algo mais lá fora que pode interferir na mudança de nossas conclusões.

A dialética aprecia o caráter antirreducionista do holismo, mas não sua qualidade estática, sua estrutura hierárquica com um lugar para tudo e tudo em seu lugar, nem a imposição *a priori* de uma finalidade, que pode ou não estar lá. Assim, "nega" a negação que o materialismo reducionista faz do holismo anterior (pré-reducionista), um exemplo da tal negação da negação que John Maynard-Smith achou tão opaca, mas poderia ter reconhecido na não linearidade da mudança.

O que são as partes

Considera-se que os todos são feitos de partes. A Teoria dos Sistemas gosta de tomar como elementos aquelas variáveis unitárias que são os

DIALÉTICA E TEORIA DE SISTEMAS

149

"átomos" do sistema, anteriores a ele, e qualitativamente imutáveis à medida que vão e vem. Suas relações são então "interações", como resultado das quais as variáveis aumentam ou diminuem, laçam "saídas" e, assim, produzem as propriedades do todo. Mas o todo não pode transformar as partes, exceto quantitativamente. A conversa de longa distância não transforma o telefone, o mercado não muda o comprador ou o vendedor, o poder não afeta o poderoso e nem o amor, o amante. É a anterioridade dos elementos, assim como a separação da estrutura de um sistema de seu comportamento – pressuposições perfeitamente racionais para sistemas artificiais, projetados pelo homem –, que mantém a Teoria dos Sistemas ainda vulnerável à acusação de reducionismo.

As partes das totalidades dialéticas não são escolhidas para serem tão independentes quanto possível do todo, são apenas pontos nos quais as propriedades do todo estão concentradas. A relação entre essas partes não é mera "interconexão" ou "interação", mas uma interpenetração mais profunda que as transforma, de modo que a "mesma" variável pode ter um significado muito diferente em diferentes contextos e o comportamento do sistema pode alterar sua própria estrutura. Por exemplo, a temperatura é importante na vida da maioria das espécies, mas temperatura pode ter muitos significados diferentes. Ela age sobre a taxa de desenvolvimento dos organismos e, portanto, sobre o seu tempo de geração e sobre o tamanho dos indivíduos; limita os locais adequados para a nidificação ou reprodução; pode determinar os limites de forrageamento ou o tempo disponível para a procura de alimentos e influencia a variedade disponível de espécies que podem servir potencialmente de alimento, assim como a sincronia entre o aparecimento de parasitas e seus hospedeiros. A temperatura modifica os resultados de encontros entre espécies.

No entanto, a temperatura não é simplesmente dada aos organismos. Os organismos mudam a temperatura em torno deles: há uma camada de ar mais quente nas superfícies dos mamíferos; a sombra das árvores torna as florestas mais frescas do que a pastagem circundante; a construção de túneis no solo regula as temperaturas nas quais as formigas que constroem seus ninhos embaixo do solo criam a ninhada; a cor da liteira e do húmus determina a reflexão e absorção da radiação solar. Por meio da fisiologia e demografia do organismo, a temperatura *efetiva*, sua amplitude e sua previsibilidade são bastante diferentes da temperatura climática em um determinado tempo e lugar. Em outra escala de tempo, a temperatura atua por meio de várias vias como pressão de seleção natural, alterando as espécies, que, por sua vez, novamente transformam a temperatura efetiva. Assim, "temperatura" como uma variável biológica dentro de um ecossistema é bastante diferente da temperatura física mais facilmente medida por um termômetro posicionado em algum lugar, que poderia ser vista como uma variável climática anterior aos organismos.

Embora a Teoria dos Sistemas esteja confortável com a ideia de que uma determinada equação é válida somente dentro de alguns limites, não lida explicitamente em seus modelos com as interpenetrações de variáveis, suas transformações umas nas outras. Em certo sentido, *O capital* de Marx foi a primeira tentativa de analisar um sistema como um todo, em vez de simplesmente criticar as falhas do reducionismo. Seus objetos iniciais de investigação no Tomo 1 (as mercadorias) não são blocos de construção autônomos, ou átomos da vida econômica, que são então inseridos posteriormente no capitalismo, mas sim "células" do capitalismo, escolhidas para a investigação precisamente porque revelam o funcionamento do todo. Elas podem ser separadas para inspeção apenas como aspectos do todo que as produziu. Para Marx, isso foi uma vantagem porque o todo se reflete no funcionamento de todas as partes. Mas, para os reducionistas "sistêmicos", o relacionamento vai das partes fixas, tomadas como dadas, ao todo, que é produto delas. Aí, a prioridade e a autonomia da parte são essenciais para a análise de sistemas. "Autonomia" não significa, naturalmente, que essas partes não tenham nenhuma influência umas nas outras. As variáveis de um sistema podem até aumentar e diminuir em suas magnitudes, mas permanecem sendo o que são.

Partes de um sistema podem muito bem ser sistemas elas mesmas, com estrutura e dinâmica próprias. Esta é a abordagem tomada pela teoria hierárquica, na qual sistemas funcionam como partes de outros sistemas, de nível superior (O'Neill; DeAngelis; Waide e Alien, 1986). Isso nos permite separar domínios para análise. No entanto, o processo inverso, a definição e transformação dos subsistemas pelo nível superior, raramente é examinado.

DIALÉTICA E TEORIA DE SISTEMAS

151

Muitas análises estatísticas (em epidemiologia, por exemplo) separam as variáveis independentes – que são determinadas fora do sistema – das variáveis dependentes, que são determinadas por elas. As variáveis independentes podem ser chuvas ou renda familiar; a variável dependente pode ser a prevalência de malária ou a taxa de suicídio. Em contrapartida, as abordagens sistêmicas reconhecem as alças de retroalimentação que geram a determinação mútua: os predadores comem suas presas, as presas alimentam seus predadores; os preços aumentam a produção, a produção leva a excedentes que reduzem os preços; a neve esfria a terra refletindo mais a luz solar, e então uma terra mais fria tem mais neve. Nos circuitos de retroalimentação, as mudanças em cada variável são, em certo sentido, as causas das mudanças nos outros. O que então acontece com a causalidade? O que torna uma "causa" mais fundamental do que outra?

Podemos tentar responder a essa pergunta de duas maneiras. Primeiro, podemos perguntar a partir de onde um determinado padrão de mudança foi iniciado em um determinado momento. Por exemplo, podemos perguntar em um sistema predador-presa: por que a abundância de predadores e presas varia em um gradiente de cinco milhas? Podemos analisar as relações de retroalimentação para mostrar que, se as diferenças ambientais ao longo do gradiente entrarem no sistema por meio da presa, digamos, por meio de aumentos de temperatura que aumentam sua taxa de crescimento, isso aumentará a população de predadores, de modo que as duas variáveis são positivamente correlacionadas. Mas se as diferenças ambientais entram por meio do predador, talvez porque o próprio predador seja caçado mais em alguns lugares do que outros, então os aumentos na caça reduzem o predador e, portanto, aumentam a presa. Isso nos dá uma correlação negativa entre eles. Portanto, se observarmos uma correlação positiva, podemos dizer que a variação é conduzida a partir da extremidade da presa e, ao contrário, se observamos uma correlação negativa, é porque a variação está sendo conduzida a partir da extremidade do predador. A presa faz a mediação da ação do meio ambiente, e é a "causa" do padrão observado em um sistema, enquanto em outro sistema é o predador que ocupa esse papel. Da mesma forma, em um estudo sobre a economia mundial capitalista no qual examinei a produção e os preços durante as décadas de 1960 e 1970, descobri que as principais *commodities* agrícolas apresentaram uma correlação positiva entre a produção, ou rendimento por acre, e os preços no mercado mundial. Isso apoia a visão de que as flutuações de preços emergem, principalmente, a partir da economia mais ampla, e afetam as decisões de produção locais, em vez de serem respostas às flutuações na produção – e isso apesar de mudanças óbvias e dramáticas na produção devido ao clima ou pragas.

Se isso é ou não verdade em geral, trata-se de uma questão empírica. Em uma rede complexa de variáveis, as forças motrizes para a mudança podem se originar em qualquer lugar. Quando tentamos perguntar: "é a economia ou a geopolítica que determina a política externa?"; ou "o conteúdo da TV é guiado por vendas ou por ideologia?"; a questão não pode ser respondida de modo genérico. A rede complexa de determinações mútuas requer uma resposta complexa que é sugerida pelo esquisito termo "sobredeterminação", que reconhece processos causais que funcionam simultaneamente em diferentes níveis e por diferentes vias. O que nos leva de volta a Hegel: a verdade é o todo.

Então, qual é o lugar do materialismo histórico? Ele não exige que a economia determine a sociedade?

Não! "A economia", como um conjunto de fatores na vida social, não tem nenhuma prioridade inerente em relação a nenhum dos outros processos envolvidos. Às vezes, é determinante de eventos particulares, às vezes não. Enquanto permanecermos no domínio de uma rede sistêmica com vias sendo traçadas, tudo influenciará todo o resto por uma via ou outra. As mudanças na tecnologia produtiva alteram a organização econômica, as relações de classe e as crenças sobre o mundo, mas as mudanças na tecnologia surgem por meio da implementação de ideias e existem em pensamento antes de se fazerem carne. Ou, como afirmou o documento fundacional da Unesco, "as guerras são feitas nas mentes dos homens". Então, a vida social é um produto do intelecto? Ou o intelecto é uma expressão de classe e de gênero? Abordado dessa maneira, tudo é mediação, e a atribuição de prioridade absoluta é um dogmatismo.

Isso, no entanto, é bem diferente de identificar *o modo de produção e reprodução*, que está presente não como um "fator" na rede, mas como a própria rede. É a estrutura dessa rede – isto é, o modo, que define os trabalhadores e os capitalistas como atores ou "variáveis" na rede – que possibilita que o sexismo tenha valor comercial, faz da legislação uma atividade política e permita que grandes eventos sejam iniciados por caprichos dos monarcas. É o contexto mesmo no interior do qual as várias mediações se desempenham e se transformam, em vez de ser um fator entre outros tantos fatores.

Orientação a propósitos

A terceira qualidade dos sistemas, a teleologia, também trai a origem da Teoria dos Sistemas. Os resultados são avaliados por sua correspondência com o propósito interno, enquanto os desvios em relação a esse propósito são vistos como comportamentos não adaptativos, contraditórios e autodestrutivos. Aparecem como falha de sistema. O engenheiro pode descartar ou um gerente pode reorganizar as estruturas que levaram a essa falha. Mas, na realidade, apenas alguns sistemas perseguem propósitos, mesmo quando são construídos para satisfazer algum propósito. Em outros sistemas, ainda que cada um dos "elementos" tenha seus próprios propósitos e possa estar "perseguindo tais objetivos", o sistema como um todo não tem um propósito.

A totalidade dialética não é definida por algum princípio organizador, como harmonia ou equilíbrio ou maximização da eficiência. Na minha opinião, um sistema é caracterizado pelo seu conjunto estruturado de processos contraditórios que dá sentido aos seus elementos, mantém a coerência temporária do todo e, eventualmente, o transforma em algo diferente, o dissolve em outro sistema ou leva à sua desintegração.

Implicações

Uma vez que a Teoria Matemática dos Sistemas define um conjunto de variáveis e inter-relações entre elas, ela então coloca uma simples questão matemática: qual é a trajetória futura dessas variáveis a partir de tais e tais condições iniciais? A partir de então, tudo depende da agilidade matemática do analista, ou do programa de computador, para "solucionar" as equações. Uma solução é a trajetória das variáveis. O resultado desejado é a predição, a correspondência entre os valores teóricos e os valores de fato observados das variáveis.

Só há uns poucos possíveis resultados das equações:

1. as variáveis podem aumentar ou diminuir para além das condições limites. Isso pode significar uma explosão real, que desorganiza e colapsa o sistema. Mas também pode significar apenas que, para além de certo ponto, as equações não são mais válidas para representar esse sistema;

2. as variáveis podem atingir um equilíbrio estável. O sistema permanece estável a menos que seja perturbado, e retorna para o equilíbrio após uma perturbação. Se os processos incluem aleatoriedade, então uma solução pode ser uma distribuição de probabilidade estável;

3. pode haver mais de um ponto de equilíbrio, caso no qual nem todos os equilíbrios são estáveis. Cada equilíbrio estável é o resultado final para as variáveis que começam longe do equilíbrio, dentro de algum intervalo chamado de "atrator". Os atratores em torno dos pontos de equilíbrios são separados por limites nos quais o equilíbrio é instável. O resultado então depende do ponto de partida, e as variáveis se movem em direção ao equilíbrio correspondente à bacia do atrator na qual se encontram;

4. as variáveis podem mostrar – ou se aproximar de – um comportamento cíclico, caso em que o ritmo das variáveis e a magnitude das flutuações descrevem a solução das equações. Um padrão cíclico também tem sua bacia de atração, o intervalo de condições iniciais nas quais as variáveis se aproximam desse ciclo;

5. as trajetórias podem permanecer limitadas, mas, em vez de se aproximar de um equilíbrio ou de uma periodicidade regular, mostram caminhos aparentemente erráticos, que às vezes parecem periódicos por um tempo, mas, em seguida, se afastam abruptamente. Condições iniciais ligeiramente diferentes, mesmo que muito similares, podem resultar em trajetórias radicalmente diferentes. Isso é referido como "caos", muito embora, na verdade, tenha suas próprias regularidades.

O comportamento de um sistema dependerá das próprias equações, dos parâmetros e das condições iniciais. Boa parte do conteúdo da Teoria dos Sistemas é a descrição das relações entre os pressupostos do modelo e os resultados das variáveis, ou a identificação dos procedimentos para a validação dos modelos.

Os resultados são expressos como mudanças quantitativas nas variáveis. O que é extremamente útil para fazer previsões ou decidir sobre intervenções no sistema ou no *design* do sistema. Mas também é limitante, e impõe restrições aos modelos. A maioria dos modelos exige especificar as equações e estimar os parâmetros e as variáveis. Portanto, aqueles que não são prontamente mensuráveis, em geral, são simplesmente omitidos. Por exemplo, podemos escrever modelos de compartimentos para epidemias que tomam como variáveis o número de indivíduos em cada compartimento – suscetíveis, infectados (mas não doentes ainda), doentes ou recuperados (e imunes). Fazemos alguns pressupostos plausíveis sobre a doença (taxas de contágio, duração do período de latência e do período infeccioso, taxa de perda de imunidade) e giramos a manivela, e então observamos como os números se deslocam de um compartimento para outro. Então, podemos fazer perguntas como: a doença persistirá? Quanto tempo demorará até passar o pico? Quantas pessoas vão morrer antes do fim? Qual seria o efeito de imunizar x por cento das crianças? Poderíamos adicionar diferentes complicações como a idade e até subdividir a população em classes com diferentes parâmetros.

O contágio também depende do comportamento das pessoas e do nível de pânico na população. Isso muda no curso da epidemia, à medida que as pessoas veem os conhecidos ficando doentes e morrendo, e em decorrência podem adotar medidas de proteção. Mas quanta experiência é necessária para mudar o comportamento? Quanto pânico acontecerá antes que as pessoas percam seus empregos, em vez de enfrentar a infecção? Que graus de liberdade as pessoas têm? Quanto tempo durará um comportamento alterado? As pessoas realmente acreditam que o que eles fazem afetará o que acontece com elas? Elas vão se lembrar disso na próxima vez? Uma vez que não temos nem as equações para descrever esses aspectos, nem como medir precisamente o pânico ou o horizonte histórico ou a vulnerabilidade econômica, tais considerações geralmente não aparecerão nos modelos, mas na melhor das hipóteses apenas nas notas de rodapé. Nos últimos anos, a modelagem tornou-se uma atividade de pesquisa reconhecida e central. Mas o efeito dessa tendência foi a redução da modelagem aos modelos quantitativos descritos anteriormente.

A maioria dos modeladores de sistemas dá por certo que informações quantitativas (dados "difíceis") são preferíveis a informações qualitativas ("*soft*") e dão preferência à previsão, ou ao ajuste de dados, em detrimento da compreensão. Nessa visão da ciência, o progresso vai do vago, intuitivo e qualitativo ao preciso, rigoroso e quantitativo. A maior realização é o algoritmo, uma regra de procedimento que pode ser aplicada automaticamente por qualquer pessoa a uma classe inteira de situações, intocadas pelas mentes humanas. Essa é a lógica da sugestão de Maynard-Smith, de que a Teoria de Sistemas substitui a dialética. Os marxistas defendem uma relação mais complexa, e não hierárquica, entre as abordagens quantitativas e qualitativas de investigação do mundo.

Um esforço muito menor é dedicado à modelagem de sistemas qualitativos, o que nos permitiria lidar com essas questões ditas "*soft*" (não exatas). No lugar do objetivo de descrever completamente um sistema, a fim de prever seu futuro completamente, ou "otimizar" seu comportamento, perguntamos o quanto podemos não saber do sistema e ainda assim entendê-lo. Enquanto os sistemas da engenharia pressupõem um controle bastante completo sobre os parâmetros, de modo que possamos falar de otimização dos parâmetros, os sistemas que mais nos interessam, seja na natureza seja na sociedade, simplesmente não estão sob nosso controle. Tentamos compreendê-los para identificar as direções nas quais podemos dar um empurrãozinho, mas não botamos tanta fé nos nossos modelos a ponto de considerá-los mais que uma visão útil sobre a estrutura ou o processo.

Nós dialéticos tomamos como objetos dos nossos interesses os processos no contexto de sistemas complexos. Nossa principal preocupação é compreendê-los para saber o que fazer. Fazemos duas perguntas fundamentais sobre os sistemas: por que as coisas são do jeito que são, em vez de um pouco diferentes? E, por que as coisas são do jeito que são, em vez de muito diferentes? A partir disso, seguimos as questões práticas de como intervir nesses processos complexos para melhorar as coisas para nós. Ou seja, buscamos compreensão prática e teórica mais do que um ajuste fino entre dados e modelo. Precisão e previsão podem (ou não) ser úteis nesse processo, mas não são os objetivos fundamentais.

A resposta tradicional, newtoniana, para a primeira pergunta é que as coisas permanecem como são porque nada está acontecendo com elas. A estase é o estado normal das coisas, e é a mudança que precisa ser explicada. A ordem é o estado desejado e a disrupção é tratada como um desastre. Uma visão dialética começa pelo lado oposto: a mudança é universal, e muito está acontecendo ao mesmo tempo, mudando todas as coisas. Portanto, equilíbrio e estase é que são as situações especiais, que precisam ser explicadas. Todas as "coisas" (objetos, ou padrões de objetos, ou processos) estão constantemente sujeitas a influências externas que as transformarão. São também todas heterogêneas internamente, e a dinâmica interna é uma fonte contínua de mudança. No entanto, as "coisas" mantêm suas identidades por tempo suficiente para serem nomeadas, e às vezes persistem por um bom tempo. Algumas delas, por um longo tempo.

A resposta dinâmica à primeira pergunta é a homeostase, a autorregulação observada na fisiologia, ecologia, climatologia, economia e, de fato, em todos os sistemas que mostram alguma persistência. A homeostase se dá por meio das ações de alças de retroalimentação positiva ou negativa. Se um impacto inicial coloca em movimento processos que diminuem esse impacto inicial, nos referimos a esse circuito como retroalimentação negativa; já quando os processos em questão aumentam a mudança original, a retroalimentação é positiva. Assim, os termos "positivo" e "negativo", quando aplicados à retroalimentação, não têm nada a ver com o fato de gostarmos ou não deles. Quando a retroalimentação positiva tem resultados indesejáveis que crescem para além de certos limites, falamos de "círculos viciosos".

Costuma-se dizer que a retroalimentação negativa estabiliza e a retroalimentação positiva desestabiliza um sistema. Mas isso nem sempre é o caso. Se a retroalimentação positiva excede a negativa, então o sistema é instável no sentido técnico – ele se afastará do equilíbrio. Nesse caso, um aumento na retroalimentação negativa tem efeito estabilizador. Mas se as retroalimentações negativas indiretas, por meio de longos ciclos de causalidade, são muito fortes em comparação a retroalimentações negativas mais curtas, o sistema também é instável e irá oscilar. Nesse caso, alças de retroalimentação positiva podem até ter um efeito estabilizador, compensando as retroalimentações negativas longas e excessivas. Alças longas se comportam como dispositivos de atrasos no sistema. O significado de uma alça de retroalimentação depende do seu contexto no todo. Os sistemas complexos com os quais estamos preocupados geralmente possuem tanto vias de retroalimentação negativas quanto positivas.

Homeostase não implica benevolência. Uma retroalimentação negativa não deve ser vista como a unidade elementar de análise ou de *design*. Uma equação simples pode dar a aparência de "autorregulação" no sentido de que, quando o valor de uma variável fica muito grande, ela é reduzida e, quando fica muito pequena, é aumentada. Mas a redução e o aumento podem ter causas bem diferentes. Um aumento nos salários pode levar os empregadores a reduzir a força de trabalho, aumentando o desemprego e, assim, facilitando a redução dos salários. Uma diminuição nos salários pode levar à agitação militante dos trabalhadores, capaz de restaurar pelo menos uma parte dos cortes. O resultado (se nada mais acontecer) é uma restauração parcial da situação original. Nenhuma das partes está buscando a homeostase, e a retroalimentação na dinâmica do trabalho assalariado não foi projetada conscientemente ou perseguida por ninguém a fim de manter a estabilidade econômica. É apenas uma manifestação possível da luta de classes. Desse modo, homeostase não implica funcionalismo, uma visão que atribui propósito à retroalimentação enquanto tal.

Essa distinção é importante, especialmente quando examinamos tentativas aparentemente malsucedidas de alcançar objetivos socialmente reconhecidos. Meadows, Meadows e Randers apresentam o problema da seguinte forma.

> Este livro é sobre *overshoot* [ultrapassagem]. A sociedade humana ultrapassou seus limites, pela mesma razão que outros *overshoots* acontecem. As mudanças são muito rápidas. Os sinais são atrasados, incompletos, distorcidos, ignorados ou negados. O *momentum* é forte demais. As respostas são lentas. (Meadows, Meadows, e Randers, 1992, p. 2)

DIALÉTICA E TEORIA DE SISTEMAS

A partir desse ponto de vista teórico-sistêmico, as alças de retroalimentação que corrigem erros no sistema Terra socializado são inadequadas. E se assumirmos que os processos sociais são orientados para relações sustentáveis, saudáveis e equitativas entre as pessoas e com o resto da natureza, então o defeito está nos circuitos de retroalimentação, nos mecanismos para alcançar esses objetivos. Mas se a agricultura fracassa em eliminar a fome, e se o uso de recursos não é modulado para proteger a saúde e a sobrevivência a longo prazo das pessoas, não é devido a falhas de um mecanismo voltado para alcançar essas metas. Na verdade, a maior parte da agricultura mundial tem como objetivo produzir mercadorias comercializáveis, os recursos são usados para gerar lucros e os efeitos do bem-estar são efeitos colaterais da economia. São as contradições entre as forças opostas (e entre as da ecologia e da economia) e não o fracasso de uma boa tentativa por sistemas de informação inadequados e circuitos homeostáticos deficientes os responsáveis por grande parte do sofrimento atual – e pela ameaça de sofrimentos ainda maiores.

Quando ocorre uma mudança em um componente (ou variável) de um sistema, essa alteração inicial percola por meio de uma rede de variáveis de interação. É amplificada ao longo de algumas vias, tamponada ao longo de outras. No final, algumas das variáveis (não necessariamente aquelas que receberam a mudança inicial, nem aquelas mais próximas do ponto de impacto) foram alteradas, enquanto outras permaneceram como estavam antes. Portanto, identificamos "sumidouros" no sistema, variáveis que absorvem grande parte do impacto do choque externo, e outros aspectos do sistema que permanecem inalterados, protegidos pelos sumidouros. Pode até haver situações em que as coisas mudam de maneiras que contradizem o nosso senso comum; por exemplo, a adição de nitrogênio a uma lagoa pode reduzir o nível de nitrogênio, ou um orçamento inflacionado enfraquece a segurança nacional (esses resultados dependem da localização de alças de retroalimentações positivas dentro de um sistema).

"Inalterado", na verdade, requer um exame mais aprofundado. A "variável" não é uma coisa, mas algum aspecto de uma coisa, talvez o número de indivíduos em uma população, não "a população".

Um sistema simples consiste em um predador que se alimenta de uma única presa. Tudo o mais é tratado como "externo". Às vezes é o caso que o predador é regulado apenas pela presa. Então, uma mudança nas condições que atuam diretamente na reprodução, taxa de desenvolvimento ou mortalidade da presa – que não se deve ao predador – será repassada ao predador. Um aumento da presa leva ao aumento de predadores, e isso reduz a presa de volta ao seu valor original. A variável "presa" pode permanecer inalterada enquanto a população de predadores aumenta em resposta ao aumento da disponibilidade de presas, ou diminuir, se menos presas forem produzidas. A variável "predador" atua como um sumidouro nesse sistema. Rastrear os altos e baixos do predador e da presa conclui a tarefa da análise do sistema.

E, no entanto, o que eu chamei aqui de "presa" é, na verdade, apenas o número de presas. Se a reprodução de presas aumentou com mais comida, mas a população de presas não mudou, é porque as presas estão sendo produzidas mais rapidamente e consumidas mais rapidamente. Ou seja, a população de presas é mais jovem. Os indivíduos podem ser menores e, portanto, mais vulneráveis ao estresse térmico. Podem ser mais móveis, e acabar migrando para encontrar locais desocupados. Se as presas são mosquitos, uma vida mais curta pode significar que elas não espalham tanta doença, mesmo se o número delas for maior. Ou elas podem passar mais tempo em abrigos frios e úmidos, onde encontram predadores adicionais, e aí o modelo precisa ser alterado. A seleção natural em uma população mais jovem pode se concentrar mais nas características que afetam a sobrevivência e a reprodução precoce dos jovens. Assim, a variável "presa", que não foi alterada no modelo, pode ser ativamente transformada em muitas direções sobre as quais o modelo não trata explicitamente.

As particularidades da dinâmica e as relações entre alças de retroalimentações positivas e negativas em um sistema – fontes e sumidouros, conectividade entre variáveis, atrasos ao longo dos caminhos e seus efeitos – estão todas no domínio da Teoria dos Sistemas no sentido estrito. As partes do sistema tornam-se as variáveis dos modelos e equações são propostas para sua dinâmica. A Teoria dos Sistemas estuda essas equações. Regras matemáticas foram descobertas para determinar quando o sistema se aproximará de alguma condição de equilíbrio ou se oscilará "permanentemente", isso é, desde que os pressupostos do modelo se mantenham.

DIALÉTICA E TEORIA DE SISTEMAS

Métodos computacionais modernos permitem encontrar as soluções numéricas para conjuntos de grandes números de equações simultâneas. Medem-se os parâmetros, as condições iniciais das variáveis são estimadas ou postuladas. (A distinção entre parâmetros e variáveis é que os parâmetros são tidos como determinados fora dos limites do "sistema", e são apenas entradas, enquanto as variáveis se alteram no interior do próprio "sistema"). O computador então calcula sucessivamente as etapas do processo e dá os números: os estados previstos das variáveis em diferentes momentos. Os resultados numéricos são comparados com observações. Se a correspondência é boa o suficiente, assume-se que o modelo é válido, que "explica" o comportamento do sistema em estudo, ou 90% do comportamento (ou qualquer nível que decidamos ser aceitável). Caso contrário, mais dados podem ser coletados para obter melhores estimativas de parâmetros, ou então as equações podem ser modificadas.

No entanto, a Teoria dos Sistemas parte das variáveis como dadas; lida com os problemas de selecionar variáveis apenas de um modo muito limitado. Quando nos aproximamos de qualquer sistema real, de qualquer complexidade, a questão das variáveis certas a serem incluídas no modelo é em si bastante complexa. Trata-se do problema marxista clássico da abstração.[3] Alguns critérios práticos de modelagem de sistemas são: interação recíproca, escalas de tempo comensuráveis, mensurabilidade e variáveis que pertencem à mesma disciplina acadêmica e que podem ser representadas por equações de dinâmicas. O sistema deve ser grande o suficiente para incluir as principais vias de interação, identificando a partir de onde as influências externas entram na rede. A Teoria dos Sistemas faz uso da crescente capacidade de computação para fornecer soluções numéricas para as equações diferenciais que descrevem a dinâmica. Para obter resultados precisos, é necessário ter boas estimativas dos parâmetros, como a taxa reprodutiva de uma população, a intensidade da predação, a meia-vida de uma molécula ou a relação custo-preço em uma função de produção econômica. A coleta dessas medidas é difícil, e por isso as estimativas são frequentemente retiradas da literatura já

---

[3]   Ver Oilman (1993) para um exame detalhado da abstração dialética.

publicada, em vez de serem feitas de novo a cada pesquisa. Parâmetros que não podem ser medidos prontamente simplesmente não são usados.

Uma vez que as variáveis são selecionadas, passam a ser tratadas como "coisas" unitárias, cuja única propriedade é a quantidade. A matemática nos dirá quais quantidades aumentam e quais diminuem, quais flutuam ou permanecem imutáveis. A fonte de mudança está ou na dinâmica das variáveis em interação ou nas perturbações vindas de fora do sistema ("fora do sistema" aqui significa apenas fora do modelo; em um modelo de interação de espécies, uma mudança genética dentro de uma espécie é considerada como um evento externo, pois é externa à dinâmica demográfica, embora esteja localizada dentro das células dos corpos de indivíduos membros da população). E, no entanto, todas essas variáveis são elas mesmas "sistemas", com heterogeneidade e estrutura internas, com uma dinâmica interna influenciada por eventos na escala do sistema e que também muda o comportamento das variáveis. Assim, a dialética enfatiza a natureza provisória do sistema e, portanto, a natureza transitória do modelo do sistema.

As variáveis de um sistema mudam em taxas diferentes, de modo que algumas são indicadores do histórico de longo prazo e outras são mais responsivas às condições mais recentes. Assim, nos levantamentos nutricionais, usamos a altura das crianças como um indicador do estado nutricional de longo prazo (crescimento ao longo da vida), enquanto o peso por altura indica a ingestão de alimentos nos últimos meses ou semanas e, portanto, mede desnutrição aguda. Como cada variável reflete sua história em sua própria escala de tempo, elas geralmente não estão em "equilíbrio" ou harmonia. A ideologia não precisa "corresponder" à posição de classe, nem o poder político ao poder econômico, ou as florestas ao clima. Em vez disso, os elos entre variáveis em um sistema identificam processos: a ideologia respondendo – não correspondendo – à posição de classe; o poder econômico reforçando o poder político, e o poder político, por sua vez, sendo usado para consolidar poder econômico; árvores de climas mais frios, como abetos e cicuta, gradualmente deslocando o carvalho e a faia de um período mais quente. Mas todos esses processos levam tempo, de modo que um sistema não apresenta uma correlação passiva entre suas partes, mas sim uma rede de processos que se transformam constantemente. Na teoria evolutiva de Darwin, se requer tanto a adaptação de uma espécie ao seu entorno quanto sua inadaptação: a adaptação expressando os resultados da seleção natural e a inadaptação mostrando se tratar de um processo que nunca está completo, indicando o caráter histórico da espécie. Uma adaptação integral seria, na verdade, um argumento para a criação especial, por *design* inteligente, e não para a evolução, ao proclamar uma harmonia que manifesta a sabedoria benevolente do Criador.

A segunda pergunta – por que as coisas são do jeito que são, em vez de muito diferentes? – é uma questão de história, evolução e desenvolvimento, que se ocupa dos processos de longo prazo que modificam o caráter dos sistemas. As variáveis envolvidas na mudança de longo prazo podem se sobrepor às de curto prazo, mas não são em geral as mesmas. Muitos dos processos de curto prazo são reversíveis, oscilando de acordo com as condições, sem necessariamente acumular para contribuir com a mudança no longo prazo.

Em qualquer momento particular, os eventos de curto prazo são processos fortes, sobrecarregando temporariamente algumas das mudanças direcionais de longo prazo, que são imperceptíveis no curto prazo. No entanto, as duas escalas não são independentes. As oscilações reversíveis de curto prazo por meio das quais um sistema lida com as circunstâncias imediatas em constante mudança evoluíram, elas mesmas – e continuam a evoluir –, como resultado de seu funcionamento no longo prazo. E eles deixam resíduos de longo prazo: a inspiração e expiração da respiração comum também pode resultar no acúmulo de materiais tóxicos ou abrasivos no pulmão; os ciclos repetitivos da produção agrícola podem exaurir o solo; a periodicidade das marés também tem seu efeito a longo prazo de alongar o dia devido ao atrito das marés; a compra e venda de mercadorias pode resultar na concentração de capital. As mudanças de longo prazo alteram as circunstâncias às quais o sistema de curto prazo responde, bem como os meios disponíveis para essa resposta.

Aqui, a Teoria de Sistemas Matemáticos é menos útil, uma vez que a matemática está melhor desenvolvida para estudar aqueles sistemas de estado estacionário do que os sistemas evolucionários (o trabalho de Ilya Prigogine em sistemas dissipativos é apenas uma exceção parcial a essa limitação).

Conclusão

A análise de sistemas é uma das técnicas para a formulação de políticas públicas. À medida que seu lado técnico se torna mais sofisticado, torna-se geralmente menos acessível ao não especialista. Por isso, acaba muitas vezes reforçando uma abordagem tecnocrática para as políticas públicas, e faz isso a serviço daqueles que podem pagar pelos seus serviços. A classe dominante – e seus representantes – são referidos no jargão pelo termo mais neutro "tomadores de decisão". Isso não é uma exclusividade da aplicação da Teoria dos Sistemas, mas é um correlato comum de seu uso crescente no contexto de uma estrutura gerencial. Um esforço especial deve ser feito para contrabalançar essa tendência, desmistificar o estudo da complexidade e democratizar até mesmo as decisões complexas. O autor soviético Viktor G. Afanasev, antes de abraçar o livre mercado, escreveu um livro interessante, *The Scientific Management of Society* [*A administração científica da sociedade*], que enfatiza os aspectos teórico-sistêmicos do planejamento como um procedimento tecnocrático, com gestos superficiais na direção do controle popular do processo de planejamento como um todo (Afanasev, 1971).

A Teoria dos Sistemas pode ser entendida como um "momento" na investigação de problemas científicos que envolvem complexidade por meio de modelos matemáticos. Seu valor depende em grande parte do contexto de seu uso, e aqui a dialética tem um papel mais amplo que pode informar esse uso.

1. A colocação do problema, o domínio a ser explorado, o que é tomado como "elementos fundamentais", o que é tomado como dado no problema e os limites que não são questionados. Fazer isso bem requer não apenas um conhecimento substantivo dos objetos de interesse, sua dinâmica e história, mas também uma compreensão de processo. Há também uma questão de franco partidarismo, uma vez que o que é tomado como dado e o que é considerado "fundamental" é um problema tão político quanto técnico. Por exemplo, um modelo de sociedade que consiste em indivíduos atômicos tomando decisões no vazio não pode escapar do beco sem saída do reducionismo individualista burguês, não importa o quão elegantemente a matemática seja desenvolvida. Um modelo econômico que consiste em preços, produção, lucros e coisas do

tipo pode oferecer projeções de trajetórias de preços e produção e lucros e coisa do tipo (isso na melhor das hipóteses; na realidade, tende a fazê-lo muito mal) – mas nunca levará a uma compreensão da economia como relações sociais.

Às vezes, as variáveis são dadas ao analista de sistemas: as espécies em uma floresta, a rede de produção e preços, os componentes eletrônicos em um rádio, as moléculas em um organismo. Ou seja, o "sistema" nos é apresentado como um problema a ser resolvido, e não como uma entidade objetiva a ser compreendida. Mas, frequentemente, o sistema é apresentado de forma mais vaga: como entendemos uma floresta tropical, ou a saúde de uma nação? A maneira como um problema é enquadrado, a seleção do sistema e subsistemas, é uma questão anterior à análise da Teoria dos Sistemas, mas é crucial para a dialética. Uma abordagem dialética reconhece que o "sistema" é uma construção intelectual projetada para elucidar alguns aspectos da realidade, mas necessariamente ignorando, e até mesmo distorcendo, outros. Podemos nos perguntar quais seriam as consequências de diferentes maneiras de formular um problema, e de delimitar um objeto de interesse.

2. Seleção dos formalismos matemáticos apropriados (equações, diagramas de gráficos, modelos aleatórios ou determinísticos, e assim por diante). Enquanto os critérios técnicos influenciam essas escolhas, há também questões sobre os propósitos do modelo, os objetivos parcialmente conflitantes de precisão, generalidade, realismo, gerenciabilidade e compreensão. O importante aqui é não ser limitado pelas tradições técnicas de um campo, mas examinar todas essas escolhas para explicitar não apenas seus pressupostos ocultos, como também suas implicações.

3. Interpretação dos resultados. Aqui, a compreensão qualitativa é um complemento importante para os resultados numéricos. No curso de uma investigação, podemos ir de noções qualitativas vagas, passando por explorações quantitativas, chegando, por fim, a um entendimento qualitativo mais preciso. Este é apenas um exemplo de pensamento não progressista e não linear que é capturado em nossa "misteriosa" negação da negação.

O progresso não vai do qualitativo para o quantitativo. A descrição quantitativa de um sistema não é superior à compreensão qualitativa.

Ao abordar a complexidade, não é possível medir "tudo", jogar os dados em um modelo e apanhar do outro lado resultados inteligíveis. Por um lado, "tudo" é muito grande. A compreensão qualitativa é essencial no estabelecimento de modelos quantitativos, ela se força na interpretação dos resultados. A tarefa da matemática é tornar o que era antes misterioso em óbvio, até mesmo trivial. Ou seja, a matemática serve para educar a intuição para que, diante de uma complexidade assustadora, possamos apreender as características cruciais que determinam sua dinâmica, saber onde procurar as características que a tornam o que é, e suspeitar de perguntas e respostas comuns.

Uma compreensão dialética do processo em geral olha para as forças opostas agindo sobre o estado de um sistema. Hoje isso já é aceito mais ou menos na prática científica comum. Neurônios excitatórios e inibitórios, estimulação simpática e parassimpática, forças de seleção opostas ou uma oposição entre processos seletivos e aleatórios, tudo isso faz parte do conjunto de ferramentas da ciência moderna. No entanto, falta tornar esse pensamento generalizado para pensar processo como contradição.

4. Quando o próprio sistema se altera e invalida o modelo? Precisamos de uma consciência permanente do modelo como uma construção intelectual humana que é mais ou menos útil dentro de certos limites e fora deles pode se tornar um absurdo. O funcionamento interno das variáveis em um modelo, a dinâmica do modelo em si, ou mesmo o desenvolvimento subsequente da ciência, eventualmente mostra que todo e qualquer modelo é impreciso, limitado e enganoso. Mas isso de forma alguma anula a importante distinção entre modelos terrivelmente errados desde sempre e aqueles que têm certa validade relativa.

5. A dúvida é uma parte essencial da busca por compreensão. Algumas áreas da ciência estão tão consolidadas ao ponto de serem praticamente certas. Outras são regiões fronteiriças do nosso conhecimento, onde há uma pluralidade de percepções, opiniões e evidências conflitantes. Aqui a dúvida e a crítica são essenciais. E para além disso está o desconhecido, onde temos intuições divergentes e onde nossos preconceitos podem vagar livremente. Quando, no entanto, permanecemos nas mesmas dúvidas por longos períodos, não se trata de um sinal de estarmos em uma espécie de uma "democracia pluralista pós-moderna"

– é, na verdade, um sinal de estagnação. A dúvida útil não é a expressão de uma estética de indecisão, ou uma resposta à reprovação petulante de "você está tão certo de si mesmo", ou um reconhecimento de que a verdade é "relativa", mas sim uma perspectiva histórica a respeito do erro, do preconceito e da limitação.

A arte da modelagem requer sensibilidade para decidir quando, no desenvolvimento de uma ciência, uma simplificação anteriormente necessária se tornou uma simplificação grosseira e um freio para a continuidade do progresso. Essa sensibilidade depende de uma compreensão da ciência como um processo social, de cada momento como um episódio de sua história, uma sensibilidade dialética que não é ensinada nas tradições "objetivistas" da análise de sistemas mecanicistas.

Assim, a Teoria dos Sistemas pode ser melhor entendida como refletindo a natureza dual da ciência: parte da evolução genérica da compreensão do mundo pela humanidade e, ao mesmo tempo, produto de uma estrutura social específica, que tanto sustenta quanto restringe a ciência, e a direciona para os objetivos de seus proprietários. Por um lado, a Teoria dos Sistemas é um "momento" na investigação dos sistemas complexos, o lugar entre a formulação de um problema e a interpretação de sua solução, em que a modelagem matemática pode tornar óbvio o que era antes obscuro. Por outro, é a tentativa de uma tradição científica reducionista de lidar com a complexidade, com a não linearidade, e com a mudança por meio de técnicas matemáticas e computacionais sofisticadas, tateando em direção a uma compreensão mais dialética, mas sendo segurada por seus preconceitos filosóficos e pelo contexto institucional e econômico em que se dá seu desenvolvimento.

ASPECTOS DAS TOTALIDADES E DAS PARTES EM BIOLOGIA DAS POPULAÇÕES[1]

Desde o século XVII, a visão mecanicista reducionista do mundo associada a Descartes dominou o pensamento europeu e estadunidense sobre a natureza e a sociedade. De acordo com essa visão, o mundo é feito de objetos separados, coisas. Essas coisas são essencialmente passivas; normalmente permanecem do jeito que estão, mas podem ser colocadas em movimento por causas externas. As coisas podem ser estudadas isoladas umas das outras, e suas propriedades, medidas. As diferenças quantitativas resultantes são o que há de mais importante sobre elas. Finalmente, uma vez medidas e descritas, podemos combiná-las em estruturas que se comportarão de acordo com as propriedades analisadas isoladamente.

Essa conceitualização de mundo teve sucesso porque correspondia à experiência cotidiana da vida capitalista, fazendo com que seus preceitos parecessem evidentes. Foi ela quem forneceu as diretrizes que permitiram à ciência responder às questões que lhe eram colocadas por aquela sociedade e depois garantiu seu sucesso continuado ao definir

---

[1] Este capítulo apareceu de forma um pouco distinta em Lewontin, Richard e Levins, Richard. "Aspects of Wholes and Parts in Population Biology". *In*: GREENBERG, Gary e TOBACH, Ethel (ed.). *Evolution of Social Behavior and Integrative Levels*. Hillsdale. N. J.: Lawrence Erlbaum Associates Publishers, 1988, p. 31-52.
Tradução: Nelson Marques.

como questões legítimas apenas aquelas que poderiam ser respondidas dentro de sua própria estrutura.

Embora tenha evoluído de maneiras diversas e complexas ao longo dos três séculos seguintes, e tenha sido forçada a enfrentar sistemas mais dinâmicos e complexos do que aquele em que surgiu, sua perspectiva permaneceu intacta e dominante.

No entanto, nas últimas décadas, novos desafios holísticos à abordagem mecanicista surgiram em muitos campos específicos, e como uma filosofia também. Este novo holismo cresceu em parte por fora e em parte por dentro das instituições científicas existentes. Algumas formas dele foram capazes de se basear em diversas tradições que sobreviveram do organicismo pré-capitalista, ou surgiram diretamente como desafios ao surgimento do capitalismo. Trata-se dos holismos religiosos, anticientíficos e feudais organizados em torno de uma "grande cadeia do ser", fortemente integrada, na qual a conexão era firmemente fixada e rigidamente (mesmo que "benevolentemente") hierárquica, mas que também incluem variantes de um tipo herético comunal, que buscavam uma conexão igualitária (Merchant, 1983). Outras formas também incorporam as percepções da Ásia pré-capitalista, onde a medicina chinesa e as escolas budistas e taoístas enfatizaram a totalidade, a conexão e o equilíbrio, assim como as filosofias dos nativos americanos e outros povos indígenas.

O novo holismo também faz uso das críticas marxistas ao mecanicismo e das pesquisas de alguns grupos não convencionais dentro da ciência estabelecida.

A popularidade atual do holismo como uma oposição crescente, no entanto, vem menos da dissidência filosófica abrangente e mais da crítica das consequências do pensamento mecânico em diferentes campos da ciência aplicada, muitas vezes dando origem a movimentos rotulados como *alternativos*. O holismo tem sido promovido pelo feminismo, pelos movimentos ecológicos, pela agricultura e saúde alternativas e por várias escolas de aconselhamento psicológico-social.

Observamos frequentemente conflitos políticos em torno do quão amplamente um problema deve ser definido, com as forças liberais-conservadoras geralmente insistindo no estreito isolamento de um problema e os radicais geralmente exigindo um contexto mais amplo, uma preocupação com os efeitos de longo prazo e indiretos, e a vinculação das pressões naturais e sociais no mesmo sistema. A fome é causada pela produção insuficiente de alimentos ou é causada pelas relações sociais que garantem a falta e a distribuição desigual de alimentos? As pessoas pobres contraem tuberculose por causa do bacilo de Koch, ou o bacilo de Koch é uma das maneiras pelas quais a pobreza mata? A causa de uma epidemia em plantas é algum fungo específico ou é a monocultura – em parte exigida pelas relações econômicas dominantes – que permite sua rápida disseminação? Embora os críticos holísticos muitas vezes levantem as questões retóricas na forma de alternativas mutuamente exclusivas, o principal objetivo é tornar as questões mais inclusivas e complexas, e focar a atenção nos níveis mais elevados de organização.

Críticas holística e alternativa da saúde e da agricultura

Os críticos do sistema de saúde existente têm enfatizado sua falha em olhar para o contexto mais amplo da saúde, levantado as seguintes razões:

1. a medicina clínica individual não é uma questão para as pessoas que não têm acesso a cuidados de saúde. A demanda mais elementar dos grupos oprimidos é por serviços de saúde acessíveis, e as revoluções populares (como em Cuba) têm um enorme orgulho em levar serviços de saúde a todo o país, ainda que do tipo tradicional, predominantemente. Outra expressão dessa crítica são as demandas por seguros de saúde públicos, medicina socializada, clínicas comunitárias e saúde alternativa;

2. a disponibilidade física dos serviços de saúde não basta. Não só o custo, mas também o conteúdo social das interações médico-paciente e a percepção da eficácia do tratamento determinarão se as pessoas irão utilizar os serviços estabelecidos. Questões como a arrogância médica, o sexismo e o racismo fazem parte da "acessibilidade", e a defesa do paciente torna-se uma exigência política para lidar com o paciente como um todo, como um sujeito integral;

3. o padrão de saúde e doença em uma população é uma questão muito mais vasta do que a disponibilidade do serviço de saúde. Os médicos não podem prescrever alimentos para a fome, repouso para os trabalhadores com excesso de trabalho, ou ar limpo para os mineiros e os trabalhadores têxteis. Os críticos insistem que, enquanto no nível clínico a pobreza pode ajudar o pneumococo a matar pessoas, no nível populacional o pneumococo é a forma como a pobreza mata pessoas. O conflito entre as abordagens de Koch (microbiologia) e de Virchow (epidemiologia social) é como a perspectiva holista enfatiza a causação social da doença;[2]

4. os cuidados de saúde prestados pela medicina moderna são, por si só, deficientes, e, como Ivan Ilitch sublinhou, são frequentemente as causas das doenças (Illich, 1976). Isso acontece devido a um modelo reducionista mecanicista, e à fragmentação das questões de saúde em subcampos estreitos.

O dualismo cartesiano ainda separa mente e corpo, mesmo quando, como na medicina psicossomática, são feitas tentativas de construir ligações entre eles enquanto entidades separadas. Descobertas recentes mostrando como a atividade consciente no córtex cerebral afeta a ação do sistema nervoso autônomo e de toda a fisiologia criaram novas especialidades, como o bio*feedback*, e introduziram técnicas como meditação ou visualização na tentativa de usar essa influência de forma terapêutica.

A crítica à agricultura costuma ser muito semelhante à crítica à medicina. Ela enfatiza a persistência da fome, o desenvolvimento de tecnologia sem considerar seu impacto nas diferentes classes e nas mulheres, e como a agricultura moderna mina sua própria base produtiva com sistemas altamente mecanizados que aumentam a erosão do solo, a salinização e a compactação. Esse tipo de agricultura destrói as complexas comunidades microbianas e de invertebrados, e aumenta a vulnerabilidade a novas pragas (a praga secundária é o equivalente agrícola da iatrogênese). Tanto a medicina de alta tecnologia quanto

---

[2] Para mais sobre essa história, ver Waitzkin (1981, p. 77-104).

a agricultura descartam o conhecimento popular previamente acumulado, tido como superstição, e deixam os que recebem essas novas tecnologias sem poder. Finalmente, ambas trabalham a partir de uma base intelectual estreita, que exacerba a contradição entre a crescente racionalidade científica na pequena escala e a irracionalidade nas escalas mais amplas, uma contradição que garante surpresas desagradáveis e "efeitos colaterais".

Os fundamentos teóricos ecléticos do novo holismo, contudo, são insatisfatórios. Há uma ênfase na totalidade que subordina, e mesmo oblitera, as partes. As noções de equilíbrio, harmonia e estabilidade como princípios organizativos das totalidades tornam difícil a lida com os aspectos dinâmicos dos processos naturais e com os conflitos.

Em contraste, uma visão mais dialética da complexidade enfatiza: 1) a natureza historicamente contingente das totalidades; 2) as diferenças qualitativas entre tipos de totalidades, como organismos, ecossistemas, e sociedades, cada qual com sua própria origem e dinâmica; 3) a equidade ontológica entre parte e totalidade, e suas determinações recíprocas; 4) a inexistência de qualquer princípio organizativo universal. A maneira de entender um sistema é identificar os processos opostos que permitem sua persistência e aqueles que eventualmente o transforma.

Classicamente, o problema da relação entre parte e totalidade tem sido visto como a questão da emergência. As totalidades têm propriedades que são, em algum sentido, "mais do que a soma das partes"? O que se quer dizer com "soma" é entendido de muitas maneiras diferentes e mais ou menos define os termos do problema. O geneticista ou o ecologista preocupado com a previsão numérica de mudanças na população ou nas comunidades muitas vezes toma "soma" literalmente, de modo que qualquer não aditividade na, digamos, adequação dos genótipos quando considerados como composto de genes individuais de um lócus é considerada como uma evidência de emergência. Uma visão um pouco mais sofisticada seria a de que desvios de uma escala aditiva são evidências de "interação", em vez de emergência; ou seja, uma pessoa sensata reconhecerá que combinações particulares de casos se desviarão do esquema aditivo mais simples por causa de interações especiais, e podemos estimar a importância dessas interações por técnicas como a análise de variância, que isola as variações das interações dos principais efeitos aditivos. Assim, a presença de interações não é considerada como uma negação da aditividade subjacente dos fenômenos, mas como uma complicação que causa desvio da escala aditiva mais simples em casos particulares.

Para aqueles que argumentam que a dominância e a epistasia são evidências de que uma métrica aditiva não é a "natural" para aptidão evolutiva, que deve ser multiplicativa mesmo na hipótese biológica mais simples, o emergentista exibe o caso de superdominância. Aqui a transformação entre a escala da dose do gene e a escala de aptidão não apenas não é aditiva como é não topológica, porque os heterozigotos estão entre os dois tipos de genótipos homozigotos na escala da dose genética, mas não estão entre eles na escala da aptidão. No entanto, essa afirmação de emergência na aptidão é facilmente rejeitada por composicionistas radicais, que argumentam que uma explicação adequada em um nível inferior dos fenômenos mostrará que a relação é de métrica simples. Por exemplo, por um lado, a superdominância na aptidão dos heterozigotos da anemia falciforme é a consequência de dois processos seletivos bastante diferentes sobrepostos um ao outro. Os homozigotos para hemoglobina falciforme morrem de anemia, e os heterozigotos são ligeiramente menos aptos do que os homozigotos normais nesse aspecto. Por outro lado, homozigotos normais podem morrer de malária, ao passo que os heterozigotos são o equivalente a homozigotos falciformes nesse componente. Aptidão geral, sendo a projeção em um único eixo dos dois componentes de aptidão independentes, é "artificialmente" não metricamente relacionada às duas propriedades fisiológicas subjacentes, "reais", que não são emergentes. Assim, o reducionismo vem para resgatar o antiemergentismo. Uma alegação alternativa é que a emergência desaparece se a característica correta dos genótipos for escolhida como escala. Uma explicação comum da heterose é que a escala genética correta não é a dose dos alelos A ou a, mas o número de diferentes alelos presentes em um indivíduo. Cada alelo codifica uma proteína que tem sua própria faixa operacional ideal para, por exemplo, temperatura. Além disso, a dominância simples garante que uma dose de um alelo resultará em um suprimento adequado de proteína. Portanto, a posse de dois alelos diferentes, cada um com uma temperatura ideal ligeiramente diferente, fornecerá, em um ambiente flutuante, uma gama de funções maior do que a disponível para um homozigoto. Ao dimensionar os genótipos em um eixo de diversidade, em vez de dose de um dos alelos, a topologia de aptidão é preservada e a reivindicação de emergência simplesmente evapora. A esse estratagema, os emergentistas respondem que o bebê foi jogado fora com a água do banho. Aptidão não é uma construção matemática "artificial" produzida para conveniência de cálculo dos geneticistas populacionais, mas a propriedade "real" sobre a qual toda a evolução se apoia. Além disso, a direção da evolução genética futura de uma população depende criticamente das aptidões serem ou não ordenadas topologicamente por dose de alelo (e apenas por dose de alelo), pois a existência de um polimorfismo estável em oposição à eliminação de um ou outro alelo depende criticamente dessa relação. Assim, não somos livres para escolher qualquer escala. A relação da aptidão líquida com a dose do alelo é a escala "natural" imposta a nós pela dinâmica real do processo evolutivo.

Em Ecologia, a mesma disputa aparece. No famoso estudo de Vandermeer sobre a dinâmica de uma comunidade de quatro ciliados competidores, os valores de r e $\acute{K}$ foram estimados separadamente para cada espécie em isolamento, e os coeficientes $a(ij)$ de interação entre pares de espécies foram estimados em interações de pares isolados (Vandermeer, 1969, p. 362-371). Quando as quatro espécies foram colocadas juntas no mesmo universo, a dinâmica concordou qualitativamente com as previsões dos parâmetros estimados em isolamento, mas não quantitativamente; isto é, a ordem de abundância e a estabilidade das populações das espécies puderam ser previstas, embora não o seu número real. No máximo, essa é uma vitória para os proponentes do interacionismo. Contudo, experimentos de competição entre genótipos dentro das espécies mostram falta de transitividade. Assim, o tipo I pode vencer a competição do tipo II em uma competição de pares, e o tipo II pode ser superior ao III quando testado em pares, mas III pode vencer tanto em comparações de pares quanto quando todos os três são testados juntos (Levene, Pavlovsky, e Dobzhansky, 1954, p. 335-349). No entanto, a falta de transitividade da posição competitiva pode ser explicada, pelo menos em princípio, pela afirmação de que diferentes recursos são limitantes para os diferentes genótipos ou espécies, e essa competição é uma projeção unidimensional dessas muitas dimensões independentes.

E assim a disputa entre composicionistas, interacionistas e emergentistas continua e se repete em todos os ramos da Biologia. Certamente, o estudo do comportamento social é permeado por essa disputa, acrescentando mais uma camada ao problema. Quais são os elementos apropriados de explicação da estrutura social humana? Talvez a visão composicionista mais extremada seja a de Lumsden e Wilson, que consideram a estrutura da cultura como a coleção de preferências e comportamentos individuais dos seres humanos individuais que constituem uma sociedade (Lumsden e Wilson, 1983). Lumsden e Wilson, no entanto, são interacionistas; isto é, eles não propõem que as preferências e comportamentos individuais sejam codificados unicamente de forma genética dentro dos indivíduos, mas sim que são consequência de biologias individuais que se desenvolvem em contextos ambientais particulares. O que caracteriza um indivíduo, então, não é um comportamento único, mas uma norma de reação de comportamentos possíveis, cada um invocado por um ambiente particular. Não há nenhuma afirmação forte sobre a forma dessas normas de reação, nem qualquer suposição necessária de aditividade entre genes e ambientes. O extremo composicionismo desses autores chega ao nível da própria organização social. Qualquer que seja a origem dos comportamentos individuais, cultura para eles é apenas a coleção desses comportamentos, tanto por meio de indivíduos quanto por meio de unidades elementares de comportamento chamadas por eles de *culturgenes*, cada um com a sua própria etiologia nas interações separadas entre os genes e o ambiente. As setas de causalidade vão dos indivíduos para a organização social, nunca ao contrário. É importante entender que, no que diz respeito ao comportamento social, qualquer teoria biológica que possa ser sustentada sobre as causas do comportamento individual – incluindo a teoria de que comportamento individual é influenciado pela coletividade – demanda uma teoria social separada, que não seja de forma alguma biológica, para fazer afirmações sobre a maneira como a manifestação individual será refletida na coletividade. Mesmo as assim chamadas teorias *"biologísticas"* da estrutura social possuem, ainda que implici-

ASPECTOS DAS TOTALIDADES E DAS PARTES EM BIOLOGIA DAS POPULAÇÕES

tamente, tal teoria social: é uma teoria composicional que coloca o indivíduo como ontologicamente anterior ao social, embora possa haver uma retroalimentação do social para o individual, de tal modo que os indivíduos se acomodem à estrutura social.

Em nossa opinião, a disputa para saber se as totalidades são "mais do que a soma de suas partes", ou o sentido preciso em que isso é considerado verdade, estão assentados em um falso pressuposto, uma vez que já aceita de partida uma visão incorreta sobre partes e totalidades. Em resumo, a visão padrão toma partes como entidades anteriores que podem ser definidas isoladamente, e podem ter suas propriedades consideradas em algum estado prévio isolado ideal, antes que essas unidades se tornem articuladas em totalidades.

Essa suposição enfrenta dificuldades tanto lógicas quanto contingentes. Em primeiro lugar, nada pode ser uma "parte" a menos que haja uma "totalidade" para que possa fazer parte. As unidades podem existir isoladas umas das outras, mas essas unidades não são "partes" até que sejam reunidas em um "todo". Inversamente, totalidades implicam partes das quais são feitas. Uma coisa não é uma totalidade em qualquer sentido significativo da palavra a menos que haja partes que a compõem; isto é, como os conceitos de "bom" e "mau", ou "grande" e "pequeno", os conceitos de "parte" e "todo" estão dialeticamente relacionados e determinam reciprocamente o estatuto um do outro. Esse problema lógico tem consequências reais, pois está obrigatoriamente relacionado com a questão das propriedades das partes e do todo – e de uma forma reveladora, como veremos mais tarde.

Em segundo lugar, nada existe isoladamente. Tudo existe no mundo em algum contexto, mesmo que, raramente, esse contexto seja a quase total falta de interação com outras partes do mundo. No caso do hidrogênio, do oxigênio, e da água, que são frequentemente citados nas discussões sobre partes e todo, as propriedades do hidrogênio e do oxigênio que são consideradas propriedades das partes são, evidentemente, propriedades do hidrogênio e do oxigênio gasoso biatômico, não de cátions e ânions de hidrogênio e oxigênio isolados. E se estivéssemos preocupados com as propriedades destes íons isolados, estaríamos falando de íons em solução (na água!) ou em seu estado monoatômico extremamente instável, em concentração extremamente baixa, de modo que as interações entre eles seriam raras?

Como as partes não se unem para formar totalidades, mas passam a existir nelas apenas quando a totalidade passa a existir, as verdadeiras questões sobre partes e totalidades são:

1. Qual é a relação entre as unidades descritas como "partes" em uma totalidade e unidades descritas como "partes" em uma outra totalidade?
2. Quais são as propriedades das unidades dentro de suas respectivas totalidades, isto é, em seus respectivos contextos?
3. Quais são as semelhanças entre propriedades contextuais de unidades identificadas como as "mesmas" unidades em diferentes contextos?
4. Qual é a relação causal entre as propriedades das "partes" definidas contextualmente e a "totalidade" contextual das quais elas são partes?

Observe que nenhuma dessas questões, nem mesmo a número 4, pode ser propriamente formulada como se as "totalidades" fossem mais do que a soma das propriedades isoladas de suas partes. Na verdade, as três primeiras tratam da maneira como as partes têm suas propriedades determinadas, e é fundamental para a nossa visão dialética que as partes adquiram suas propriedades como partes de totalidades, em vez de trazer propriedades prontas anteriores a essas totalidades. Nenhum ser humano pode voar batendo braços e pernas, e isso é verdade, quer esse ser humano esteja preso em uma ilha deserta ("isolado") ou parado na esquina da Rua 42 com a Broadway. No entanto, os seres humanos voam como consequência da interação social e da cultura, que criaram aviões, pilotos, combustível, aeroportos, e muito mais. Não é a sociedade que voa, no entanto, mas os indivíduos na sociedade. "Partes" adquiriram suas propriedades contextualmente. Da mesma forma, nenhum historiador "isoladamente", por si só, pode lembrar sequer de uma pequena fração dos fatos necessários para realizar sua atividade profissional. No entanto, os historiadores "lembram" de uma quantidade virtualmente infinita de fatos recorrendo à ajuda de livros, jornais, bibliotecas – fenômenos sociais.

ASPECTOS DAS TOTALIDADES E DAS PARTES EM BIOLOGIA DAS POPULAÇÕES

Às vezes, a tentativa de definir propriedades das partes isoladamente é abandonada em favor de um tipo de abstração das propriedades pela média do contexto. Esta é a teoria subjacente da análise de variância que busca associar os efeitos principais de alguns fatores a alguma propriedade independente do contexto. Se houver qualquer não aditividade entre os fatores, no entanto, nenhum isolamento de efeitos é possível, e os efeitos de um fator serão sempre dependentes do contexto dos outros fatores (Levins e Lewontin, 1985, especialmente o capítulo 4).

As perguntas que assinalamos começam com uma questão epistemológica em vez de ontológica: a identificação das unidades como partes, e, em particular, se as partes de uma dada totalidade devem ser identificadas com as partes de outra totalidade. Em anatomia, a identificação é algumas vezes tão óbvia que não necessita comentário. Em todos os sentidos que parecem interessantes, as asas de uma cambaxirra e de uma águia são da mesma unidade funcional e desenvolvimento. Mas as asas de uma cambaxirra e as de uma mosca não apresentam, obviamente, a mesma unidade, mesmo deixando de lado a questão tão superestimada da homologia genética e de desenvolvimento. A perturbação do desenvolvimento da asa da mosca tem consequências muito diferentes para o desenvolvimento do resto do organismo do que uma perturbação semelhante em um vertebrado. Além disso, a asa de uma mosca é uma parte essencial de seu comportamento de corte e a asa de uma borboleta é um termorregulador, enquanto a das cambaxirras não têm nenhuma dessas funções. Mesmo para as funções termorregulatórias das asas nas borboletas, essas "partes" são refletores em algumas espécies e absorvedores em outras estreitamente relacionadas. Como a termorregulação é realizada por um conjunto complexo de caracteres, incluindo a cor, posição e forma da asa, orientação do corpo e hora da atividade, as regiões melânicas da asa de uma espécie não são partes do mesmo sistema que os pontos melânicos de outra espécie, pois no caso são componentes de um sistema de absorção de calor e em outro sistema de reflexão de calor (Kingsolver e R. S. Moffat, 1983, p. 27-83). Em neuroanatomia e comportamento, a identificação de partes entre espécies é cheia de perigos. A identificação da vocalização em primatas com a fala em humanos é tentadora, mas a região do cérebro que é o centro de vocalização em macacos não é o centro da fala em humanos. A estimulação dessa região causa grunhidos sem sentido nas pessoas, como acontece nos chimpanzés. A área da fala em humanos mapeia topograficamente uma região do cérebro do macaco relacionada com os movimentos da língua e dos lábios, mas, ao mesmo tempo, essa área da fala possui comissuras fortes para a região da vocalização. Portanto, a fala não é simplesmente uma hipertrofia de grunhidos, mas uma nova função que envolve a justaposição de fragmentos e partes da anatomia com propriedades relevantes. E também não é o caso que a fala seja simplesmente a combinação de movimentos da língua e dos lábios com grunhidos, pois a destruição da área de Brocas não impede nenhuma dessas atividades.

O cerne do problema é a confusão entre a criação de partes por meio da anatomização do todo, um processo realizado pelo observador ao analisar o objeto, e a alegação ontológica de que totalidades são efetivamente criadas por partes existentes anteriormente. O mundo não é, obviamente, uma teia contínua. É dividido em sistemas que interagem fracamente uns com os outros e dentro dos quais há interações mais fortes entre subsistemas. E dentro desses subsistemas há, por sua vez, subsubsistemas interagindo ainda mais fortemente. Mas a identificação desses subsistemas não vem de uma existência anterior de partes independentes, mas da própria estrutura de interações dentro do todo. Se a área de Broca é ou não uma "parte" sensível do cérebro, cuja evolução como uma unidade deva ser estudada, se a defesa do grupo é uma unidade legítima de atividade a ser comparada entre espécies ou culturas, não pode ser decidida sem levar em conta o contexto. É o funcionamento do organismo, da colônia, da comunidade, da cultura que irá definir suas próprias unidades apropriadas, e conferir as propriedades relevantes a essas unidades. A evolução dos ossículos do ouvido dos mamíferos a partir da suspensão da mandíbula reptiliana não mudou simplesmente a função de várias partes, mas redefiniu as partes relevantes nas quais deve ser feita uma descrição funcional sensata, tanto da suspensão da mandíbula como do aparelho auditivo.

O contraste entre partes pré-existentes com funções pré-existentes e partes consequentes com funções criadas contextualmente não é mais claro ou mais relevante para a prática do que a diferença entre "grupos de interesse" e "classes sociais" como unidades de análise social. A análise por grupos de interesse assume que há papéis na sociedade que transcendem a história real e que fornecem a força causal para a construção das ordens sociais. Assim, como nas formigas, há as tarefas de defesa, recolha ou produção de alimentos, liderança e reprodução, e a diferenciação dos indivíduos nesses papéis cria, pelo menos entre os humanos, grupos de interesse com exigências concorrentes. Os agricultores, os militares, os proprietários de fábricas, os líderes políticos, as mães, os consumidores, cada um deles faz exigências diferentes em termos de recursos. A estrutura social é uma forma de mediação entre os interesses competitivos a serviço da estabilidade. Se um grupo de interesse, digamos, os militares, exerce um excesso temporário de poder sobre os recursos, a sociedade se torna menos desejável para os outros e, em última análise, menos estável. A classe social é um conceito analítico radicalmente diferente, pois as classes sociais são vistas como produto da estrutura social das interações, e não como seus determinantes. Classes são criadas e definidas pelo ato de produção social. A luta primária, nessa visão, não é pela distribuição de recursos limitados, mas pela forma de produção dos recursos e como ela deve ser controlada. À medida que muda a organização da produção, mudam também as relações entre as classes com a possibilidade de desaparecimento das próprias classes. Os grupos de interesses, no entanto, são vistos como eternos.

Quanto ao dilema parte-todo, o problema do reducionismo surge da confusão entre os processos de conhecimento e o processo de determinação física. Por reducionismo queremos dizer um compromisso com a visão de que fenômenos mais complexos são, na verdade, consequência da determinação por processos em níveis "inferiores"; ou seja, as propriedades das sociedades são determinadas pelas propriedades dos indivíduos, cujas propriedades, por sua vez, são determinadas pela interação de seus genes e um ambiente autônomo, enquanto as propriedades dos genes são determinadas pelas propriedades do DNA, e assim por diante, até os *quarks*. Portanto, a ação da seleção natural é "nada mais" do que a sobrevivência diferencial dos genes e pode ser reduzida à aptidão relativa dos alelos únicos em média, e a cultura nada mais é do que a reunião de *culturgenes* expressa como as preferências dos indivíduos. Claramente, o reducionismo toma partes a serem ontologicamente anteriores aos todos e geralmente rejeitaria uma visão emergencista das propriedades dos todos.

Existe um programa de estudo da natureza, a que podemos chamar *redução*, que afirma que a verdade sobre a natureza só pode ser descoberta por meio do estudo dos detalhes dos processos. O programa de estudo e o compromisso ontológico não devem ser confundidos. É inteiramente possível ter uma visão antirreducionista da natureza ao mesmo tempo que se insiste na importância dos detalhes a níveis inferiores para uma compreensão da natureza. A estrutura tridimensional de uma proteína enrolada é determinada em grande parte por sua sequência de aminoácidos, embora possa haver alguns estados alternativos de "enrolamento" estável para uma dada sequência. No entanto, muitas sequências diferentes de aminoácidos podem dar origem à mesma estrutura tridimensional. Ao compararmos a estrutura tridimensional da lisozima dos ovos de aves com a do bacteriófago T4, a estrutura tridimensional é essencialmente idêntica. O exame das sequências de aminoácidos, no entanto, mostra que não há homologia entre esses organismos largamente divergentes. A determinação da estrutura tridimensional tem sido uma consequência de uma longa história de seleção natural, quer mantendo ou produzindo por convergência uma molécula de função especial. O conhecimento da estrutura tridimensional por si só não nos permitiria distinguir essa força muito forte de seleção natural de uma simples semelhança devido a uma composição semelhante de aminoácidos subjacentes. O conhecimento da sequência detalhada mostrou a sua irrelevância causal. A mesma possibilidade de distinguir entre semelhança histórica e a semelhança imposta pela seleção natural existe quando as sequências de aminoácidos ou proteínas são comparadas com suas sequências de DNA, devido à relação que existe entre o nível mais baixo e o mais alto; ou seja, a situação em um nível inferior pode ser uma indicação das forças que atuam a níveis mais elevados, mesmo quando não é a sua causa. A *redução* procura um nível inferior de análise para diferenciar os sintomas das forças a níveis superiores, enquanto o *reducionismo* afirma que as forças a níveis inferiores são as verdadeiras causas dos fenômenos a níveis superiores. A Biologia moderna fez imensos progressos na compreensão por meio do processo de redução, mas, ao mesmo tempo, as provas acumuladas, que estruturadas a um nível não têm uma relação de um-para-um com estruturas a outros níveis, bem como as forças, devem ser compreendidas ao seu nível adequado. A seleção

ASPECTOS DAS TOTALIDADES E DAS PARTES EM BIOLOGIA DAS POPULAÇÕES

natural não ocorre no mesmo nível do gene, embora seus efeitos possam, às vezes, ser calculados nesse nível, e as hipóteses sobre a ação da seleção natural podem, com frequência, ser testados por meio da observação das alterações na frequência genética (Sober e Lewontin, 1982, p. 332-338). O destino dos indivíduos é frequentemente a consequência de forças sociais. Praticamente, nunca é a sua causa.

Uma vez estabelecida a relativa autonomia dos diferentes níveis de organização, torna-se necessário salientar também a sua interligação. Variáveis que podemos atribuir a domínios distintos tais como a fisiologia, o comportamento, a dinâmica populacional e a estrutura da comunidade, juntam-se em sistemas particulares de formas, que dependem da história do sistema.

A fim de incluir variáveis comportamentais com variáveis fisiológicas, sociais e demográficas em modelos complexos, devemos observar alguns aspectos do comportamento que o unem a estes processos e também identificar algumas características especiais:

1. o comportamento é semelhante a outras respostas ao ambiente externo ou interno – tais como tremores, dormência, ou fotoperíodo – e partilha com eles da interpenetração do organismo e do ambiente. Os organismos selecionam, transformam e definem os seus ambientes por meio de sua própria atividade;

2. qualquer ação do organismo tem algum impacto em seu entorno. Esse impacto pode ser percebido e respondido por outros organismos. Quando o significado principal da resposta de um organismo ao seu ambiente é a resposta de outros organismos, estamos no caminho da comunicação;

3. os organismos respondem ao ambiente quer como um impacto físico particular quer como informação. A alta temperatura como fator físico acelera a velocidade de processos químicos. Como informação, pode ser um indicador do início do verão. O papel da luz é mais o de informação e, na comunicação organizada, o conteúdo de informação de um sinal é a sua principal característica. No entanto, toda transferência de informação tem uma forma física particular e acontece em estruturas físicas que não são apenas processadores de informação. Embora a teoria da automa-

ção possa falar sobre entradas, estado do sistema, processadores e saídas conceitualmente separados, eles não são realmente tão separados nos sistemas vivos. O cérebro respira, consome nutrientes, recebe pressões mecânicas: suas enzimas têm temperaturas características, taxas de síntese e de degradação que dependem do resto do organismo; os próprios controladores são controlados;

4. respostas aos ambientes complexos já envolvem um tipo de protoabstração. A formiga colhedora do deserto para de forragear e retorna ao seu ninho quando a temperatura aumenta. Mas ela pode ser atraída de volta ao solo pelo odor da isca, a duração de sua aventura no calor dependendo da temperatura. O impulso e a atração opostos do estresse alimentar e de temperatura tornam-se qualitativamente iguais, mas as influências opostas estimulam e inibem quantitativamente o comportamento do forrageamento; isto é, incomensuráveis podem, de fato, ser comparados;

5. nos vertebrados, o córtex cerebral não está apenas envolvido com as funções superiores. É o elo entre o social e o fisiológico, transformando a atividade de partes mais antigas do organismo e tornando a fisiologia humana uma fisiologia socializada;

6. cada comportamento é instável. Não continua indefinidamente, mas normalmente é concluído em algum sentido e substituído por outras atividades. Portanto, em modelos matemáticos de redes que incluem componentes comportamentais, estabilidade não é uma virtude e a demonstração de estabilidade geralmente sugeriria um modelo inadequado. Mesmo na ausência de estímulos externos, um sistema comportamental gera sua própria atividade espontânea de modo que um estímulo externo não encontre a mesma caixa preta toda vez, e a variabilidade da resposta não é um indicador de técnica experimental defeituosa, mas uma propriedade essencial.

No que se segue, analisamos brevemente três modelos de processos complexos que envolvem componentes comportamentais integrados em redes com variáveis que normalmente seriam atribuídas a diferentes níveis. Os modelos são abstrações derivadas de, mas não totalmente fiéis a, sistemas reais e destinam-se principalmente a ilustrar dois pontos: a necessidade de inclusão de variáveis de domínios diferentes no mesmo modelo e a natureza difusa e recíproca de controle em sistemas complexos.

O primeiro modelo analisa a regulação do açúcar no sangue e a sua relação com os estados psicológicos. As variáveis são as seguintes: E é epinefrina (adrenalina); G é o nível de glicose no sangue; I é o nível de insulina no sangue; A é sintoma de ansiedade. Embora o termo seja vago e não seja facilmente medido, geralmente podemos reconhecer o aumento e a diminuição da ansiedade. A ansiedade traz mais adrenalina; adrenalina aumenta os sintomas de ansiedade, e as pessoas com açúcar baixo no sangue, ou em queda rápida, experimentam ansiedade que é aliviada por aumento da glicose. A figura 1a mostra as relações assumidas entre essas variáveis. Nesta e nas figuras subsequentes, → indica um efeito positivo na direção da seta, e —o, um efeito negativo.[3] Para nossos propósitos, é importante notar que há um *feedback* positivo na relação entre epinefrina e ansiedade, um *feedback* negativo entre glicose e insulina, e todas as variáveis são autoamortecidas; ou seja, cada uma das substâncias é removida do sistema e diminuiria, a menos que fosse restaurada, e que as crises de ansiedade acabariam por diminuir. Há também o *feedback* negativo mais longo, glicose-ansiedade-epinefrina-glicose (o sinal de uma alça de *feedback* é o produto algébrico dos sinais das ligações em torno da alça). Tais sistemas comportam-se normalmente como seria de se esperar – um aumento da glicose faz sair a insulina, que depois reduz a glicose e reduz tanto a ansiedade quanto a epinefrina. Insulina reduz a glicose e aumenta a ansiedade e a epinefrina etc. Mas, se o ciclo autoinibidor da ansiedade em si mesmo for fraco em comparação com o ciclo E, A positivo, então no subsistema de epinefrina-ansiedade como um todo o *feedback* positivo pode ultrapassar o negativo. Nesse caso, teríamos uma situação anômala em que o aumento da glicose ingerida resultaria em uma queda da glicose no sangue e em uma queda do nível médio de insulina; um aumento da dosagem de insulina aumentaria os níveis médios de açúcar no sangue e reduziria a insulina média. Todos estes efeitos seriam o resultado de um processo de excesso: a glicose reduziu

---

[3] Para derivação e manipulação dessa representação de sistemas, veja Puccia e Levins (1985).

a ansiedade, o que reduziu de tal forma a adrenalina que se liberta menos glicose do fígado, mais do que compensando o aumento original.

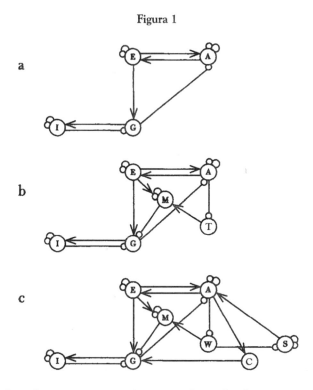

Figura 1

O quadro clínico seria confuso e poderia facilmente ser mal interpretado como uma condição genética na qual a resposta à insulina é alterada. Um curso de terapia que fortaleça o amortecimento da ansiedade também corrigiria a fisiologia anômala (pode-se objetar que uma condição puramente subjetiva, como a ansiedade, não pode ser fisicamente eficaz. No entanto, "ansiedade" em nosso modelo significa o conjunto não especificado de condições neurais e químicas que são a contrapartida da percepção subjetiva).

Agora, considere uma pessoa empregada em trabalhos físicos extenuantes em uma fábrica ou construção ou em casa (Figura 1b). O esforço físico aumenta a taxa metabólica e esgota o açúcar no sangue. A pessoa experimenta o impacto subjetivo da redução do açúcar e pode tomar uma ação protetora como descansar (uma ligação negativa da "ansiedade" com o trabalho, T). Algumas pessoas podem também comer um lanche, de modo que há uma ligação positiva de A a C (comida) e de A a G. No entanto, essas opções podem não estar disponíveis. Se houver uma supervisão rigorosa do trabalho, descansar ou comer pode diminuir a ira do supervisor, aumentando a ansiedade e introduzindo um novo *feedback* positivo no sistema (Fig. 2). Nesse ponto, podemos ter de decompor "A" em vários componentes psicológicos diferenciáveis. Uma gota suficiente de açúcar no sangue pode levar a uma perplexidade que apresenta a ação protetora de modo a que a alça negativa G-A-C-G seja substituída por uma alça positiva G-A_1-C-G. Finalmente, os colegas de trabalho podem intervir tanto para fornecer um lanche, como para evitar mais assédio por parte do supervisor.

Figura 2

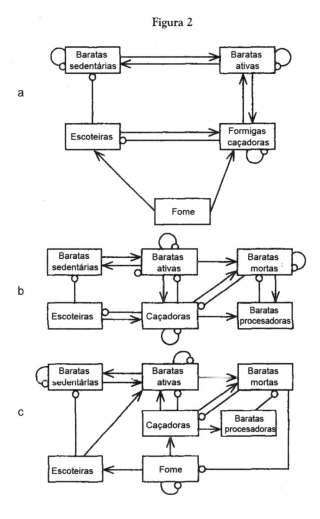

Os principais pontos aqui são: 1) cada pessoa tinha sua própria rede de interações, algumas das quais são partilhadas por todos (por exemplo, a ligação insulina-glicose) e algumas são bastante individuais. A rede é simultaneamente fisiológica, psicológica e social, sem que seja possível isolar estes como domínios separados; 2) um evento que repercute diretamente em qualquer uma das variáveis passa por todo o sistema, sendo amortecido ao longo de algumas rotas, amplificado ao longo de outras, e por vezes até invertido; 3) o que acontece depende da estrutura da rede, do padrão de *feedbacks* positivos e negativos, dos caminhos e "fossas"; 4) portanto, o diagnóstico de um problema de saúde deve incluir a identificação da rede, e os *loci* apropriados de intervenção podem estar em qualquer parte do sistema.

O segundo modelo envolve uma relação predador-presa entre as formigas (*Pheidole dentata*) de uma população mantida em laboratório e baratas (Fig. 2a):

Uma colônia de grandes baratas vive debaixo de uma caixa de ovos em um aquário que também contém um ninho de formigas predadoras. As baratas são gregárias e geralmente inativas. As formigas podem comer baratas, mas não é sua comida preferida.

Uma formiga batedora ocasional encontra as baratas. Ela tenderá a recuar se as formigas estiverem bem alimentadas, mas se o ninho tiver fome, o batedor agarrará a barata. A barata pode facilmente contorcer-se e jogar a formiga para fora do ninho. No entanto, se uma barata for agarrada por uma formiga mais de três vezes em um minuto, fica agitada e sai de baixo da caixa de ovos. Pode também indicar o seu incômodo e ativar outras baratas.

Se as baratas não forem mais atacadas, elas se acalmam. No entanto, se houver formigas suficientes, a barata ativa continua a encontrar e a agitar mais formigas. As dinâmicas iniciais são mostradas na Figura 2a.

O *feedback* positivo entre as baratas ativas e a atividade de caça das formigas pode se tornar instável. Depois de um limiar ser ultrapassado, tanto a atividade das baratas como a atividade de caça das formigas aumentam acentuadamente. As formigas caçadoras ativam outras formigas.

Assim que mais formigas do que a capacidade da barata em se livrar delas, ela é imobilizada, morta e as formigas começam a processá-la. Então, a atividade das formigas resulta na remoção das baratas ativas mais rapidamente, antes de despertar mais baratas (Figura 2b).

Uma alça de *feedback* positivo torna-se negativo, mas duas novas alças positivas são criadas. O sistema ainda está instável. Finalmente – e lentamente –, as baratas mortas são consumidas no ninho das formigas e a fome é diminuída, restaurando a situação original. A fome, antes um parâmetro do sistema, agora entrou em interação recíproca e se torna uma covariável, introduzindo uma longa alça positiva (Figura 2c).

Esse mecanismo resulta em surtos de caça e matança de baratas que ocorrem a cada 5/10 dias em um ninho de *Pheidole dentata*. Mas se a colônia de formigas for muito pequena para mobilizar um número suficiente de caçadoras, ou se um suprimento constante de alimentos preferidos controlar a fome, o comportamento cíclico pode ser suprimido. Temperaturas altas também podem reduzir a exploração e a caça, de tal modo que as baratas se tornem mais sedentárias e as rotas positivas, mais fracas.

Se a colônia de baratas for muito pequena ou a sua reprodução for muito lenta, ela pode ser eliminada por essa interação. Se as formigas se mobilizarem muito fracamente (como a maioria das *Ponerinae*), ou se a alta temperatura inibir a atividade na superfície do solo, ou se a colônia de formigas for muito pequena, o *feedback* positivo da atividade da barata sobre si mesma por meio das formigas pode ser quebrado.

Assim, a mesma estrutura qualitativa geral pode dar origem a resultados bastante diferentes. O comportamento do sistema aqui é inseparável dos processos demográficos, fisiológicos e interespecíficos. E no curso de interações cíclicas, a estrutura da rede muda.

No terceiro caso, consideramos a mosca Hessian, uma das principais pragas do trigo na América do Norte, que apresenta surtos periódicos, causando grandes danos. Há variedades de trigo que são resistentes à mosca, mas têm rendimentos mais baixos do que as variedades suscetíveis. Durante um surto, é do interesse de todos os agricultores mudar para as variedades resistentes. Depois de fazer isso, a população de moscas Hessian diminui. Agora, é do interesse de cada agricultor, individualmente, voltar às variedades suscetíveis, e de seus vizinhos continuarem com as resistentes. Os agricultores voltam rapidamente às variedades suscetíveis e as condições são estabelecidas para o próximo ciclo. Aqui temos uma flutuação cíclica da população de moscas, rendimento agrícola, e genótipos de trigo, impulsionada pela alternância do comportamento cooperativo e competitivo dos produtores de trigo, determinada por uma economia de propriedade privada.

Embora críticos de fora da ciência institucional estabelecida proponham abordagens holísticas,[4] cientistas encarregados de planejar ou dirigir grandes projetos práticos enfrentaram a necessidade de expandir o escopo de seus problemas por meio de experiências amargas como a Revolução Verde. Já é lugar-comum que a vida é complexa, pelo menos no prefácio dos estudos. Duas abordagens principais foram desenvolvidas para confrontar a complexidade com uma espécie de holismo reducionista: os modelos democráticos e corporativos.

O modelo estatístico democrático afirma que há muitos "fatores" ou variáveis independentes que são "fatores" qualitativamente equivalentes e que diferem apenas em magnitude. Portanto, a tarefa das ciências do complexo é atribuir pesos relativos a esses fatores por meio de análises de variância e técnicas multivariadas, sem preconceitos teóricos. Novas variáveis são definidas por associações estatísticas de variáveis antigas como "componentes principais".[5]

A visão corporativa é que todo sistema tem um chefe, um fator dominante ou controlador em analogia com a diretoria. Então o estudo de sistemas complexos passa a ser a busca por quem está no comando aqui. Nos desenhos animados, vistos com frequência no início da era espacial, a nave alienígena se abria e ouvíamos "leve-me ao seu líder", nunca "leve-nos ao seu coletivo".

---

[4] A distinção entre dentro e fora não é bem definida. Holistas sem conexões acadêmicas e sem recursos de pesquisa dependem da reinterpretação de relatórios publicados para construir seus argumentos. Cientistas em instituições reconhecidas também vivem vidas externas e têm outras fontes de inspiração além do seu mundo profissional.

[5] Nós criticamos essa abordagem no capítulo 4 de Levins e Lewontin (1985).

Em contraste, defendemos a noção de controle recíproco e hierarquia difusa e flutuante entre os componentes de um sistema.

Determinação recíproca de comportamento diferencial e de longo prazo

Os ecologistas há muito tempo estão cientes de uma peculiaridade das equações clássicas de predador-presa em que, para a presa X e o predador Y,[6]

$$dX/dt = X(a - bY)$$
$$e$$
$$dY/dt = Y(bX - c).$$

Aqui, a pode ser interpretado como a taxa de natalidade da presa na ausência de predação, b é a taxa de predação – e, por meio de abastecimento alimentar, também determina a taxa de natalidade do predador – e c é a taxa de morte do predador. Restrições adicionais tornariam a equação mais realista, mas são desnecessárias para nosso propósito atual. Existe um ponto de equilíbrio dado por $Y – a/b$, $X = c/b$, em torno do qual as populações circulam. Os valores médios de X e Y são os mesmos valores de equilíbrio.

A peculiaridade é que o equilíbrio ou valor médio de X é determinado a partir da equação diferencial de Y, e o equilíbrio ou valor médio de Y é determinado a partir da equação diferencial de X. No entanto, essa peculiaridade é mais geral: o sinal de igual em uma equação diferencial de primeira ordem une dois desiguais. O lado esquerdo define uma propriedade, a capacidade de mudar X, que reúne uma série de variáveis que influenciam X em alguma função $f(X,Y,Z...)$. Mas se o sistema atinge um equilíbrio, então $dX/dt = 0$ e, portanto, $f(X,Y,Z) = 0$. Se o sistema não atinge o equilíbrio, mas é limitado, então o valor médio $dX/dt = 0$ e o valor médio $f(X, Y,Z) = 0$. Considere, por exemplo, o número N de lagartas que emergem e se alimentam na primavera. Suponha que sua

---

[6] Esta linha de investigação foi sugerida pelo cap. 1 d'*O capital*, de Karl Marx (Charles Kerr, 1906), no qual Marx foca na não equivalência dos termos unidos pelo sinal igual nas equações de valor.

emergência seja acelerada pela temperatura, mas elas sejam predadas e removidas por formigas forrageiras, A. Suponha, por exemplo,

$$dN/dt = N(aT - bA)$$

A taxa média de mudança ao longo da temporada é zero (se começarmos e terminarmos com o mesmo número), e essa temperatura média é igual ao número médio de formigas forrageiras (com fatores de escala apropriados a e b). As formigas não estão diretamente relacionadas à temperatura, mas apenas em virtude de afetar conjuntamente a abundância das lagartas.

Além disso, se são necessárias duas formigas para subjugar uma lagarta, a probabilidade de duas formigas estarem ao mesmo tempo dentro do alcance da mesma lagarta é a A^2. Então

$$dN/dt = N(aT\text{-}bA^2)$$

Mas o valor médio de A^2 é o quadrado da média de A mais a variância de A. Assim, a variância no número de formigas forrageadoras é, ao mesmo tempo, determinada pela temperatura média!

Isso parece mágico à primeira vista, porque não mostramos nenhum vínculo causal entre a temperatura e as formigas ou, de fato, não dissemos nada sobre a forma como as formigas são determinadas. No entanto, essa relação só se mantém se o sistema como um todo atingir um equilíbrio ou se é limitado e não houver nenhum fator autônomo não contabilizado que esteja determinando o equilíbrio. Isso, por sua vez, requer que haja alguns caminhos de N a A que permitam a coexistência. Mas nada mais é necessário.

A generalização é a seguinte: num sistema limitado de variáveis cuja dinâmica é dada por equações diferenciais de primeira ordem, cada variável X especifica uma função f de uma ou mais variáveis no sistema e parâmetros associados. Este f dá a taxa de variação de X. Mas X determinou que o valor médio de f é zero; ou seja, X estabeleceu uma relação de longo prazo entre as variáveis unidas em f. Existe assim uma determinação recíproca do comportamento a curto prazo (diferencial) e a longo prazo (média) das variáveis num sistema persistente.

Controle difuso em um modelo de ecossistema simples

Aqui na Figura 3 observamos o equilíbrio ou o comportamento médio de um modelo de ecossistema de quatro variáveis: um recurso R; dois consumidores A_1 e A_2; e um predador P, que se alimenta apenas de A_2. Apenas R é considerado autoamortecido. A representação na Figura 3 e o argumento matemático seguem Puccia e Levins. As direções do impacto direto de uma variável sobre a outra são mostradas por ligações positivas → e negativas —o e correspondem ao nosso senso comum sobre a Biologia.

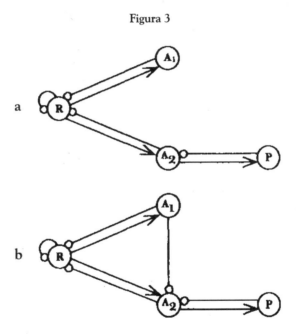

Figura 3

Este sistema é estável em condições constantes. Se uma alteração ocorrer no ambiente externo ou na biologia de uma das espécies, ela aparecerá no modelo como uma mudança em algum(ns) parâmetro(s), aumentando ou diminuindo diretamente as taxas de mudança de uma ou mais variáveis. Representamos isso por uma entrada positiva ou negativa para o "nó" no gráfico que representa essa variável.

O parâmetro alterado tem um efeito inicial na variável pela qual entra no sistema. O efeito, então se infiltra pela rede e, eventualmente, um novo equilíbrio é alcançado. A pergunta que fazemos é: "como um parâmetro alterado entrando no sistema em qualquer variável afeta os níveis de equilíbrio de todos eles?". No modelo simplificado estudado aqui, o sinal do efeito é o sinal do impacto inicial multiplicado pelos sinais das ligações num caminho para a variável de interesse, multiplicado pelo *feedback* do resto do sistema (o complemento) não incluído no caminho, e depois dividido pelo *feedback* de todo o sistema.

Como o sistema é estável, o *feedback* do todo no denominador é negativo. Este *feedback* é uma medida inversa da sensibilidade do sistema como um todo à mudança de parâmetros. O *feedback* de R sozinho é negativo, mas o de outras variáveis é zero. As relações tróficas (R,A_1), (R,A_2), (A_2,P) formam alças de *feedback* negativo de comprimento dois. E a combinação de alças de *feedback* disjuntos, tais como (R) e (A_2,P), são negativos.

Na Tabela 1 mostramos a direção da alteração dos valores de equilíbrio de cada variável quando uma mudança de parâmetro entra numa dada variável e produz um aumento direto e imediato dessa variável.

Tabela 1

		\multicolumn{4}{c}{Efeito sobre}
		R	A_1	A_2	P
	R	0	+	0	0
Entrada	A_1	-	+	0	-
para	A_2	0	0	0	+
	P	0	+	-	0

Mais da metade das entradas são zeros. Surgem porque os subsistemas complementares têm um *feedback* zero. Por exemplo, a entrada para R não tem qualquer efeito sobre o nível de R porque o seu complemento é

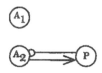

que não tem *feedback* envolvendo os três elementos. Da mesma forma, a entrada em P não tem qualquer efeito sobre o nível de P porque o seu complemento é

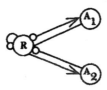

que não tem alça ou combinação de alças disjuntas que incluíssem todos os três elementos. Na ausência de P, o sistema restante é instável; isto significa que A_1 e A_2 não podem coexistir em equilíbrio.

Note-se o seguinte:
1. a noção de "fator de controle" é ambígua. R é o recurso essencial que torna a comunidade possível. Mas as alterações nos parâmetros de R (entradas para R) afetam apenas o nível de equilíbrio de A_1. Uma alteração em R está associada a alterações em A_2 e P, mas essa alteração decorre de A_1 somente. Uma alteração em A_1 só está associada a uma alteração em A_2 se ambas resultarem de P. Portanto, não podemos falar sobre qual fator controla os outros, mas sim que ponto de entrada no sistema afeta quais variáveis;
2. A_1 e A_2 são consumidores de R e, portanto, concorrentes. Mas as alterações que entram num e noutro não afetam a abundância dos outros. E os seus papéis na comunidade são diferentes. A_1 responde a alterações em todas as variáveis exceto A_2, enquanto A_2 responde apenas às entradas que entram em P. Isso não tem a ver com o fato de A_2 ser fisiologicamente menos sensível, mas apenas com sua posição estrutural: P é um subsistema com *feedback* zero, pelo que atua como um ralo para todas as influências que chegam a A_2 de qualquer parte do sistema exceto P, absorvendo seu impacto e amortecendo A_2. Da mesma forma, P absorve todos os impactos que entram em A_2 para que o resto do sistema não responda;
3. se examinarmos como amostra um grande número de comunidades com essa mesma composição, mas com parâmetros diferentes, ob-

servaremos um padrão estatístico de correlações entre as variáveis. Esse padrão depende da posição de uma variável na estrutura e de quais parâmetros são responsáveis pelas diferenças de um local para outro (onde entram no sistema). Como as entradas para R afetam apenas A_1, elas não dão origem a correlações entre as variáveis. A entrada para A_1 afeta todas as variáveis, exceto A_2. Ele gera correlações negativas entre A_1 e R e entre A_1 e P, embora P não consuma A_1, mas não haja correlação entre P e sua própria presa ou entre os competidores A_1 e A_2. Na verdade, nenhuma única mudança de parâmetro entrando em um único "nó" produz qualquer correlação entre A_2 e P que possa sugerir seu relacionamento.

Afirmamos que algumas variáveis não têm efeito sobre outras. Isso é verdade apenas para os níveis de equilíbrio. Por exemplo, uma entrada para A_1 não altera a abundância de A_2, mas diminui R e P. Portanto, A_2 tem menos comida do que antes (e provavelmente uma taxa de natalidade menor) e menos predação (e menor taxa de mortalidade). O resultado são os mesmos números, mas de indivíduos mais velhos. A distribuição de idade foi alterada. Em contrapartida, as entradas para P deixam R e P inalterados. A_2 diminui em número, mas tem a mesma distribuição de idade de antes.

Suponha agora que introduzimos uma ligação negativa de A_1 a A_2 (Figura 3b). Isso requer apenas duas mudanças no gráfico: agora a entrada para R diminui P e a entrada para P diminui P. O primeiro resultado vem do caminho negativo R-A_1A_2-P. Assim, R pode determinar P, mas a relação A_1A_2 determina que R pode determinar P. O segundo resultado, contraintuitivo, vem do novo ciclo de *feedback* positivo R, A_1, A_2, R, que inverte o sinal do caminho (nesse caso, de fora para P). Um aumento inicial em P reduz A_2, aumentando R que aumenta A_1, e diminui A_2 ainda mais. A redução adicional A_2, além do efeito de predação, reduz P. Assim, A_1 pode determinar P de três maneiras: previne um impacto positivo direto de R sobre P, agindo como um sumidouro; fornece um caminho negativo de R para P; e, ao entrar no circuito de *feedback* positivo com A_2 e R, faz com que P responda de forma anômala à sua própria entrada; A_1 é um bom candidato para um "fator de controle". Mas vemos na tabela que o próprio A_1 é determinado por entradas para três das quatro variáveis no sistema.

A estrutura da comunidade também influencia o curso da evolução das espécies componentes. Os genótipos que aumentam a sobrevivência ou as taxas de nascimento de qualquer uma das espécies serão selecionados entre os genótipos alternativos. Mas, como resultado, apenas no caso de A_1 a espécie aumentará em população. E com a ligação negativa A_1A_2, a seleção mendeliana em P resultará em uma diminuição em P.

Mas os genes não fazem apenas uma coisa. Suponha que existam genótipos em A_2 que aumentam a sensibilidade à toxina de A_1, mas ajudam a evitar a predação por P, ou, inversamente, reduzem a sensibilidade a A_1, mas aumentam a vulnerabilidade a P. O curso ou seleção dependerá da abundância relativa de A_1 e P como ameaças aos indivíduos de A_2. Suponhamos que P é suficientemente abundante para evitar que a predação seja a força maior. A seleção para esse genótipo aparecerá como uma entrada positiva para A_2 e uma entrada negativa para P. A entrada positiva para A_2 não tem qualquer efeito sobre a abundância de A_2, mas aumenta P. A entrada negativa para P aumenta P (devido ao *feedback* A_1, A_2, R positivo), aumenta A_2, e diminui A_1. Portanto, as condições que favorecem esse caminho de evolução são reforçadas.

No entanto, se começarmos inicialmente com A_1 abundante e P raro, a seleção em A_2 aumentará a vulnerabilidade à predação, mas enfraquecerá o elo A_1A_2. Isso se comporta como entrada positiva para A_2 e P, a entrada positiva em A_2 aumenta P, mas a entrada positiva em P reduz P. Portanto, P pode aumentar ou diminuir. Com uma ligação A_1A_2 muito forte, P diminuirá. Assim, as condições iniciais podem definir a evolução em um de dois caminhos alternativos. Finalmente, notamos que fortes entradas para R podem determinar a evolução da relação A_1A_2 e a intensidade da predação.

O argumento anterior apoia nossa conclusão geral: o controle em sistemas complexos reside na estrutura da rede, e não em variáveis individuais. Cada variável controla algum aspecto do sistema, mas o que ela controla e como isso a afeta depende, por sua vez, de outros componentes. No entanto, ter atribuído o controle do todo não é suficiente.

O passo seguinte é estudar concretamente como os aspectos do sistema determinam os padrões de controle a longo e curto prazo.

ESTRATÉGIAS DE ABSTRAÇÃO[1]

> Na análise das formas econômicas, contudo, nem os microscópios nem os reagentes químicos têm utilidade. A força da abstração deve substituir ambos.
>
> Karl Marx, prefácio d'*O capital*

A complexidade está na moda. Livros, reuniões e até mesmo institutos de pesquisa inteiros são dedicados à complexidade. É um reconhecimento de que as longas tradições da ciência reducionista, tão bem-sucedidas no passado, são cada vez mais inadequadas para lidar com os sistemas que agora estamos tentando compreender e influenciar. Os grandes erros e fracassos das tentativas de aplicar a ciência a assuntos urgentes vêm do fato de os problemas serem apresentados de maneira muito estreita, linear e estatística. As doenças infecciosas não desapareceram como se previa há 30 ou 40 anos. Os pesticidas aumentam os problemas de pragas, os antibióticos criam novos patógenos e os hospitais são focos de infecção. Ajuda alimentar pode aumentar a fome. O "alinhamento" e o "controle" dos rios aumentam as enchentes. O desenvolvimento econômico não leva necessariamente a sociedades igualitárias e justas.

---

[1] Este capítulo apareceu de uma forma um pouco distinta em Levins, Richard. "Strategies of Abstraction", *Biology and Philosophy 21*, 2006, p. 741-755.
Tradução: Ruy Soares.

É, portanto, intensamente prático e até mesmo permissível afirmar alguns princípios de uma visão mais dialética das coisas:

1. a verdade é o todo (Hegel);
2. as peças são condicionadas e até criadas por seus todos;
3. as coisas estão mais ricamente conectadas do que o óbvio;
4. nenhum nível de fenômeno é mais "fundamental" do que outro. Cada um tem relativa autonomia e dinâmica próprias, mas também está vinculado aos demais níveis;
4. as coisas são como são porque ficaram assim;
5. as coisas são captações instantâneas de processos e permanecem do jeito que são por tempo suficiente para serem reconhecidas e nomeadas graças a processos opostos que as perturbam e as restauram;
6. as dicotomias em que dividimos o mundo – fisiológico/psicológico, biológico/social, genético/ambiental, aleatório/determinístico, inteligível/caótico – são enganosas e eventualmente obscuras.

Podemos perguntar: por que as coisas são como são, em vez de um pouco diferentes? Por que as coisas são como são, em vez de muito diferentes? A primeira se refere à questão da autorregulação e da homeostase. A segunda, à questão da evolução, desenvolvimento e história. Precisamos então perguntar: quais são as relações entre os processos de estabilização e de desestabilização? Como os reversíveis processos de curto prazo de restauração e de manutenção – que podem amortecer as forças de longo prazo por um tempo – também dão origem a mudanças direcionais que alteram os processos de estabilização e eventualmente os sobrecarregam?

Claro que não podemos olhar realmente para o "todo"; mas a injunção de Hegel tem dois tipos de valor prático. Primeiro: um problema deve ser grande o suficiente para haver uma solução que se encaixe. Geralmente, é melhor apresentar um problema muito grande e depois reduzi-lo, em vez de iniciar com um problema muito pequeno, que impossibilitará expandi-lo o suficiente. Se não o fizermos, estaremos condenados a soluções engenhosas para questões triviais ou a explicações que são, em sua maioria, externas: alguma influência externa causou o que observamos, mas não temos explicação para essa influência externa, que é apenas dada, talvez observada e medida.

ESTRATÉGIAS DE ABSTRAÇÃO

É preciso muita imaginação e experiência para saber como fazer uma pergunta grande o suficiente, pois isso vai contra a nossa formação. Em segundo lugar, mesmo depois de apresentar o problema da forma mais ampla que conseguirmos, devemos sempre estar cientes de que há coisas por aí que podem subjugar nossas teorias e frustrar nossas melhores intenções.

Uma vez que aceitamos a necessidade da totalidade e também a sua impossibilidade, temos que recorrer a processos de abstração que podem dar origem a modelos úteis. Em 1965, argumentei que, uma vez que cada modelo é parcialmente falso, precisamos de modelos independentes para convergir nas verdades que procuramos. Mas não tratei da questão de como escolher esses modelos. Quero agora me concentrar mais explicitamente nos processos de abstração. Nesse esforço, fui influenciado pelo trabalho perspicaz de Bertell Ollman, *The Dance of the Dialectic*, que discute vários tipos de abstração (Ollman, 2003). Diferentes abstrações de um mesmo todo trazem diferentes aspectos da realidade, mas também nos deixam parcialmente ignorantes. Assim, é sempre necessário reconhecer que nossas abstrações são construções intelectuais, que um "objeto" chuta e grita quando é abstraído de seu contexto e pode se vingar nos desviando do caminho. Uma espécie de árvore particular em um catálogo de árvores das Índias Ocidentais não é a mesma árvore que vimos na praia varrida pelo vento, fruta roxa perfumada com compostos voláteis e aromatizada com spray de sal, folhas mostrando os rastros em zigue-zague de larvas de lepidópteros. É apenas um binômio lineano abstraído em "tipicidade".

Nós escolhemos nossas abstrações

Nossas abstrações sempre refletem escolhas. Bertolt Brecht alertou que vivemos em uma época terrível, em que "falar sobre árvores é uma espécie de silêncio sobre a injustiça" (Brecht, 2003). Ele estava enganado sobre as árvores – elas agora figuram com destaque no estudo da justiça. Mas o ponto foi bem colocado. Muitas abstrações, escolhidas por razões de segurança ou conveniência, desviam do que importa. Os objetos preferidos da economia neoclássica, indivíduos que fazem escolhas em mercados ahistóricos, podem levar a elegantes teoremas sobre a escolha racional, mas escondem a exploração, o monopólio, o conflito de classes e a evolução do capitalismo. Eles até se abstraem das qualidades específicas dos quatro principais tipos de mercado sob o capitalismo: mercados para *commodities*, mercados de trabalho, mercados de capital e mercados financeiros, cada um com suas próprias histórias e padrões de propriedade, poder e conflitos. Sem uma visão histórica é possível trabalhar com a abstração de um mercado perfeito. O fato de não ser realista não é em si uma crítica devastadora – nós também abstraímos o atrito de modelos de gás perfeitos. Mas se os mercados nunca são perfeitos e, além disso, se desviam da "perfeição" de modo a atenderem a seus proprietários e se tornam menos "perfeitos" à medida que o poder das corporações aumenta, então a abstração não é apenas irreal, mas também ativamente obscura.

É claro que somos livres para abstrair como quisermos. O teste da utilidade de uma abstração é se ela captura o que queremos da realidade, se está sobrecarregada com um mínimo de cicatrizes do processo e se leva a algum lugar. Abstrações que estão cheias de definições e axiomas, mas não fornecem teoremas, não são abstrações produtivas.

Abstrações descritivas são tentativas de transformar noções heurísticas em medidas quantificáveis. Usamos índices de biodiversidade ou semelhança, densidade populacional, estado nutricional, eficiência. Mas, uma vez que definimos um índice, ele passa a ter vida própria e pode não capturar o que buscamos. Considere, por exemplo, a densidade populacional. Se uma população está espalhada por distritos ou fazendas de tamanhos diferentes, uma definição óbvia de densidade seria

$$D_1 = \Sigma p_i / \Sigma A_i$$

onde p_i é a população no distrito i e A_i é a sua área. Mas se estivermos interessados na pergunta "Quão aglomeradas as pessoas estão?", podemos perguntar quantas pessoas vivem em cada densidade. Então, uma medida mais adequada seria

$$D_2 = \Sigma (p_i/A_i) p_i / \Sigma p_i$$

onde p_i/A_i é a densidade no distrito i, o segundo p_i é o número de pessoas que vivem nessa densidade e Σpi normaliza a medida para preservar a dimensionalidade das pessoas ao longo da área.

Encontramos, em alguns casos, uma diferença mais de cem vezes maior entre D_1 e D_2 (Lewontin e Levins, 1989, p. 513-524). Eficiência é outro índice que parece mais "natural" do que realmente é. Na produção agrícola, a medida bíblica de eficiência são as sementes colhidas por semente plantada. Na Europa, escassa de terras, é mais plausível que seja medida pela produção/unidade de área; nos Estados Unidos, rico em terras e pobre em mão-de-obra, orgulhamo-nos da produção por dia de trabalho, enquanto para os ecologistas o importante é medir a energia produzida em comparação com a energia utilizada. Poderíamos até inventar índices absurdos, como o número de besouros endêmicos em um país dividido pelo número de deputados no Congresso Nacional. Uma vez criado, ele adquire a existência objetiva de outros modelos. Pode ser medido, comparado entre países, rastreado historicamente e assim por diante. O que o torna um índice sem sentido é que ele não nos ajuda a responder outras perguntas além daquelas a respeito de si mesmo.

Perspectiva, extensão e nível

As abstrações de maior interesse são as variáveis e parâmetros dos sistemas dinâmicos nos quais nos interessamos. Ollman distinguiu abstrações de perspectiva, extensão e nível. Um exemplo de abstração ecológica é mostrado na Tabela 1. Começamos com a perspectiva dos efeitos da temperatura sobre os insetos. No nível biofísico-bioquímico, sabemos que um aumento da temperatura aumenta a velocidade dos processos químicos. A atividade muscular dos insetos está próxima o suficiente desse nível de modo que o astrônomo de Harvard Harlow Shapley pudesse estimar a temperatura ambiente a partir da movimentação das formigas em seu observatório.

Tabela 1 – Abstração da perspectiva, extensão e nível na ecologia da drosófila

Perspectiva	Escala horizontal	Escala temporal	Dinâmica	Constantes
Tolerância à temperatura	Mosca individual	Minutos a horas	Mortalidade	Biologia da mosca, temperatura
Adaptação à temperatura	Mosca individual	Dias a uma semana	Crescimento e desenvolvimento, aclimatação	Biologia da mosca, regimes de temperatura
Comportamento em relação à temperatura	População de moscas de uma espécie	Minutos	Atração por comida *versus* estresse por calor	Padrão de temperatura do *habitat*, recursos alimentares
Demografia	População de moscas de uma espécie	Sazonal	Reprodução *versus* mortalidade	*Habitat*, comunidade de espécies
Comunidade	Ecossistema de espécies interagindo	Meses a anos	Competição, predação	*Habitat*, comunidade de espécies
Microevolucionária	Espécie única	Anos	Seleção natural *versus* migração e deriva	*Habitat*, comunidade de espécies

Na linha seguinte, escolhemos o nível do indivíduo, sua extensão "horizontal" limitada a réplicas do mesmo inseto tratado como amostras de uma população, a temperatura particular escolhida para permitir a observação e o intervalo de tempo em minutos. Em uma garrafa, a única dinâmica é a mortalidade causada pela dessecação ou desnaturação das proteínas. A única variável é o número de insetos vivos que nos possibilite ter uma equação para essa variável

$$dx/dt = -mx$$

onde x é o número ainda vivo e m é a taxa de mortalidade. Depois de toda minha corajosa fala sobre complexidade e totalidade, cheguei a uma única equação com uma variável e um parâmetro: Onde está o resto do mundo? Essa é a pergunta que devemos sempre fazer sobre qualquer modelo: *Onde está o resto do mundo?*

O parâmetro m depende do estado fisiológico do inseto. Isso é parcialmente determinado geneticamente, mas na *Drosophila melanogaster* pode mudar com a exposição a diferentes temperaturas por dois a três dias. No laboratório, pude controlar a temperatura de exposição, mas na natureza isto depende do *habitat* e do comportamento das moscas.

A sobrevivência também depende do tamanho da mosca, uma vez que a relação superfície-volume faz com que pequenos insetos percam uma fração maior de sua água por segundo do que indivíduos maiores. Quando metade das moscas morreu, as sobreviventes são, em média, maiores do que aquelas que morreram. O tamanho também depende da temperatura, uma vez que o desenvolvimento se acelera com temperaturas moderadamente mais altas e o crescimento é menos acelerado. O resultado é que em temperaturas mais altas, indivíduos menores são produzidos, mas são produzidos mais cedo. Mas o tamanho também depende do genótipo.

Quando as moscas estão sujeitas a frequentes estresses de temperatura, os genótipos que produzem moscas maiores nessas temperaturas podem ser selecionados. Em uma escala de tempo de gerações, digamos meses ou anos, temperaturas mais altas aumentam a sobrevivência por meio da seleção de tamanhos maiores. Isso é observado pelo fato de que as moscas coletadas em climas mais quentes e secos como o de Porto

Rico são do mesmo tamanho que as da floresta tropical, mas nas mesmas temperaturas em laboratório são maiores do que estas da mesma espécie. Seu tamanho aumentou pelos efeitos seletivos da temperatura e foi reduzido pelo impacto direto da temperatura em seu desenvolvimento. Assim, a temperatura aumenta a sobrevivência selecionando o tamanho, reduz a sobrevivência acelerando o desenvolvimento, aumenta a sobrevivência por meio da adaptação fisiológica e reduz a sobrevivência ao dissecar as moscas.

Agora, consideremos as populações de moscas em seu *habitat*. Observo o número de moscas em torno das minhas armadilhas com frutas em fermentação. A escala de tempo ainda é a de minutos, o nível agora é a população de moscas ativamente à procura de alimento, a dinâmica é o movimento das moscas atraídas pela fruta, mas repelidas assim que sentem estresse de dessecação. Assim, podemos produzir um modelo da dinâmica:

$$dx/dt = A - rx$$

onde A depende da população total de *Drosophila melanogaster* na área de forrageamento e da abundância de frutas que podem competir com minhas armadilhas, que, por sua vez, depende da vegetação e da estação, mas é considerada constante durante o meu estudo de um dia. O parâmetro r depende dos efeitos da temperatura discutidos no nível individual. O resto do mundo entra por A, a população local total.

A população depende do equilíbrio entre as taxas de natalidade e mortalidade. Nesse sentido, todos os organismos seguem a mesma lei de população. Temperatura entra na taxa de natalidade por meio do tempo de geração. Entre os mosquitos, um aumento na temperatura dentro de uma faixa moderada encurta a geração e, portanto, resulta em populações maiores de indivíduos menores que não podem voar tão longe ou permanecer ativos por muito tempo e que possuem menor fecundidade e vidas mais curtas. Em algum ponto acima de sua temperatura ideal, o aumento da mortalidade supera as gerações mais curtas e as populações diminuem.

A mesma abordagem pode ser feita para examinar o número de formigas buscando alimento em uma determinada área. Mas seria um erro simplesmente transferir as categorias e métodos adotados para as *Drosófilas*. As formigas são sociais; podemos observar os números indo e vindo de cada ninho. A competição de espécies é diretamente visível e influencia o impacto da temperatura. No nível da colônia, em uma escala de tempo de minutos a horas, o número de forrageadoras deixando o ninho é o resultado da pressão para sair, do sucesso em encontrar alimento (sinalizado para mobilizar mais forrageadoras) e das pressões para retornar. Assim, podemos começar com uma equação

$$dx/dt = p(T - x) - rx$$

A pressão para sair, p, está relacionada à necessidade de alimento no ninho, ao número de formigas imaturas a serem alimentadas, às boas notícias que as forrageadoras bem-sucedidas trazem para casa por meio de uma sinalização química e ao número total de forrageadoras disponíveis na colônia, T. Em nossa estrutura de tempo, p, T e r podem ser tratados como constantes. O retorno depende do forrageamento, estresse térmico e interações entre as espécies. Por exemplo, descobrimos que em uma ilha do Caribe, a formiga *Brachymyrmex heeri* se aproximava de uma isca de atum e a cercava completamente. Se a isca estivesse na sombra, a formiga-leão *Phediole megacephala* se mobilizava logo em seguida (seu ninho ficava mais longe) e tomava o lugar da anterior em cerca de 20 minutos. Mas se o local estivesse sob a luz direta do sol, as formigas-leão logo se estressavam e iam embora, dando novamente lugar às *Brachy*.

Poderíamos alternar luz solar e sombra experimentalmente pela colocação apropriada de alternâncias. Com uma alternância rápida, digamos a cada dez minutos, a competição era acirrada e as *Brachy* ficavam com a maior parte da comida. Mas se a luz do sol e a sombra alternavam por horas, a comida era dividida entre elas mais ou menos igualmente. Se passarmos para a escala de tempo de semanas, o número de forrageadoras no ninho e a demanda por proteína das larvas mudam. Essas mudanças dependem do sucesso do forrageamento, ao passo que o fluxo horário é considerado o mesmo.

O sucesso na alimentação depende do total de alimentos disponíveis na área de forrageamento, da distância dos ninhos de todas as espécies forrageiras, dos tipos de interação entre elas e das respostas específicas das espécies ao clima. A área de forrageamento em si depende da densidade de ninhos e na escala de meses temos uma dinâmica de produção de rainhas e sua perda para a predação antes que elas consigam cavar um ninho. A variável é o número de ninhos. A taxa de formação de colônias depende do acúmulo de nutrientes na forma de reprodutores, que por sua vez depende do sucesso de forrageamento de curto prazo. Assim, podemos ter uma hierarquia de modelos em escalas de tempo sucessivamente maiores em que as constantes de um nível se tornam as variáveis de interesse em outro. As interações entre as espécies também afetam a evolução: em uma ilha onde coexistem a formiga de fogo *Solenopsis geminata* e seu parente menor e menos agressivo, *S. globularia*, a formiga de fogo expulsa seu primo dos locais mais frios para as praias e rochas expostas. Portanto, estes são expostos a um ambiente diferente daquele que suas próprias preferências produziriam. Populações de *S. globularia* estão expostas a mais seleção para tolerância ao calor e são mais tolerantes do que populações da mesma espécie em ilhas sem a formiga de fogo.

Comparando os casos de moscas e formigas, vemos que a abordagem teórica com conjuntos aninhados de abstrações é aplicável a ambos. Mas os tipos de observações e perguntas específicas que podemos fazer são diferentes. Nosso trabalho depende tanto da generalização quanto do respeito à especificidade.

Mas agora é artificial continuar fazendo da temperatura o ponto de vista. Se em ecologia ninguém nunca tivesse pensado a respeito da temperatura, eu poderia me esforçar para provar sua relevância. Eu poderia escrever uma série de artigos sobre "o papel da temperatura no desenvolvimento das moscas", "o papel da temperatura no forrageamento das moscas", "o papel da temperatura nas comunidades de moscas" e assim por diante. Se minha preocupação fosse ilustrar a abstração que chamamos de "abstração", eu poderia continuar rastreando o papel da temperatura em níveis e extensões. Faz mais sentido mudar nosso ponto de vista e perguntar o que determina as comunidades de moscas e a abundância e diversidade da drosófila. Não excluiremos nenhum papel da temperatura que possa se tornar relevante, mas não é mais nossa perspectiva. A população total depende do suprimento de alimentos no longo prazo, da competição de outras espécies e de predadores. Isso nos leva ao ponto de vista da dinâmica da interação entre as espécies.

As interações pareadas elementares entre as espécies têm sido estudadas extensivamente. Mas qualquer que seja o modelo, a relação central é o ciclo de *feedback* – negativo para relações predador-presa e positivo para competição e mutualismo. Pode ser um *loop* direto entre duas espécies ou muito mais longo e indireto. O *loop* de *feedback* negativo é mostrado na Figura e tem algumas consequências imediatas. Por exemplo, explica por que o uso de pesticidas costuma ser contraproducente. Suponha que um pesticida mate os predadores e as presas. Seu efeito na comunidade é encontrado rastreando o impacto negativo direto do pesticida e o efeito indireto por meio de interações de espécies. O predador é prejudicado tanto diretamente pelo impacto tóxico do pesticida quanto indiretamente, ao matar seu alimento. A presa também é prejudicada diretamente, mas o caminho por meio do predador é positivo (impacto negativo no predador vezes a ligação negativa do predador para a presa): ela está envenenada, mas seu inimigo também. Assim, enquanto o predador está sempre ferido, a presa pode aumentar ou diminuir.

Figura 1 – Um ciclo simples de *feedback* negativo. Os links positivos são mostrados por uma seta, os links negativos, por círculos. Predador/presa, insulina/açúcar sanguíneo e preço/produção possuem a mesma estrutura dinâmica

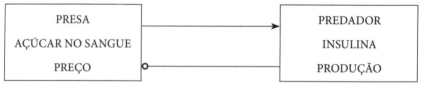

O *loop* predador-presa nos informa sobre a correlação estatística entre as duas espécies. Se o resto do mundo é dado por meio da presa, um aumento na presa é transmitido ao predador como um aumento no suprimento de alimento e a correlação entre eles é positiva. Mas se o ambiente é dado diretamente pelo predador, qualquer impacto é transmitido na direção oposta à presa, gerando uma correlação negativa. Quando abstraímos um único par de espécies, a coisa mais importante sobre o resto do mundo é se ele afeta o *loop* da extremidade da presa ou do predador.

Suponhamos, em vez disso, que tenhamos ignorado o efeito da população de presas sobre seu predador. Em seguida, modelaríamos com causalidade unidirecional. O predador é a variável independente e a presa a variável dependente. Se medirmos cuidadosamente a população de predadores, podemos propor um modelo de regressão em que:

$$Presa = a + b \, (x \, predadores)$$

Poderíamos estimar a e b com grande precisão, obter um bom ajuste e concluir que os predadores "respondem" por 60% da variância. Esse procedimento não é errado. É um procedimento legítimo no sentido de que responde à pergunta que faz. Podemos até mesmo fazer com que a temperatura e outros "fatores de confusão" sejam mantidos constantes, de modo que a variação do "erro" seja a menor possível. Mas o parâmetro b pode ser bastante diferente em diferentes situações de campo, mesmo de sinal oposto. E se a variação ambiental atua diretamente em ambas as espécies, a regressão pode ser zero.

A abordagem de regressão não está errada. Mas nós a criticamos porque o que ela desconsidera é crucial para responder à pergunta "O que determina a abundância de presas?" e, portanto, oferece uma resposta superficial, em parte porque não leva em conta a variável "independente" e, por isso, dará resultados inconsistentes de lugar para outro ou de um determinado tempo para outro, embora todos sejam estatisticamente válidos.

A abstração que usamos para estudar a abundância das espécies ignora tudo mais sobre uma população. Mas os indivíduos diferem em seu estado nutricional, idade, sexo, genótipo e assim por diante. Podemos restringir a escala horizontal a um par de espécies, mas considerando os efeitos dentro de cada espécie. Se a mudança ambiental entra no sistema como mais alimento para a presa, a fecundidade aumenta. O predador também aumenta, de modo que as taxas de natalidade e mortalidade das presas aumentam, mesmo que haja um aumento nos números (que depende da presença ou ausência de autoamortecimento do predador). A correlação positiva entre predador e presa significa que, quando as presas são abundantes, elas também são jovens e bem alimentadas e que, quando são raras, também são mais velhas e muito mais magras. O predador é bem alimentado quando abundante e mal alimentado e mais velho quando raro, o oposto das expectativas malthusianas. Mas se o sistema for conduzido da extremidade do predador, a correlação é negativa e os predadores são mal alimentados quando são mais abundantes e bem alimentados quando raros.

Uma vez que entendemos o ciclo de *feedback* negativo simples, ele pode ser aplicado a situações fisicamente diferentes, mas com a mesma dinâmica. Desse modo, o ciclo insulina-glicose ou a relação entre preços e produção em uma economia capitalista têm as mesmas propriedades dinâmicas.

Podemos expandir a abstração "horizontalmente" para incluir mais espécies e considerar os *loops* de autoamortecimento. Agora, o impacto de alguma mudança ambiental depende de toda a rede de *feedbacks* e pode ser expresso formalmente como a derivada do nível de equilíbrio em relação à alteração de qualquer parâmetro. (Uma alteração de parâmetro, que pode vir do estado nutricional do organismo ou de substituição genética, é "externa" ao modelo, mesmo que dentro do inseto).

Quando olhamos para todo o ecossistema (apenas relativamente "todo", é claro), criamos uma nova abstração. Trabalhamos com uma rede em que os vértices são os tamanhos das populações de espécies e seus links são as interações diretas. Essa rede pode ser descrita em termos de caminhos entre variáveis, *loops* de *feedback*, estabilidade e resistência do todo e dos subsistemas. Pode então ser usado para encontrar a direção da mudança das variáveis quando eventos externos afetam uma das espécies e os efeitos se infiltram no todo. Isso nos permite entender por que às vezes o efeito óbvio de um caminho é revertido de modo que a adição de nitrogênio a uma lagoa reduz os níveis de nitrogênio, os pesticidas aumentam as pragas, algumas espécies permanecem as mesmas, apesar das mudanças ambientais, e quais propriedades do sistema conduzem a oscilações ou transições abruptas.

Agora podemos mudar o ponto de vista para o da evolução. Então, a escala horizontal é uma espécie, a escala temporal é longa, a "população" consiste em um conjunto de genótipos influenciando a tolerância à temperatura e o ambiente é representado por coeficientes de seleção.

Cada uma dessas abstrações é legítima e incompleta, ao passo que o conjunto de todas é uma aproximação mais próxima da realidade. Para todos, é necessário reconhecer seu *status* como abstrações, construções intelectuais.

Pluralismo

A visão da teoria que depende de uma diversidade de perspectivas é bastante diferente da elegante defesa "pós-moderna" do pluralismo. As abstrações divergentes de perspectivas devem ser vagamente consistentes umas com as outras e validadas dentro de suas limitações. Exigimos apenas uma vaga consistência. Na história da genética, a matriz linear de genes no cromossomo parecia contradizer as observações citológicas de irregulares e ramificados "cromossomos plumosos". Essa era uma contradição tolerável, eventualmente resolvida pelo reconhecimento de que o "plumoso" se referia a giros no cromossomo que poderiam estar em um fluxo m durante o desenvolvimento.[2] Ao contrário da lógica formal, onde uma contradição torna todas as proposições demonstráveis e destrói todo o edifício, na ciência, um certo nível de contradição está quase sempre presente e é um motor para mais pesquisas. Sua influência é geralmente limitada a um domínio de proposições próximas. O que torna essas contradições benignas é a crença de que eventualmente serão resolvidas. O pluralismo pós-modernista concede igual validade a todos os pontos de vista e vê sua discórdia como uma virtude.

Se examinarmos o desenvolvimento de nosso conhecimento, reconheceremos algumas coisas das quais podemos ter praticamente certeza. Essas ideias têm uma estabilidade de longo prazo e são verificadas com frequência por meio de vários cruzamentos de dados de outras informações confiáveis. Mas mesmo seu *status* de certeza não é absoluto. Podemos olhar para a história da ciência do ponto de vista de que as teorias têm meia-vida. Para enfatizar esse ponto, peço aos alunos que imaginem sob quais circunstâncias a Segunda Lei da Termodinâmica pode ser derrubada.

Então, há afirmações que estão terrivelmente erradas desde o início e não contribuem de forma alguma para o avanço de nosso entendimento. Criacionismo, negação do Holocausto e doutrinas de inferioridade racial ou de gênero e "perspectivas" semelhantes são desse tipo. São perspectivas que obscurecem as realidades e são introduzidas na agenda científica a

---

[2] Marxistas veem a contradição como um processo no tempo, em oposição à visão padrão na filosofia analítica que vê a contradição como uma relação estática e teórica. A relação entre esses conceitos é discutida no último capítulo de Levins e Lewontin (1985).

partir de preocupações não científicas e até mesmo anticientíficas. Podemos confrontá-las com o postulado do partidarismo: erram todas as teorias que promovem, justificam ou toleram a injustiça.

Este postulado de partidarismo não as refuta. Não nos diz como elas podem estar erradas: erros de conceituação, de observação, de validação, de interpretação ou de aplicação. Mas é uma poderosa regra de trabalho que pode guiar nossa pesquisa.

Na frente avançada de nossas ciências estão questões não resolvidas, nas quais a diversidade e a controvérsia fazem parte do processo de descoberta, e diferentes disciplinas com suas próprias perspectivas enriquecem o processo. Esse é o domínio do pluralismo construtivo. Além dessa fronteira, há questões sobre as quais não temos meios de resolução e a especulação tem total liberdade. E, finalmente, há as perguntas que ainda não nos ocorreram fazer. Mas se a diversidade persiste sobre as mesmas questões por longos períodos, isso não é evidência da saúde de nossa ciência, mas de sua estagnação ou da disputa científica ser um substituto para interesses conflitantes.

Os processos pelos quais chegamos a nosso consenso em ciência são muito diferentes quando há interesses em jogo. O que se segue é uma primeira tentativa de formalizar esse processo da ciência do adversário.

Nessa abstração, a visão é a do observador da ciência examinando um problema enquanto ele se modifica. O primeiro termo da equação é a sobrevivência das evidências de um período para o outro. O parâmetro a_1 é a taxa de erosão. O segundo termo é a criação de novas evidências. É produzido mais rapidamente quando o outro lado é mais ameaçador (maior $y/(x + y)$), mas mais lentamente se a massa total de evidências for grande $(e - (x + y))$. Finalmente, c_1 é a taxa de produção de evidências de outros campos, independentemente da disputa. A segunda equação é similar. Nesse modelo, para um conjunto de parâmetros, obtivemos o processo mostrado na Figura 2. Nesse caso, a evidência relativa xf $(x + y)$ mostra um padrão complexo ao longo do tempo. Não há nada sagrado nessas equações. Qualquer pessoa que acompanhe o desenvolvimento dessas ideias pode perguntar: "Mas você não deixou de levar em conta x?". Ou: "Não é necessariamente assim. Em nosso campo..." ou "O que é evidência para um ecologista pode não ter muito peso para um farmacologista". É fácil propor outros modelos nos quais o impacto da evidência inibe novas pesquisas simpáticas a essa evidência, desencoraja pesquisas futuras direcionadas a refutá-la ou que podem refletir outras relações. Nesta fase da investigação, o importante é reconhecer a disputa como um objeto de estudo e as "evidências" a favor e contra uma proposição como variáveis dinâmicas. Isso torna possível perguntar quando uma disputa levará à resolução, quando pode chegar a um impasse com um nível fixo de convicção, quando irá flutuar com o tempo, com alguma conclusão parecendo óbvia em um momento e absurda em outro.

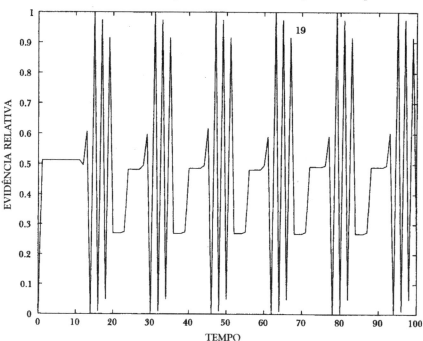

Figura 2 – Modelo de formação de consenso exibindo padrões complexos

Nós abstraímos a substância da disputa e trabalhamos do ponto de vista da Sociologia da Ciência. Portanto, o argumento sobre o modelo específico é irrelevante, porque atende ao modelo em um nível diferente de abstração. A validação desse trabalho não é uma previsão sobre qualquer disputa em particular, mas sim a verificação de que estudar a dinâmica da disputa dessa forma leva a valiosos *insights* sobre a controvérsia.

Como isso se aplica a nós?

A ecologia humana é o ecossistema mais complexo de todos. É uma convergência de processos biológicos e sociais em que nossa biologia se socializou, mas nem por isso é menos biológica.

Nossa espécie obviamente não está em equilíbrio com seu meio ambiente. Somos uma espécie jovem, há escassas 5 mil gerações fora das savanas onde tomamos forma, cerca de 500 gerações na agricultura e apenas (cerca de) 20 gerações afligidas pelo capitalismo. (A drosófila pode ter 20 gerações em um ano. O que elas realizaram em 2007?) Por nossas próprias ações, fatores que antes poderiam ser tratados como variáveis externas e independentes agora também são afetados pela ação humana. As vias de causalidade foram fechadas para se tornarem *loops* com efeitos recíprocos e uma dinâmica alterada. Além disso, seu *status* de não equilíbrio não é um inconveniente que poderíamos abstrair a fim de buscar uma "natureza humana" invariável, mas o problema central. As taxas de mudança e a extensão da interconexão estão acelerando. A consciência ou vontade é um fato emergente de nossa evolução e uma força ecológica. Esta realidade é frequentemente invocada para negar a possibilidade do estudo científico dos assuntos humanos. Nossa atenção é chamada de várias formas para a "natureza humana", "a condição humana" ou "o fator humano" ou a importância da irracionalidade nos assuntos humanos para sugerir que não podemos entender o suficiente sobre nosso mundo para tomar quaisquer decisões úteis sobre a sociedade.

O estudante de ciências humanas também faz parte desse sistema, com perspectivas que se formam nas redes das quais faz parte. Isso leva aos preconceitos que são mais difíceis de detectar porque são compartilhados na comunidade acadêmica e servem para determinar a respeitabilidade das ideias e definir o bom senso. Uma base de apoio fora dessa comunidade, muitas vezes enraizada no ativismo de base, é um antídoto poderoso para o viés do consenso. Cada tipo de sociedade tem sua própria ecologia, suas próprias relações com o resto da natureza. Isso inclui padrões de uso da terra, extração de recursos e reabilitação, dinâmica populacional, desigualdades sociais e relações com microrganismos, com a quimiosfera e com o clima.

De volta à Terra

Abstrair é apenas uma parte do processo de busca de compreensão. O processo inverso é o retorno ao mundo em que as abstrações foram feitas. Não estou preocupado aqui com o conhecido teste de hipótese estatística ou com a falsificação popperiana que resulta na aceitação ou rejeição de uma hipótese. Podemos obter um bom ajuste estatístico, sem conhecer melhor o sistema, se muito foi deixado de fora, ou podemos obter boas respostas para as perguntas erradas. Em vez disso, a investigação é se os processos de abstração como um todo e as observações a que eles conduzem aumentaram nossa compreensão do mundo e ofereceram algum guia de ação para aprofundar nossa compreensão ou tornar o mundo um lugar melhor. Para tanto, vários tipos de perguntas podem ser dirigidos às nossas conclusões.

A questão bayesiana

Os resultados fazem sentido? Sempre temos algum conhecimento prévio e expectativas que vêm de nosso conhecimento anterior ou "intuição". A intuição é uma parte integrante de diversos conhecimentos, experiências, impressões e preferências que muitas vezes podem nos fornecer *insights* cuja fonte não podemos explicar e que, às vezes, nos afastam do caminho.

Mas os pressupostos não devem ser ignorados. Se nossas conclusões forem inconsistentes com nossa expectativa anterior, devemos investigar o porquê. Podemos então seguir dois caminhos: presumir que nossos pressupostos estão corretos e procurar as razões pelas quais a teoria nos levou a um resultado que contradiz essa expectativa. Essa é a abordagem mais comum quando os pressupostos representam toda a história de uma ciência e a pesquisa abrange apenas uma pequena área. Por exemplo, o fracasso de um modelo de seleção natural em explicar as características observadas em um grupo de populações não refuta a seleção natural como uma explicação evolucionária, mas podemos questionar se outras forças evolucionárias explicam nossas observações particulares.

O segundo caminho examina nossas expectativas para perguntar por que uma conclusão errada parecia tão plausível. Essa é a resposta mais radical, pois pode desafiar as suposições fundamentais de um escopo. Se feito com cuidado, pode nos mostrar novos rumos. Mas se cada tabela em nosso caderno nos levasse a proclamar um novo paradigma, haveria paralisação total.

Se nossas conclusões forem consistentes com nossos pressupostos, comemoraremos com champanhe. Mas então, estando cientes da inevitabilidade da surpresa na ciência, ainda podemos perguntar por que eles são consistentes. Existe algo no projeto de pesquisa, orientado por nossos pressupostos, que forçou a confirmação de nossas expectativas?

E se estivermos errados?

Isso é especialmente importante se a pesquisa levar a decisões políticas que possam afetar a vida das pessoas. A inevitabilidade da surpresa torna necessário considerar como lidar com a incerteza intrínseca do mundo. Uma abordagem que temos adotado é perguntar: como outras espécies, com um bilhão de anos de experiência evolutiva, lidam com a incerteza? Encontramos quatro modos principais de lidar com a surpresa, que não são mutuamente exclusivos: detecção e resposta rápida; predição; ampla tolerância a tudo o que possa acontecer; e prevenção. Na prática, uma estratégia mista aumenta a sobrevivência das espécies. Na ciência, leva a uma estratégia de pesquisa que combina a priorização de nosso melhor julgamento de uma situação com uma linha secundária de trabalho, talvez muito menos promissora, mas com um potencial para importantes consequências.

A Questão Polya

As diferentes perspectivas que estavam em acordo eram realmente diferentes o suficiente ou eram repetições ligeiramente diferentes da mesma evidência e argumento? No trabalho monumental de George Polya sobre matemática e raciocínio plausível, ele discute o teste da hipótese de que, em uma figura geométrica plana, o número de vértices menos o número de linhas mais o número de áreas fechadas é igual a um (Polya, 1990). Podemos testar figuras ramificadas, triângulos, retângulos, pentágonos, hexágonos e assim por diante, e todos apoiariam esta conclusão. Mas cada polígono adicional acrescenta cada vez menos suporte à suposição. Precisamos fazer algo diferente, como olhar para

ESTRATÉGIAS DE ABSTRAÇÃO

uma figura desconectada como dois triângulos. Neste caso, a conclusão é obviamente falsa. Ou podemos expandir o problema para incluir figuras sólidas ou figuras em uma esfera ou toro.[3] Eventualmente, isso levará à noção do número de Euler e à conclusão robusta de que vértices menos linhas mais áreas menos volumes mais... é igual ao número de Euler para aquele espaço.

Na disputa sobre as mudanças climáticas, o aumento da temperatura em várias cidades é sugestivo. Adicionar mais cidades à lista diminui o retorno. Mas linhas independentes de evidências – temperaturas dos oceanos, núcleos de geleiras, declínio de recifes de coral, disseminação de espécies em lugares que para elas eram muito frios, acúmulo de gases de efeito estufa – cada uma pode ter alguma explicação idiossincrática separada ou fonte de erro, mas em conjunto convergem para uma conclusão inevitável. Temos que buscar linhas de evidência tão independentemente quanto possível, a fim de apoiar uma conclusão em larga escala.

A busca por anomalias

Nossa abordagem à epidemiologia do câncer é baseada na ideia de que, embora existam agentes mutagênicos específicos que induzem a tipos específicos de câncer, há também uma vulnerabilidade mais genérica que permite que as mutações se espalhem. Isso está relacionado ao meio ambiente e ao modo de vida. Portanto, é esperado que as taxas de mortalidade de diferentes tipos de câncer apresentem distribuições correlacionadas. Nos Estados Unidos, a correlação ajustada por idade entre todos os tipos de câncer nos estados é de 0,20 e nas cidades sul-coreanas (sem ajuste por idade) é de 0,33. Mas para o linfoma não Hodgkin, os números correspondentes são 0,12 e 0,08. As taxas para homens e mulheres para cada tipo de câncer são altamente correlacionadas, mas nem tanto para alguns tipos, como câncer de pulmão, onde a exposição ao fumo pode ser diferente para homens e mulheres, e leucemia, para a qual ainda não temos uma explicação. Ou seja, o linfoma não Hodgkin difere mais dos outros cânceres do que entre si.

---

[3] Um toro é um sólido geométrico gerado pela rotação de uma curva plana, como um tubo curvado sobre si mesmo (formato aproximado de uma câmara de pneu, por exemplo). (N.E.)

Além disso, descobrimos que estados ou províncias adjacentes são muito semelhantes em suas taxas para a maioria dos cânceres, mas não para o linfoma não Hodgkin. Nebraska tem uma alta taxa e Kansas, baixa; Wisconsin alta e Minnesota baixa; Seul alta e a vizinha província de Gyeonggi, baixa. A anomalia do não Hodgkin direciona nossa atenção para a busca de condições específicas que separam áreas adjacentes, mas em grande parte semelhantes. Mas, ao contrário da lógica formal, onde uma proposição falsa derruba toda a estrutura, anomalia não destrói a abordagem da busca de padrões de correlação entre as taxas de câncer como suporte para a ideia de uma causa ambiental. Anomalia enriquece o estudo e serve como um guia para encontrar os fatores idiossincráticos.

A questão ética

Quando encontravam um animal desconhecido em um livro de gravuras, meus filhos perguntavam: "O que ele faz com as crianças?" Embora os filósofos percorram grandes contorções para separar as questões da realidade das questões da ética, o processo histórico as une. Teorias apoiam práticas que servem a alguns e prejudicam outros. Os eticistas podem debater, durante o jantar, as razões racionais para alimentar os famintos, mas para as pessoas que vivem na pobreza, a comida não é um problema filosófico. Qualquer teoria da sociedade tem que passar pelo teste: o que isso faz com as crianças?

O que é excluído?

Uma teoria pode responder às suas próprias questões de forma mais ou menos adequada, mas nossa paisagem intelectual está repleta de manadas de elefantes de 800 libras (pouco mais de 360 kg). Por exemplo, até recentemente, os estudos históricos geralmente excluíam as mulheres e os trabalhadores e, nos Estados Unidos, também a maioria dos afro-americanos. As mudanças sociais foram atribuídas a indivíduos nobres ou decisões legais que ratificaram os processos no trabalho na sociedade em geral, mas não os criaram. A inclusão dos excluídos não é apenas uma questão de justiça. É fundamental para entender a história dos Estados Unidos como uma luta pela conquista daqueles direitos que foram proclamados como princípios universais, pretendidos para poucos,

ESTRATÉGIAS DE ABSTRAÇÃO

mas levados a sério pelos excluídos. Por exemplo, a alocação do trabalho feminino entre a produção e a reprodução tem sido um fator importante na economia, na demografia e na vida intelectual do país.

Conclusão: matemática e filosofia

Todos esses aspectos convergem para exigir nosso engajamento com a complexidade dinâmica não só no tratamento de cada problema, mas como objeto de estudo. Os dois tipos de ferramentas que temos disponíveis são a matemática e a filosofia.

A matemática é usada principalmente na modelagem, a fim de prever os resultados dos sistemas de equações. Mas também tem outro uso: educar a intuição para que o obscuro se torne óbvio. Quando abstraímos a realidade do interesse para criar objetos matemáticos, fazemos isso porque algumas questões que pareceriam intratáveis agora podem ser compreendidas imediatamente. Podemos olhar para a abundância flutuante de insetos e concluir: "Uma vez que esses insetos variam em várias ordens de magnitude durante o ano e ainda permanecem dentro dos limites de ano para ano, deve haver alguma dependência de densidade operando (um *feedback* negativo)", ou ao ver que, em um determinado paciente, a insulina parece aumentar o açúcar no sangue, se perguntar: "Onde existe um ciclo de *feedback* positivo em ação?" Este tipo de matemática qualitativa é essencial para que não sejamos oprimidos pelo grande número de equações e variáveis de modelos preditivos. O ensino de matemática para cientistas deve incluir a matemática que visa compreender, em vez de resolver equações ou projetar números.

As ferramentas filosóficas fornecidas pela dialética abstraem as propriedades gerais de sistemas complexos dinâmicos. Portanto, nos permitem ver como diferentes abordagens se encaixam ou conflitam, nos ajudando a fazer as perguntas críticas sobre nossos sistemas: Onde está o resto do mundo? Como é que as coisas ficaram assim? O que podemos fazer sobre isso?

A BORBOLETA *EX MACHINA*[1]

O professor do MIT Edward N. Lorenz publicou, em 1963, um artigo com um conjunto de três equações diferenciais propostas como descrição das condições atmosféricas (Lorenz, 1963, p. 130-141). As soluções dessas equações não fizeram a única coisa decente que se esperaria de variáveis cujo movimento era explicado por equações, ou seja, atingir um equilíbrio ou uma oscilação repetitiva permanente. Ao contrário, as variáveis de Lorenz se comportavam mais como um novelo emaranhado, e cada vez que as equações eram processadas em um computador, os resultados eram diferentes. Então outros pensadores passaram a procurar comportamentos semelhantes em outros sistemas. Robert May mostrou que mesmo uma equação logística simples e familiar de um modelo de crescimento populacional pode mostrar esse comportamento aberrante dependendo dos valores iniciais atribuídos à taxa de crescimento (May, 1976, p. 459-467).

---

[1] Este capítulo apareceu de forma um pouco distinta em Levins, Richard. "The Butterfly *ex Machina*", In: Singh, Rama; Krimbas, Costas B.; Paul, Diane B. e Beatty, John. (ed.) *Thinking about evolution*. New York: Cambridge University Press, 2001, p. 529-543.
Tradução: Luiz Menna-Barreto, Adriana Tufaile e Alberto Tufaile.
Os autores jogam com a expressão clássica (Deus *ex Machina*) que significa a entrada súbita de uma divindade em uma peça teatral que resolve arbitrariamente um impasse no drama. (N.T.)

Não é de se admirar que esses comportamentos inesperados tenham sido chamados de caóticos, e que o caos tenha capturado o imaginário público em um mundo que parece tão imprevisível e a população, tão perdida. A popularização do caos está tendo um impacto comparável ao provocado pelas descobertas da mecânica quântica dos anos 1920 e 1930, quando o princípio da incerteza e as transições probabilísticas de estados atômicos tornou-se uma metáfora para a incerteza, a aleatoriedade e a extrema irracionalidade da vida na Europa, ainda cambaleante devido aos horrores da Primeira Guerra Mundial. (É digno de nota que outro efeito conspícuo da Teoria dos Quanta – que a mudança ocorre aos saltos e não de forma contínua, lenta e gradual – não tenha sido incorporado na consciência popular, uma vez que isso parecia estar do lado errado no debate "evolução x revolução").

A mesma coisa parece estar acontecendo agora com o caos. Alguns autores contrapõem "caos" e "ordem" como se o caos não comportasse alguma ordem. Outros decidiram que complexidade implica caos. Eles usam os termos de maneira quase indistinta para concluir que o resultado de uma previsão, somado à impossibilidade de formularmos qualquer programa de mudança com a certeza que mereceria comprometimento e sacrifício, não passa de uma ilusão. O físico Peter Carruthers, no programa de rádio *Talk of the Nation* da National Public Radio, afirmou, em 17 de janeiro de 1994, que o caos alterava todas as bases da ciência (Carruthers, 1994).

Deepak Chopra, ao argumentar a favor de uma medicina alternativa, holística, baseada na tradição Ayurvédica, contrapôs os simples processos lineares que ocorrem abertamente "em cima da mesa newtoniana" ao mundo misterioso "debaixo da mesa" do movimento não linear, quântico e caótico (Chopra, 1989).

O socialista alemão Peter Kruger afirmou, em uma entrevista a Michael Huliard (1993, p. 115-127), que

> atualmente, podemos observar um muito interessante desenvolvimento na Física, que é a Teoria do Caos. Penso que é incrivelmente importante para a compreensão do comportamento da humanidade e previsão de seu futuro. E seria muito produtivo para todos os marxistas assim assumidos o estudo da Teoria do Caos. Eles verão a partir disso que a ideia de desenhar um futuro ideal para uma sociedade só pode ser um grande fracasso.

O caos é tentador no pensamento pós-moderno que nega qualquer lei no mundo e relega a teoria como "grandes desejos", vendo todas as teorias como meras questões de discurso.

O argumento de que a órbita da Terra é caótica levou alguns a acreditar que voaremos na direção do sol ou cairemos no espaço gelado a qualquer momento. Entretanto, outros enxergaram o caos como benéfico (por exemplo, nos ritmos dos batimentos cardíacos) e consideram a regularidade como fator de risco. Em todas essas discussões ocorrem sempre referências casuais à "ciência do caos". Talvez a mais dramática expressão popular do caos tenha sido a provocação de Lorenz: "Previsibilidade: o bater das asas de uma borboleta no Brasil provocaria um furacão no Texas?" (título de uma conferência ministrada no encontro da American Association for the Advancement of Science de 1979).

É claro que não existe uma "ciência do caos". O caos refere-se a uma classe de fenômenos matemáticos dentro da subdisciplina mais ampla de sistemas dinâmicos não lineares, comparável em seu enfoque com a análise linear de séries temporais ou equilíbrios localizados.

Resta determinar quão comum é o caos na natureza e na vida social. Nem todas as equações não lineares são caóticas. De fato, a dinâmica populacional não pode ser verdadeiramente caótica, porque o tamanho de uma população é sempre um número inteiro, enquanto o caos exige um contínuo de valores possíveis de modo que distintas condições iniciais possam estar arbitrariamente próximas umas das outras. Nem todas as equações não lineares podem ser transformadas em caóticas por meio de escolha apropriada de parâmetros. As implicações de tipos específicos de caos ainda estão para ser trabalhadas. Além disso, há poucas provas matemáticas de qualquer coisa relacionada ao caos. Assim, a maioria das pesquisas consiste na proposição de equações, computando numericamente as trajetórias das soluções a partir de diferentes condições iniciais, mostrando-as na tela de um computador, dizendo "Isso não parece o caos?"

Entretanto, a dinâmica caótica representa uma ruptura radical com os comportamentos com os quais estávamos familiarizados e com o enfoque básico de Laplace presente nas agendas científicas: se eu conheço precisamente as condições iniciais e as leis do movimento de todas as variáveis de um sistema, eu posso predizer o curso futuro desse sistema.

A primeira mudança na proposta de Laplace foi o reconhecimento da impossibilidade de conhecermos "exatamente" as condições iniciais de um sistema. Cada medida traz consigo um intervalo de confiança, e em muitos sistemas o ato de medir altera o sistema. Em segundo lugar, as leis do movimento são descrições aproximadas do que realmente acontece porque nenhum sistema de variáveis ocorre realmente isolado. Existe sempre algo "externo" que pode afetar o sistema. Esse efeito de agente externo pode ser algo extremamente pequeno, porém suficiente para alterar o resultado do sistema. E em terceiro lugar, modelos sempre incluem suposições simplificadoras, tais como agrupar as variáveis como se fossem idênticas, a não ser aquela da propriedade de interesse, ignorar fricção ou ainda supor uma ação uniforme de agentes externos. Os modelos da Genética de Populações tratam os indivíduos como intercambiáveis – com exceção de seus genes –, enquanto a Ecologia das Populações distingue idades e estados nutricionais, mas ignora diferenças genéticas. Os modelos epidemiológicos separam indivíduos infectados de não infectados, mas geralmente não incluem variações da suscetibilidade nas populações.

Assim, a expectativa laplaciana foi modificada: se eu souber "aproximadamente" as condições iniciais e as leis do movimento então eu posso conhecer "aproximadamente" o futuro do sistema. Evidentemente, exceções foram desde cedo reconhecidas. Suponhamos que estejamos estudando as trajetórias de bolas de gude que descem rolando de um telhado de duas águas.[2] Se duas bolas iniciam seus trajetos no mesmo ponto do telhado e perto uma da outra, terminarão por se encontrar no final também perto uma da outra. Porém, se elas partirem de lados opostos do telhado, não importa o quão perto uma da outra na partida, vão acabar divergindo no final. E se cometermos um erro mínimo na localização do ponto de partida de uma das bolas, erraremos bastante na previsão do trajeto final.

---

[2] Nome técnico para *peaked roof*, um telhado em forma de triângulo com inclinação dupla para queda d'água. (N.T.)

O topo do telhado é uma fronteira separando dois domínios de comportamento, dois polos de atração. Sempre que um sistema apresente mais de um resultado final que dependa das condições iniciais, há mais do que uma "bacia de atração"[3] correspondente e separada pela fronteira. Porém, a maioria dos pontos repousa confortavelmente dentro dos limites dos polos de atração, e uma medida precisa conduz a previsões acertadas.

Porém, suponhamos que existam diferentes telhados por todos os lugares, e que a maioria dos valores das variáveis se concentre perto de fronteiras. Então, não importando quão precisas sejam as nossas medidas, as previsões dos pontos finais serão bem imprecisas, e dois exemplos do mesmo modelo com pontos de partida ligeiramente diferentes podem gerar trajetórias muito distintas. Essa é uma das propriedades do caos.

O caos, no entanto, está nos olhos de quem está vendo. Uma vez passado o espanto inicial, os padrões se tornam identificáveis. Diferentes tipos de caos podem ser identificados: regularidades nas dinâmicas caóticas ligadas a trajetórias caóticas. Padrões de correlação entre variáveis caóticas, recomendações sobre como identificar sistemas tendendo ao caos ou resistentes a ele, e modos de intervenção que eliminam ou acentuam propriedades caóticas.

À primeira vista, as trajetórias caóticas parecem ser números aleatórios. E, de fato, equações caóticas podem ser utilizadas na geração de números "pseudoaleatórios" no estudo de processos randômicos. Entretanto, a aleatoriedade é apenas aparente e, de um ponto de vista adequado, os padrões se tornam óbvios.

Uma tarefa dos matemáticos é tornar óbvias ou mesmo triviais as coisas misteriosas. Ao longo da história, mudanças de perspectiva tornaram possível que ideias bastante sofisticadas passassem a fazer parte do senso comum do público e começassem a ser usadas nos discursos cotidianos. Na Europa medieval, monges alfabetizados sabiam somar, subtrair e mesmo multiplicar, mas não tinham a quem recorrer no caso das divisões.

---

[3] Conjunto de todas as condições iniciais no espaço cujas trajetórias vão para aquele conjunto atrativo. (N.T.)

A mudança dos caracteres romanos para os arábicos foi decisiva para tornar as divisões longas parte da cultura dos sujeitos educados.

O pêndulo tornou-se amplamente utilizado na Europa renascentista, mas os "balanços do pêndulo" já eram metáforas comuns na descrição de mudanças na política ou na moda. E muito antes da Teoria dos Sistemas, a retroalimentação positiva era parte do senso comum com a ideia do "círculo vicioso".

Ou então consideremos os gráficos de tendências de preços que costumam aparecer nas primeiras páginas dos jornais. Os leitores percebem imediatamente e sem esforço especial que linha pra cima representa alta dos preços, se está mais à direita é algo mais recente, e que inclinações bruscas significam mudanças rápidas. Porém, a ideia segundo a qual variáveis não espaciais tais como os preços e o tempo possam ser representados por arranjos espaciais de pontos e linhas em um plano não é "natural". Essa ideia carrega atrás de si uma história de abstrações presentes na Teoria das Medidas e na noção geral de mapeamento.

O mesmo se aplica ao caos matemático. A falta de familiaridade com esses novos tipos de dinâmica e as dificuldades resultantes de aplicar métodos apropriados a sistemas matemáticos mais antigos alimentam as filosofias do desespero. Porém, com uma mudança no olhar e um pouco de prática, as propriedades desses sistemas tornam-se óbvias. No texto que segue, nós exploramos um tipo de caos para mostrar como uma mudança de perspectiva torna essa dinâmica inteligível.

Caos discreto simples

O caos pode ocorrer em equações contínuas ou discretas. Entretanto, sabe-se mais sobre o caso discreto. Se as dinâmicas de uma variável são descritas por uma equação do formato

$$x_{n+1} = g(x_n) \quad (1.1)$$

existem então várias propriedades que podem ser demonstradas rigorosamente e usadas como hipóteses de trabalho em outros casos. O famoso artigo de Li e Yorke *"Period three implies chaos"*[4] mostrou que, se

---

[4] Há pelo menos um exemplo de sistema que apresenta período três, mas não apresenta comportamento caótico, conhecido como Mapa do Círculo Cru. (N. T.)

a equação 1.1 tem uma solução de período três, então ela tem solução para todos os outros períodos e que há soluções não periódicas que passam perto das periódicas e que ocorre uma "extrema sensibilidade às condições iniciais" (Li e Yorke, 1975, p. 985-992). Essas três propriedades constituem uma definição de caos para uma equação discreta sem atrasos. Em outras situações, a última propriedade é o foco da atenção. Li e Yorke também ofereceram um método para demonstrar que existe uma solução de período três se você encontrar uma sequência consecutiva de pontos em uma trajetória tal como

$$x_3 < x_0 < x_1 < x_2, \quad (1.2)$$

ocorre então uma solução de período três e, portanto, o sistema apresenta caos.

Na nossa pesquisa, modelando a dinâmica do crescimento de grama em uma savana derivada de uma pesquisa de Tilman e Wedin, queríamos uma abordagem qualitativa simples para entendimento da dinâmica a partir do formato de uma curva $g(x)$ (Grove, Ladas, Levins e Puccia, 1994, p. 87-93; Tilman e Wedin, 1991, p. 653-655). A representação deveria refletir que a quantidade de grama presente afeta o crescimento de forma oposta. Por meio da reprodução, quanto mais grama agora, mais grama depois, embora por meio do acúmulo de lixo no local, a grama velha iniba o crescimento. Assim, a curva $g(x)$ começaria no zero, atingiria um pico e afunilaria assintoticamente na direção de zero, quando as folhas soltas cobrem toda a área impossibilitando o crescimento. (O modelo completo também levou em consideração o decaimento das folhas soltas e a liberação de nutrientes). Nós consideramos o uso de duas equações

$$x_{n+1} = A\, x_n / [1 + (A-1)x^2_n] \quad (1.3)$$

e

$$x_{n+1} = x_n \exp[b(1-x_n)] \quad (1.4)$$

Essas equações têm aproximadamente o mesmo formato. Em ambas, $g(0) = 0$ e $g(x)$ atinge um pico para depois decair até zero. Ambas apresentam pontos de equilíbrio em $x = 1$. Entretanto, a primeira equação apresenta equilíbrio estável e nunca é caótica, ao passo que a segunda pode apresentar soluções oscilatórias e mesmo comportamento caótico quando *b* for grande o suficiente. Assim, a noção do "formato" da função precisava de mais refinamento. Adiante, mostramos graficamente como encontrar soluções para a equação de diferenças 1.1 e, nesse ponto, introduzir séries de pontos de referência, ferramentas para entender o "formato".

Dinâmica do mapa de intervalos

Na Figura 1, mostramos um exemplo de um tipo de equação que pode ser caótica: o mapa de intervalos com a curva $g(x)$. Trace uma diagonal de 45° onde houver intersecção com a curva,

$$g(x) = x, \quad (2.1)$$

e então este é o ponto positivo de equilíbrio. Se a inclinação de $g(x)$ for inferior a -1 no equilíbrio, então o equilíbrio é estável, ao passo que se a inclinação for maior do que -1, é instável. A estabilidade do equilíbrio depende da derivada $dg(x)/dx$ apenas no equilíbrio. Trata-se de uma propriedade local compatível com qualquer "formato" no sentido amplo.

Comece em qualquer ponto x_n ao longo do eixo x e proceda verticalmente até a curva $g(x)$. Trace a seguir na intersecção com $g(x)$ uma linha horizontal até sua intersecção com a diagonal. O valor de x nessa intersecção é x_{n+1}. Agora repita o processo: trace inicialmente uma linha vertical em relação a $g(x)$ e depois uma linha horizontal na direção da diagonal. Isso fornece o valor seguinte, e assim por diante. Dependendo do formato da curva, a sequência de passos pode aproximar-se do equilíbrio, entrar em uma oscilação periódica, ou tornar-se aperiódica. Se você traçar curvas $g(x)$ obtidas a partir de equações ou de conjunto de dados ou mesmo a partir de um desenho à mão livre, você poderá repetir os passos e obter um sentido para o processo.

O valor de equilíbrio x^* é importante não porque todos os processos atingem o equilíbrio, mas sim por se constituir em ponto de referência no intervalo ao lado de outros pontos de referência que definem o formato. Os outros pontos de referência são obtidos da seguinte forma:

Localize o pico de $g(x)$. Trace uma linha horizontal até a diagonal. Isso revela o maior valor M. Você pode achar o valor mínimo m desenhando a vertical para baixo daqui para o $g(x)$ e outra vez horizontalmente à diagonal (Figura 1). O intervalo $[m, M]$ é a região de permanência, todas as trajetórias eventualmente caem nesse intervalo.

Figura 1

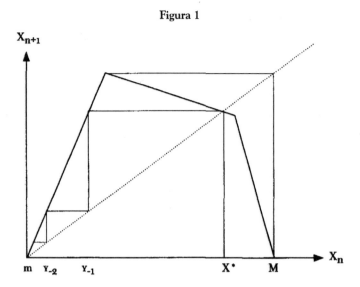

A curva $x_{n+1} = g(x_n)$, a geração de sua solução e os pontos de referência de $g(x)$. O procedimento é sempre ir verticalmente até a curva e daí horizontalmente para a diagonal de 45° para identificar o próximo x. A intersecção da diagonal com $g(x)$ localiza o ponto de equilíbrio. Trace uma linha do pico horizontalmente até a diagonal para identificar o valor máximo M. Agora, movendo-se verticalmente para $g(m)$ e horizontalmente para a bissetriz localizar o mínimo m. O processo inverso, horizontal do equilíbrio para $g(x)$, dá y_{-1}, e em seguida, movendo-se verticalmente para a bissetriz e horizontalmente para $g(x)$ temos y_{-2}, e assim por diante.

A seguir, trace uma linha horizontal do ponto de equilíbrio até $g(x)$. Isso identifica a pré-imagem y_{-1} do valor do equilíbrio, o ponto a partir do qual a trajetória atingiria o equilíbrio em um único passo. Agora, vá com uma linha vertical até a diagonal e faça uma linha horizontal à esquerda, até a curva $g(x)$. Com isso é localizada a pré-imagem de y_{-1}, que é chamada y_{-2}. Repita o processo, linha horizontal até $g(x)$ e vertical até a diagonal. Este é o processo inverso da geração da trajetória e fornece o conjunto de pré-imagens $y_{-1}, y_{-2}, y_{-3}...$

Se y_{-2} estiver na região de permanência (ou seja, se $y_{-2} > m$), a desigualdade 1.2 é atendida e a equação é caótica.

Os semiciclos positivo e negativo S_- e S_+ representam o número de passos consecutivos nos quais a variável encontra-se abaixo (S_-) ou acima (S_+) do equilíbrio. Semiciclos são mais fáceis de identificar que períodos porque não requerem que a variável retorne exatamente ao valor anterior.

Pode ser facilmente provado que uma trajetória iniciada em qualquer condição inicial atinge a região de permanência no máximo em três semiciclos. Além disso, a variável x_n atravessa um membro do conjunto de pré-imagens a cada passo. Assim, o comprimento máximo de um semiciclo corresponde ao número de membros de um conjunto de pré-imagens daquele lado do equilíbrio dentro da região de permanência.

Notem que, embora o caos implique soluções periódicas para cada período, os comprimentos dos semiciclos ainda podem ser limitados. Os períodos mais duradouros são, assim, formados por muitos semiciclos.

Esses resultados podem ser usados de várias maneiras para identificar equações caóticas. Se tivermos a relação funcional $g(x)$, um simples cálculo ou gráfico dos pontos de referência serve para determinar se y_{-2} se encontra dentro ou fora da região de permanência. Se tivermos apenas os valores de pontos a partir dos quais montarmos um gráfico de $g(x)$, ainda assim podemos fazer a mesma determinação, embora com uma margem de erro. Se estivermos trabalhando a partir de dados e não de uma equação podemos não identificar o ponto de equilíbrio e, portanto, não ficarmos seguros sobre os semiciclos. Porém, se o comprimento de uma sequência ascendente for maior do que três vezes o comprimento da menor sequência, a equação será caótica. Assim, mesmo sequências curtas de observações podem ser suficientes para fazer uma determinação.

A equação logística

A equação logística tem importância especial no estudo de caos discreto devido ao seu uso generalizado na Genética Populacional e na Ecologia. Entretanto, até as observações de Robert May, a utilização era restrita aos estudos de equilíbrio (polimorfismo genético estável ou instável ou coexistência de espécies).

Devido ao fato da equação logística

$$x_{n+1} = rx_n(1-x_n) \quad (3.1)$$

ser quadrática em x_n, pode ser resolvida para identificar pontos de referência.

Os pontos de referência são os seguintes:

$$x^* = (r - 1)/r \text{ equilíbrio}$$
$$M = r/4 \text{ máximo } x \text{ na região de permanência}$$

$$m = r^2(4 - r)/16 \text{ mínimo } x \text{ na região de permanência}$$

O conjunto positivo de pré-imagem está vazio. Assim, se $x_n > x^*$, $x_{n+1} < x^*$. A trajetória só pode ser maior do que o equilíbrio por um intervalo consecutivo. Os primeiros três membros do conjunto negativo de pré--imagem são dados por:

$$y_0 = x^*, \text{ o que é igual a } (r - 1)/r \ (3.2)$$
$$ry - 1 \ (1 - y_{-1}) = x^* \ (3.3)$$

de modo que

$$y_{-1} = 1/r$$

e

$$ry_{-2}(1 - y_{-2}) = y_{-1} \ (3.4)$$

de modo que

$$y_{-2} = \tfrac{1}{2}(1 - \tilde{A}[(r^2_{-4})/r^2]$$

O mesmo procedimento pode ser usado para encontrar outros membros do conjunto de pré-imagens. O número desses que são maiores do que m e, portanto, estão dentro da região de permanência, fornece o comprimento do maior semiciclo em qualquer solução de longo prazo (depois de três primeiros semiciclos, de modo a assegurarmos que a trajetória esteja dentro da região de permanência).

Finalmente, podemos perguntar, a partir de qual valor de r, m ultrapassa y_{-1} impedindo o caos ou fica abaixo de y_{-2}, assegurando o caos? Para fazer isso, resolva numericamente para y_{-1} ou $y_{-2} = m$ (ou alternativamente, $g(m) = x^*$ e $g[g(m)] = x^*$). Assim,

$$r^2(4 - r)/16 = 1/r \ (3.5)$$

e

$$r^2(4 - r)/16 = \tfrac{1}{2} \ [1 - \tilde{A}\{(r^2_{-4}/r^2)\}] \ (3.6)$$

As raízes são aproximadamente 3,67 e 3,94. O equilíbrio torna--se instável em $r = 3$ e oscilações aparecem. Para $r < 3,67$ não pode ocorrer caos, enquanto para $r > 3,94$ ocorre necessariamente caos. (Na verdade podemos obter um limite melhor encontrando o valor de r para o qual m é igual à pré-imagem do valor máximo. Isso é aproximadamente 3,83).

O conjunto negativo de pré-imagens é uma sequência de y_{-1}, y_{-2}, y_{-3}, y_{-k}... que converge para zero, um ponto de acúmulo. Na medida em que r cresce, ocorrem mais e mais membros do conjunto de pré-imagens dentro da região de permanência, cada vez mais próximos uns dos outros. Se o zero estiver na região de permanência, então haverá infinitamente mais membros de $P\_$,[5] e, portanto, não há limite para o comprimento do semiciclo negativo. Se a variável se aproxima do zero, ela permanecerá pequena por muito tempo. Na realidade, uma população com essa dinâmica terminaria extinta. Isso ocorre em r = 4. Porém se $3,83 < r < 4$, então, embora ocorra caos, os semiciclos não podem tornar-se infinitos e x não pode ser mantido preso indefinidamente próximo a zero.

Devido ao fato de haver apenas uma solução para a equação 3.6, conforme r se move por meio desse valor crítico, ocorre uma única transição do movimento periódico para o caótico. Entretanto, em outros modelos é possível que r não tenha nenhuma raiz real e que a transição para o caos seja impossível. Isso pode acontecer porque um parâmetro igual a r tenderá a afetar todos os pontos de referência. Na equação 1.3, conforme A cresce, m e o y_{-k} diminuem, porém, a queda dos y é mais rápida que a dos m e estão sempre fora da região de permanência. Aí a equação é imune ao caos.

Ou pode ocorrer que a equação equivalente à equação 3.6,

$$y_{-2}(r) = m(r) \quad (3.7)$$

pode apresentar várias raízes reais. Assim, na medida em que r cresce, as equações podem entrar e sair do caos. Se ocorrer uma raiz dupla, a equação pode ser caótica apenas para um único valor pontual de r. Devido ao fato de que os mesmos parâmetros geralmente afetam vários pontos de referência, nem todas as equações não lineares tornam-se caóticas apenas com a mudança de parâmetros, e não temos motivo para assumir o quão comum é o caos na vida natural e social. Todavia, se $g(x)$ consiste em dois ou três segmentos de retas, poderemos manipular os

---

[5] A leitura dá a entender que P é o conjunto negativo de pré-imagens. (N.T)

pontos de referência de forma independente e projetar sistemas caóticos e não caóticos à vontade.

Discussão

Algumas outras propriedades da equação 1.1 podem ser deduzidas a partir do formato da curva $g(x)$. A estabilidade local de um equilíbrio depende da inclinação $g'(x^*)$ no equilíbrio, $-1 < g(x^*) < 1$ assegurando a estabilidade. Entretanto as propriedades caóticas dependem das relações entre os pontos de referência. Assim, é possível termos uma curva $g(x)$ que gera um equilíbrio local estável e, no entanto, é caótica. Isso é mostrado na Figura 2a. Também podemos observar estabilidade local de soluções periódicas da equação 1.1.

Figura 2a

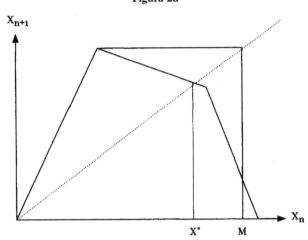

Comportamento das soluções de $g(x)$ compostas de 2 e 3 segmentos.

a) A inclinação no equilíbrio é menor que -1. Portanto o equilíbrio é localmente estável. Porém o segmento 3 é inclinado o suficiente de modo que m é menor do que $y_{,2}$ e a equação é caótica. Observaríamos oscilações erráticas até o processo ser atraído para o equilíbrio.

b) Ambas as inclinações são maiores do que em 1 e -1. Assim, todas as soluções periódicas são instáveis e observaríamos um típico padrão caótico não periódico.

c) O equilíbrio é instável porque a inclinação é muito acentuada no equilíbrio. O segmento 2 tem menor inclinação e assim soluções periódicas que tem pontos nesse segmento serão estáveis. Essas serão de ciclo de comprimento 2 (período 2).

d) A equação é caótica com m próximo de 0. Órbitas que incluem pontos do segmento 3 se moverão desse segmento para o segmento 1 requerendo vários passos até cruzar o equilíbrio novamente. O produto das inclinações próximas da órbita que apresenta k passos no segmento 1 e um passo no segmento 3 será $s^k_1 s_3$. Devido ao fato do segmento 3 ser muito pouco inclinado, esse produto pode ficar entre -1 e zero se k não for muito grande. Assim órbitas periódicas de tamanho intermediário podem ser estáveis, mas muito menores podem perder o segmento 3 e muito maiores podem apresentar muitas inclinações acentuadas. Se o segmento 3 for horizontal, qualquer órbita longa será estável.

e) Nessa equação caótica, apenas órbitas que incluem um ponto no segmento 2 podem ser estáveis. Porém essas correspondem a órbitas de período 2. Elas terão amplitudes menores quando comparadas a órbitas instáveis e oscilações irregulares.

O requisito para uma solução periódica estável é que

$$-1 < \prod g'(x_i) < 1$$

onde o produto é obtido de todos os pontos de uma órbita periódica. Na Figura 2b mostramos o exemplo de uma função cujas órbitas periódicas são todas instáveis; assim, observaríamos apenas trajetórias aperiódicas. Todavia, na Figura 2c a curva $g(x)$ aparece plana perto do valor do pico, mas bastante inclinada no equilíbrio. Aqui, qualquer solução periódica para ser estável deve ter um ponto no segmento 2 quase horizontal. O ponto seguinte é perto do máximo, e assim a órbita estável do período 2 tem amplitude máxima. Na Figura 2d, qualquer solução periódica estável deve ter um ponto no segmento 3 e, portanto, um período moderadamente longo. Entretanto, não deve ter muitos pontos no segmento 1 pois o produto ainda ficará abaixo de -1 e a órbita ficará instável. Finalmente, na Figura 2e o segmento plano 2 é seguido por um ponto não muito acima do equilíbrio. Assim, ocorrerão oscilações estáveis de baixa amplitude, ao passo que ciclos mais longos apresentarão maiores amplitudes e serão instáveis.

Figura 2b

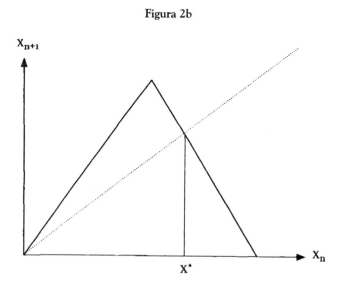

Figura 2c

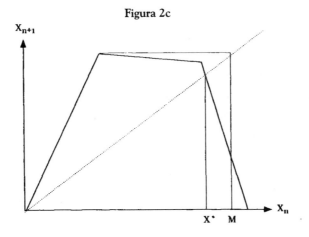

Figura 2d

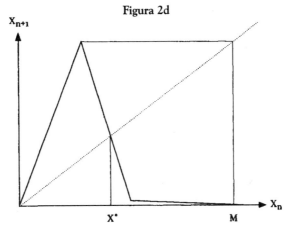

Figura 2e

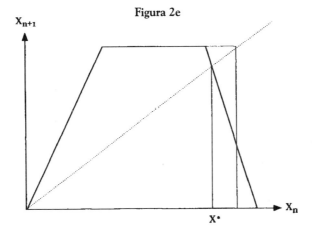

A análise das propriedades dinâmicas a partir do "formato" da curva $g(x)$ pode ser aplicada em situações nas quais temos motivos para acreditar que a situação real se desvia do modelo de modos particulares. Por exemplo, suponha que a curva na Figura 3 representa a dinâmica de uma epidemia quando se assume que todos os indivíduos suscetíveis apresentem a mesma suscetibilidade. Sabemos que isso não é verdade, embora não saibamos como deveria ser o formato da curva $g(x)$. Uma maior suscetibilidade de uma parte da população alteraria $g(x)$ tornando-a mais inclinada nas prevalências baixas, quando cada indivíduo contamina mais pessoas do que no modelo, e menos inclinada quando a maioria dos não contaminados forem mais resistentes. Assim, o conjunto da pré-imagem y_{-i} estaria deslocado para a esquerda, enquanto a menor inclinação de $g(x)$ moveria mais adiante m para a direita. Assim, a heterogeneidade da suscetibilidade encurta os semiciclos tornando o caos menos provável. Ou considere $g(x)$ para uma população de insetos herbívoros em um campo de cultivo. Suponha agora que intervenhamos com algum pesticida sempre que a população atinja algum limiar econômico. Se esse limiar estiver acima do equilíbrio, o único efeito da intervenção é tornar $g(x)$ mais inclinado à direita do equilíbrio, que não é alterado. O limite inferior m é reduzido e assim o semiciclo pode ser prolongado e podemos estar provocando caos. Uma intervenção quando as populações são menores reduz a inclinação de $g(x)$ e pode, portanto, tornar estáveis soluções periódicas.

Ou suponhamos que $g(x)$ se aplique a uma população de pragas em um cultivo de feijão. Na estação de baixa, os insetos diminuem lentamente na vegetação selvagem. Então no ano seguinte $x_{n+1} = sg(x_n)$ onde s é a sobrevivência no meio selvagem. A curva é uniformemente reduzida pela mesma fração s. Isso reduz todas as inclinações e favorece estabilidade. Agora suponhamos que uma ajuda do Banco Mundial encoraje os agricultores a cultivar feijões em vários momentos do ano com intervalos menores entre os cultivos. Isso faz com que s aumente, aumentando a inclinação tornando mais prováveis soluções caóticas ou periódicas.

Figura 3 – Um modelo populacional ideal a partir de um início realista.

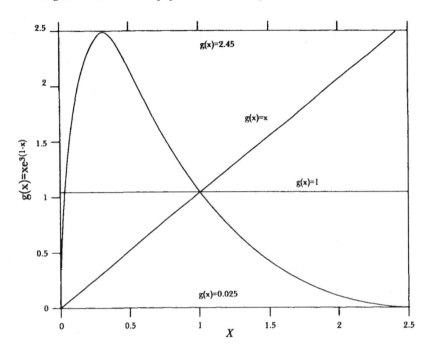

Esse tipo de análise quantitativa é mais robusta do que os modelos mais precisos que fornecem equações para $g(x)$ ao assumir menos restrições, em geral pouco realistas, sobre o formato daquela função.

Conclusões

É injustificada a hipérbole popular sobre o caos e a noção segundo a qual ele é ubíquo, ou seja, que é a antítese da ordem, que derruba a ciência, que faz o mundo ininteligível e imprevisível, afirmando que os programas de mudanças não serão efetivos.

Nós não sabemos quão comum é o caos no mundo. É difícil detectar o caos por duas razões opostas: por um lado, trajetórias obviamente irregulares podem resultar de perturbações externas tanto quanto por dinâmicas caóticas, e separar esses dois processos pode ser bem difícil. Por outro lado, oscilações não periódicas com semiciclos forçados podem parecer periódicas. As matemáticas tampouco oferecem uma resposta: acrescentar complexidade a um sistema dinâmico não leva necessariamente ao caos porque os parâmetros alteram os pontos de referência de modo forçado. Finalmente, na natureza, a dinâmica dos processos fisiológicos e demográficos é influenciada pela seleção natural. Os parâmetros evoluem e essa evolução tanto pode conduzir ou afastar o sistema de comportamento caótico de acordo com suas consequências adaptativas.

É claro que sistemas caóticos não são desordenados. Há restrições de consequências possíveis dentro de certa faixa de valores, há limites na duração dos semiciclos, há indicações sobre a estabilidade e a instabilidade de ciclos longos ou curtos com trajetórias de amplitudes pequenas ou grandes, e podemos entender quais características da curva $g(x)$ favorecem ou evitam o caos. Em sistemas de equações diferenciais, que têm três ou mais variáveis ou retardos, para que apareça o caos, o formato das trajetórias na terceira (ou maior) dimensão, tampouco é arbitrária. Nós podemos fazer previsões sobre as correlações entre variáveis ou correlações entre valores da mesma variável observados em momentos distintos.

A dinâmica de equações de diferenças sem retardos (1.1) pode ser percebida rápida e intuitivamente a partir da forma da curva $g(x)$. Para fazer isso, temos que olhar para $g(x)$ em seus pontos de referência, o valor de equilíbrio x^*, os limites da região de permanência M e m, e o conjunto de pré-imagens. É essa mudança de perspectiva que transforma o misterioso em óbvio. No caso discutido aqui de tempo discreto, equações de diferenças sem retardo, obtemos resultados rigorosamente demonstráveis. Para equações com retardos, ou para equações diferenciais há menos resultados analíticos, mas as conclusões qualitativas mencionadas acima podem ser utilizadas como hipóteses de trabalho que podem guiar explorações por meio de métodos numéricos e análise.

Longe de derrubar a ciência, o estudo do caos abre novas áreas de investigação e exige um enfoque sutil sobre as relações de previsão e compreensão. A previsão muitas vezes desempenhou um importante papel na ciência, porém a ciência não é previsão. Tampouco é necessário que causas uniformes produzam resultados uniformes. A singularidade de cada sítio ecológico e cada indivíduo derruba só aquela ciência do tipo mecanicista, reducionista, com a ambição tecnocrática de obter controle completo sobre a natureza. Melhor do que isso, devemos usar nossas ferramentas de investigação para explicar padrões de diferenças sob condições aparentemente uniformes, aprender a apreciar a riqueza do mundo e desenvolver uma estratégia de convivência com a incerteza (Levins, 1995, p. 48-55).

As propriedades regulares mesmo de equações caóticas nos levam a um olhar diferente sobre a fatídica borboleta que ameaça bater suas asas. Historiadores e cientistas da natureza estudaram a possibilidade de pequenos eventos produzirem grandes consequências de muitas maneiras muito antes da chegada do caos. Sugestões foram feitas segundo as quais se o nariz de Cleópatra fosse de tamanho diferente (não lembro agora se o autor preferia narizes maiores ou menores), se o rei George III tivesse escolhido um primeiro-ministro melhor, se Rosa Lee Parks[6] não estivesse tão cansada naquele dia em Montgomery, o curso da história teria sido diferente. Historiadores fazem isso para enfatizar a imprevisibilidade na história e a ausência de leis gerando mudanças. Entretanto, na dinâmica de eventos físicos e biológicos, a instabilidade resulta de processos previsíveis. As transições de fases nos materiais, a emergência de assimetrias no desenvolvimento, e o trajeto da seleção natural onde a adaptabilidade de um fenótipo aumenta com a sua frequência, todos esses fenômenos permitem previsões amplas, mas não restritas. Quanto mais insignificante for um fator precipitante, mais inevitável é a mudança em nível macro. Nossa tarefa então é examinar a estrutura do sistema que o torna instável ou caótico quando seus parâmetros atingem alguns valores críticos para fazer a determinação do domínio de possíveis resultados.

Em sistemas caóticos, não pode acontecer *qualquer coisa;* apenas uma faixa de alternativas dentro de um conjunto de determinantes pode acontecer. Seria preciso mais do que um bater de asas de uma borboleta para induzir uma estação de monções na Finlândia ou uma seca na Amazônia ou igualdade de gêneros entre professores de Harvard. Grandes quantidades de energia e matéria estão envolvidas nas configurações particulares para que ocorram eventos de maior envergadura. Apenas

---

[6] Rosa Lee Parks, costureira negra estadunidense que em 1955 se recusou a ceder seu assento no ônibus a um branco. Pelo ato, ela foi presa com base nas leis de segregação racial vigentes. Os protestos contrários à sua prisão marcaram profundamente o curso das reivindicações pelos direitos civis, resultando na extinção desta e tantas outras leis discriminatórias. (N.T.)

quando um sistema está à beira de uma mudança qualitativa, um pequeno evento poderá deflagrá-la. Assim a tarefa de promover mudanças consiste na promoção de condições sob as quais pequenos eventos locais podem precipitar a desejada reestruturação.

EDUCANDO A INTUIÇÃO PARA LIDAR COM A COMPLEXIDADE[1]

O problema intelectual central do nosso tempo é o da complexidade. Até agora, os grandes sucessos da ciência ainda são problemas que são conceitualmente simples, embora sua resolução possa ter sido bastante difícil. Nós respondemos bem à pergunta clássica "O que é isso? De que isso é feito?" Mas os grandes erros da teoria e da prática se referem a problemas em que a complexidade era inevitável. Assim, os pesticidas aumentaram as pragas. Antibióticos criaram novas doenças. As doenças infecciosas não desapareceram, mas têm ressurgido entre os seres humanos, animais e plantas. O desenvolvimento econômico causou pobreza.

Diante de problemas cada vez mais urgentes de complexidade, temos quatro modos principais de investigação:

1. a redução pressupõe que as partes menores de um problema são mais fundamentais do que o todo e, se conhecermos bem as partes, poderemos compreender o todo. Esse foco reducionista tem sido a principal orientação de nossa ciência desde o século XVII. Ele procura as partículas menores em isolamento e assume que elas se comportarão da mesma maneira quando montadas no todo. É uma abordagem que funciona bem em engenharia, onde as peças são construídas por design e podem ser testadas no

---

[1] Tradução: Mário Miguel.

laboratório. Dentro das ciências biológicas e sociais é uma tática de pesquisa útil, mas como filosofia cria um padrão de conhecimento e ignorância que, a longo prazo, é prejudicial e nos torna mais vulneráveis a surpresas;

2. a segunda modalidade é a democracia estatística dos fatores. A teoria é limitada à seleção dos limites de um problema e à identificação de "fatores". Em seguida, a análise estatística atribui pesos relativos aos fatores, e supõe-se que o fator que carrega a maior variância seja também a causa principal. Seu maior poder está na organização de informações, apresentando observações que precisam ser explicadas e testando hipóteses. Mas sua omissão de teoria sobre os fenômenos em estudo, muito útil para evitar preconceitos e tendenciosidades, tende a impor relações lineares e superficiais entre variáveis. Geralmente, os objetos estatísticos são confundidos com objetos do mundo real;

3. a terceira modalidade é a simulação. Baseia-se na grande capacidade de calcular soluções numéricas que nos permitem evitar as supersimplificações necessárias para soluções analíticas. Mas também exige muito: medições precisas de muitas variáveis, parâmetros e equações exatas. Nós somos obrigados a propor equações mesmo quando tudo o que sabemos são as direções de influência entre as variáveis. No final, não sabemos se os resultados de nossos cálculos dizem respeito aos objetos que estamos tentando modelar ou aos detalhes do próprio modelo. A simulação nos dá números e predições confiáveis do estado do sistema se houver pequenas mudanças, mas apenas com dificuldade pode explicar as razões para os resultados que obtemos. Nós podemos apenas ser sobrecarregados com números. É muito caro realizar as medições; não podemos replicar estudos de floresta ou lago. Variáveis que não podem ser medidas são excluídas. Estas são frequentemente variáveis sociais para que os modelos promovam o reducionismo;

4. a quarta modalidade é a matemática qualitativa e semiquantitativa, que nos permite incluir variáveis que são muito diferentes em sua forma física, mesmo quando pertencem a diferentes dis-

ciplinas. Ela faz menos suposições do que a simulação e indica as causas das mudanças que são observadas. Sua maior fraqueza é que a falta de precisão às vezes dificulta a tomada de decisões. Cada uma dessas abordagens tem seus usos e limitações. Portanto, uma boa pesquisa usa um cluster de modelos de diferentes tipos.

Além de quaisquer problemas inerentes ao estudo da complexidade, a empreitada de estudá-la em geral sofre com a contradição aguda no mundo de hoje: enquanto é cada vez mais importante abordar os problemas de maneira ampla, transdisciplinar, complexa e teórica, a Economia Política na pesquisa nos leva a programas de pesquisa e ensino cada vez mais restritos. Os investidores da ciência exigem resultados lucrativos no menor tempo possível. As fronteiras dos departamentos universitários são reforçadas por pressões econômicas e exigem que os alunos terminem suas pesquisas no menor tempo possível. Os legisladores exigem resultados simples para elaborar políticas. Uma das virtudes da ciência cubana é seu foco muito amplo, que permite avanços máximos com um mínimo de recursos. E suas maiores fraquezas surgem quando se deixa ficar muito impressionado com a ciência euro-estadunidense.

Temos duas ferramentas principais para confrontar a complexidade: matemática e filosofia. A matemática tem vários papeis na ciência. Ela nos permite fazer previsões que podem ser testadas. Mas há algo mais: seu papel mais importante é *educar a intuição para que o obscuro se torne óbvio*. A complexidade é esmagadora, não porque seja intrinsecamente incompreensível, mas porque colocamos mal os problemas e, com uma mudança de visão, ela se torna mais administrável. Temos muitos precedentes históricos para isso: considere, por exemplo, o problema da geometria de provar que se as bissectrizes de dois ângulos de um triângulo são iguais, então o triângulo é isósceles. No âmbito da geometria euclidiana, este é um problema difícil, mas uma vez que saltemos para a análise geométrica, a prova é trivial.

A filosofia tem uma má reputação entre os cientistas porque projeta uma imagem de especulações irresponsáveis, sendo inimiga da observação e dos experimentos. No entanto, tem havido uma longa tradição de crítica às tendências dominantes na ciência, que advertia contra a fragmentação dos objetos de estudo, o congelamento de processos dinâmicos em "coisas" e a imposição de uma classificação mais ou menos fundamental de acordo com os tamanhos dos objetos.

Na maioria das vezes, os filósofos têm desempenhado um papel externo à ciência, criticando e, às vezes, propondo programas sem realizá-los. Outros, como Kant e Descartes, foram capazes de usar suas orientações filosóficas para iluminar seus conhecimentos científicos. Um excelente exemplo, talvez a primeira investigação de um objeto complexo como sistema, foi a obra-prima de Karl Marx, *O capital*. Quando ele escolheu a mercadoria como a "célula" do capitalismo, ele não a apresentou como o "átomo" da economia, como um objeto fixo e imutável que determina o todo, mas como um ponto de convergência de todos os fenômenos econômicos, ao mesmo tempo determinado pelo todo e determinando-o. E ele não estava tímido sobre mudar o seu foco, às vezes para o "capital" como tal, às vezes para produção ou trabalho. Estas mudanças de ponto de vista teriam sido muito confusas se não fosse por seu claro senso de metodologia dialética.

Minha própria experiência na ciência vem da Ecologia Evolutiva, que é necessariamente complexa, da Teoria de Sistemas Dinâmicos, que enfatiza fontes, fluxos e fozes em um contexto matemático e materialismo dialético. Na sequência, usamos exemplos de alguns campos diferentes para ilustrar princípios gerais. Representações matemáticas são introduzidas apenas para mostrar como uma mudança de perspectiva esclarece situações anteriormente obscuras.

A abordagem dialética começa como uma crítica aos erros mais comuns, uma dissidência dentro e fora do projeto científico, e então prossegue para desenvolver suas próprias abordagens como participante da ciência. Essa abordagem foi explicada de várias maneiras e formalizada muitas vezes. Aqui, oferecemos uma maneira de apresentar e aplicar parte da orientação dialética.

A verdade é o todo

Começamos com o dito de Hegel de que a verdade é o todo. Claramente, não podemos capturar o todo. Nós sempre temos que trabalhar com "todos" relativos. Mas a proposição tem as seguintes aplicações práticas:

1. que o problema que estamos estudando é parte de algo maior do que nós imaginamos. Nos exorta a colocar a questão de forma ampla o suficiente para que uma solução se encaixe, e então justificar a redução do problema quando for necessário para torná-lo gerenciável, em vez de colocá-lo nos menores termos possíveis, na esperança de que sempre possamos expandi-lo se necessário. Mas a experiência diz que é difícil juntar um ovo novamente depois de o termos quebrado;

2. depois de termos colocado um problema o mais amplamente possível, ainda precisamos estar cientes de que há mais por aí e podemos nos surpreender. Surpresas são inevitáveis na ciência, porque só podemos estudar o desconhecido tratando-o como se fosse como o conhecido. Isso tem resultado em sucesso: os desconhecidos são frequentemente como os conhecidos, de modo que a ciência é possível. Mas eles também são diferentes, às vezes muito diferentes, de modo que a ciência é necessária e o senso comum não é suficiente;

3. reconhecemos que as dicotomias que usamos para dividir o mundo em biológico/social, físico/psicológico, determinístico/aleatório, qualitativo/quantitativo (métodos), objetivo/subjetivo, e assim por diante nos enganam a longo prazo. A pesquisa mais fértil é ao longo de suas fronteiras, onde se interpenetram. Portanto, no ensino, muitas vezes perguntamos aos alunos como os fenômenos que parecem independentes afetam uns aos outros: Qual poderia ser o efeito da absorção de nitrogênio no trigo sobre a independência econômica das mulheres? Como a agricultura moderna pode afetar a saúde dos peixes? Por que a urbanização do campo aumenta a incidência do vírus do Nilo Ocidental? Como o racismo é um fator epidemiológico? Como o desenvolvimento da produção pode levar à pobreza?;

4. o todo que estudamos inclui a nós mesmos, nossa própria atividade científica como um objeto de estudo. Uma vez que vemos nossa própria atividade dentro do processo científico, podemos perguntar: Como surgiu o padrão de conhecimento e ignorância em nosso próprio campo?

O processo

A dialética enfatiza os processos mais do que as "coisas", considerando estas como fotografias (instantâneos) do processo. Quando mudamos nosso foco de objetos para processos, fazemos duas perguntas fundamentais: por que as coisas são do jeito que são, em vez de um pouco diferentes? Por que as coisas são do jeito que são em vez de muito diferentes?

A primeira é a questão da homeostase, da autorregulação. Um sistema estático e morto pode sobreviver na medida em que é isolado, evitando as perturbações de seus arredores. A solução newtoniana para o problema se aplica aqui: as coisas permanecem do jeito que são, porque nada acontece com elas, o princípio da inércia. Mas os sistemas vivos, tanto sociais quanto biológicos, são mantidos precisamente por causa das interações com o ambiente. Portanto, temos que procurar as forças que mantêm as coisas mais ou menos da maneira como as vemos, apesar de todas as perturbações que as bombardeiam de todos os lados. Aqui estudamos o equilíbrio relativo entre processos opostos.

Usamos abstrações na forma de modelos como instrumentos de investigação. Modelos são estruturas intelectuais que estudamos em vez de estudar a natureza diretamente. Imediatamente surge uma contradição: estudamos o modelo em vez do objeto original porque é diferente, mais gerenciável. Mas, se é diferente, como podemos afirmar que o que aprendemos com o modelo é aplicável à realidade? É claro que esperamos que o modelo se assemelhe à realidade nos aspectos importantes e difira apenas em ser mais gerenciável. Mas nós temos que confirmar se os resultados correspondem à realidade e não vêm dos detalhes do modelo. E se levamos o nosso modelo muito a sério, se o examinarmos ao microscópio, revelamos apenas a tinta com a qual foi impresso.

Construímos modelos com vários critérios: eles devem ser realistas, gerais, precisos e gerenciáveis. Se usarmos um modelo pequeno, este pode ser mais preciso, pois há menos variáveis para medir. Mas, então, os processos dominantes podem aparecer como entradas externas para o sistema. Mas quando ampliamos o modelo, às vezes, perdemos precisão e ganhamos realismo: percebemos que os processos opostos não são mais externos, mas surgem dentro do sistema mais inclusivo. Como não podemos satisfazer totalmente todos os critérios para um bom modelo, temos que escolher quais critérios enfatizar de acordo com o problema e depois mudar para outro modelo. É o conjunto de modelos que nos aproxima da compreensão da realidade.

Podemos usar conceitos da Teoria dos Sistemas, embora sempre levando em consideração que diferentes tipos de sistemas têm diferentes tipos de dinâmica. A Teoria dos Sistemas teve sua origem na engenharia, no projeto de sistemas para fins específicos, com peças bem caracterizadas, testadas em laboratório, produzidas fora do sistema. A teoria propõe que os sistemas tenham objetivos a alcançar e manter, caminhos para guiar e controlar, para que seus processos sejam otimizados. E alguns sistemas realmente são assim. Sistemas de produção física possuem elementos distintos que capturam informações, processos que medem "erros" e desvios do objetivo e outros que afetam as mudanças.

O organismo é outro tipo de sistema. A seleção natural produziu sistemas que funcionam mais ou menos adequadamente em condições normais. Mas eles são diferentes dos sistemas artificiais: eles não são construídos a partir de partes feitas isoladamente que se desenvolvem em interação mútua. Não podemos conceber uma membrana, um fígado ou até mesmo o DNA em si. Um dos erros mais comuns é abstrair o DNA de seu contexto, atribuir-lhe um grau excessivo de independência e um grau de "fundamental". Cada parte tem múltiplas funções e, às vezes, elas entram em conflito. O sistema como um todo e suas funções evoluem com base em sua história pregressa e eventos aleatórios. Podemos visualizar os processos dentro de um organismo como uma rede de interações fisiológicas ou neurológicas. O conhecimento nesses campos nos aponta para processos compartilhados, cadeias ramificadas, ciclos de síntese e degradação, catálise e inibição de catálise. Muitas vezes, o mesmo evento induz respostas opostas, como prostaglandinas inflamatórias e anti-inflamatórias, em resposta ao acúmulo de detritos celulares, ou ao disparo de neurônios excitatórios e inibitórios. Além disso, a mesma molécula se comporta de maneira diferente em diferentes tecidos e pode estar associada a diferentes conjuntos de compostos bioquímicos.

O ecossistema também é diferente. Aqui, a dinâmica das populações depende da reprodução, mortalidade e migração dentro de uma cadeia alimentar e do fluxo de matéria e energia que fornece a estrutura, organizando os processos de competição, predação e mutualismo. As populações componentes podem ter evoluído juntas, mas também podem ter surgido separadamente e depois entrado em contato. Esses sistemas têm seus *feedbacks* que os mantêm, e podemos estudá-los em termos de processos de equilíbrio e não equilíbrio, enquanto o sistema como um todo não busca um objetivo comum. Às vezes, a evolução adaptativa de uma espécie pode prejudicar e até eliminar outra espécie ou até a si mesma.

As sociedades representam outros tipos de sistemas, talvez os mais complexos. Ela evolui como um todo, mas suas partes componentes – diferentes classes e setores – perseguem seus próprios objetivos. Em uma sociedade de classes, não há objetivo nacional comum ou critério de sucesso. As economias podem crescer enquanto suas populações mergulham na pobreza. E cada sociedade influencia e é influenciada pelas outras sociedades no sistema mundial. A análise deve identificar os elementos opostos e cooperantes, todos inseridos no mundo natural, mas para isso não menos social.

Apesar de diferentes em seus componentes e na estrutura de seus processos, podemos ver todos esses sistemas como sistemas, abstraindo "sistema" de suas particularidades e reconhecendo *feedbacks* e antecipações, nascentes e fozes, estoques e fluxos, estabilidade local e global, oscilações e caos. Então é possível usar alguns princípios metodológicos gerais.

Para estudar a dinâmica de curto prazo desses sistemas, abstraímos as características dos componentes como variáveis e as vemos apenas como variáveis. O sistema é então uma rede de variáveis ligadas por *feedbacks* positivos e negativos. Em geral, essas variáveis não estão em equilíbrio, mas em movimento contínuo dentro de limites e em torno de um estado de equilíbrio. Além disso, cada parte tem sua própria dinâmica, como ela responde a impactos externos e apaga esses impactos, cada um em sua própria taxa. Para tornar a discussão mais concreta, usaremos alguns casos simples de ecologia, fisiologia e economia. Em cada caso, os modelos estão incompletos, assim como todos os modelos. Nós os apresentamos apenas para ilustrar uma parte de nossa metodologia e para capturar o ponto essencial enquanto aprimoramos nossa abordagem para outros sistemas mais completos.

A Figura 1 é um ciclo de *feedback* negativo de apenas duas variáveis que podem surgir em muitos tipos de sistemas. Considere o *feedback* entre predador e presa. Em um ciclo de *feedback* negativo, vemos um ramo positivo e um negativo. Uma entrada que entra no sistema por meio do predador afeta o predador diretamente e transmite seu impacto para a presa com o sinal invertido. Isso gera uma correlação negativa entre predador e presa. Mas uma entrada que entra por meio da presa muda predador e presa na mesma direção, dando uma correlação positiva. Assim, a correlação estatística entre predador e presa pode ser positiva ou negativa, dependendo de onde a perturbação entra no sistema. Isso nos ajuda a identificar a origem das alterações no sistema.

Figura 1 – *Loop* de *feedback* negativo

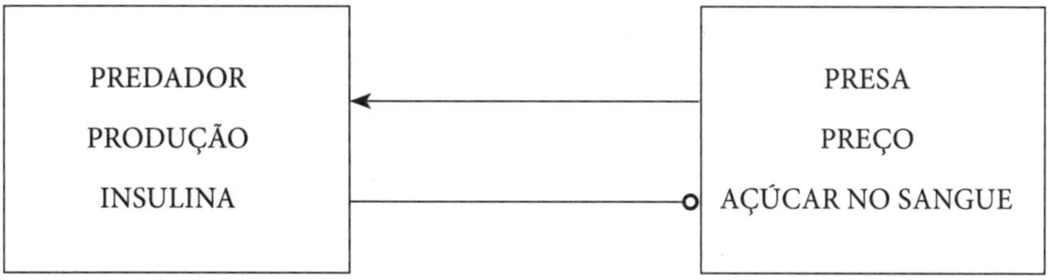

PREDADOR	PRESA
PRODUÇÃO	PREÇO
INSULINA	AÇÚCAR NO SANGUE

Por exemplo, em um estudo – liderado por Caridad Gonzalez e seus colegas do Instituto de Pesquisa em Frutas Tropicais do Ministério da Agricultura de Cuba – de uma comunidade de um herbívoro (um inseto nas folhas de laranjas valencianas) e seus inimigos naturais (fungos e uma vespa), vemos que ao longo do tempo o herbívoro e seus inimigos estão positivamente correlacionados: mudanças sazonais nas árvores mudam a reprodução do herbívoro para que quando a população do inseto aumenta assim o faz a dos seus inimigos. Mas se olharmos para o padrão espacial de uma só vez, de árvore para árvore, ou de galho em galho, há uma correlação negativa entre predadores e suas presas: fatores ambientais que atuam primeiro sobre o fungo ou Vespa são transmitidos para o inseto na direção oposta.

Notamos ainda que, se há entrada em ambas as variáveis, como um pesticida, a presa morre devido ao efeito direto do veneno, mas também se beneficia, porque seu inimigo também é morto. Os dois caminhos dentro da rede se opõem entre si. Mas ambos os caminhos prejudicam o predador: ele é envenenado diretamente e sua comida está sendo morta. É por esse motivo – não porque os predadores são mais sensíveis do que os herbívoros, mas devido à sua localização na rede – os pesticidas matam frequentemente os predadores e aumentam a praga.

Uma vez entendido o ciclo de *feedback* negativo, podemos aplicá--lo a outros exemplos no sistema. Nós interpretamos o *ciclo* como representando o comércio capitalista. Se as variações no comércio são impulsionadas por eventos naturais, como clima ou pragas agindo sobre a produção de uma cultura, um aumento na safra reduz os preços, enquanto uma diminuição na produção aumenta os preços. Portanto, há uma correlação negativa entre produção e preço. Mas se o mundo exterior age no sistema por meio da economia, um aumento no preço aumenta a produção, dando-nos uma correlação positiva. Descobrimos que no comércio mundial, entre 1961 e 1975, os preços e rendimentos do trigo, arroz, cevada e soja apresentaram correlações positivas: a variação do rendimento da cultura dependia menos da natureza do que da economia como um todo, apesar da incerteza das chuvas e pragas.

Finalmente, a correlação entre os níveis de açúcar e insulina no sangue também depende da fonte de variação. O ciclo normal de comer e metabolizar o açúcar produz uma correlação positiva entre as concentrações dos dois, enquanto patologias do pâncreas afetando diretamente a produção de insulina pode induzir correlações negativas. Esses exemplos mostram como o exame de um único *loop* de *feedback*, por si só, é um pequeno passo em direção à complexidade já indica novas propriedades do sistema. Podemos chamar isso de sistema "suficiente". "Suficiente" aqui significa que, se soubermos as entradas para as variáveis, podemos calcular as saídas, e informações adicionais sobre as fontes das saídas não melhoram o ajuste estatístico. Mas obviamente não é uma análise completa. O processo de abstração deixou de lado quatro conjuntos de considerações.

1. Os impactos para as variáveis são tratados como externos ao sistema. Portanto, eles são aleatórios em relação às variáveis que estamos considerando. Isso é o irrealismo de colocar um problema muito pequeno. Em sistemas que são muito reduzidos, as coisas importantes vêm de fora e não podemos fazer mais do que associações estatísticas. No longo prazo, isso é enganoso. As entradas podem surgir da atividade humana, talvez provocada pela abundância de uma das populações, ou de respostas de outras espécies no sistema, e, portanto, em vez de ser aleatório, talvez sejam

correlacionadas com as variáveis que estamos observando. Um erro básico da Economia neoclássica é que, do ponto de vista de preços e produção, as vendas vêm do domínio da "escolha do consumidor", o que é independente da sociedade e é dada simplesmente por razões psicológicas, como a aversão ao risco. A Figura 2 mostra um modelo de alguns dos processos da economia capitalista. Começamos com o modelo anterior, mas inserimos estoques e demanda. Quando estoques se amontoam, as vendas se tornam urgentes. Empresas contratam serviços de relações públicas para aumentar a demanda. Como no modelo anterior, temos o *feedback* negativo entre produção e preço. Mas agora também temos outros *feedbacks*, negativos e positivos. Algumas das dinâmicas de origem externa foram internalizadas, permitindo uma análise mais completa. Por exemplo, o ciclo:

Figura 2

Produção → demanda —o o estoque —o o a produção é positiva (o sinal é o produto dos sinais de seus elos) e pode induzir a instabilidade explosiva que vemos no ciclo de negócios. O estoque de ciclo negativo —o o preço —o o demanda —o o estoque é negativo e pode promover oscilações familiares. Em um modelo mais extenso, nos concentraríamos naqueles processos que reforçam ou melhoram as conclusões do modelo reduzido. No caso do açúcar no sangue e insulina, até agora ignoramos outros fatores que influenciam a concentração de açúcar no sangue.

2. As espécies no modelo de predador e presa são representadas pelo número de indivíduos, o tamanho da população, como uma abstração da vida real das populações. Mas a dinâmica populacional chega a atuar também no nível do indivíduo. Elas afetam o desenvolvimento e a idade dos indivíduos – quanto mais predadores, menor a expectativa de vida e mais jovens e possivelmente menores serão as presas. Isso afeta sua fertilidade, sua mobilidade, sua tolerância à desidratação e sua mortalidade. Quando estudamos a epidemiologia da dengue contamos o número de mosquitos e mapeamos sua distribuição como se uma fêmea do *Aedes aegypti* fosse como qualquer outra. Mas o mosquito se desenvolve em um ambiente que afeta sua biologia. Além de contar os mosquitos, temos que os medir, porque o tamanho é um indicador das condições de temperatura e nutrição onde eles se desenvolveram e, portanto, nos ajuda a encontrar os tipos de lugares que mais contribuem para a população.

3. O modelo assume certos parâmetros do sistema – a taxa de reprodução, a taxa de predação e, portanto, a mortalidade, a organização econômica e o nível de tecnologia que permite que a produção responda aos preços, a capacidade das células de usar insulina e absorver glicose. Aqui eles são tomados simplesmente como dados. Mas eles dependem da evolução e da história passada em cada caso. Os parâmetros devem ser contabilizados. Voltaremos à evolução na discussão de mudanças a longo prazo.

4. As alças de *feedback*, abstraídas do sistema, esclarecem alguns aspectos da dinâmica. Mas elas estão embutidas em um sistema maior, e temos que perguntar como o resto do sistema afeta o que acontece em uma parte. Aqui é conveniente usar o modelo de açúcar no sangue. Na Figura 3, estendemos o modelo para incluir mais duas variáveis na regulação do açúcar no sangue: epinefrina (adrenalina) e ansiedade. Aqui também é necessário incluir a autoinibição das variáveis. Isso é equivalente à taxa de decomposição ou remoção do sistema. O subsistema (E, A) determina o impacto de entradas externas no subsistema (G, I). Se o *feedback* total do subsistema (E, A) for fortemente negativo, tanto o açúcar no sangue como

a insulina respondem fortemente como esperado. Se o *feedback* é fraco (E, A) atua como uma foz que absorve os impactos, deixando (G, I) pouco alterada. Mas a retroalimentação positiva entre epinefrina e ansiedade talvez seja mais forte que as autoinibições de E e A separadamente. Então, é possível que o subsistema (E, A) como um todo tenha *feedback* positivo líquido. Isso reverteria os efeitos das mudanças que entram como glicose ou insulina: um aumento no consumo de açúcar reduziria os níveis de açúcar no sangue e insulina, enquanto um aumento na insulina, como a patologia pancreática, reduziria a insulina e aumentaria os níveis de glicose no sangue. Qualquer fator que reduza a velocidade de recuperação de uma ocorrência que induz ansiedade (sua autoinibição ou resiliência) poderia resultar nessa resposta anormal de glicose e insulina.

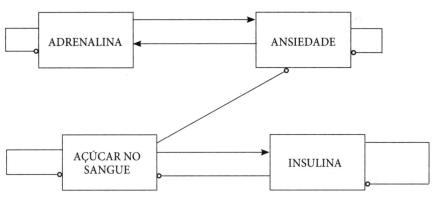

Figura 3 – *Feedbacks* positivos em grandes sistemas podem reverter os efeitos esperados de uma via.

Há indícios de que a força de autoinibição dos hormônios do estresse seja maior em adolescentes do sexo masculino de classe média do que entre os jovens da classe trabalhadora. Após um incidente estressante, o pico de cortisol é menor e se extingue mais rapidamente. Ainda não sabemos se isso afeta a elevação e queda da glicose. É um exemplo de fisiologia ligada à classe social, mostrando que nossa biologia é uma biologia social e que, sob o capitalismo, podemos até tomar como objeto de estudo as glândulas suprarrenais.

Agora, inserimos esses processos fisiológicos em seu contexto social. A regulação do açúcar no sangue não é apenas um processo bioquímico.

O nível de glicose depende do gasto metabólico de energia. Suponha que um trabalhador em uma indústria se sinta exausto. Ela precisará descansar ou comer alguma coisa. Mas não na linha de montagem, porque se o trabalhador desacelera, o encarregado intervém para forçar o trabalhador a acelerar novamente. Isso aumenta a taxa metabólica e a ansiedade. Mas se a oficina tem um sindicato forte, o coordenador observa a ação do supervisor e a intercepta, aliviando a ansiedade e permitindo que a taxa metabólica diminua. Uma possível representação desse processo é mostrada na Figura 4.

Um *feedback* positivo no subsistema (E, A), em isolamento, seria instável, mas dentro do sistema maior pode ser estabilizado. No entanto, se agirmos para estabilizar a glicose excessivamente com um dispositivo eletrônico que mede a glicose continuamente e intervir para fixar os níveis de glicose e insulina, então ambos desaparecem como covariáveis de E e A, embora ainda existam fisicamente.[1] Isso serve para isolar (E, A) dinamicamente e pode desestabilizá-lo, provocando até uma crise psicológica.

Figura 4 – Uma rede psicológica no contexto das relações sociais

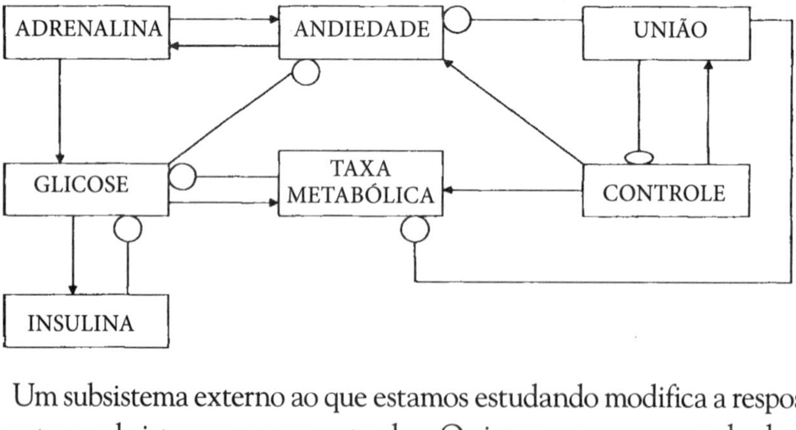

Um subsistema externo ao que estamos estudando modifica a resposta de outros subsistemas a suas entradas. O sistema como um todo determina a resistência de todas as variáveis às condições alteradas. Portanto, a resistência é uma propriedade de toda a rede e podemos estudá-la em termos da estrutura de *feedbacks* e *feedforwards*.

---

[1] O impacto dos parâmetros alterados da insulina na glicose é proporcional ao *feedback* do subsistema (E,A), que é a força da alça do *feedback* positivo menos o produto das duas autoinibições.

Os exemplos apresentados aqui ilustram como podemos abordar sistemas complexos, mesmo quando não conhecendo as formas exatas das suas equações. Essa abordagem sugere o que temos que observar, que experimentos devemos realizar, até mesmo como intervir, porque as intervenções precisam ser respostas ao estado do sistema por meio de caminhos de fluxo de informação. Isso nos faz parte do sistema. Considere um modelo de epidemia, como na Figura 21.5. A intervenção do Ministério da Saúde pode aumentar de acordo com o número de casos de uma doença, ou responder a uma pesquisa sorológica da população que indica exposição no passado. A resposta pode tomar a forma de reduzir a taxa de contágio, reduzir o número de pessoas infectadas, mas aumentar o número de suscetíveis, ou tratar os doentes e reduzir o número de infectados, mas aumentando o número de resistentes ou a imunização (reduzindo o número de suscetíveis e aumentando o número de pessoas resistentes). Cada alternativa tem sua própria dinâmica.

Figura 5 – Modelos de intervenção em uma epidemia

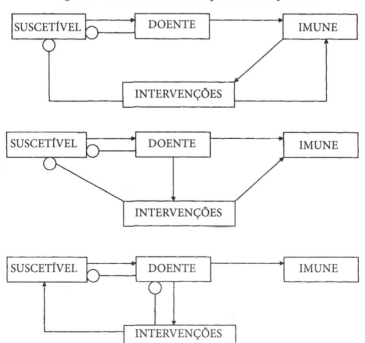

Voltando alguns passos na análise de sistemas de *feedback*, podemos fazer a pergunta geral: qual é a causa do fenômeno x? A redução da glicose pode depender de um aumento da insulina. Mas esse aumento na insulina pode depender de um aumento na glicose.

Uma preponderância de *feedback* negativo fora do subsistema determina que o efeito da insulina na glicose é negativo; se a maior parte da entrada vir nesse sistema por meio da glicose, a correlação entre glicose e insulina será positiva. Assim, mesmo quando a análise isolada indica uma causa única para as alterações na glicose e insulina que podemos verificar estatisticamente, a causa da dinâmica observada reside em todo o sistema. Em termos muito práticos, a verdade é o todo. No ensino, perguntamos aos alunos como um sistema pode dar resultados opostos de o que esperávamos: quando pode acontecer que a adição de nitrogênio a um lago reduza o nível de nitrogênio? Quando a estabilização da glicose pode desestabilizar a adrenalina e humor de um paciente? Quando a ajuda alimentar pode aumentar a fome?

A segunda questão é a do desenvolvimento, evolução ou história de acordo com o objeto de estudo. Ele lida com processos de não equilíbrio que mudam os valores dos parâmetros, as ligações entre as variáveis, a estrutura da rede e, a longo prazo, até mesmo as próprias variáveis.

Aqui nós reconhecemos que as "constantes" de nossos modelos são realmente variáveis do ponto de vista de um todo maior, e que quando elas mudam, podem mudar a estrutura do modelo e sua dinâmica. Entre as mudanças que resultam em mudanças qualitativas no sistema estão:

1. *Mudanças de parâmetro.* Quando os parâmetros mudam devido a alterações externas ou internas, um subsistema pode mudar de tendo um *feedback* negativo para positivo, alterando o comportamento da glicose, insulina e outras variáveis. O sistema pode perder sua estabilidade e explodir fora dos seus limites ou oscilar.
2. *Um ciclo de feedback pode alterar seu sinal.* Por exemplo, sob condições de simples produção de mercadorias, se o preço que os produtores recebem aumentar em comparação com o custo das mercadorias que eles querem comprar, então eles tendem a reduzir a produção porque eles podem comprá-las com menos produtos. Mas sob a produção expandida de *commodities*, um aumento no

preço relativo leva a mais produção porque promete maior lucro. Assim, na transição da produção de *commodity* simples para a expandida, a alça de *feedback* muda de positivo para negativo.

3. *Links entre variáveis podem ser adicionados ou removidos.* Uma espécie que esgota seus recursos principais pode mudar seu comportamento para explorar outro recurso e entrar em competição com uma nova espécie ou ser exposta a novas doenças. Uma comunidade camponesa pode ser incorporada ao mercado global.

4. *Novos elementos podem entrar como variáveis.* Isso pode acontecer se uma constante começar a variar em resposta a mudanças em outras variáveis ou se as emissões de um sistema se tornarem grandes o suficiente para influenciar a fonte de seus insumos.

5. *Uma variável pode se diferenciar em duas variáveis ou variáveis distintas podem se mesclar.* Quando duas populações divergem o suficiente para trocarem genes a uma taxa não superior à taxa de mutação, elas estão no caminho para a especiação. Ou quando o ritmo normal de ajuda mútua entre os camponeses é polarizado, de modo que alguns são sempre os credores e outros sempre os mutuários, a categoria "camponês" tem de ser substituída pelas duas categorias "camponeses ricos" e "camponeses pobres", "semiproletários" e "semiburgueses". Ou quando o desenvolvimento urbano obriga as aves que preferem diferentes *habitats* a se empoleirarem na mesma vegetação, duas comunidades ecológicas podem se tornar uma só.

Em alguns casos, sabemos algo da dinâmica de longo prazo. A genética populacional oferece modelos de mudança na frequência dos genes sob seleção natural. Então, essas mudanças mudam as relações entre as espécies. Do ponto de vista da seleção natural, a variável de interesse é a frequência gênica, embora em modelos de interação entre espécies as próprias espécies sejam tratadas como homogêneas. O valor adaptativo de um gene comparado ao seu alelo é um parâmetro externo ao modelo genético da população. Avanços na genética de populações alteraram a abstração "valor adaptativo" de constante para variável e de variável externa para variável no sistema influenciada pelo estado da própria população e seu ambiente.

Esses são alguns dos processos de transformação de longo prazo que ocorrem mesmo quando, no curto prazo, o sistema parece estar em equilíbrio. Um modelo matemático de dinâmica de curto prazo é tomado como um dado. Portanto, por si só, ele não pode indicar quando os processos de longo prazo invalidarão isto. Esse conhecimento tem que vir da ciência específica que ele tenta modelar.

Finalmente, perguntamos como o processo homeostático de curto prazo se relaciona com os processos de mudança de longo prazo. Os processos de curto prazo são geralmente mais fortes que os de longo prazo, mas frequentemente mudam de direção de acordo com as perturbações de suas circunstâncias. Os processos de desequilíbrio a longo prazo são geralmente mais fracos, mas são direcionais e, portanto, a longo prazo, prevalecem. Mas há mais: os mesmos processos reversíveis de curto prazo também causam mudanças irreversíveis. Os ciclos de regulação do açúcar do sangue podem exaurir o pâncreas. As reações de "luta ou fuga" no cotidiano da vida animal podem desgastar as glândulas suprarrenais. As interações predador-presa podem impulsionar mecanismos evolutivos para fugir de predadores, e o predador responde para impedir esses mecanismos. Nos ciclos repetitivos de reprodução microbiana pode haver trocas de DNA ou mesmo fusões que levam a saltos evolutivos. Os ciclos de compra e venda nos mercados capitalistas resultam na concentração de capital. No longo prazo, os processos de autorregulação de curto e longo prazo e a interrupção da autorregulação são partes de um mesmo sistema, unindo equilíbrio e desequilíbrio no mesmo todo.

Os conceitos ilustrados aqui não são mais difíceis que os conceitos de bioquímica ou termodinâmica, apenas menos conhecidos. Para confrontar as complexidades de nossas ciências e de nosso mundo, temos que internalizar na nossa intuição uma filosofia de totalidade, conexão dentro e entre níveis, dinâmica, contradição e autorreflexão – que é a dialética.

PREPARANDO PARA A INCERTEZA[1]

O mundo está sempre nos surpreendendo, derrubando a crença baseada na tradição, superstição, senso comum, ou ciência. É necessário compreender a ubiquidade da surpresa a fim de se preparar para as surpresas que ainda virão.

Nas últimas décadas, aprendemos que os gases "inertes", como o argônio ou o néon, de fato formam compostos, alterando assim nosso entendimento sobre ligações químicas. Aprendemos que a maior parte da matéria do universo talvez não esteja nas estrelas ou planetas, mas, como gás interestrelar, chamado de matéria escura. Aprendemos que as fontes termais do fundo do mar, onde as condições eram consideradas impróprias para a vida, hospedam uma biota única e rica. Aprendemos que a evolução frequentemente se dá por meio de paradas e reinícios, em vez de imperceptíveis discrepâncias nas etapas. Aprendemos que a humanidade moderna espalhou-se pela terra recentemente, talvez nos últimos 100 mil anos, em vez de meio milhão ou mais de anos proposto pelos fósseis clássicos como o Homem de Java e Pequim; e que esses processos dinâmicos não necessariamente aproximam-se de um equilíbrio ou ciclos-limites repetitivos, eles também podem ir para "estranhos

---

[1] Este capítulo apareceu de forma um pouco distinta em Levins, Richard. "Preparing for Uncertainty", *Ecosystem Health 1*, 1995, p. 47-57.
Tradução: Vânia Agostinho; revisão adicional: Nelson Marques.

atratores" e mostrar o movimento aparentemente errático denominado erroneamente de "caos". Em tais casos, medições aprimoradas não produzem, necessariamente, melhores projeções.

Algumas das surpresas são apenas de interesse intelectual. Mas outras têm impacto humano profundo, quando programas e políticas baseadas em expectativas mais ou menos racionais revelam-se errados. Por exemplo, o controle de enchentes muitas vezes leva ao aumento dos danos causados por enchentes; a agricultura de alta tecnologia da Revolução Verde enfraquece a capacidade produtiva; pesticidas aumentam as pragas e os antibióticos podem aumentar a infecção; aumentar a renda nacional por meio da via de desenvolvimento dominante aumenta a pobreza, a dependência e o desespero; os primeiros regimes socialistas não mostraram nem a monolítica e a inflexibilidade rígida que seus adversários esperavam, nem a capacidade de desenvolver os programas renovadores que seus apoiadores esperavam, mas terminaram em rendição e colapso; a integração global não nos deu harmonia global, mas foi acompanhada pela fragmentação e por guerras nacionalistas rotuladas erroneamente de "conflito étnico" por uma mídia essencialista; e, na saúde pública, a doutrina da "transição epidemiológica", isto é, a expectativa do declínio secular nas doenças infecciosas, tem sido desmentida repetidamente pelo ressurgimento da malária, tuberculose, cólera, difteria, raiva, esquistossomose e o aparecimento de novas doenças ou de infecções anteriormente raras ou restritas, como a doença dos legionários, doença de Lyme, AIDS, síndrome do choque tóxico, febre de Lassa, febre hemorrágica venezuelana, hantavírus e outras (Wilson; Levins; Spielman, 1994). Desenvolvimentos semelhantes em doenças veterinárias e vegetais, como a peste suína africana, a doença da vaca louca, o vírus semelhante à cinomose, associado a surtos de morte em massa em mamíferos marinhos, dinoflagelados neurotóxicos que atacam peixes (Raloff, 1994, p. 89), geminivírus presentes no tomate, vírus-do-mosaico-dourado do feijão e a clorose variegada dos cítricos sugeriu um fenômeno mais geral, mas foram amplamente ignorados pela comunidade da saúde pública.

É inevitável que a ciência seja pega de surpresa. Mas não é aceitável continuar cometendo os mesmos erros ou ignorar a inevitabilidade da surpresa e supor que finalmente chegamos a um entendimento verdadeiro.

A inevitabilidade da surpresa

A razão pela qual a ciência é pega de surpresa pode ser respondida em vários níveis. No nível mais geral, a ciência é surpreendida porque a única maneira que temos de estudar o desconhecido é fingir que o conhecemos. O desconhecido é como o conhecido; isso torna a ciência possível. Mas também é diferente do conhecido. Isso torna a ciência necessária. Por causa disso, todas as teorias acabam se revelando erradas, limitadas, irrelevantes ou inadequadas de alguma forma. Como observou o biólogo marxista britânico J. B. S. Haldane: "O mundo não é apenas mais estranho do que imaginamos, mas muito mais estranho do que podemos imaginar".

Os conhecimentos que escolhemos usar para compreender o desconhecido vêm de onde estamos situados no mundo. Nossa biologia humana define o tamanho e a estrutura temporal do familiar e nossas modalidades sensoriais preferidas enfatizam a descrição visual sobre a auditiva ou olfativa. Mas também pertencemos a determinadas culturas, classes, gêneros e disciplinas dentro das quais um senso comum compartilhado faz com que algumas perguntas, abordagens e critérios para respostas aceitáveis pareçam óbvios e outros sejam excluídos. Essas restrições não são fixadas para sempre. Mas nos tornamos totalmente conscientes deles somente depois de tê-los superado por novos instrumentos ou, menos comumente, por mudanças conceituais, ou quando a mudança nas relações sociais torna óbvio o que antes estava oculto por um consenso de suposições.

Além dessas razões epistemológicas básicas para a surpresa, há causas mais imediatas na fragmentação do conhecimento e nos vieses filosóficos, como reducionismo, pragmatismo e positivismo, que são compartilhados de maneira ampla o suficiente para parecerem "apenas realismo" (Levins e Lewontin, 1985).

O conhecimento tornou-se uma indústria do conhecimento, de propriedade da indústria e do governo e organizada diretamente por eles ou guiada por eles indiretamente por meio das universidades. Assim, nem sempre é óbvio como a organização da indústria do conhecimento em instituições e campos, sua determinação de prioridades, definições de trabalho e recrutamento, e o sistema de recompensas também afetam os produtos dessa indústria.

À espreita, por trás das restrições dos compromissos intelectuais, estão conflitos de interesse não conhecidos entre os desiguais, expressas em diferentes suposições, regras sobre o que são questões legítimas ou ilegítimas, e critérios para respostas aceitáveis. Considere a definição de saúde. Durante o auge da explosão açucareira e da escravidão caribenha, um escravo adulto tinha uma expectativa de vida de cerca de dez anos em uma plantação. Esta era considerada normal e indicativa de boa saúde do ponto de vista dos plantadores e da medicina da plantação, onde uma boa nutrição significava principalmente calorias suficientes para o trabalho físico duro. Os escravos tinham uma visão alternativa da saúde, expressa em um sistema de cura parcialmente lembrado da África, parcialmente emprestado dos povos indígenas, e parcialmente inventado *in situ*. O reconhecimento da doença do pulmão negro ocorreria cerca de meio século antes na Grã-Bretanha do que nos Estados Unidos – uma consequência do movimento trabalhista britânico, muito mais forte e com partido político próprio. Atualmente, conflitos sobre os efeitos nocivos de pesticidas, campos eletromagnéticos ou tabagismo, embora expressos como diferenças de julgamento sobre dados, amostras e controles, tendem a dividir os envenenadores dos venenos, e revelar a natureza partidária até mesmo de pesquisas autodenominadas objetivas.

A transição epidemiológica

Por que a doutrina da transição epidemiológica parecia plausível, o que deu errado e como o erro poderia ser corrigido? A expectativa de que as doenças infecciosas desapareceriam foi apoiada por três linhas de evidência:

1. as doenças infecciosas vinham diminuindo durante um período de 100 ou 150 anos. Varíola, tuberculose, poliomielite, difteria, coqueluche, hanseníase, malária e outros flagelos estavam diminuindo nos países mais ricos e até mesmo em algumas áreas do terceiro mundo;

2. ferramentas médicas e de saúde pública, como antibióticos, pesticidas, imunizações e purificação de água, forneceram os meios para novos avanços e até a erradicação da infecção. O progresso tecnológico prometia fornecer mais e melhores ferramentas;

3. esperava-se que o desenvolvimento econômico fornecesse os recursos para aplicar todas as novas tecnologias onde fossem necessárias e a eliminação da pobreza removeria as condições em que as epidemias prosperam.

Cada um desses argumentos tinha certa plausibilidade, mas cada um também era fundamentalmente falho.

1. A extrapolação da história mais recente é muito curta. Se olharmos para os registros históricos disponíveis, veremos que as doenças vêm e vão. Em períodos de grande mudança na sociedade, o padrão epidemiológico também muda. As pandemias da peste ocorreram na Europa durante o declínio da sociedade romana sob Justiniano e novamente durante o enfraquecimento do feudalismo no século XIV. A invasão europeia das Américas trouxe consigo novas doenças para o continente e a dizimação da população indígena (Crosby, 1972). O declínio da União Soviética se manifestou no início de um declínio geral na expectativa de vida, e seu colapso final viu surtos de difteria e outras infecções. Assim, a experiência histórica não justifica a extrapolação da mais recente e geograficamente limitada experiência.

A expectativa era de outra forma, também restritiva. A saúde pública e a medicina limitaram-se à doença humana. Mas a infecção parasitária é um fenômeno universal entre os seres vivos. Plantas e animais domésticos e selvagens também estão sujeitos a doenças infecciosas e epidemias. Os fitopatologistas monitoram de perto o aparecimento e a propagação de novas doenças e sua extensão para novos hospedeiros. Eles observam seu aumento e diminuição com o tempo, com as mudanças na tecnologia e com a sorte oscilante dos vetores. Eles seguem mudanças nas trocas comerciais de brotos e sementes, as condições econômicas que alteram a área de cada safra e a introdução de novas variedades. Estudos de populações naturais revelam padrões de convivência de hospedeiros e parasitas, e traços genéticos evolutivos e observam as adaptações dos parasitas a novos climas ou hospedeiros.

A doença deve ser estudada como um fenômeno ecológico evolutivo geral. Mas, para os humanos, a ecologia é uma ecologia social. Além dos aspectos físicos e biológicos conhecido do meio ambiente, como temperatura e precipitação e a presença de outras espécies, temos o meio social, a heterogeneidade do acesso humano aos recursos e sujeição aos estressores, a divisão da sociedade em classes, gêneros, raças/etnias, ocupações e culturas. Dentro delas, as pessoas selecionam, transformam, adaptam-se e até definem seus próprios ambientes na medida em que seus diferentes graus de liberdade permitem. A estrutura estatística desses elementos ambientais socialmente produzidos – sua variabilidade no tempo e espaço, granulosidade, previsibilidade, correlações entre eles – cria os padrões da ecologia humana. Diferentes sociedades se relacionam com o resto da natureza de diferentes maneiras e transformam seu entorno de forma diferente. Este é sempre o caso, mas estamos atualmente em um período de mudanças muito rápidas e profundas em nossas relações com a natureza já transformada e entre nós.

Precisamos substituir a doutrina da transição epidemiológica pela proposição de que vivemos em um momento de grandes mudanças climáticas, vegetais, demográficas, técnicas, sociais e políticas, e que este também deve ser um momento de mudança epidemiológica em que muitas surpresas são prováveis (Epstein, 1992, p. 263-265). As profissões relacionadas à saúde pública, fitopatologia, medicina veterinária e ecologia evolutiva são, no entanto, institucionalmente, fisicamente, intelectualmente e economicamente isoladas umas das outras. Os programas de financiamento estão vinculados a cada uma dessas áreas separadamente, com pouca margem para apoiar pontes transdisciplinares. Seus praticantes leem diferentes diários e nem sempre têm uns pelos outros a mais alta consideração. O isolamento mútuo é reforçado pelo senso de urgência que motiva os ofícios de cura a ficarem impacientes com o que parece ser um desvio teórico irrelevante e pelo desdém frequente dos pesquisadores teóricos em relação ao "apenas aplicado". Todos eles compartilham a crença de que a ciência moderna tem muitas informações para assimilar e requer tanto tempo para adquirir habilidade técnica que uma especialização muito estreita é necessária. No entanto, argumentamos que as principais falhas da ciência aplicada surgiram menos do desconhecimento das partes de um problema do que de elaborar os problemas de maneira muito restrita e deixar de olhar para o todo. Esse é especialmente o caso quando o "todo" abrange as ciências sociais e naturais.

A especialização e o pragmatismo retardam o reconhecimento de problemas gerais mesmo quando exemplos de casos particulares são bem conhecidos. Os médicos estão cientes de que infecções simultâneas podem complicar o diagnóstico e o tratamento. Trabalhadores da saúde pública sabem que, em países mais pobres, as pessoas muitas vezes carregam simultaneamente várias infecções. Mas a infecção múltipla não tem sido enfrentada como um problema teórico geral na epidemiologia. Os médicos sabem que algumas doenças se espalham de outros animais. Veterinários sabem que a mesma doença às vezes afeta mais de um tipo de animal. Mas ainda não há uma revisão geral das variedades de hospedeiros infectados por diferentes grupos de parasitas, e a maioria dos pesquisadores de saúde pública nunca apresentou questões tais como: Quantas doenças são exclusivas de humanos em comparação com doenças compartilhadas? Doenças exclusivas são mais ou menos virulentas do que as compartilhadas? O que faz um bom vetor?

2. A fé em nossos meios técnicos de cura e prevenção tem sido ingenuamente reducionista. Reducionismo como estratégia assume que quanto menor o objeto de estudo, mais "fundamental" ele é, e quando as menores partes têm sido caracterizadas, o comportamento do todo é facilmente compreendido. Assim, um inseto morto por DDT em uma garrafa (um fato lexicológico) é interpretado para significar que o uso de DDT controlará a praga (uma reivindicação ecológica) e, portanto, que seu uso generalizado aumentaria a produção de alimentos e aliviaria a fome (uma questão sociológica e uma expectativa econômica).

A sequência linear de etapas é plausível. Mas é comprometida em cada etapa pela ação de variáveis excluídas da consideração que são introduzidas em contextos maiores, como a estrutura de preços ou a vegetação não cultivada, e por processos excluídos, como seleção natural, competição interespecífica, concentração de terra e migração. Assim, inicialmente, os pesticidas matam as pragas, mas também os inimigos naturais delas. O resultado pode ser que mais pragas sejam envenenadas, mas menos consumidas e os problemas de pragas aumentem. Os predadores sofrem mais do que suas presas porque são prejudicados tanto diretamente pelo envenenamento quanto indiretamente pela perda de sua fonte de alimento. Suas presas, no entanto, são envenenadas, mas são compensadas pelo envenenamento de seus predadores. A praga permanece inalterada quando você aplica medidas de controle. A seleção natural entra para produzir resistência nas espécies de pragas. Já conhecemos centenas de casos assim, conhecemos algumas das condições que aceleram ou retardam essa adaptação e podemos estimar a escala de tempo em que isso provavelmente acontecerá. Se a população de pragas for realmente diminuída por nossa intervenção, entretanto, ela pode ser substituída por outras pragas que agora estão livres da competição.

O uso intenso de pesticidas fazia parte de um pacote maior da Revolução Verde que incentivava monoculturas. Parece ser uma regra geral que quanto maior a área semeada para uma cultura, mais espécies de pragas a atacar (Strong; McCoy; Rey, 1977, p. 167-175). O cultivo durante todo o ano geralmente garante a essas pragas reprodução ininterrupta. O *Fulgoromorpha* marrom, a mosca branca, vermes do Exército (*Spodoptera*) e vermes de frutas são, de certa forma, criações da Revolução Verde.

O surgimento dessas pragas como problemas mundiais não era esperado porque não foi dada atenção suficiente às respostas ativas das redes de espécies em interação quando comparado às intervenções. Na época em que os programas antimosquitos e quimioterapia em grande escala foram instituídos, já havia centenas de casos conhecidos de insetos que adquiriam resistência aos pesticidas. As pragas secundárias – espécies que se tornam pragas importantes quando o uso de pesticidas reduz seus inimigos naturais e a monocultura lhes fornece *habitats* inesgotáveis – já eram familiares. Resistência microbiana às drogas foi observada. Mas o cenário amplo não foi levado em consideração quando as expectativas eram avançadas sobre vitórias rápidas. Tais resultados não podem mais ser considerados como surpresas infelizes, mas sim como resultados praticamente inevitáveis da seleção natural.

3. A expectativa de que a modernização eliminaria a pobreza entre e dentro das nações foi assumida sem o questionamento do discurso dominante. Fazia parte de um modelo de desenvolvimento incorporado na ideologia da Guerra Fria, de modo que, na difusa região geográfica que se autodenominava de Ocidente, parecia desleal a crítica ao sistema econômico vigente. Os críticos foram isolados e um consenso acrítico foi imposto, aceitando a abordagem do Banco Mundial para a mudança

econômica, como se fosse a única maneira possível de se desenvolver, quase uma lei da natureza.

Essa expectativa também não foi respaldada. A pobreza tem aumentado em escala mundial. Sobrecarregados por dívidas, muitos governos estão cortando seus gastos com saúde e saneamento. Práticas ambientais que criam problemas de saúde, como desmatamento, represamento de rios ou aumento da irrigação, são cada vez mais incentivadas com um senso de urgência econômica que se opõe às críticas ecológicas (Shiva, 1991; Faber, 1993).

O sistema de saúde pública internacional foi pego de surpresa pelo ressurgimento de doenças antigas e o aparecimento de novas. Um conjunto limitado de experiência utilizado na formação das expectativas e uma estrutura teórica que era reducionista e pragmática causaram essa surpresa. As autoridades de saúde pública não conseguiram levar em conta a rica conexão entre natureza/sociedade, a complexidade não linear e a capacidade de dinâmica gerada internamente nos objetos que buscava gerenciar e um progressivismo ingênuo sobre o desenvolvimento tecnológico e econômico. Finalmente, esses vieses estão enraizados tanto na história de longo prazo da ciência quanto em sua organização social contemporânea como uma indústria do conhecimento. Essa indústria determina os limites dos vários campos de pesquisa, suas agendas e critérios para soluções bem-sucedidas de problemas.

Preparativos para o inesperado

Todas as outras espécies, assim como os seres humanos, têm que lidar com condições mutáveis. Portanto, podemos nos perguntar: como nós – e eles – confrontamos o novo? Existem basicamente cinco maneiras de se preparar para o inesperado: previsão, detecção com resposta, ampla tolerância, prevenção e estratégias mistas. Eles não são mutuamente exclusivos: uma estratégia mista no nível das enzimas pode fazer parte de uma ampla tolerância à temperatura no nível do organismo. O fim do curto alcance da previsão se funde com a detecção. Por exemplo, quando há sarampo em Dallas, não é inesperado haver sarampo também em Forth Worth. Do ponto de vista da população, a previsão do início do inverno faz parte da tolerância de um clima sazonal.

Previsão

Todas as previsões são semelhantes na medida em que assumem que o futuro será como o passado. Elas diferem em relação a qual passado se referem e há quanto tempo ele teve lugar. Alguns são de tão curto alcance que se fundem com a detecção, enquanto outros são projeções colocadas em um futuro distante. Algumas são previsões baseadas no desempenho passado da variável de interesse, por exemplo, temperatura. Algumas plantas florescem quando a temperatura é alta o suficiente para sugerir a primavera. Na Nova Inglaterra, muitas são mortas por uma geada tardia. Assim, muitos insetos usam a duração do dia em vez da temperatura como um indicador da aproximação do inverno e um sinal para deflagrar a dormência. A duração do dia não varia erraticamente de um dia para o outro, mas muda segundo um padrão regular, enquanto alguns dias de frio no verão podem levar os insetos a uma dormência prematura. Alguns dias quentes de outono podem deixá-los despreparados para o inverno. A duração do dia é um sinal mais confiável de que é hora de ficar inativo. Essas formas de se preparar para os eventos antes que eles aconteçam presumem que, embora as próprias variáveis (duração do dia, temperatura) mudem, o padrão climático permanece constante. As previsões também diferem em sua precisão. Algumas, como o número esperado de casos de uma infecção já bem estudada, pretendem ser bastante precisas. A previsão é usada para determinar quantas vacinas precisam ser preparadas ou quantos leitos hospitalares devem ser reservados. Outras são mais qualitativas. Por exemplo, embora não possamos prever quais novas doenças surgirão na floresta tropical, podemos ter certeza de que algumas infecções desconhecidas irão surgir e que mosquitos e outras moscas são prováveis vetores (oito famílias de moscas picam para obter sangue de mamíferos), e que os roedores são provavelmente seus reservatórios. Esse conhecimento não é útil para preparar uma vacina, mas pode orientar a elaboração um sistema de vigilância. Para esse tipo de previsão, você precisa de uma ampla base de conhecimentos gerais de ecologia e epidemiologia para saber onde procurar problemas emergentes.

Portanto, é razoável esperar uma epidemia de gripe no próximo inverno, porque temos uma a cada inverno e a prevalência de cada surto permanece dentro dos limites históricos. Esse futuro será como o passado. A Aids é diferente. O número de casos mudará para além dos níveis anteriores, mas supõe-se que as tendências atuais continuem no futuro próximo, de modo que algumas projeções sejam possíveis. Para antecipar o impacto do desmatamento na saúde, não podemos supor que as condições de saúde ou as tendências atuais permanecerão, apenas que os processos biológicos e econômicos que governaram o passado continuarão no futuro. E para antecipar o surgimento de novas doenças, temos que aplicar tudo o que sabemos sobre ecologia evolutiva, bem como sobre desenvolvimento.A previsão mais elementar e de curto prazo é que amanhã será como hoje. Há malária aqui e agora, então haverá malária aqui amanhã. Em regiões onde há a presença de malária, um aumento de mosquitos vetores pode ser um melhor sinal preditivo do que o número de casos atuais de malária. Mas pode não ser fácil saber quantos mosquitos vetores existem. Então chuvas, especialmente chuvas abundantes após um período de seca, podem se constituir em um sinal mais disponível do que um censo de mosquitos (Bouma, Sandorp e van der Kaay, 1994, p. 1440).

Nesse nível de previsão já temos uma grande quantidade de informações. Podemos usar a chuva para prever a malária, monitorar populações de roedores para peste, carrapatos para o censo da doença de Lyme e talvez florações de plâncton para cólera.

Outro modo de previsão não pressupõe que as variáveis de amanhã serão como as de hoje, mas que as tendências de hoje continuarão amanhã. As ratazanas nos subdesertos de Utah determinam quantos filhotes carregar de cada vez não pela atual disponibilidade de comida, mas pela taxa de crescimento da comida. Isso é detectado pela ratazana por meio de substâncias presentes nas pontas da grama em crescimento, que estimulam suas glândulas endócrinas. Muitos organismos usam a mudanças no ambiente em vez de sua condição atual. Alguns mosquitos depositam seus ovos acima da superfície da água, na vegetação, para que os ovos, quando encharcados após chuva suficiente, respondam ao aumento do nível da água em vez da duração do dia em si, o que os prepara para a migração. As sementes de algumas plantas em *habitats* áridos ficam dormentes até serem encharcadas mais de uma vez, indicando uma verdadeira estação chuvosa em vez de uma chuva fora de época. Também esperávamos que as tendências de ontem persistissem quando assumimos que o declínio de um século de doenças infecciosas fosse mantido.

Há, agora, uma série de mudanças ecológicas familiares, associadas ao desenvolvimento econômico, que têm consequências epidemiológicas previsíveis. O desmatamento nos trópicos leva à malária; a irrigação permite que os caracóis se espalhem em valas e aumentem a esquistossomose; a limpeza da terra para a produção de grãos geralmente causa explosões de populações de roedores e traz vírus desconhecidos, como a febre hemorrágica venezuelana, que entram em contato com as pessoas. Aqui, a doença específica não é prevista, mas a probabilidade de alguma infecção transmitida por roedores é indicada. Da mesma forma, o deslocamento populacional, os campos de refugiados, a expansão periurbana, todos têm suas consequências epidemiológicas em potencial. Processos menos óbvios também têm seu impacto. O escoamento de fertilizantes para os lagos pode levar à proliferação e morte de plânctons, seguidas por condições anóxicas nas quais as ninfas das libélulas são mortas, removendo um grande predador dos mosquitos. Especialmente em estuários estreitos, o enriquecimento de nutrientes a partir de fertilizantes e esgotos pode estimular a proliferação de plânctons que incluem dinoflagelados ou proteger o vibrião da cólera.

A previsão torna-se menos confiável quando tentamos antecipar as consequências das mudanças climáticas, especialmente porque estamos vivendo em um tempo sem precedentes. O ambiente está mudando mais rapidamente e em direções mais distintas do que em qualquer período para o qual temos registros. A atmosfera pode mudar rapidamente, mas nem todos os processos podem acompanhar o clima. Os processos mais lentos ficam para trás, de modo que diferentes partes da biosfera podem não mais se encaixar. As florestas crescem lentamente, de modo que durante os períodos de rápida mudança climática as árvores podem ser adequadas ao clima anterior e não ao clima atual. As respostas fisiológicas adaptativas aos sinais ambientais, como a duração do dia, perdem sua confiabilidade quando o início do inverno é atrasado ou avançado. As adaptações genéticas podem atrasar a mudança de *habitat* e os predadores podem se desconectar de suas presas. Portanto, as

PREPARANDO PARA A INCERTEZA

respostas correlacionadas entre os aspectos da biosfera mostrarão um novo padrão. O crescimento dos corais pode servir como um sumidouro que captura parte do dióxido de carbono aumentado da atmosfera na forma de esqueletos de carbonato de cálcio, mas os corais crescem muito lentamente. Mesmo que a poluição não estivesse envenenando os corais do mundo, seu crescimento lento ficaria muito atrás do aumento do dióxido de carbono atmosférico. Da mesma forma, aumentos de carbono normalmente resultariam em maior crescimento de plantas e, portanto, aumento na biomassa das florestas. Mas o desmatamento está substituindo qualquer aumento no crescimento das árvores, e a chuva ácida está inibindo a própria taxa de crescimento em um momento em que a fisiologia das plantas nos levaria a esperar um aumento daquela taxa. Para fazer previsões sobre esses novos padrões, temos que invocar o conhecimento biológico geral e aplicar princípios derivados de toda a natureza viva, em vez de confiar nas correlações do passado.

A possibilidade de disseminação de uma doença infecciosa transmitida por vetor para novas regiões em resposta às mudanças climáticas e mais atividades humanas locais não pode ser prevista apenas pela tolerância de um vetor às condições fisiológicas. Deve ser estudada a partir de uma formação em Biogeografia, especialmente a ecologia de invasões e colonização. A sobrevivência das espécies depende de suas relações com outras espécies, bem como de sua própria capacidade adaptativa. A maioria das espécies em uma comunidade não vive em condições ideais para elas. Algumas se adaptam melhor às condições mais quentes, outros às mais frias. Portanto, quando a temperatura muda, isso tornará o *habitat* mais adequado para algumas espécies, menos para outras. Algumas prolongarão ou reduzirão a duração diária ou sazonal de sua atividade, outras serão encontradas em mais ou menos microsítios dentro do *habitat*. Se as condições piorarem tanto para um predador quanto para sua presa, a população de presas pode aumentar, uma vez que o maior estresse fisiológico é compensado por menores taxas de predação. Efeitos indiretos da mudança de temperatura, como a turbidez da água ou a densidade da vegetação, podem alterar a eficácia da predação.

A previsão, portanto, depende da análise da estrutura da comunidade, bem como das tolerâncias fisiológicas. A doença do legionário ilustra esta situação. A bactéria *Legionella* tem distribuição global, mas nunca é muito abundante, porque não é uma boa competidora na comunidade aquática. Mas quando a tecnologia moderna criou os novos *habitats* de torres de resfriamento de água, ar condicionado e encanamentos em grande escala protegidos por cloração e temperaturas mais altas, os concorrentes da *Legionella* foram mortos. A *Legionella* não se beneficia diretamente do cloro ou do aquecimento, mas pode tolerar essas condições extremas melhor do que seus concorrentes devido à sua capacidade de colonizar as células dos protozoários e encontrar proteção nessas células; os restos das espécies de bactérias mortas fornecem um ambiente nutricional rico. Muitas vezes, em ambientes extremos, novos ou perturbados, encontramos espécies raras atingindo grandes números.

Uma descrição qualitativa das relações entre as espécies de uma comunidade pode ser representada por um gráfico (Puccia e Levins, 1985). As espécies constituintes são representadas por vértices. Estas são conectadas por arestas que são positivas ou negativas conforme uma espécie aumenta ou diminui a outra. Podemos rastrear, ao longo dessas bordas, qualquer impacto externo à medida que ele se infiltra na rede, aumentando em alguns caminhos, diminuindo em outros e, às vezes, invertendo a direção quando os subsistemas de *feedback* positivo causam respostas excessivas. Com um pouco de prática, podemos formar um senso intuitivo rápido do que está acontecendo, examinando a estrutura qualitativa do gráfico.

Uma epidemiologia comparativa poderia estudar o padrão de parasitas, hospedeiros, vetores e reservatórios entre grupos taxonômicos. Poderia fazer perguntas como: qual a relação entre a similaridade taxonômica dos parasitas e a similaridade clínica de seus efeitos? Quais grupos de parasitas mostraram flexibilidade evolutiva em relação às espécies hospedeiras? Em quais vetores o parasita reduz a aptidão? Por que existem tão poucas infecções transmitidas por ácaros em comparação com as transmitidas por carrapatos?

A epidemiologia evolutiva examina o curso da seleção natural em diversas espécies de parasitas, vetores, reservatórios e seus inimigos naturais, e sua capacidade de se adaptar a drogas ou novos ambientes ou se espalhar para novos hospedeiros. Ela faz perguntas sobre como a seleção age quando o próprio patógeno tem um grande número de formas de vida morfologicamente distintas e existe em uma variedade de *habitats*? Quais novos *habitats* são adequados para colonização por novos patógenos? A previsão de longo alcance de direções potenciais de evolução para patossistemas depende de um esforço de pesquisa em epidemiologia evolutiva, comparativa e ecológica.

Detecção e resposta

Os atuais esforços de saúde pública são direcionados principalmente para a detecção de novos surtos e uma resposta rápida a eles. Em alguns casos, isso foi muito bem-sucedido e os esforços de saúde pública foram iniciados dias ou semanas após um surto.

Para ser eficaz, a detecção e a resposta a um surto de uma doença infecciosa desconhecida devem ser suficientemente rápidas em comparação a sua duração. Uma resposta muito lenta acabará sendo deixada para trás pelos eventos, em vez de influenciar o curso de uma epidemia. Por exemplo, não faz sentido iniciar uma campanha de imunização contra a cólera em uma comunidade onde o surto já está ocorrendo – o tempo necessário para organizar uma campanha de imunização contra a cólera é muito longo e o curso da doença é muito rápido. Mas a imunização pode ser eficaz para proteger as comunidades vizinhas antes que a cólera as atinja.

A detecção pode ser estendida para a previsão quando monitoramos as populações de vetores e reservatórios e até mesmo as condições ambientais que as favoreçam. O monitoramento regular de roedores, mosquitos, carrapatos, proliferação de algas e água de lastro de navios são – ou terão que se tornar – parte rotineira dos sistemas de detecção. Redes de vigilância com equipes técnicas treinadas e equipadas com métodos diagnósticos de baixo custo são uma prioridade para que os países pobres participem efetivamente do monitoramento mundial.

O processo de reconhecimento de uma nova doença é complexo. As doenças são mais prontamente identificadas se afetarem populações com influência política, se uma doença rara se tornar comum ou uma doença local for disseminada, se os sintomas forem claramente distintos de outras doenças conhecidas, se a epidemiologia de base da comunidade já tiver sido descrita, se os sintomas como a exaustão, que antes era considerada parte de uma vida normal, tornarem-se socialmente inaceitáveis, se houver um sistema organizado de notificação de doenças infecciosas e se houver procedimentos de diagnóstico disponíveis.

Muitas vezes, as populações afetadas tomaram a iniciativa de colocar os problemas de saúde na agenda da profissão de saúde pública. O movimento de mulheres nos Estados Unidos chamou a atenção para a síndrome do choque tóxico. O Partido dos Panteras Negras em Chicago insistiu que os hospitais da área trabalhassem nos aspectos clínicos e epidemiológicos da anemia falciforme. Vizinhos próximos a depósitos de lixo tóxico ou indústrias poluidoras chamaram a atenção para os focos de leucemia e câncer de mama. A pesquisa sobre a Aids tem sido exigida e estimulada pela comunidade gay. Os profissionais de saúde pública devem generalizar a partir dessa experiência e explorar formas de colaborar com o público não profissional, fazendo uso de seus números, conhecimento detalhado de suas próprias situações, capacidade de organização e criatividade, em vez de tratar o público como objeto de pesquisa, como uma massa passiva a ser tranquilizada – ou uma massa recalcitrante a ser persuadida ou coagida a determinados comportamentos.

Tolerância (vulnerabilidade reduzida)

O curso de uma doença infecciosa em um indivíduo depende da exposição ao patógeno, seu sucesso em invadir o corpo, a tolerância do organismo a esse agente e a terapia profissional ou autodirigida. As taxas e probabilidades de cada uma dessas etapas dependem de uma multiplicidade de condições ambientais e sociais e, quando calculadas sobre a população, tornam-se os parâmetros da epidemiologia.

Muitos organismos dependem, para sua sobrevivência, de uma ampla tolerância às condições que podem enfrentar. Os responsáveis por melhoramento de plantas diferenciam a resistência vertical da horizontal. A resistência vertical confere proteção completa, mas apenas contra um genótipo muito específico de patógeno. Geralmente, é conferida por um único gene e não dura muito tempo. A ferrugem do trigo desenvolve rapidamente novas variantes para contornar os fatores resistentes, então novas variedades de trigo são criadas e o ciclo recomeça. A resistên-

PREPARANDO PARA A INCERTEZA   275

cia horizontal é geralmente mais complexa. Confere apenas proteção parcial, mas contra uma gama mais ampla de patógenos, e geralmente é de origem poligênica e de longa duração. As defesas das plantas na natureza são geralmente horizontais. Alguns indivíduos germinam cedo, antes que os vetores cheguem. Outros crescem rápido o suficiente para atingir a floração mesmo estando infectados. Alguns detêm a infecção através da textura da folha, ou inativam o patógeno quimicamente, ou suportam bactérias que competem com fungos infecciosos por nutrientes. Mecanismos de dispersão permitem que algumas plantas escapem para locais ainda não infectados. A diversidade de meios torna difícil para o patógeno romper essas defesas, pois isso exigiria fazer muitas coisas ao mesmo tempo. Portanto, embora muitas vezes encontremos plantas danificadas na natureza, raramente vemos populações dizimadas.

Muitas estratégias médicas visam proteção vertical por meio da imunização. Isso requer conhecimento prévio do sorotipo do patógeno ou a detecção e fabricação muito rápidas do anticorpo apropriado. Mas há outras medidas que não dependem de uma previsão tão precisa ou de uma resposta tão eficiente. Todas são elementos de uma estratégia horizontal que pode ser implementada sem esperar pelo aparecimento das ameaças de doenças específicas. Poderíamos instituir medidas destinadas a reduzir as influências imunossupressoras do álcool, estresse, drogas e a carga de infecção múltipla, como boa nutrição e saneamento, redução de poluentes, ritmo e tipo razoáveis de trabalho variado, a manutenção da biodiversidade e densidades populacionais moderadas em habitação, trabalho, escolas e transporte público e instalações distribuídas de forma equitativa para cuidados de saúde e apoio social.

Prevenção

As estratégias de previsão, detecção e tolerância pressupõem que não temos influência sobre a ocorrência de eventos surpresa. Na melhor das hipóteses, podemos prevê-los, detectá-los ou tolerá-los, mas eles estão, por definição, fora do nosso sistema, externos ao mundo da prática de saúde pública e da pesquisa em que atuamos. Em contraste, uma estratégia de prevenção alcança esse mundo externo de florestas, economias e climas e o trata como parte de um sistema mundial ampliado de atividade humana com esforços para influenciar o que acontece antes que chegue até nós. Portanto, passamos de modelos de resposta e gestão para modelos positivos de planejamento.

Com uma estratégia positiva de planejamento, examinamos o maior número possível de aspectos da relação de nossas sociedades com o resto da natureza na perspectiva dos impactos na saúde humana e no ecossistema. Isso requer questionar muitas das suposições que geralmente não são questionadas sobre agricultura, indústria, economia, desenvolvimento e assentamento humano. Temos que desafiar a suposição de que as coisas são como são porque não há outra maneira de organizar a vida social ou que há apenas um tipo de progresso.

Um passo fundamental na adoção de uma estratégia de planejamento positivo é a rejeição da noção de que o progresso ocorre ao longo de um único eixo, do atrasado ao moderno, e que a tarefa do atrasado é alcançar o moderno da mesma forma que os atuais países desenvolvidos se desenvolveram. Em vez disso, temos que reconhecer que o caminho de desenvolvimento predominante no mundo hoje é, na melhor das hipóteses, um estágio sucessório que não pode ser mantido. Como qualquer espécie colonizadora, a atual ordem mundial tem dispersão muito eficaz, altas taxas de crescimento e grande capacidade de transformação. É responsável pelo padrão geral de desajuste entre nossa espécie e o resto da natureza e dentro de nossa espécie, e parece estar destruindo, de muitas maneiras, as condições para sua própria continuação.

Portanto, temos que examinar o que planejamento positivo – guiado pelos critérios de ecossistema e saúde social – pode ter significado nas áreas de agricultura, produção industrial, padrões de assentamento humano, uso da terra, demografia e desenvolvimento socioeconômico. Na agricultura, significaria uma transição de um planejamento industrial para um ecológico: o planejamento de totalidades integradas baseadas em tecnologias mais brandas (Levins e Vandermeer, 1990). Incluiria uma evolução da produção tradicional de mão de obra intensiva, através dos sistemas intensivos de capital e de alto insumo do agronegócio contemporâneo, para a produção de baixo insumo e de conhecimento intensivo. Em lugares onde a agricultura de alto insumo ainda não está estabelecida, poderíamos contornar esse estágio e passar diretamente para um sistema de conhecimento intensivo, que faz uso tanto do conhecimento tradicional quanto da ciência ecológica moderna.

O planejamento ecológico transformaria a heterogeneidade aleatória de uso da terra, que reflete a história da posse da terra, em heterogeneidade projetada, na qual cada pedaço do mosaico de terra tem seu próprio produto e também contribui para os outros fragmentos, as florestas modulam o fluxo de água e alteram o movimento do ar, pastagens sustentam polinizadores para pomares e fornecem esterco para energia e enriquecimento do solo, bandos de aves domésticas – criadas em pequenas áreas intercaladas com pomares – são usadas para controlar insetos-praga e seus excrementos alimentam minhocas que depois melhoram o solo de canteiros de vegetais. A heterogeneidade serve como um amortecedor contra as flutuações do clima e dos preços, proporcionando emprego estável, mantendo as populações de inimigos naturais das principais pragas, conservando a fertilidade e fornecendo microclimas adequados para diferentes atividades.

Desde a pequena escala de *minifúndios* associada à "fome" de terra, passando (ou contornando) as plantações industriais em grande escala, até escalas de produção flexíveis que permitem tanto a interação entre os diferentes usos da terra quanto os outros tipos de mecanização que são realmente apropriados, a unidade de produção, e o tamanho da terra, podem ser pequenos ou grandes. Mas a unidade de projeto deve incluir muitos pedaços de terra para aproveitar a variabilidade da paisagem e coordenar o uso de recursos compartilhados entre diferentes terrenos.

O contraste entre o conhecimento tradicional, entendido como "atrasado", e o conhecimento científico, "moderno", deve ser rejeitado em favor de um esforço cooperativo entre agricultores e cientistas baseado no respeito mútuo. O conhecimento minucioso, íntimo, muito particular que os agricultores têm das suas próprias circunstâncias deve juntar-se ao conhecimento científico, que exige alguma distância do particular, para projetar tecnologias mais gentis e adaptadas a cada lugar.

Todo design positivo requer equidade social para que nenhuma subpopulação permaneça especialmente vulnerável às "externalidades" de deslocamento, da poluição, da perda de comunidade, da destruição ambiental ou de infecções novas e/ou ressurgentes, ou tenha que absorver a maior parte dos impactos das flutuações na produção ou preços, ou de desastres "naturais". Isso significa que as vozes dos vulneráveis devem ser ouvidas desde as primeiras etapas do planejamento.

Nada disso é fácil de fazer. Atualmente, um exemplo notável é Cuba, que apesar e por causa da atual crise econômica leva o mundo a um compromisso com uma sociedade ecologicamente racional.

Estratégia mista

Mesmo a melhor estratégia para enfrentar a incerteza só será bem-sucedida em partes. Depois de fazermos nossas melhores previsões, alertarmos nossos sistemas de detecção da melhor maneira possível, reduzirmos a vulnerabilidade e projetarmos nosso modo de vida para evitar o máximo de doenças possível, ainda haverá surpresas. Mesmo nossos melhores planos às vezes se tornam ineficazes ou contraproducentes. Uma estratégia mista faz parte do repertório adaptativo de muitos organismos e seria útil aqui. Inclui medidas que seriam eficazes para uma série de circunstâncias diferentes. Em um clima incerto, uma estratégia mista incluiria colheitas para seca e chuvas abundantes. Em uma economia incerta, incluiria produtos para o mercado e para a subsistência. Diante das incertezas globais, parece aconselhável retardar a homogeneização das culturas e sistemas sociais mundiais e incentivar abordagens alternativas na pesquisa científica e na assistência médica. Na ciência, uma estratégia mista apoiaria as abordagens mais promissoras, mas também apoiaria pontos de vista teóricos que não são populares e que provavelmente não terão sucesso. Deve-se permitir que elas se desenvolvam de modo que, se as teorias dominantes se mostrarem erradas, sempre haja alternativas disponíveis.

Ciência para um mundo em transformação

Existem muitos obstáculos no caminho de se criar o tipo de ciência que precisamos para entender os problemas novos, complexos e em rápida transformação que confrontam nossa espécie. A ciência tornou-se cada vez mais uma mercadoria, produzida para ser vendida por uma indústria do conhecimento. A organização e a cultura da ciência estão mostrando muitos dos problemas criados em outras indústrias no início

PREPARANDO PARA A INCERTEZA

da Revolução Industrial. Isso teve várias consequências: a escolha dos rumos da pesquisa é feita com base na comercialização, seja para agências de fomento, seja para indústrias que usariam o conhecimento para os transformar em bens de consumo injetáveis, engolíveis ou outros. Os cientistas vêm perdendo sua autonomia para gestores que optam por projetos bem definidos, de curto prazo e que se enquadrem nas definições rígidas de seus departamentos ou agências. A produção de pesquisa é cada vez mais monopolizada. O apoio é mais provável para projetos que prometam um resultado seguro que se encaixem nas agendas de seus patrocinadores. Os patrocinadores geralmente recebem o rótulo neutro de "tomadores de decisão", o que obscurece a natureza partidária da análise de políticas. Mais e mais cientistas estão se tornando parte de um proletariado acadêmico sem a segurança no emprego necessária para esforços arriscados, não convencionais ou que simplesmente cruzam fronteiras. Uma proporção crescente dos esforços dos cientistas vai para a redação de propostas, que se tornou uma arte em si. As restrições orçamentárias incentivam a cautela em vez da inovação. Tudo isso favorece a pesquisa altamente técnica em caminhos já reconhecidos.

No entanto, também há sinais de movimento na direção oposta, à medida que se torna cada vez mais evidente que nossas formas atuais de lidar com os problemas de saúde, agricultura, desenvolvimento, conservação, planejamento urbano e assim por diante, são simplesmente insuficientes para enfrentar as rápidas e inesperadas mudanças no horizonte. Nas instituições acadêmicas, vemos programas multi, inter e transdisciplinares construídos em torno de questões de ciência, tecnologia e sociedade. Fora da Academia, existem organizações para o desenvolvimento sustentável, justiça ambiental, agricultura de baixo consumo, agricultura orgânica, pesquisa ambiental de interesse público, saúde da mulher, preservação de antigas variedades vegetais e raças animais, defesa do consumidor e conservação em geral ou de *habitats* particulares. Há grupos comunitários atentos a novos tipos de doenças raras, uma nova geração de jornalistas investigativos bem informados sobre problemas ambientais e de saúde pública, sindicatos que prestam mais atenção do que antes ao meio ambiente no trabalho e à epidemiologia do trabalho, organizações não governamentais de base que combinam objetivos econômicos e ecológicos, todos desafiando a fragmentação prevalecente e o monopólio do conhecimento.

Há, então, um conflito crescente entre a necessidade urgente da nossa espécie de integração e democratização da ciência, e a economia e a sociologia do conhecimento mercantil que impede tal desenvolvimento. Podemos tentar meramente prever, detectar ou tolerar o resultado desse conflito. Ou podemos nos juntar à luta para intervir no que acontece.

PARTE TRÊS

GREYPEACE[1]

Greypeace
Luke Emaea Drive
Vista Pestosa, FL 09399

Prezado ocupante,

Estou escrevendo para você porque acredito que você seja uma daquelas pessoas especiais que se preocupam. Embora haja muitos grupos formados para promover a conservação de montanhas e florestas, ninguém parece cuidar do ambiente mais ameaçado e desprezado dos Estados Unidos: o depósito de rejeitos tóxicos.

Esses depósitos de rejeitos tóxicos são um ambiente verdadeiramente estadunidense. Não foram construídos por mordidinhas de formigas, nem resultaram de pisoteio de elefantes, eram totalmente desconhecidos ao longo da maior parte da história da Terra, e nunca foram detectados em nenhum outro planeta. Esse ambiente é uma criação única do Capitalismo e da liberdade, repassados a todas as outras sociedades como um monumento eterno à nossa iniciativa. Foi um dos primeiros ambientes a ser celebrado pelos poetas românticos. Parafraseando os versos imortais de Wordsworth:

> Eu vaguei solitário como uma nuvem
> de fumaça sulfurosa de hidrocarbonetos
> E não de vapor d'água
> Como os poetas descuidadamente assumem

---

[1] Este capítulo consiste em uma carta fictícia sobre o ambiente, sob o título "Greypeace" um jogo de palavras com "Greenpeace", satirizando depósitos de detritos tóxicos como "ambientes naturais" da paisagem estadunidense.
Tradução: Luiz Menna-Barreto.

> Meus olhos secos, minhas habilidades perdidas
> E muda música de minhas liras –
> Até que meu olfato encontrou
> Uma pilha, um monte de pneus queimados
> Ao lado do lago, onde não cresciam árvores
> Em amontoados de placas de circuitos impressos
> Abaixo, uma fonte iridescente
> Borbulhava na relva
> Brilhando em todo o espectro
> e cores desconhecidas de Deus
> Enquanto não vistas por olhos como os meus
> Um bilhão de moléculas examine
> Um bilhão de modos de recombinação
> Não pensadas desde o vazamento do Cambriano
> Como eu não poderia ter sido tocado
> No coração. E no pulmão. E no DNA.

Porém, estará esse lugar mágico condenado a desaparecer depois de tão breve florescimento? Nós não podemos acreditar que um fim trágico atinja esse lugar tão especial, um lugar não apenas valioso em si como também uma atração turística potencial para milhões de pessoas do mundo todo que admiram o modo estadunidense de ser. E isso quer dizer *dólares*.

Acreditamos que milhões de estadunidenses apreciam esse lugar maravilhoso, tão estadunidense como maçãs tratadas com agrotóxico ou superlucros. Acreditamos que, se eles soubessem dessas ameaças ao ambiente, milhões de estadunidenses admiradores da livre-iniciativa protestariam. Eles comprariam nosso novo Calendário Greypeace ilustrado com os Grandes Rejeitos Tóxicos (GRT) dos Estados Unidos. Comprariam nossos *kits* de GRT, que poderiam misturar com óleo usado de motor e derramar em seus quintais de modo a formar seus próprios micro-GRTs.

Você pode fazer parte do único movimento de proteção ambiental que também protege a economia, pois, nas palavras do grande Milton Friedman, a "proteção ambiental é inteiramente compatível com as necessidades econômicas, desde que você escolha proteger o ambiente certo". Lembre-se, nenhum veneno está de fato perdido se consegue encontrar o caminho de volta para casa.

Atenciosamente,
Yuno Yalt, Engenheiro-Chefe

GENES, AMBIENTE E ORGANISMOS[1]

Antes da Segunda Guerra Mundial, e após um curto período, como consequência da imensa notoriedade do projeto da bomba atômica e da promessa de energia nuclear, a Física e a Química foram as ciências de maior prestígio – a imagem do que a Ciência Natural deveria ser. Quando questionados em pesquisas de opinião sobre o prestígio relativo de várias áreas do conhecimento, os cidadãos dos Estados Unidos classificavam os cientistas nucleares e químicos acima de todos os outros ramos de pesquisa. Até mesmo os profissionais de disciplinas ditas "leves" (humanas), como a Psicologia e a Sociologia, foram classificados como acima dos meros biólogos.[2] A Filosofia da Ciência era essencialmente a Filosofia da Física e, em seu trabalho profícuo sobre a Sociologia da Ciência, *Ciência e a ordem social*, Bernard Barber podia escrever que "a Biologia ainda não encontrou um esquema conceitual de generalidade muito alta, como o das Ciências Físicas. Portanto, é menos adequada como ciência" (Barber, 1952, p. 14).

---

[1]   Este capítulo apareceu de forma um pouco distinta em Lewontin, Richard. "Genes, Environment, and Organisms". *In*: Silvers Robert B. (ed.) *Hidden Histories of Science*. London: Granta Books, 1997, p. 115-139.
       Tradução: Bruna Del Vechio Koike.

[2]   O estudo original é do fim dos anos 1940, de C. C. North e P. K. Halt (1949). Estudos posteriores deram resultados essencialmente idênticos.

Tudo isso mudou. É a Biologia que agora preenche as colunas sobre ciência dos jornais nacionais, e o fascínio da televisão por bilhões e bilhões de estrelas deu lugar a uma concentração na vida sexual de milhares de espécies de animais. A Filosofia da Ciência é agora, em grande parte, uma reflexão sobre questões biológicas; especialmente aquelas levantadas pela genética e pela teoria evolutiva. Os estudantes de ciência mais inteligentes agora escolhem carreiras em genética molecular, em vez de física nuclear, e é uma suposição provável que mais pessoas possam identificar os rostos de Watson e Crick do que os Bohr e Schrödinger.

Em parte, essa nova dominância da Biologia vem da nossa preocupação com a saúde, mas vem, em maior medida, da alegação da Biologia de ter se tornado uma "ciência adequada", ao cumprir a demanda de Barber por um "esquema conceitual de altíssima generalização". No nível molecular, toda vida é igual. O DNA, em suas várias formas, é tido como o responsável por carregar a informação que determina todos os aspectos da vida dos organismos, desde a forma de suas células até a forma de seus desejos. O código do DNA é "universal" (ou quase); isto é, uma mensagem específica de DNA será traduzida em uma mesma proteína em todas as espécies de seres vivos. Ao nível dos organismos, a aparente variedade extravagante de formas – e as maneiras de manter a vida, sua nutrição e reprodução – é explicada como solução ótima para os problemas colocados pela natureza, solução esta que maximiza o número de genes que serão passados para as futuras gerações.

Mesmo o que parece ser um defeito acidental é explicado pela lei universal de otimização da reprodução por seleção natural. O observador ingênuo pode pensar que um buraco apodrecido no tronco de uma árvore é uma má sorte para a árvore, mas o biólogo evolucionista nos assegura que é uma estratégia evolutivamente favorecida pela árvore a fim de atrair esquilos que espalharão suas sementes por toda parte. Não há adversidade que não tenha sido embelezada por um apelo à seleção natural.

A explicação de todos os fenômenos biológicos, do molecular ao social, como casos especiais de algumas leis gerais, representa o ápice de um programa para a mecanização dos fenômenos vivos, que começou no século XVII com a publicação, em 1628, do *Exercitatio de motu cordis et sanguinis in animalibus* [*Sobre o movimento do coração e do sangue em animais*], de William Harvey, no qual a circulação do sangue é explicada pela analogia com uma bomba mecânica com uma série de tubos e válvulas. A elaboração de Descartes sobre a metáfora da máquina geral para os organismos, na Parte V dos *Discursos*, fez um uso extensivo do trabalho de Harvey, a quem ele se refere, com características da arrogância francesa, como "um médico da Inglaterra, a quem se deve louvar por ter quebrado o gelo nesta área". Mas a metáfora da máquina cria um programa geral de investigação biológica circunscrito apenas por aquelas propriedades que organismos têm em comum com máquinas, objetos que têm partes articuladas cujos movimentos são projetados para realizar funções particulares. Assim, o papel da Biologia Mecanicista tem sido descrever os pedaços e peças da máquina, para mostrar como as peças se encaixam e se movem para fazer a máquina como um todo trabalhar e identificar as tarefas para as quais a máquina foi projetada.

Esse programa teve um sucesso extraordinário. Hoje conhecemos a estrutura dos organismos vivos até os mais finos detalhes da estrutura interna das células e do processamento de moléculas, embora algumas questões importantes permaneçam em aberto como, por exemplo, o problema de oferecer uma descrição adequada das conexões no cérebro de organismos complexos como os seres humanos. Também conhecemos muito sobre as funções dos órgãos, tecidos, células, e de um número notavelmente grande das moléculas que nos formam. Não existe qualquer razão para supor que o que ainda é desconhecido não será revelado pelas mesmas técnicas e com os mesmos conceitos que caracterizaram a Biologia nos últimos 300 anos. O método de Harvey e Descartes para revelar os detalhes da *bête machine* [máquina animal] funcionou. O problema é que a metáfora de máquina deixa algo de fora, e a Biologia Mecanicista pura, que não é nada além da Física continuada por outros meios, tentou simplificar tudo em detrimento de uma imagem fidedigna da natureza.

Os problemas da Biologia não são apenas os problemas de uma descrição precisa da estrutura e função das máquinas, mas também o problema de sua história. Organismos têm história em dois níveis. Cada um de nós começou a vida como um único óvulo fertilizado, que passou por processos de crescimento e transformação. Os processos da vida continuarão, e nós seremos continuamente transformados, mudando a forma de nossos corpos e mentes, até que terminemos "essa história venturosa", como diria Shakespeare. Além de suas histórias de vida individuais, os organismos têm uma história coletiva iniciada há 3 bilhões de anos com aglomerações rudimentares de moléculas, que atingiu agora o seu ponto médio com dezenas de milhões de espécies diversas e vai acabar daqui a 3 bilhões de anos quando o sol consumir a Terra em uma expansão impetuosa. Claro, as máquinas também têm histórias, mas um conhecimento da história da tecnologia ou da construção de máquinas individuais não é uma parte essencial da compreensão de seu funcionamento. Os projetistas de carros modernos não precisam consultar um projetista da Daimler original para um motor de combustão interna, nem um mecânico de garagem precisa saber como funciona uma fábrica de montagem de automóveis. Em contraste, uma completa compreensão dos organismos não pode ser separada de suas histórias. Desse modo, o problema de como o cérebro funciona na percepção e na memória é precisamente o problema de como as conexões neurais vêm a ser formadas, em primeiro lugar, sob a influência de sinais, sons, carícias e perturbações.

O reconhecimento da natureza histórica dos processos biológicos não é novo. O problema de trazer as histórias individuais e coletivas de organismos em uma grande síntese mecanicista já representava um importante conjunto de questões para a Biologia do século XVIII e para os enciclopedistas. A Biologia do século XIX foi consumida por essa questão, e os dois grandes monumentos da Biologia do século passado foram o esquema darwinista para evolução e a elaboração da embriologia experimental pela escola alemã de *Entwicklungsmechanik* [mecânica do desenvolvimento].

A dificuldade fundamental de encaixar esses fenômenos em sínteses mecanicistas surge de uma propriedade inconveniente de processos históricos, a saber, sua contingência. Ou seja, sistemas para os quais a história é importante são sistemas em que as influências externas às próprias estruturas desempenham um papel importante na determinação de suas funções. Desse modo, conforme as forças externas variam, a história do próprio sistema também irá variar. Não é preciso tomar a posição anárquica extrema de Tolstoi para concordar que o resultado da batalha de Borodino não foi determinado pelo nascimento de Napoleão ou Kutuzov, nem pela disposição de suas tropas em 7 de setembro de 1812. Qualquer

GENES, AMBIENTE E ORGANISMOS

consideração de eventos históricos exige necessariamente que confrontemos a relação entre o sistema que é nosso objeto de estudo e a penumbra das circunstâncias nas quais está inserido – o que está dentro e o que está fora. A relação entre dentro e fora não está em questão para a máquina, a não ser no sentido de que o que está do lado de fora pode interferir em seu funcionamento normal. Mudanças na temperatura e movimentos violentos da base em que se encontra são perturbações dos movimentos adequados de um relógio, razão pela qual o almirantado britânico ofereceu um prêmio considerável para um projeto de cronômetro preciso de navio. O projeto de incluir as histórias de vida dos organismos no modelo mecanicista requer que a interação entre o interior e o exterior seja tratada – e, de alguma forma, descartada – sem comprometer o programa cartesiano determinista. Os embriologistas e os evolucionistas tomaram duas abordagens bastante diferentes para a interação entre o interior e o exterior, que resolvem o problema de criar disciplinas "de generalidade muito alta como o das ciências físicas", mas à custa de distorcer seriamente nossa visão da natureza viva e de impedir, ao fim, a solução dos próprios problemas que essas ciências definiram para si mesmas.

O termo técnico para o processo de mudança contínua durante a vida de um organismo é "desenvolvimento", cuja etimologia revela a teoria subjacente ao seu estudo. Literalmente, "desenvolvimento" é um desdobramento (ou desenrolamento), uma metáfora ainda mais transparente em seu equivalente espanhol, *desarollo*, e no alemão *Entwicklung*, um desenrolamento. Nessa perspectiva, a história de um organismo é o desdobramento e a revelação de uma estrutura desde sempre imanente, assim como quando desenvolvemos uma fotografia e revelamos a imagem que já estava latente no filme exposto. O processo é inteiramente interno ao organismo, sendo o papel do mundo externo apenas prover uma condição hospitaleira na qual o processo interno pode seguir seu curso normal. No máximo, alguma condição externa especial, digamos que a temperatura suba acima de um mínimo, pode ser necessária para desencadear o processo de desenvolvimento, que se desdobra por sua própria lógica interna, assim como a fotografia latente se manifesta quando o filme é imerso na solução de revelação.

Uma característica das teorias do desenvolvimento, do corpo ou da psique, é que elas são teorias de *estágios*. O organismo é visto como atravessando uma série de estágios ordenados, sendo a conclusão bem sucedida do estágio anterior a condição para o início do próximo. As descrições clássicas da embriologia animal são em termos de estágios discretos, o "estágio de duas células", o "estágio de quatro células", o "estágio de blástula [bola de células]", o "estágio de nêurula [crista neural]". Existe, então, a possibilidade de um desenvolvimento interrompido, com o sistema travando em um estágio intermediário, incapaz de completar seu ciclo de vida normal por causa de uma falha interna no maquinário ou porque o mundo externo introduziu uma chave de fenda emperrando a máquina. As teorias do desenvolvimento psíquico são teorias clássicas de estágios. As crianças devem passar com sucesso pelos sucessivos estágios piagetianos, para entender como lidar com o mundo dos fenômenos reais externos. A teoria freudiana supõe que a anormalidade é uma consequência da fixação nos estágios anal ou oral no caminho para o erotismo genital normal. Para todas essas teorias, o mundo externo pode apenas desencadear ou inibir o desdobramento normal ordenado de uma sequência internamente programada. A Biologia e a Psicologia do Desenvolvimento burlam o problema da interação entre o dentro e o fora simplesmente negando ao exterior qualquer papel criativo.

A afirmação da hegemonia das forças internas sobre as externas no desenvolvimento tem sido um compromisso intelectual desde o início da Biologia do Desenvolvimento. Disputas entre teorias concorrentes da embriogênese foram realizadas inteiramente no interior dessa visão de mundo. O mais famoso foi o debate, no final do século XVIII e início do século XIX, entre pré-formacionismo e epigênese.[3] Os pré-formacionistas, em uma visão que nos parece uma superstição medieval, sustentavam que o organismo adulto já estava presente como um minúsculo homúnculo dentro do óvulo fertilizado (aliás, no esperma), e que o processo de desenvolvimento consistia apenas no crescimento e na solidificação da minúscula miniatura transparente.

Os epigeneticistas, cuja visão prevaleceu na Biologia moderna, alegaram que apenas um plano ideal do adulto existia no ovo, um plano que se tornava manifesto no processo de construção do organismo. Com

---

[3] Para uma visão perceptiva e informativa deste debate, ver Roe (1981).

exceção de que agora identificamos esse plano com entidades físicas, os genes feitos de DNA, nada mudou significativamente na teoria ao longo dos últimos 200 anos. No entanto, entre um pré-formacionismo concreto, que achava que havia um homenzinho em todos os espermatozoides, e um pré-formatismo idealista, que vê a especificação completa do adulto já presente no óvulo fertilizado, esperando apenas para se manifestar, não há muita diferença, exceto nos detalhes mecânicos. Na afirmação feita no centenário da morte de Darwin por um dos principais biólogos moleculares do mundo – um dos codescobridores do código genético – de que se ele tivesse um computador grande o suficiente e a sequência completa de DNA de um organismo poderia programar um organismo, ouvimos ecos do século XVIII. O problema com a metáfora do "desenvolvimento" é que ele fornece uma imagem empobrecida da determinação real da história de vida dos organismos. Desenvolvimento não é simplesmente a realização de um programa interno; não é um mero desdobramento. O exterior importa.

Primeiro, mesmo quando os organismos têm alguns "estágios" claramente diferenciados, eles não se seguem necessariamente em uma ordem predeterminada, mas o organismo pode passar pelos estágios repetidamente durante sua vida, dependendo dos sinais externos. As videiras tropicais que crescem na floresta profunda começam a vida como uma semente em germinação no chão da floresta. No primeiro estágio de crescimento, a videira é positivamente geotrópica e negativamente fototrópica. Ou seja, abraça o chão e se afasta da luz em direção à escuridão. Isso tem o efeito de trazer a videira para a base de uma árvore. Ao encontrar um tronco de árvore, a videira torna-se negativamente geotrópica e positivamente fototrópica, como a maioria das plantas, e cresce ao longo do tronco em direção à luz. Nessa fase, começa a criar folhas de forma característica. Quando alcança uma parte mais alta na árvore, onde a intensidade da luz é maior, o formato das folhas e a distância entre elas se modificam e as flores aparecem. Ainda mais acima, a ponta crescente da videira se move lateralmente ao longo de um galho, mudando novamente a forma de sua folha e depois volta a ser positivamente geotrópica e negativamente fototrópica, cai do galho e começa a crescer diretamente em direção ao chão da floresta. Se atingir outro ramo, mais abaixo, inicia novamente um estágio intermediário, mas, se atingir o solo, inicia seu ciclo novamente desde o início. Dependendo da intensidade da luz e a altura acima do solo, a videira faz diferentes transições entre os estágios.

Segundo, o desenvolvimento da maioria dos organismos é consequência de uma interação única entre seu estado interno e o meio externo. A cada momento da história de vida de um organismo, há a contingência de desenvolvimento, de modo que o próximo passo depende do estado atual do organismo e dos sinais ambientais que o atingem. Simplificando, o organismo é um resultado único de seus genes e da sequência temporal dos fatores ambientais pelos quais passou, e não há como saber antecipadamente, a partir da sequência de DNA, como será o organismo, exceto em termos gerais. Em qualquer sequência de ambientes que conhecemos, os leões dão a luz a leões e cordeiros a cordeiros, mas nem todos os leões são iguais.

A consequência dessa contingência para a variação entre organismos individuais é ilustrada por um experimento clássico em genética de plantas (Clausen, Keck e Hiesey, 1958). Sete indivíduos da planta *Achillea* foram coletados na Califórnia e cada planta foi cortada em três partes. Uma parte de cada planta foi replantada em baixa altitude (30 metros acima do nível do mar), uma em altitude intermediária (1.400 metros) e uma nas High Sierras (3.050 metros de altitude), e cada uma das partes tornaram-se novas plantas. A linha inferior da figura mostra como as amostras das sete plantas cresceram em baixa altitude, organizadas em ordem decrescente de sua altura final. A segunda linha mostra as mesmas plantas cultivadas em elevação intermediária, e a linha superior é o resultado do crescimento das plantas em alta altitude. As três plantas em qualquer coluna vertical são geneticamente idênticas, porque cresceram a partir de três partes da mesma planta original e, portanto, carregam os mesmos genes.

O que fica claro é que não podemos prever o crescimento relativo das diferentes plantas quando o ambiente é alterado. A planta mais alta em altitude baixa tem o pior crescimento na altitude intermediária, e até deixa de florescer nessa situação. A segunda maior planta na elevação alta (planta 9) tem altura intermediária na elevação intermediária, mas é a segunda menor na elevação baixa. Considerando tudo, simplesmente não há previsibilidade de um ambiente para o outro. Não existe um tipo genético "melhor" ou "maior". Embora não possamos cortar as pessoas em pedaços e criá-las em ambientes diferentes, em todos os organismos experimentais em que é possível duplicar a constituição genética e testar os indivíduos resultantes em ambientes diferentes, o resultado geral é semelhante ao da *Achillea*.

Figura 1 – Normas de reação à elevação para sete plantas diferentes de *Achillea* (sete genótipos diferentes). Um corte de cada planta foi cultivado em elevações baixa, média e alta.

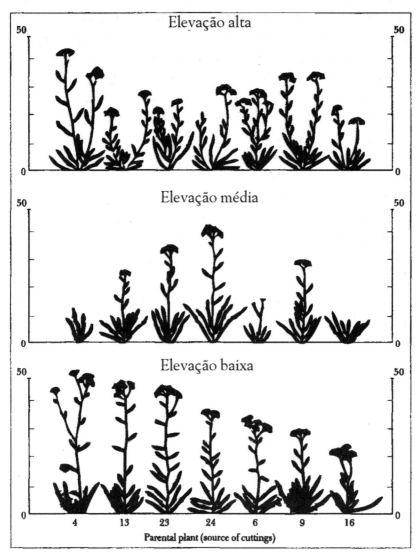

Instituição Carnegie de Washington

A interação entre genes e ambiente não esgota as fontes de variação no desenvolvimento. Todos os organismos "simétricos" desenvolvem assimetrias que variam de indivíduo para indivíduo. As impressões digitais das mãos esquerda e direita de qualquer ser humano individual são distintas. Uma mosca da fruta, não muito maior que a ponta de um lápis, tendo se desenvolvido presa no interior de um vidro, possui diferentes números de cerdas sensoriais nos lados esquerdo e direito, algumas moscas tendo mais cerdas à esquerda, outras, mais à direita. Além disso, essa variação de simetria é tão grande quanto a diferença entre moscas diferentes. Mas os genes dos lados esquerdo e direito de uma mosca são os mesmos, e parece absurdo pensar que a temperatura, a umidade ou a concentração de oxigênio eram diferentes entre os lados esquerdo e direito do minúsculo inseto em desenvolvimento. A variação entre os lados é resultado de eventos aleatórios no tempo de divisão e no movimento das células individuais que produzem as cerdas, o chamado ruído de desenvolvimento. Esse ruído é uma característica universal da divisão e movimento das células e certamente desempenha um papel no desenvolvimento de nossos cérebros. De fato, uma teoria influente do desenvolvimento do sistema nervoso central coloca na base do processo todo o caráter aleatório do crescimento e das conexões entre as células nervosas.[4] Simplesmente não sabemos quanto da variação na função cognitiva entre diferentes seres humanos é consequência de diferenças genéticas, quanto é resultado de diferentes experiências de vida e quanto é resultado de ruído aleatório no desenvolvimento. Não consigo tocar uma viola como Pinchas Zuckerman, e duvido seriamente que conseguiria mesmo se tivesse começado aos cinco anos de idade. Ele e eu temos conexões nervosas diferentes, e algumas dessas diferenças estavam presentes no nascimento, mas isso não é uma demonstração de que somos geneticamente diferentes a esse respeito.

Apesar da evidência de variações aleatórias e ambientais presentes na mão de cada indivíduo, a Biologia do Desenvolvimento, enquanto ciência, fez um progresso considerável se aferrando à metáfora do desenvolvimento ao restringir o âmbito dos problemas que aborda a apenas aqueles que podem ignorar o ambiente externo e o indeterminado. Os

---

[4]   A teoria seletiva de formação do sistema nervoso central é explicada em Edelman (1989).

biólogos do desenvolvimento concentram-se inteiramente em como a extremidade frontal de um animal é diferenciada da extremidade traseira ou porque os porcos não têm asas, problemas que podem ser abordados de dentro do organismo e que dizem respeito a algumas propriedades gerais da maquinaria. Como a produção de "esquemas conceituais de alta generalidade" é a marca do sucesso de uma ciência, que biólogo se desviaria do caminho certo para Estocolmo[5] para se afundar no pântano das variações individuais? Portanto, as limitações de nossos esquemas conceituais determinam não apenas a forma de nossas respostas às perguntas, mas quais perguntas podem ser "interessantes".

O maior triunfo da Biologia do século XIX foi a elaboração de uma explicação mecanicista e materialista para toda a história da vida. A palavra *evolução* tem as mesmas raízes que desenvolvimento e significa, literalmente, um desenrolar de uma história imanente. Realmente, algumas teorias pré-darwinianas correspondiam à metáfora, sendo a mais influente a fusão entre embriologia e evolução de Karl Ernst von Baer, em sua noção de *recapitulação*. Nesse esquema, organismos avançados em seu desenvolvimento individual passam por uma série de estágios correspondentes aos adultos de suas formas ancestrais menos evoluídas. Ou seja, seu desenvolvimento recapitula sua história evolutiva. A evolução progressiva consiste, portanto, na adição de novos estágios, mas todas as espécies passam por todos os antigos, do ovo ao adulto. É verdade que, em uma fase embrionária precoce, temos fendas branquiais como peixes, conexões entre os lados do coração como anfíbios e caudas como cachorros, que desaparecem à medida que amadurecemos, de modo que certamente carregamos em nossa história individual os traços de nossa evolução.

A teoria darwiniana rompeu radicalmente com essa visão internalista. Darwin accitou completamente a contingência da evolução e construiu uma teoria na qual tanto forças internas quanto externas desempenham um papel, mas de maneira assimétrica e alienada. O primeiro passo na teoria é a completa separação causal entre o interno e o externo. No lamarckismo, com seu compromisso com a herança das características

---

[5] Referência à cidade sueca que abriga a renomada premiação do Nobel de Ciência.

adquiridas e a incorporação do externo ao organismo em consequência dos esforços do próprio organismo, não há separação clara entre o que está dentro e o que está fora. A diferença radical de Darwin em relação ao lamarckismo estava em sua clara demarcação de dentro e fora, de organismo e meio ambiente, e em sua alienação das forças dentro dos organismos em relação às forças que governam o mundo exterior. Segundo o darwinismo, existem mecanismos inteiramente internos aos organismos que os fazem variar um do outro em suas características herdáveis. Em termos modernos, são mutações dos genes que controlam o desenvolvimento. Essas variações não são induzidas pelo ambiente, mas são produzidas aleatoriamente com relação às exigências do mundo exterior. Independentemente, existe um mundo externo construído por forças autônomas, fora da influência do próprio organismo, que define as condições para a sobrevivência e reprodução da espécie. Interior e exterior se confrontam apenas por meio do processo seletivo da sobrevivência e reprodução diferencial daquelas formas orgânicas que melhor se encaixam, *por acaso,* ao mundo externo autônomo. Aqueles que se encaixam sobrevivem e se reproduzem, o resto é eliminado. Muitos são chamados, mas poucos são escolhidos.

Esse é o processo de *adaptação* pelo qual a população passa a ser caracterizada apenas por aquelas formas que, por acaso, atendem às demandas preexistentes da natureza externa. A natureza coloca problemas para os organismos que eles devem resolver, ou então, perecer. Natureza, ame-a ou deixe-a. Novamente, a metáfora corresponde à teoria. Por "adaptação" entendemos a alteração e o ajuste de um objeto para se encaixar a uma situação preexistente, como quando viajamos e usamos um adaptador para fazer com que barbeadores e secadores de cabelo funcionem com outras voltagens. Evolução por adaptação é quando os organismos são forçados pelas demandas de um mundo externo autônomo a resolver problemas que não são de sua própria autoria, e sua única esperança é que a força interna de uma mutação aleatória forneça, por acaso, uma solução. O organismo torna-se, assim, o nexo passivo de forças internas e externas. Parece quase não ser um ator em sua própria história.

A alienação que Darwin postulou entre o ambiente e o organismo foi um passo necessário na mecanização da Biologia, substituindo a interpenetração mística do interior com o exterior que não possuía nenhuma base material. Mas o que é um passo necessário na construção do conhecimento em um determinado momento se torna um impedimento em outro. Embora Lamarck estivesse errado em acreditar que os organismos poderiam incorporar o mundo exterior à sua hereditariedade, Darwin estava errado ao afirmar a autonomia do mundo externo. O ambiente de um organismo não é um conjunto independente e preexistente de problemas para os quais os organismos precisam encontrar soluções, pois os organismos não apenas resolvem problemas: eles os criam, em primeiro lugar. Assim como não existe organismo sem ambiente, tampouco existe ambiente sem organismo. "Adaptação" é a metáfora errada e precisa ser substituída por uma metáfora mais apropriada, como "construção".

Primeiro, embora exista realmente um mundo externo independente de qualquer criatura viva, a totalidade desse mundo não deve ser confundida com o ambiente do organismo. Os organismos, por suas atividades de vida, determinam o que é relevante para eles. Montam seus ambientes a partir da justaposição de pedaços do mundo exterior. Do lado de fora da minha janela há trechos de grama seca cercando uma grande pedra. Pardais recolhem a grama para fazer ninhos nas vigas da minha varanda, mas a pedra não é relevante para eles e não faz parte do ambiente deles. A pedra, por outro lado, faz parte do ambiente dos tordos, que a usam como bigorna para quebrar caracóis, batendo-os com força. Não muito longe, há uma árvore com um grande buraco que é parte do ambiente de um pica-pau que fez um ninho, mas o buraco não existe no mundo biológico dos pardais ou dos tordos. As descrições dos biólogos sobre o "nicho ecológico" de um organismo, como um pássaro, são caracterizadas por uma retórica reveladora. "O pássaro", afirma a descrição do nicho, "come insetos voadores na primavera, mas muda a dieta para pequenas sementes no outono. Faz um ninho de grama, galhos e lama a cerca de um a três pés acima do solo, no garfo de uma árvore, na qual cria de três a quatro filhotes. Voa para o sul quando os dias ficam mais curtos que 12 horas".[6]

---

[6] O observador de pássaros sofisticado não reconhecerá nenhum dos pássaros reais nesta história de vida composta.

Cada palavra é uma descrição de atividades da vida do pássaro, não da natureza externa autônoma. É impossível julgar o que são os "problemas" estabelecidos pela natureza sem descrever o organismo para o qual se diz que esses problemas existem. Em algum sentido abstrato, voar pelo ar é um problema potencial para todos os organismos, mas esse problema não existe para as minhocas que, *como consequência dos genes que carregam*, passam a vida no subsolo. Portanto, assim como as informações necessárias para especificar um organismo não estão totalmente contidas em seus genes, mas também em seu ambiente, os problemas ambientais do organismo são uma consequência de seus genes. Os pinguins, pássaros que passam boa parte da vida debaixo d'água, alteraram suas asas para transformá-las em nadadeiras. Em que estágio da evolução dos ancestrais voadores dos pinguins a natação subaquática se tornou um "problema" a ser resolvido? Não sabemos, mas presumivelmente seus ancestrais já haviam feito da natação uma parte importante de suas atividades vitais antes da seleção natural favorecer a transformação de asas em remos. Os peixes precisam nadar e os pássaros precisam voar. A origem do voo também tem seus problemas. Um animal que não voa e no qual brotam asas rudimentares não conseguiria sair do chão com elas, como se pode verificar facilmente batendo um par de raquetes de pingue-pongue. A força de sustentação aumenta muito lentamente com o aumento da área de superfície para asas pequenas e, abaixo de um determinado tamanho, não há sustentação alguma, não se forma uma força ascendente. Em contrapartida, mesmo pequenas membranas finas acabam sendo excelentes dispositivos para dissipar o calor ou coletá-lo da luz do sol, e muitas borboletas usam suas asas para esse fim. Nosso melhor palpite atual é que as asas não se originaram para resolver o problema do voo, mas eram dispositivos de regulação do calor que, quando se tornaram grandes o suficiente, deram ao inseto alguma forma de sustentação ascendente e fizeram do voo um novo problema a ser resolvido.

Como os organismos criam seus próprios ambientes, não é possível caracterizar o ambiente exceto na presença do organismo que ele envolve. Usando dispositivos ópticos apropriados, é possível ver que existe uma camada de ar quente e úmido ao redor de cada um de nós, que se move

GENES, AMBIENTE E ORGANISMOS

continuamente acima da superfície de nossos corpos e do topo de nossas cabeças. Essa camada, presente em todos os organismos que vivem no ar, é resultado da produção de calor e água por nosso metabolismo. Como consequência, carregamos conosco nossa própria atmosfera. Se o vento soprasse e afastasse a borda dessa camada, seríamos expostos ao mundo exterior e saberíamos o quão realmente frio está lá fora. Esse é o significado do índice de resfriamento pelo vento.

Segundo, todo organismo, não apenas a espécie humana, está em constante processo de mudança de ambiente, criando e destruindo seus próprios meios de subsistência. Faz parte da ideologia do movimento ambiental que, únicos entre as espécies, os seres humanos estão em vias de destruir o mundo em que habitam, enquanto a natureza intocada estaria em eterna harmonia e equilíbrio, imutável. Isso não passa de romantismo rousseauniano. Toda espécie consome seus próprios recursos de espaço e nutrientes, e, nesse processo, produz resíduos que são tóxicos para si e para seus descendentes. Todo ato de consumo é um ato de produção, e todo ato de produção é um ato de consumo. Todo animal, quando respira o precioso oxigênio, exala dióxido de carbono nocivo, isto é, nocivo para si mesmo, mas não para as plantas, que se aproveitam dele. Como Mort Sahl observou certa vez, por mais cruéis e insensíveis que sejamos, toda vez que respiramos fazemos uma flor feliz. Todo organismo priva seus colegas de espaço, e quando se alimenta e digere, excreta resíduos tóxicos em sua própria vizinhança.

Em alguns casos, *em sua função normal,* os organismos tornam impossível que seus próprios filhos os sucedam. Quando as fazendas pedregosas da Nova Inglaterra foram abandonadas às pressas durante a corrida para o Oeste depois de 1840, os campos foram inicialmente ocupados por ervas daninhas e depois tomados por fileiras de pinheiros brancos. No início de 1900, pensava-se que os pinheiros seriam uma fonte constante de renda devido à madeira e à celulose, mas eles não se reproduziram no local e deram lugar a madeiras duras, imediatamente quando cortados, ou lentamente, quando deixados de lado. O problema todo é que as mudinhas de pinheiro são intolerantes à sombra e não podem crescer em uma floresta, nem mesmo em uma floresta de pinheiros. Os pinheiros adultos criam, assim, uma condição que é hostil à sua própria prole, de modo que só podem sobreviver como espécie se algumas das sementes puderem colonizar áreas recém-abertas, sem as sombras de seus ancestrais. Mas todos os organismos também produzem as condições necessárias para a sua existência. Os pássaros fazem ninhos, abelhas fazem colmeias e toupeiras fazem tocas. Quando as plantas criam raízes, mudam a textura do solo e excretam substâncias químicas que estimulam o crescimento de fungos simbióticos que ajudam a nutrição da planta. As formigas que cultivam fungos juntam e mastigam folhas, as quais semeiam com os esporos de cogumelos que comem. A todo momento, todas as espécies estão no processo de criação e recriação, benéfica e prejudicial, de suas próprias condições de existência, de seu próprio ambiente.

Pode-se objetar que alguns elementos importantes do mundo exterior são arremessados sobre os organismos pelas próprias leis da natureza. Afinal, a gravidade seria um fato da natureza, mesmo que Newton nunca tivesse existido. Mas a relevância de forças externas para um organismo, mesmo uma tão universal quanto a gravidade, é codificada em seus genes. Nós, humanos, somos oprimidos pela gravidade, adquirindo pés chatos e dores lombares em virtude de nosso grande tamanho e postura ereta, consequências dos genes que herdamos. As bactérias que vivem no meio líquido não sofrem com a gravidade, mas estão sujeitas a outra força física "universal", o movimento Browniano. Por serem tão pequenas, as bactérias são empurradas para lá e para cá pelos movimentos térmicos aleatórios das moléculas no meio líquido – uma força que, felizmente, não nos faz cambalear de um lado para o outro da sala. Todas as forças naturais operam efetivamente em faixas particulares de tamanho e distância, de modo que os organismos, à medida que crescem e evoluem, podem passar do domínio de um conjunto de forças para outro. Todos os organismos que existem hoje evoluíram, e têm que sobreviver, em uma atmosfera com 18% de oxigênio, um elemento extremamente reativo e quimicamente poderoso. Mas os organismos mais antigos não precisavam lidar com oxigênio livre, que era ausente da atmosfera original da Terra, uma atmosfera com altas concentrações de dióxido de carbono. Foram os próprios organismos que produziram o oxigênio, por meio da fotossíntese, e exauriram o dióxido de carbono até sua proporção atual, de uma fração de 1%, sequestrando-o em vastos depósitos de calcário, carvão e petróleo. Assim, a visão apropriada da evolução é a coevolução dos organismos e seus ambientes, cada mudança em um organismo sendo tanto causa e efeito de mudanças no ambiente. O interior e o exterior realmente se interpenetram, e o organismo é o produto e o local dessa interação.

A visão construcionista do organismo e do meio ambiente tem alguma consequência para a ação humana. Um movimento ambiental racional não pode ser construído sob a demanda de "salvar o meio ambiente", que, de qualquer forma, não existe. Óbvio que ninguém quer viver em um mundo que fede mais e é mais feio do que o de hoje, ou um mundo no qual a vida é ainda mais "solitária, pobre, desagradável, brutal e curta" do que é agora. Mas esse desejo simplesmente não tem como ser realizado pela exigência impossível de que os seres humanos parem de mudar o mundo. Remanejar o mundo é propriedade universal dos organismos vivos, é indissociável de sua natureza. Em vez disso, devemos decidir em que tipo de mundo queremos viver e, em seguida, tentar gerenciar os processos de mudança da melhor maneira possível para aproximarmo-nos desse objetivo.

O SONHO DO GENOMA HUMANO[1]

1

Fetiche:[...] Um objeto inanimado adorado por selvagens por causa de seus supostos poderes mágicos inerentes, ou como sendo animado por um espírito.
Oxford English Dictionary

Cientistas são figuras públicas e, como outras figuras públicas com um certo sentido de sua própria importância, comparam a si mesmos e o seu trabalho a monumentos passados da cultura e da história. A Biologia moderna, especialmente a Biologia Molecular, passou por dois desses episódios de se envaidecer diante do espelho da história. O primeiro usou a metáfora da revolução, como é característico de um campo em desenvolvimento que promete resolver problemas importantes que há muito resistem aos métodos de uma tradição mais antiga. Tocqueville observou que quando a monarquia burguesa foi derrubada, em 24 de

---

[1] Este capítulo apareceu de forma um pouco distinta em Lewontin, Richard. "It Ain't Necessarily So: The Dream of the Human Genome and Other Illusions". New York: New York Review Books, 2000. Ele foi baseado em um ensaio que apareceu no *The New York Review of Books*, em maio de 1992. Os seguintes livros foram resenhados pela publicação: Kevles e Hood (1992); Davis (1990); Wingerson (1990); Suzuki e Knudtson (1990); Committee on Mapping and Sequencing... (1988); Bishop e Waldholz (1990); Wills (1991); Nelkin e Tancredi (1989); Committee on DNA Technology... (1992).
Tradução: Rúbia Mendes.

fevereiro de 1848, os deputados se compararam conscientemente aos girondinos e aos montanheses da Convenção Nacional de 1793:

> Os homens da primeira Revolução viviam em cada mente, seus atos e palavras presentes em cada memória. Tudo o que vi naquele dia trazia a impressão visível dessas lembranças; parecia-me durante o tempo todo como se eles estivessem empenhados em encenar a Revolução Francesa, em vez de continuá-la.

O romantismo de ser um revolucionário havia infectado os cientistas muito antes de Thomas Kuhn fazer de "Revolução Científica" o bordão do conhecimento progressivo. Muitos dos fundadores da Biologia molecular começaram como físicos, versados na cultura da revolução da Mecânica Quântica da década de 1920. O Rousseau da Biologia Molecular foi Erwin Schrödinger, o formulador da equação de onda quântica, e cujo livro *What Is Life?* foi o manifesto ideológico da nova Biologia. O Robespierre da Biologia Molecular foi Max Delbruck, um aluno de Schrödinger que criou um aparato político denominado Grupo de Fagos, responsável por executar na prática o programa experimental da revolução molecular. Uma história do Grupo de Fagos, escrita por seus primeiros participantes e rica em autoconsciência de uma tradição revolucionária, foi produzida há 25 anos (Cairn, Stent, e Watson, 1966).

A revolução biológica molecular não teve seu Termidor; ao contrário, ascendeu ao estado de uma ortodoxia incontestada. A autoimagem de seus praticantes, assim como a fonte de suas metáforas, mudou para refletir sua percepção de verdade transcendente e poder inatacável. A Biologia Molecular é agora uma religião, e os biólogos moleculares são seus profetas. Os cientistas hoje falam do "Dogma Central" da Biologia Molecular, e a contribuição de Walter Gilbert para a coleção *O código dos códigos* é intitulada "Uma visão do Graal". Em seu prefácio, Daniel Kevles e Leroy Hood se referem a metáforas diretas e sem aspas:

> A busca pelo Graal biológico vem acontecendo desde a virada do século, mas agora entrou em sua fase culminante com a recente criação do Projeto Genoma Humano, cujo objetivo final é a aquisição de todos os detalhes do nosso genoma. Isso vai transformar nossas capacidades de prever o que podemos nos tornar.
>
> Inquestionavelmente, as conotações de poder e medo associadas ao Santo Graal acompanham o Projeto Genoma, sua contraparte biológica. Sem dúvida, afetará o modo como grande parte da Biologia é desenvolvida no

O SONHO DO GENOMA HUMANO

século XXI. Qualquer que seja a forma desse efeito, a busca pelo Graal biológico mais cedo ou mais tarde alcançará seu fim, e acreditamos que não é muito cedo para começar a pensar sobre como controlar o poder de forma a diminuir – ou melhor ainda, desfazer – os legítimos temores sociais e científicos. (Kevles e Hood, 1993)

É um sinal de sua alienação em relação à religião que uma comunidade científica com uma alta concentração de ateus e judeus seculares do Leste europeu tenha escolhido como sua metáfora central o objeto mais misterioso do cristianismo medieval.

Assim como havia lendas do Santo Graal de Percival, Gawain e Galahad, há agora uma lenda do Graal de Gilbert. Cada célula do meu corpo (e do seu) contém em seu núcleo duas cópias de uma molécula muito longa chamada de ácido desoxirribonucleico (DNA). Uma dessas cópias veio do meu pai e a outra da minha mãe, reunidas na união de espermatozoide e óvulo. Essa molécula muito longa é diferenciada ao longo de seu comprimento em segmentos de funções separadas chamadas genes, e o conjunto de todos esses genes é chamado, coletivamente, de genoma.

O que eu sou, as diferenças entre eu e os outros seres humanos, as semelhanças entre os seres humanos que os distinguem, digamos, dos chimpanzés, são determinadas pela composição química exata do DNA que constitui meus genes. Nas palavras de um popular bardo dessa lenda contemporânea, os genes "nos criaram corpo e mente" (Dawkins, 1976, p. 21). Portanto, quando soubermos exatamente como são os genes, saberemos também o que é ser um ser humano, e por que alguns de nós lemos a *The New York Review of Books*, enquanto outros não conseguem ir além do *New York Post*. "Variações genéticas no genoma, várias combinações de diferentes possíveis genes [...] criam a variedade infinita que vemos entre os membros individuais de uma espécie", de acordo com Joel Davis em *Mapping the Code* (Davis, 1990). Sucesso ou fracasso, saúde ou doença, loucura ou sanidade, nossa capacidade de pegar ou largar – tudo isso é determinado, ou pelo menos fortemente influenciado, por nossos genes.

A substância da qual os genes são feitos deve ter duas propriedades. Primeiro, se as milhões de células do meu corpo contêm cópias de moléculas que estavam originalmente presentes em parte no espermatozoide e em parte no óvulo de onde minha vida se originou, e se, por sua vez, fui capaz de passar cópias para os milhões de células de esperma que eu produzi, então a molécula de DNA deve ter o poder de *autorreprodução*. Segundo, se o DNA dos genes é a causa eficiente de minhas propriedades como ser vivo, das quais eu sou o resultado, então o DNA deve ter o poder de *ação própria*. Isto é, deve ser uma molécula ativa que impõe uma forma específica a um óvulo fecundado previamente indiferenciado, de acordo com um esquema que é ditado pela própria estrutura interna do DNA.

Como essa molécula autoprodutora e autoatuante é a base de nosso ser, o "precioso DNA" deve ser guardado por um "escudo mágico" contra o "furacão de forças" que o ameaça do lado de fora. Segundo Christopher Wills, essas forças se referem ao bombardeio de outras moléculas quimicamente ativas da célula, que podem destruir o DNA. Não é à toa que o DNA é chamado de Graal. Como aquela tigela mística, diz-se que o DNA se autorrenova regularmente, proporcionando sustento a seus possuidores *sans serjant et sans senescal* [sem servo e sem mordomo], e é protegido das forças hostis por seus próprios cavaleiros.

Como é que uma mera molécula pode ter o poder de autorreprodução e de ação própria, sendo a causa de si mesma e a causa de todas as outras coisas? O DNA é composto de unidades básicas, os nucleotídeos, dos quais existem quatro tipos: adenina, citosina, guanina e timina (A, C, G e T). Os nucleotídeos são amarrados um após o outro em uma longa sequência linear, compondo uma molécula de DNA. Portanto, um pedaço de DNA pode ter a sequência de unidades CAAATTGC... e outro a sequência TATCGCTA..., e assim por diante. Um gene típico pode ser constituído de 10 mil unidades básicas e, uma vez que existem quatro possibilidades diferentes para cada posição na sequência, o número de diferentes tipos de genes possíveis é muito maior do que o que normalmente é chamado de "astronomicamente grande" (seria representado como 1 seguido por 6.020 zeros). A sequência de DNA é como um código com quatro letras diferentes, cujos arranjos em mensagens com milhares de letras são de variedade infinita. Apenas uma pequena fração das mensagens possíveis pode especificar a forma e o conteúdo de um organismo funcional, mas esse ainda é um número astronomicamente grande.

As mensagens de DNA especificam o organismo ao determinar a composição das proteínas das quais os organismos são feitos. Uma

O SONHO DO GENOMA HUMANO   307

sequência particular de DNA faz uma proteína particular de acordo com um conjunto de regras de decodificação e processos de fabricação que são bem compreendidos. Parte do código do DNA determina exatamente qual proteína será produzida. Uma proteína é uma longa cadeia de unidades básicas chamadas aminoácidos, das quais existem 20 tipos diferentes. O código do DNA é lido em grupos de três nucleotídeos consecutivos, e cada um dos trios – AAA, AAC, GCT, TAT etc. – corresponde a um dos aminoácidos. Como existem 64 trios possíveis e apenas 20 aminoácidos, mais de um trio corresponde a um mesmo aminoácido (o código é "redundante"). A outra parte do DNA determina quando e onde, no organismo em desenvolvimento, a fabricação de uma determinada proteína será "ligada" ou "desligada". Ao ligar e desligar genes em diferentes partes do organismo e em momentos diferentes do desenvolvimento, o DNA "cria" o ser vivo, "corpo e mente".

Mas como o DNA se recria? Por sua própria estrutura dupla e autocomplementar (da mesma forma que se diz que o sangue de Cristo é renovado no Graal pelo Espírito Santo). A fita de ácidos nucléicos do DNA, que carrega a mensagem da produção de proteínas, é acompanhada por outra fita helicoidalmente entrelaçada e ligada a ela em um abraço químico. Os nucleotídeos de uma fita se associam aos nucleotídeos da outra de forma complementar. Cada A na fita é correspondido por um T na fita complementar, cada C por um G, cada G por um C e cada T por um A.

A reprodução do DNA se dá por um desacoplamento das fitas combinadas, seguido pela formação de uma nova fita complementar em cada uma das fitas parentais. Assim, a autorreprodução do DNA é explicada por sua estrutura dual complementar e o seu poder criativo, por sua diferenciação linear.

O problema com essa história é que, embora esteja correta em sua descrição molecular detalhada, está errada no que afirma explicar. Primeiro, o DNA não se autorreproduz; segundo, na verdade ele não faz nada; e terceiro, os organismos não são determinados por ele.

O DNA é uma molécula morta, uma das moléculas mais quimicamente inertes e não reativas do mundo vivo. É por isso que conseguimos recuperá-lo, em estado bom o suficiente para mapear sua sequência, a partir de múmias, de mastodontes congelados há dezenas de milhares de anos e até mesmo, nas circunstâncias certas, de plantas fósseis de 20 milhões de anos. O uso forense de DNA para ligar supostos criminosos às vítimas depende da recuperação de moléculas não degradadas de fragmentos secos de sangue e pele. O DNA não tem poder de se reproduzir. Em vez disso, é produzido a partir de materiais elementares por uma complexa maquinaria celular de proteínas. Embora se diga que o DNA produz proteínas, de fato são as proteínas (enzimas) que produzem o DNA. O DNA recém-fabricado é certamente uma *cópia* do antigo, e a estrutura dupla da molécula de DNA efetivamente fornece um modelo complementar a partir do qual o processo de cópia pode funcionar. O processo de cópia de uma fotografia inclui a produção de um negativo complementar que é então impresso, mas não descrevemos a fábrica da Kodak como um local de autorreprodução.

Nenhuma molécula viva se autorreproduz. Somente células inteiras podem conter todo o maquinário necessário para a "autorreprodução" e mesmo elas, no processo de desenvolvimento, perdem essa capacidade. Nem organismos inteiros se autorreproduzem, como mesmo o leitor cético logo se dará conta. E, no entanto, até o biólogo molecular sofisticado, ao descrever o processo de cópia do DNA, cai na retórica da "autorreprodução". Christopher Wills, no processo de uma descrição mecânica da síntese do DNA, nos diz que "o DNA não pode fazer cópias de si mesmo *sem assistência*" (ênfase adicionada), mas logo depois diz que "para que o DNA se duplique, a dupla hélice deve ser desfeita em duas cadeias separadas".

O DNA não apenas é incapaz de fazer cópias de si mesmo, com ou sem ajuda, mas também de "fazer" qualquer outra coisa. A sequência linear de nucleotídeos no DNA é usada pela maquinaria da célula para determinar qual sequência de aminoácidos deve ser construída e para determinar quando e onde a proteína deve ser produzida. Mas as proteínas da célula são feitas por outras proteínas e, sem esse maquinário de produção de proteínas, nada pode ser feito. Parece aqui que batemos em um regresso ao infinito (quem faz as proteínas necessárias para fazer proteínas?), mas essa aparência é apenas um artefato de outro erro da Biologia vulgar: a ideia de que apenas os genes são passados de pais para

O SONHO DO GENOMA HUMANO

filhos. Na verdade, um ovo, antes da fecundação, contém um aparato de produção completo ali depositado no curso de seu desenvolvimento celular. Herdamos não apenas genes feitos de DNA, mas também uma intrincada estrutura de maquinário celular feito de proteínas.

Foi o entusiasmo evangélico dos modernos cavaleiros do Graal – e a inocência dos acólitos jornalistas que eles catequizaram – que fetichizaram o DNA. Há predisposições ideológicas que se fazem sentir. A descrição mais precisa do papel do DNA é que ele contém informações que são lidas pela maquinaria celular no processo produtivo metabólico. Sutilmente, o DNA como portador de informação é sucessivamente transformado em DNA como projeto, como planta, como plano mestre – como molécula mestre. É a transferência para a Biologia da crença na superioridade do trabalho mental sobre o trabalho meramente físico, na superioridade do planejador e do projetista sobre o operário não qualificado na linha de montagem.

A consequência prática da crença de que a sequência de DNA contém todas as informações que queremos saber sobre os seres humanos foi a criação do Projeto Genoma Humano, nos Estados Unidos. Seu análogo internacional é a Organização do Genoma Humano (Hugo, na sigla em inglês), chamada por um biólogo molecular de "a ONU para o genoma humano".

Esses projetos são organizações administrativas e financeiras, e não projetos de pesquisa no sentido usual. Foram criados nos últimos cinco anos em resposta a um grande esforço ativo por cientistas como Walter Gilbert, James Watson, Charles Cantor e Leroy Hood, com o objetivo de captar grandes quantias de fundos públicos e direcionar o fluxo desses fundos em um imenso programa de pesquisa cooperativo.

O objetivo final desse programa é descrever a sequência completa e ordenada dos nucleotídeos A, T, C e G que constituem todos os genes do genoma humano, uma sequência de letras que terá o comprimento de três bilhões de elementos. A primeira técnica de laboratório para cortar nucleotídeo por nucleotídeo do DNA e identificar cada nucleotídeo na ordem em que é encontrado foi inventada há 15 anos por Allan Maxam e Walter Gilbert, mas desde então o processo se mecanizou. O DNA agora pode ser injetado em uma extremidade de um processo mecânico e na outra extremidade surgirá uma impressão de computador em quatro cores anunciando "AGGACTT". No decorrer do projeto genoma, esquemas mecânicos ainda mais eficientes serão inventados e complexos programas de computador serão desenvolvidos para catalogar, armazenar, comparar, solicitar, recuperar e, de outro lado, organizar e reorganizar a imensa sequência de letras que emergirá da máquina. O trabalho será um empreendimento coletivo de laboratórios muito grandes – centros de genoma – financiados especialmente para esse fim.

O projeto consiste em duas etapas. A primeira é o chamado mapeamento físico. O DNA de um organismo não é uma única longa cadeia ininterrupta, mas está dividido em unidades menores: cada organismo contém em suas células um conjunto dessas unidades microscópicas, os cromossomos. O DNA humano é composto por 23 pares de cromossomos diferentes, enquanto o DNA da mosca da fruta é composto por apenas quatro cromossomos. A fase de mapeamento do projeto genoma determinará pequenos trechos de sequência de DNA espalhados ao longo de cada cromossomo como marcadores posicionais, da mesma forma que marcadores de milhas são colocados ao longo de autoestradas. Esses marcadores são de grande utilidade para descobrir onde, em cada cromossomo, determinados genes podem estar. Na segunda fase do projeto, cada laboratório pegará um cromossomo, ou seção de um cromossomo, e determinará a sequência ordenada e completa de nucleotídeos de seu DNA. E depois da segunda fase – quando o projeto genoma, *strictu sensu*, termina – é que começa a verdadeira diversão, pois terá que se fazer sentido biológico, se possível, da entediante sequência de três bilhões de caracteres A, T, C e G. O que isso nos dirá sobre saúde e doença, felicidade e miséria, o significado da existência humana?

O projeto estadunidense é administrado conjuntamente pelo Instituto Nacional de Saúde (NIH) e pelo Departamento de Energia, em um acordo político sobre quem deve ter o controle das centenas de milhões de dólares de dinheiro público que serão exigidos para sua execução. O projeto produz um boletim informativo de papel couchê distribuído gratuitamente, com um brasão no cabeçalho mostrando um corpo humano envolvido, como Laocoonte, nas espirais serpentinas do DNA e cercado pelo lema: "Engenharia, Química, Biologia, Física, Matemática".

O SONHO DO GENOMA HUMANO

O Projeto Genoma seria o nexo de todas as ciências. Minha última cópia do boletim informativo anuncia o empréstimo gratuito de um vídeo de 23 minutos sobre o projeto "destinado a alunos do Ensino Médio", apresentando, entre outros, vários dos colaboradores de O *código dos códigos* e um calendário de 50 "Eventos do Genoma".

Nenhum dos autores dos livros resenhados parece ter quaisquer dúvidas sobre a importância do projeto de mapear a sequência completa do DNA de um ser humano. "A aventura mais surpreendente de nosso tempo", dizem Jerry E. Bishop e Michael Waldholz. "O futuro da medicina", de acordo com Lois Wingerson. "O empreendimento científico mais importante de hoje", ditando "as escolhas da ciência moderna", declara Joel Davis em *Mapeando o código*.

E não se trata apenas de entusiasmos de jornalistas. O biólogo molecular Christopher Wills diz que "os problemas pendentes da biologia humana [...] serão todos iluminados por uma luz forte e constante promovida pelos resultados desse empreendimento"; o próprio mandachuva do DNA, James Dewey Watson, explica, em seu ensaio na coleção editada por Kevles e Hood, que não "quer perder a oportunidade de aprender como funciona a vida"; e Walter Gilbert prevê que haverá "uma mudança em nossa compreensão filosófica de nós mesmos". Certamente, "aprender como a vida funciona" e "uma mudança em nossa compreensão filosófica de nós mesmos" deve valer muito tempo e dinheiro. De fato, dizem que houve quem trocasse algo até muito mais precioso por esse conhecimento.

2

Infelizmente, é preciso mais do que DNA para fazer um organismo vivo. Nem sequer é possível dizer que o organismo se computa a si mesmo a partir de seu DNA. Um organismo vivo em qualquer momento de sua vida é a consequência única de uma história de desenvolvimento que resulta da interação e da determinação de forças tanto internas quanto externas. As forças externas, que geralmente chamamos de "meio ambiente", são elas mesmas em parte uma consequência das atividades do próprio organismo, à medida que ele produz e consome as condições de sua própria existência. Os organismos não *encontram* o mundo em que se desenvolvem. Eles o fazem. Reciprocamente, as forças internas não são autônomas, mas agem em resposta às externas. Parte da maquinaria química interna de uma célula só é fabricada quando as condições externas exigem. Por exemplo, a enzima que quebra a lactose do açúcar para fornecer energia para o crescimento bacteriano só é produzida pelas células bacterianas quando detectam a presença de lactose em seu ambiente.

Nem é o caso que "interno" seja idêntico a "genético". As moscas-das-frutas têm cerdas longas que funcionam como órgãos sensoriais, como os bigodes de um gato. O número e a localização dessas cerdas diferem entre os dois lados de uma mosca (assim como entre o lado esquerdo e o direito do focinho de um gato), mas não de maneira sistemática. Algumas moscas têm mais cerdas à esquerda, outras mais à direita. Além disso, a variação entre os lados de uma mosca é tão grande quanto a variação média de uma mosca para outra mosca. Mas os dois lados de uma mosca têm os mesmos genes, e passaram pelo exato mesmo ambiente durante o desenvolvimento. A variação entre os lados é uma consequência de movimentos celulares aleatórios e eventos moleculares casuais dentro das células durante o desenvolvimento, o chamado ruído de desenvolvimento. É esse mesmo ruído que explica o fato de gêmeos idênticos terem impressões digitais diferentes, bem como as impressões digitais de nossas mãos esquerda e direita serem diferentes. Um computador de mesa que fosse tão sensível à temperatura ambiente e tão barulhento em sua circuitaria interna quanto um organismo em desenvolvimento dificilmente poderia ser considerado um computador.

Os cientistas que escrevem sobre o Projeto Genoma rejeitam explicitamente um determinismo genético absoluto, mas parecem estar dizendo isso mais para reconhecer possibilidades teóricas do que por convicção. Se levarmos a sério a proposição de que os meios interno e externo, em conjunto, determinam o organismo, não podemos realmente acreditar que a sequência do genoma humano é o Graal que nos revelará o que é o ser humano, que mudará nossa visão filosófica de nós mesmos e mostrará como a vida funciona. São apenas os cientistas sociais e críticos sociais que acabam colocando o problema do desenvolvimento do organismo. É o caso de Daniel J. Kevles, que chega ao Projeto Genoma a partir de seu importante estudo sobre a continuidade da eugenia com a genética médica moderna; de Dorothy Nelkin, tanto em seu livro com Laurence Tancredi quanto em seu capítulo em Kevles e Hood, e, de forma mais impressionante, de Evelyn Fox Keller em sua contribuição para O código dos códigos.

Nelkin, Tancredi e Keller sugerem que a importância atribuída ao Projeto Genoma Humano vem menos do que ele pode revelar sobre a Biologia – e se essa poderá levar a um programa terapêutico bem-sucedido para uma ou outra doença – e mais sobre a validação e reforço que dá ao determinismo biológico como explicação de todas as variações sociais e individuais. O modelo médico que começa, por exemplo, com uma explicação genética da degeneração extensa e irreversível do sistema nervoso central característico da doença de Huntington pode acabar desaguando em explicações genéticas a respeito da inteligência humana, de quanto as pessoas bebem, de quão intolerável consideram a condição social de suas vidas, de quem escolhem como parceiros sexuais e se ficam doentes no trabalho. Um modelo médico de todas as variações humanas leva a um modelo de normalidade, incluindo normalidade social, e dita um programa terapêutico ou um ataque preventivo aos desvios.

Existem muitas condições humanas que são claramente patológicas e que podem ser consideradas como tendo uma causa genética única. Tanto quanto se sabe, a fibrose cística e a doença de Huntington ocorrem em pessoas portadoras de um gene mutante, independentemente da dieta, ocupação, classe social ou educação. Esses distúrbios são raros: 1 em 2.300 nascimentos para fibrose cística, 1 em 3 mil para distrofia muscular de Duchenne e 1 em 10 mil para a doença de Huntington. Algumas outras condições ocorrem com frequência muito maior em algumas populações, mas geralmente são menos graves em seus efeitos e mais sensíveis às condições ambientais como, por exemplo, a anemia falciforme em africanos ocidentais e seus descendentes, que sofrem efeitos graves apenas em condições de estresse físico. Mas são esses distúrbios muito raros que fornecem o modelo sobre o qual o programa de genética médica é construído, assim como fornecem o drama de interesse humano sobre o qual livros como Mapping Our Genes e Genome são construídos. Ao lê-los, vi novamente aqueles heróis da minha juventude, Edward G. Robinson curando a sífilis em Dr. Ehrlich's Magic Bullet, e Paul Muni salvando crianças da raiva em The Story of Louis Pasteur.

Diz-se que um rabino milagroso de Chelm, na Polônia, certa vez teve uma visão de um incêndio destruindo uma casa de estudos em Lublin, situada a 50 quilômetros de distância. Este evento notável aumentou muito sua fama como um fazedor de milagres. Vários dias depois, um viajante de Lublin, chegando a Chelm, foi saudado com expressões de tristeza e preocupação, mas não sem uma mistura de certo orgulho, pelos discípulos do rabino milagroso. "Do que vocês estão falando?" perguntou o viajante. "Deixei Lublin há três dias e a casa de estudos estava de pé como sempre. Que tipo de rabino milagroso é esse?" "Bem, bem", respondeu um dos discípulos do rabino, "de pé ou não, é apenas um detalhe. O milagre é que ele pôde ver tão longe". Ainda vivemos em uma época de rabinos milagrosos, cujo trigrama sagrado não é o inefável YWH, mas o DNA. Como o rabino de Chelm, no entanto, os profetas do DNA e seus discípulos não são muito bons nos detalhes.

De acordo com a narrativa, vamos localizar nos cromossomos humanos todos os genes defeituosos que nos afligem e, a partir da sequência do DNA, deduziremos a história causal da doença e geraremos uma terapia. Na verdade, muitos genes defeituosos já foram grosseiramente mapeados nos cromossomos e, com o uso de técnicas moleculares, alguns estão muito próximos de serem localizados, e para alguns até a sequência de DNA já foi obtida. Mas as histórias causais deixam a desejar e as terapias ainda estão nas promessas; aliás não é nada evidente, quando casos reais concretos são considerados, como as terapias poderão ser desenvolvidas a partir do conhecimento da sequência do DNA.

O gene cuja forma mutante leva à fibrose cística foi localizado, isolado e sequenciado. A proteína codificada pelo gene foi deduzida. Infelizmente, ela se parece com muitas outras proteínas que fazem parte da estrutura celular, então é difícil saber o que fazer a seguir. A mutação que leva à doença de Tay-Sachs é mais bem compreendida porque a enzima especificada pelo gene tem uma função bastante específica e simples, mas ninguém ainda conseguiu sugerir uma terapia a partir desse conhecimento. Em contraste, a localização exata da mutação do gene que causa a doença de Huntington foi uma ilusão, pois nenhum defeito bioquímico ou metabólico específico foi encontrado para uma doença

O SONHO DO GENOMA HUMANO

que resulta em degeneração catastrófica do sistema nervoso central em cada portador do gene defeituoso.

Uma razão profunda para a dificuldade em extrair informações causais a partir das mensagens do DNA é que as mesmas "palavras" têm significados diferentes em contextos diferentes e funções múltiplas em um determinado contexto, como é o caso em qualquer linguagem complexa. Nenhuma outra palavra em inglês tem implicações de ação tão poderosas quanto "*do*" [fazer]. "*Do it now!*" [faça isso agora]. Ainda assim, na maioria de seus contextos, "*do*" – como em "*I do not know*" [eu não sei] – é perifrástico e não tem nenhum significado. Embora o perifrástico "*do*" não tenha *significado*, sem dúvida tem uma função linguística como marcador de posição e elemento de espaçamento no arranjo de uma frase. Caso contrário, sua origem no dialeto de Midlands não teria se espalhado para o uso geral do inglês no século XVI, substituindo em toda parte o mais antigo "*I know not*" [eu sei não].

Portanto, os elementos nas mensagens genéticas podem ter significado ou podem ser perifrásticos. A sequência do código GTAAGT às vezes é lida pela célula como uma instrução para inserir os aminoácidos valina e serina em uma proteína, mas às vezes sinaliza um lugar onde a maquinaria celular deve cortar e editar a mensagem; e às vezes pode ser apenas um espaçador, como o perifrástico "*do*", que mantém outras partes da mensagem a uma distância apropriada umas das outras. Infelizmente, não sabemos como a célula decide entre as possíveis interpretações. Ao elaborar as regras interpretativas, certamente ajudaria ter um grande número de sequências de genes diferentes e, às vezes, é possível suspeitar que a alegada importância do projeto de sequenciamento do genoma para a saúde humana é uma elaborada desculpa para um interesse na hermenêutica das escrituras biológicas.

Claro, pode-se dizer – como Gilbert e Watson fazem em seus ensaios – que a compreensão de como o código do DNA funciona é o caminho pelo qual a saúde humana será alcançada. Entretanto, se tivéssemos que depender dessa compreensão, estaríamos todos muito mais doentes do que estamos. Certa vez, quando o eminente estudioso de Kant, Lewis Beck, estava viajando para a Itália com sua esposa, ela contraiu uma alergia irritante. O especialista que eles consultaram disse que levaria três semanas para descobrir o que havia de errado com ela. Depois de repetida insistência dos Beck de que deveriam deixar a Itália dentro de dois dias, o médico ergueu as mãos e disse: "Muito bem, senhora. Desistirei de meus princípios científicos. Vou curá-la hoje".

Certamente, a compreensão da anatomia e fisiologia humanas levou a uma prática médica mais eficaz do que era no século XVIII. Esses avanços, no entanto, consistem em métodos muito aprimorados para examinar o estado do nosso organismo, de avanços notáveis no entendimento do sistema cardiovascular e de maneiras pragmaticamente determinadas de corrigir desequilíbrios químicos e matar bactérias invasoras. Nada disso depende de um conhecimento profundo dos processos celulares ou de quaisquer descobertas de Biologia Molecular. O câncer ainda é tratado por violentos ataques físicos e químicos ao tecido agressor. A doença cardiovascular é tratada pela cirurgia cujas bases anatômicas remontam ao século XIX, pela dieta e pelo tratamento medicamentoso pragmático. Os antibióticos foram originalmente desenvolvidos sem a menor noção do seu funcionamento. Os diabéticos continuam a tomar insulina, como fazem há 60 anos, apesar de todas as pesquisas sobre a base celular do mau funcionamento pancreático. É claro que o conhecimento íntimo da célula viva e dos processos moleculares básicos pode, por fim, ser útil e nos promete continuamente que os resultados estão próximos. Porém, como Vivian Blaine reclamou tão incisivamente em *Rapazes e bonecos*:

> Você me prometeu isso
> Você me prometeu aquilo.
> Você me prometeu tudo
> debaixo do Sol.
> [...]
> Eu penso no tempo que passou
> E honestamente poderia morrer.

Um dos problemas de transformar sequência de informações em conhecimento causal é a existência de grandes quantidades de polimorfismo. Enquanto a conversa na maioria dos livros analisados é sobre o sequenciamento do genoma humano, cada genoma humano é diferente do outro. O DNA que recebi de minha mãe se diferencia em cerca de 0,1%, ou cerca de 3 milhões de nucleotídeos, do DNA que recebi de meu pai, e o meu se diferencia muito do DNA de qualquer outro ser humano.

O catálogo final da "sequência" do DNA humano será um mosaico da média de alguma pessoa hipotética correspondendo a ninguém. Esse polimorfismo tem várias consequências graves.

Primeira, todos nós carregamos uma cópia, herdada de um dos pais, de mutações que resultariam em doenças genéticas se tivéssemos herdado duas cópias. Ninguém está livre delas, então o catálogo padrão do genoma humano depois de compilado conterá, sem o conhecimento de seus idealizadores, algumas sequências com erros fatais que codificam proteínas defeituosas ou nenhuma proteína. A única maneira de saber se a sequência padrão corresponde, por azar, ao código de um gene defeituoso é sequenciar a mesma parte do genoma em muitos indivíduos diferentes. Esses estudos de polimorfismo não fazem parte do Projeto Genoma Humano e as tentativas de obter dinheiro com o projeto para tais estudos foram rejeitadas.

Segunda, mesmo as doenças geneticamente "simples" podem ser heterogêneas em sua origem. Estudos de sequenciamento do gene que codifica uma proteína crítica na coagulação do sangue mostraram que os hemofílicos diferem das pessoas cujo sangue coagula normalmente em qualquer uma das 208 diferentes variações de DNA, todas no mesmo gene. Essas diferenças ocorrem em todas as partes do gene, incluindo partes que não deveriam afetar a estrutura da proteína. O problema de contar uma história causal coerente e, em seguida, projetar uma terapia baseada no conhecimento da sequência de DNA em tal caso, é que não sabemos, mesmo em princípio, todas as funções dos diferentes nucleotídeos em um gene, ou como o contexto específico em que um nucleotídeo aparece pode afetar a maneira como a maquinaria celular interpreta o DNA; não temos mais que uma compreensão muito rudimentar de como o funcionamento do organismo como um todo se dá a partir de suas partes e pedaços de proteínas.

Terceira, porque não existe uma sequência de DNA "normal", padrão, única e que todos nós compartilhamos. As diferenças de sequência observadas entre pessoas doentes e saudáveis não podem, por si mesmas, revelar a causa genética de um distúrbio. No mínimo, precisaríamos das sequências de muitos doentes e de muitas pessoas saudáveis para procurar diferenças comuns entre elas. Mas se muitas doenças são como a hemofilia, diferenças comuns não serão encontradas e permaneceremos iludidos.

3

O fracasso em transformar conhecimento em poder terapêutico não desanima os defensores do Projeto Genoma Humano porque sua visão da terapia inclui a terapia genética. Por meio de técnicas já disponíveis, e que precisam apenas de desenvolvimento tecnológico, é possível implantar genes específicos contendo a sequência correta em indivíduos portadores de uma sequência com mutação e induzir a maquinaria celular do receptor a usar os genes implantados como sua fonte de informação. Na verdade, o primeiro caso de terapia gênica humana para uma doença imunológica – o tratamento de uma criança que sofria de um raro distúrbio do sistema imunológico – já foi anunciado e parece ter sido um sucesso. Os defensores do Projeto Genoma concordam que conhecer a sequência de todos os genes humanos permitirá identificar e isolar as sequências de DNA de muitos defeitos humanos que, então, poderiam ser corrigidos por terapia gênica. Nessa perspectiva, o que hoje ainda é apenas um ataque *ad hoc* a distúrbios individuais pode se transformar em uma técnica terapêutica de rotina, capaz de tratar qualquer tipo de desvio físico e psíquico, uma vez que tudo o que é significativo no ser humano é especificado pelos genes.

A implantação do gene, no entanto, pode afetar não apenas as células temporárias dos nossos corpos, nossas células somáticas, mas também os corpos das gerações futuras por meio de mudanças acidentais nas células germinativas dos nossos órgãos reprodutivos. Mesmo que nossa intenção fosse apenas fornecer genes que funcionassem adequadamente e de forma imediata ao corpo do paciente, parte do DNA implantado poderia entrar e transformar os futuros espermatozoides e óvulos. Então, as gerações futuras também estarão submetidas à terapia e quaisquer erros de cálculo dos efeitos do DNA implantado seriam causados em nossos descendentes. David Suzuki e Peter Knudtson fazem de um de seus princípios da "genÉtica" (dos dez princípios que criaram autoconscientemente) o princípio de que "enquanto a manipulação genética de células somáticas humanas pode estar na esfera da escolha pessoal, mexer com células germinativas humanas não está. A terapia com células germinativas, sem o consentimento de todos os membros da sociedade, deve ser explicitamente proibida."

O SONHO DO GENOMA HUMANO

Seu argumento contra a terapia gênica é puramente prudencial, baseando-se na imprecisão da técnica e na possibilidade de que um gene "ruim" hoje venha a ser útil algum dia. Esta parece uma base tênue para um dos "dez mandamentos" da Biologia, pois as técnicas podem ficar melhores e os erros sempre podem ser corrigidos por outra rodada de terapia. A visão de poder oferecida a nós pelos terapeutas genéticos faz com que a transferência gênica pareça menos permanente do que um implante de silicone ou uma abdominoplastia. O pouquinho de ética que há na genÉtica é como um sermão unitarista, tão banal que não há nada que qualquer pessoa decente contestasse. A maioria dos princípios da genÉtica acaba sendo um conselho sobre por que não devemos mexer com nossos genes ou com os de outras espécies. Embora a maioria de seus argumentos seja superficial, Suzuki e Knudtson são os únicos autores entre aqueles resenhados que levam a sério os problemas apresentados pela diversidade genética entre os indivíduos e que tentam dar ao leitor uma compreensão suficiente dos princípios da genética populacional para pensar sobre estes problemas.

A maior parte das mortes, doenças e sofrimento nos países ricos não surgem da distrofia muscular e da doença de Huntington e, é claro, a maioria da população mundial sofre de uma consequência ou outra da desnutrição e do excesso de trabalho. Para os estadunidenses, são as doenças cardíacas, o câncer e o acidente vascular cerebral os principais assassinos, responsáveis por 70% das mortes. Cerca de 60 milhões de pessoas sofrem de doenças cardiovasculares crônicas. O sofrimento psiquiátrico é mais difícil de estimar, mas antes dos hospitais psiquiátricos serem esvaziados na década de 1960, havia algo como 750 mil pacientes psiquiátricos internados. Agora é geralmente aceito que alguma fração de cânceres surge em um contexto de predisposição genética. Isto é, há um número de genes conhecido, os chamados oncogenes, que possuem informações sobre a divisão celular normal. Mutações nesses genes têm como consequência (de forma desconhecida) tornar a divisão celular menos estável e com maior probabilidade de ocorrer em uma taxa patologicamente alta. Embora vários desses genes tenham sido localizados, seu número total e a proporção de todos os cânceres influenciados por eles ainda são desconhecidos.

Em nenhum sentido simples de "causa" é possível dizer que as mutações nesses genes causam o câncer, embora possam ser uma das muitas condições para sua predisposição. Embora seja conhecida uma mutação que tende a gerar níveis de colesterol extremamente elevados, a grande massa de doenças cardiovasculares desafia totalmente a análise genética. Mesmo o diabetes, que há muito tempo se sabe estar relacionado ao histórico familiar, ainda não foi vinculado a genes específicos e não há melhor evidência para uma predisposição genética em 1992 do que já havia em 1952, quando estudos genéticos sérios começaram. Nenhuma semana passa sem um anúncio na imprensa de uma "possível" causa genética de alguma doença humana que, mediante investigação, "pode eventualmente levar à cura". Ninguém que saiba ler deixa de ser atingido por essas afirmações. O jornal *Morgunbladid* de Reykjavik (na Islândia) pergunta a seus leitores retoricamente: "*Med allt í genunum?*" (Está tudo nos genes?) na edição de domingo.

A mania por genes nos lembra a Febre das Tulipas e a Bolha do Mar do Sul em *Delírios Populares extraordinários* e a *Loucura das multidões*, de Charles Mackay. Rumores sobre a localização definitiva de um gene da esquizofrenia e da síndrome maníaco-depressiva usando marcadores de DNA foram acompanhados repetidamente pela retratação dos resultados e alegações contrárias, conforme mais membros de uma árvore genealógica foram observados ou conjuntos diferentes de famílias foram examinados. Em um caso notório, um gene identificado para a depressão maníaca, para o qual havia fortes evidências estatísticas, não foi encontrado em dois membros do mesmo grupo familiar que desenvolveram os sintomas. O resultado original e sua retratação foram publicados na revista *Nature*, de renome internacional, fazendo David Baltimore gritar em um encontro científico: "Considerando-me um leitor médio da *Nature*, em que devo acreditar?" Em nada.

Alguns dos rabinos milagrosos e seus discípulos enxergam além das principais causas de morte e doenças. Levam uma imagem de paz e ordem social emergindo do banco de dados de DNA do Instituto Nacional de Saúde. O editor da revista científica estadunidense de maior prestígio, a *Science Magazine*, um entusiasmado publicista para grandes projetos de sequenciamento de DNA, em edições especiais cheias de anúncios multico-

O SONHO DO GENOMA HUMANO   321

loridos de página inteira de fabricantes de equipamentos de biotecnologia, teve visões de genes para alcoolismo, desemprego, violência doméstica, social e dependência de drogas. O que tínhamos previamente imaginado serem questões morais, políticas e problemas econômicos acabaram se revelando, afinal, simplesmente uma questão de substituição ocasional de nucleotídeos! Embora a noção de que a guerra contra as drogas será vencida pela engenharia genética pertença à terra da fantasia, é uma manifestação de uma ideologia séria contínua com a eugenia de uma época anterior.

Daniel Kevles argumentou, de forma bastante persuasiva em seu livro sobre eugenia, que a eugenia clássica se transformou de um programa social de melhoria da população geral em um programa familiar de fornecimento de conhecimento genético voltado para indivíduos que enfrentam decisões reprodutivas (Kevles, 1986). Porém, a ideologia do determinismo biológico na qual a eugenia estava baseada persistiu e, como fica claro na curta e excelente historiografia que Kevles faz do Projeto Genoma em *O código dos códigos*, a eugenia no sentido social foi revivida. Em parte, isso é consequência da mera existência do Projeto Genoma, com as relações públicas que o acompanham e os pesados gastos públicos que demanda. É isso que valida sua visão de mundo determinista. Os editores declaram a glória do DNA e a mídia louva sua obra.

4

Os nove livros citados nas notas desse capítulo são apenas uma amostra do que foi e do que está por vir. O custo do sequenciamento do genoma humano foi estimado, com otimismo, em 300 milhões de dólares (dez centavos por nucleotídeo para os 3 bilhões de nucleotídeos de todo o genoma), mas se os custos de desenvolvimento forem incluídos, certamente não pode ser inferior a meio bilhão em dólares atuais. Além disso, o projeto genoma em específico é apenas o começo. Mais centenas de milhões devem ser gastos na busca das diferenças elusivas no DNA de cada doença genética específica, das quais cerca de 3 mil são agora conhecidas, e alguma fração considerável desse dinheiro ficará para os geneticistas moleculares empresariais. Nenhum dos autores tem o mau gosto de mencionar que muitos geneticistas moleculares de renome, incluindo vários dos ensaístas de *O código dos códigos*, são fundadores, diretores, executivos e acionistas de empresas comerciais de biotecnologia, incluindo os fabricantes de suprimentos e equipamentos usados em pesquisas de sequenciamento. Nem todos os autores têm a franqueza de Norman Mailer quando escrevem propagandas de si próprios.

Ficou claro desde as primeiras descobertas em Biologia Molecular que a "engenharia genética", a criação de organismos geneticamente alterados, tem um imenso potencial de produzir lucro privado. Se os genes que permitem às plantas leguminosas fabricar seu próprio fertilizante a partir do nitrogênio do ar pudessem ser transferidos para o milho ou o trigo, os agricultores economizariam grandes somas e os produtores das sementes transgênicas ganhariam muito dinheiro. Bactérias geneticamente modificadas cultivadas em grandes tonéis de fermentação podem ser transformadas em fábricas vivas para produzir moléculas raras – e caras – para o tratamento de doenças virais e ou de câncer. Já foi produzida uma bactéria que digere petróleo bruto, tornando os derramamentos de óleo biodegradáveis. Como consequência dessas possibilidades, os biólogos moleculares tornaram-se empresários. Muitos fundaram empresas de biotecnologia financiadas por fundos de investimento de risco capitalistas. Alguns ficaram muito ricos quando uma oferta pública bem-sucedida de suas ações os tornou repentinamente titulares de muitos papéis valiosos. Outros se veem na posse de blocos de ações em empresas farmacêuticas internacionais, que compraram a empresa de garagem do biólogo, adquirindo sua expertise na barganha.

Nenhum biólogo molecular proeminente que eu conheça deixou de participar financeiramente no negócio de biotecnologia. Como resultado, sérios conflitos de interesse surgiram nas universidades e no serviço público. Em alguns casos, os alunos de pós-graduação que trabalham com professores-empreendedores ficam restritos em seus intercâmbios científicos, caso possam revelar potenciais segredos comerciais. Biólogos-pesquisadores têm tentado, às vezes com sucesso, obter autorizações especiais de espaço e outros recursos de suas universidades em troca de uma parte nos negócios. A biotecnologia se junta ao basquete como uma importante fonte de financiamento universitário.

A política pública também reflete o interesse privado. James Dewey Watson renunciou ao cargo de chefia no Escritório do Genoma Humano do NIH devido à pressão exercida por Bernardine Healey, diretora do NIH. A forma imediata dessa pressão foi uma investigação conduzida por Healey das participações financeiras de Watson e de sua família em várias empresas de biotecnologia. Mas ninguém na comunidade de biologia molecular acredita na seriedade de tal investigação, porque todos, incluindo a dra. Healey, sabem que não existem candidatos financeiramente desinteressados para assumir o trabalho de Watson. O que está realmente em questão é uma discordância sobre o patenteamento do genoma humano. A lei de patentes proíbe o patenteamento de qualquer coisa que seja "natural", então, por exemplo, se uma planta rara fosse descoberta na Amazônia e cujas folhas pudessem curar o câncer, ninguém poderia patenteá-la. Porém, argumenta-se que genes isolados não são naturais, mesmo que o organismo de onde foram retirados possa ser. Se as sequências de DNA humano devem ser a base da terapia futura, então a propriedade exclusiva de tais sequências de DNA significaria muito dinheiro no banco.

A dra. Healey quer que o NIH patenteie o genoma humano, evitando assim que empreendedores privados, especialmente o capital estrangeiro, controlem o que foi criado com financiamento público estadunidense. Watson, cuja família teria participação financeira na empresa farmacêutica britânica Glaxo, caracterizou o plano de Healey como "pura loucura", alegando que retardaria a aquisição da sequência de informações (ver *New York Times*, 1992; *Wall Street Journal*, 1992; *Nature*, 1992, p. 463) (Watson negou qualquer conflito de interesse). Sir Walter Bodmer, o diretor do Fundo Imperial de Pesquisa do Câncer, uma figura importante na organização do projeto genoma europeu, disse simplesmente a verdade – que todos nós já sabíamos estar por trás de toda a lorota da campanha publicitária do Projeto Genoma Humano – quando confessou ao *Wall Street Journal* que "a questão [da propriedade] está no centro de tudo o que fazemos".

A pesquisa sobre o DNA é uma indústria de grande visibilidade, cujo peso sobre o erário público é justificado pela legitimidade de uma ciência e o apelo de que ela possa aliviar o sofrimento individual e social. Desse modo, sua afirmação ontológica básica, o domínio da molécula mestre sobre o corpo físico e político, torna-se parte da consciência geral. O capítulo de Evelyn Fox Keller em *O código dos códigos* traça de forma brilhante como essa consciência vai percolando por meio das camadas do Estado, das universidades e da mídia, produzindo um consenso inquestionável de que o modelo de fibrose cística é um modelo universal. Daniel Koshland, editor da *Science*, quando questionado sobre a razão dos fundos do Projeto Genoma Humano não em serem destinados aos que não têm casa, respondeu: "O que essas pessoas não percebem é que os sem-teto são geneticamente debilitados [...]. Na verdade, nenhum outro grupo vai tirar mais proveito da aplicação da genética humana".[2]

Além da construção de uma ideologia determinista, a concentração do conhecimento sobre o DNA tem consequências sociais, políticas e práticas diretas, o que Dorothy Nelkin e Laurence Tancredi chamam de "o poder social da informação biológica". Os intelectuais, em seu pensamento ilusório autolisonjeiro, afirmam que conhecimento é poder, mas a verdade é que o conhecimento empodera apenas aqueles que já têm, ou podem adquirir, o poder para usá-lo. Ter um Ph.D. em Engenharia Nuclear, e mesmo os planos completos de uma usina de energia nuclear, por si só não reduziriam minha conta de luz em um centavo. E do mesmo jeito acontece com a informação contida no DNA: não há nenhum exemplo em que o conhecimento dos genes não concentre ainda mais as relações de poder existentes entre os indivíduos, e entre o indivíduo e as instituições.

Quando uma mulher é informada de que o feto que está carregando tem 50% de chance de desenvolver fibrose cística, ou que será uma menina, embora seu marido deseje desesperadamente um menino, ela não ganha poder adicional apenas pela posse desse conhecimento, somente é forçada a tomar decisões e agir dentro dos limites de sua relação com o Estado e sua família. Seu marido concordará ou exigirá um aborto? O Estado vai pagar pelo aborto, o médico se disporá fazê-lo? O *slogan* "o direito da mulher de escolher" é um *slogan* sobre relações conflitantes de poder, como Ruth Schwartz Cowan deixa claro em seu ensaio em *O código dos códigos*, "Tecnologia genética e escolha reprodutiva: uma ética para a autonomia".

---

[2] Observações feitas na First Human Genome Conference [Primeira Conferência do Genoma Humano], em outubro de 1989 e citadas por Keller.

O SONHO DO GENOMA HUMANO

325

Cada vez mais, o conhecimento sobre o genoma está se tornando um elemento na relação entre indivíduos e instituições, geralmente aumentando o poder das instituições sobre os indivíduos. As relações dos indivíduos com as empresas prestadoras de serviços de saúde, com as escolas, com os tribunais e com os empregadores são todas afetadas pelo conhecimento, ou pela procura de conhecimento, sobre o estado do DNA de alguém. Nos ensaios de Henry Greeley e Dorothy Nelkin em *O código dos códigos*, e com muito mais detalhes e extensão em *Diagnóstico perigoso*, a luta pela informação biológica é exposta. A demanda dos empregadores por informações diagnósticas sobre o DNA de funcionários em potencial atende à empresa de duas maneiras. Em primeiro lugar, como provedores de seguro saúde, seja diretamente, seja por meio do pagamento de prêmios às seguradoras, os empregadores reduzem sua folha de pagamento ao contratar apenas trabalhadores com os melhores prognósticos de saúde.

Em segundo lugar, se houver riscos no local de trabalho aos quais os funcionários podem ser sensíveis em diferentes graus, o empregador pode se recusar a empregar aqueles que julgarem sensíveis. Essa exclusão de emprego não apenas reduz os custos potenciais do seguro saúde, mas também transfere a responsabilidade do empregador de fornecer um local de trabalho seguro e saudável ao trabalhador. Torna-se responsabilidade do trabalhador buscar um trabalho que não seja ameaçador. Afinal, o empregador estaria ajudando os trabalhadores ao fornecer um teste gratuito de suscetibilidades e permitir que façam escolhas mais informadas sobre o trabalho que gostariam de fazer. Se outro trabalho está disponível ou não, ou se é mais mal remunerado, ou mais perigoso de outras maneiras, se é em um lugar distante ou extremamente desagradável e debilitante, isso simplesmente faz parte das condições do mercado de trabalho. Então Koshland está certo, afinal: o desemprego e a falta de moradia realmente residem nos genes.

A informação biológica também se tornou crítica na relação entre os indivíduos e o Estado, pois o DNA tem o poder de colocar uma língua em cada ferida.[3] Os promotores há muito esperam encontrar uma maneira

---

[3] Referência à peça *Júlio César*, de William Shakespeare: "Eu não vim para acirrar paixões; apenas falo reto e vos digo somente o que todos sabeis. Mas se fosse eu eloquente como Brutus, haveria aqui um Marco Antônio capaz de sacudir as almas, colocando uma

de vincular os acusados à cena de um crime quando não há impressões digitais. Ao usar o DNA de uma vítima de assassinato e compará-lo com o DNA de sangue seco encontrado na pessoa ou propriedade do acusado, ou comparando o DNA do acusado com o DNA de raspagens de pele sob as unhas de uma vítima de estupro, os promotores tentam ligar o criminoso ao crime. Devido ao polimorfismo do DNA de indivíduo para indivíduo, uma identificação definitiva é, em princípio, possível. Mas, na prática, apenas um pouco de DNA pode ser usado para identificação, então há alguma chance de que o acusado corresponda ao DNA da cena do crime, mesmo que outra pessoa seja de fato culpada.

Além disso, os métodos usados estão sujeitos a erros e podem ocorrer correspondências falsas (assim como exclusões falsas). Por exemplo, o FBI sequenciou DNA de uma amostra de 225 de seus agentes e, ao retestar os mesmos agentes, encontrou inúmeras incompatibilidades. A correspondência é quase sempre feita a pedido do promotor, porque os testes são caros e a maioria dos réus em processos de agressão é representada por um defensor público ou advogado nomeado pelo tribunal. As empresas que fazem os testes têm interesse comercial em fornecer correspondências e o FBI, que também faz alguns testes, é uma parte interessada.

Como os diferentes grupos étnicos diferem na frequência dos vários padrões de DNA, há também o problema do grupo de referência apropriado com o qual o réu é comparado. A identidade desse grupo de referência depende da complexidade das circunstâncias do caso. Se uma mulher agredida mora no Harlem, perto da divisão entre os bairros negros, hispânicos e brancos, na Rua 110, qual dessas populações ou combinação delas é apropriada para calcular a chance de que uma pessoa "aleatória" corresponda ao DNA encontrado na cena do crime? Um caso paradigmático foi julgado no ano passado no condado de Franklin, Vermont. O DNA das manchas de sangue encontradas na cena de um ataque letal correspondia ao DNA de um homem acusado. A promotoria comparou o padrão com amostras populacionais de vários grupos raciais

---

língua em cada ferida de César, para erguer em revolta as pedras de Roma!". Tradução livre de Millor Fernandes, citada na peça *Liberdade, Liberdade*, escrita por Flávio Rangel e Millor Fernandes. (N. T.)

O SONHO DO GENOMA HUMANO

e alegou que a chance de encontrar esse padrão em uma pessoa aleatória, diferente do acusado, era astronomicamente baixa.

O Condado de Franklin, no entanto, tem a maior concentração de índios Abenaqui, e a maior concentração de miscigenação entre indígenas e europeus, de todos os condados do estado. A população Abenaqui, e Abenaqui-franco-canadense, é um setor subempregado e cronicamente pobre tanto no condado rural de Franklin como do outro lado da fronteira, na região do Rio St. Jacques, no Canadá, onde vive desde que a tribo Abenaqui Ocidental foi reassentada no século XVIII. A vítima, assim como o acusado, era metade Abenaqui, metade franco-canadense e foi agredida onde morava, em um estacionamento de trailers onde cerca de um terço dos residentes são descendentes de Abenaqui. É justo presumir que uma grande fração do círculo de conhecidos da vítima veio da população indígena. Não existe nenhuma informação sobre a frequência dos padrões de DNA entre Abenaqui e Iroqueses e, com base nisso, o juiz excluiu as evidências de DNA. Mas o estado poderia facilmente argumentar que um estacionamento de trailers está aberto ao acesso de qualquer transeunte e que a população geral de Vermont é a base de comparação apropriada. Em vez de ciência objetiva, ficamos com argumentos intuitivos sobre os padrões da vida cotidiana das pessoas.

O sonho do promotor – ser capaz de dizer: "senhoras e senhores do júri, a chance de alguém que não seja o réu ser o criminoso é de uma em 3.426.327" – tem uma base muito incerta. Quando biólogos chamam a atenção para as fragilidades do método em tribunais, ou em publicações científicas, têm sido objetos de considerável pressão. Um pesquisador foi chamado duas vezes por um agente do Departamento de Justiça, no que o cientista descreve como tentativas intimidadoras de fazer com que ele retirasse um artigo na imprensa.[4] Outro cientista, ao testemunhar, foi questionado sobre seu visto por um procurador do FBI; um terceiro foi

---

[4] Essa pressão também foi exercida, contra o editor da revista na qual o artigo estava para ser publicado, por cientistas que trabalhavam no estabelecimento do sequenciamento do genoma, incluindo um dos colaboradores de *O código dos códigos*. Como resultado, o editor atrasou sua publicação, exigindo alterações nas provas, e pedindo a dois defensores do método que escrevessem um contra-ataque. Um relatório do escândalo é apresentando no artigo de Lesley Roberts (1991, p. 1.721-1.723).

indagado por um promotor público se gostaria de passar a noite na prisão; e um quarto recebeu uma solicitação, via fax, de um promotor federal exigindo que produzisse avaliações por pares de um artigo científico que havia submetido ao *American Journal of Human Genetics* – 15 minutos antes da chegada de um fax do editor da revista informando ao autor da existência das avaliações e de seu conteúdo. Apenas um autor dos livros citados, Christopher Wills, discute o uso forense do DNA, e ele mesmo já serviu de testemunha de acusação. Wills desconsidera os problemas e parece compartilhar com os promotores a visão de que a natureza das provas é menos importante do que a condenação do culpado.

Tanto os promotores quanto os defensores produziram testemunhas especializadas de considerável prestígio para apoiar ou questionar o uso de informações do DNA como ferramenta forense. Se os professores de Harvard discordam dos professores de Yale (como neste caso), o que um juiz deve fazer? Sob um precedente legal – a chamada "regra Frye" – tal desacordo é motivo para barrar a evidência, que "deve ser suficientemente estabelecida para ganhar aceitação geral no campo específico ao qual pertence".[5] Porém, nenhuma das jurisdições tem seguido a regra Frye – o que, aliás, significa "aceitação geral"? Em resposta à pressão crescente dos tribunais e do Departamento de Justiça, o Conselho Nacional de Pesquisa (NRC, na sigla em inglês) foi convidado a formar um Comitê de Tecnologia de DNA em Ciência Forense, com o objetivo de produzir um relatório definitivo com recomendações. E o fizeram recentemente, aumentando muito a confusão geral.[6]

Dois dias antes do lançamento público do relatório, o *The New York Times* publicou um artigo de primeira página de um de seus repórteres

---

[5] Baseado em Frye x United States (1923).

[6] "DNA Technology in Forensic Science", relatório do Committee on DNA Technology in Forensic Science (1992). O leitor deve saber que eu, Richard Lewontin, não era parte desinteressada tanto com respeito ao relatório quanto ao órgão que o patrocinou. Eu testemunhei por duas vezes na Corte Federal sobre as "fraquezas" dos perfis de DNA, e sou autor de um trabalho que foi a base da versão original altamente crítica do capítulo do relatório do NCR sobre considerações populacionais, e autor, com Daniel Hard, do trabalho extremamente crítico na *Science* que foi objeto de uma considerável controvérsia. Eu pedi demissão da National Academy of Sciences em 1971 em protesto contra pesquisas militares secretas levadas a cabo por seu braço operacional, o National Research Council.

O SONHO DO GENOMA HUMANO

científicos mais experientes e sofisticados, anunciando que o Comitê do NRC havia recomendado que as provas de DNA fossem barradas nos tribunais. Isso foi recebido com um ruidoso protesto pelo comitê; seu presidente, Victor McKusick, da Universidade Johns Hopkins, deu uma entrevista coletiva na manhã seguinte para anunciar que o relatório aprovava substancialmente o uso forense de DNA, tal como era agora praticado. O *Times*, reconhecendo o "erro", recuou um pouco, mas não muito, citando vários especialistas que concordavam com a interpretação original. Um membro do comitê foi citado como tendo dito que havia lido o relatório "50 vezes", mas não tinha a intenção de fazer críticas tão fortes quanto apareciam de fato no texto.

Parece que não temos outra escolha, então, a não ser ler o relatório por conta própria. Como era de se esperar, o relatório, na verdade, não afirma nenhuma destas opções, mas, em essência, dá aos promotores um osso duro de roer. Em nenhum lugar o relatório oferece apoio sincero às evidências de DNA tal como usadas atualmente. O mais próximo que chega é declarar:

> O procedimento laboratorial atual para detectar variações de DNA [...] é *fundamentalmente* sólido. [ênfase acrescentada].
>
> Agora está claro que os métodos de tipagem de DNA são um complemento muito poderoso da ciência forense para identificação pessoal e têm imenso benefício para o público.

E mais para frente afirma que "a tipagem de DNA é capaz, *em princípio*, de uma taxa inerente extremamente baixa de resultados falsos [ênfase acrescentada]."

Infelizmente, para os tribunais em busca de garantias, essas declarações são imediatamente precedidas do seguinte:

> O comitê reconhece que a padronização de práticas em laboratórios forenses em geral é mais problemática do que em outros ambientes de laboratório; afirmado de forma sucinta, os cientistas forenses têm pouco ou nenhum controle sobre a natureza, condição, forma ou quantidade da amostra com a qual devem trabalhar.

Por um lado, não é exatamente o endosso sonoro e seguro sugerido pela entrevista coletiva do professor McKusick. Por outro lado, nenhuma declaração no relatório sugere a proibição total das evidências de DNA.

Existem, entretanto, inúmeras recomendações que, se levadas a sério, permitirão a qualquer advogado de defesa moderadamente profissional entrar com um recurso imediato de qualquer caso perdido com base em evidências de DNA.

Sobre a questão da confiabilidade laboratorial, o relatório diz que "Cada laboratório de ciência forense envolvido na tipagem de DNA deve ter um programa formal e detalhado de garantia e controle de qualidade para monitorar o trabalho."

Além disso:

> Os programas de garantia de qualidade em laboratórios individuais por si só são insuficientes para garantir padrões elevados. Mecanismos externos são necessários [...].
>
> Os tribunais devem exigir que os laboratórios que fornecem evidências de tipagem de DNA tenham credenciamento adequado para cada método de tipagem de DNA usado.

O comitê, então, passa a discutir os mecanismos de controle de qualidade e credenciamento com mais detalhes. Uma vez que nenhum laboratório atende atualmente a esses requisitos, e até o momento não existe agência de credenciamento, é difícil ver como o relatório do comitê pode ser lido como um endosso da prática atual de apresentação de evidências. Sobre a questão crucial das comparações populacionais, o comitê na realidade usa uma linguagem jurídica o suficiente para barrar quaisquer afirmações do tipo "um em um milhão" que os promotores usado para impressionar júris:

> Como é impossível, ou impraticável, abarcar uma população grande o suficiente para testar as frequências calculadas diretamente de qualquer perfil particular muito abaixo de um em um mil, não há um corpo de dados empíricos suficiente para fundamentar a alegação de que tais cálculos de frequência são confiáveis ou válidos.

"Confiável" e "válido" são os termos-chave aqui, e o juiz Jack Weinstein, que era membro do comitê, certamente sabia disso. Essa frase deve ser copiada em letras grandes, emoldurada e pendurada na parede de todos os defensores públicos dos Estados Unidos. Em suma, o *The New York Times* acertou da primeira vez. Seja por inépcia ou intenção, o Comitê NRC produziu um documento bem mais resistente à distorção do que alguns esperavam.

O SONHO DO GENOMA HUMANO

Para entender o relatório do comitê, deve-se entender o comitê e seu corpo patrocinador. A Academia Nacional de Ciências é uma sociedade honorária de prestigiados cientistas estadunidenses. Foi fundada durante a Guerra Civil por Lincoln, para dar conselhos especializados em questões técnicas. Durante a Primeira Guerra Mundial, Woodrow Wilson acrescentou o Conselho Nacional de Pesquisa como braço operacional da Academia, cujo próprio corpo de eminentes sábios anciões já não tinha como produzir competência técnica suficiente para lidar com as crescentes complexidades dos problemas científicos do governo. Qualquer braço do Estado pode encomendar um estudo ao NRC, e o estudo em questão foi pago pelo FBI, pelo Centro do Genoma Humano do NIH, pelo Instituto Nacional de Justiça, pela Fundação de Ciência Nacional e por duas fontes que não fazem parte do governo federal (a Fundação Sloan e o Instituto de Justiça de Estado).

A composição de comitês de estudo quase inevitavelmente inclui preconceitos divergentes e conflitos de interesse. O Comitê Forense de DNA incluiu pessoas que testemunharam em ambos os lados da questão em julgamentos, e pelo menos dois membros tinham claros conflitos de interesse financeiros. Um foi forçado a renunciar já perto do final das deliberações do comitê, quando toda a extensão de seus conflitos foi revelada. Uma versão preliminar do relatório, bem menos tolerante com os métodos de análise de DNA, foi vazada por dois membros do comitê para o FBI, que fez vigorosas representações ao comitê para que suavizasse as seções mais ofensivas. Como a ciência deve encontrar verdades objetivas que são evidentes para os especialistas, os resultados do NRC geralmente não contêm relatórios da maioria e das minorias, e nesse caso a falta de unanimidade seria o equivalente a um veredicto negativo. É de se esperar que esses tipos relatórios expressem compromissos contraditórios entre interesses conflitantes, e os pronunciamentos públicos sobre um relatório podem muito bem estar em contradição com seu conteúdo efetivo. O relatório "Tecnologia de DNA em Ciência Forense", tanto em sua formação quanto em seu conteúdo, é uma verdadeira mina de ouro para o estudante sério de Ciência Política e da política científica.

Ao que parece, não há nenhum aspecto de nossas vidas que não esteja dentro do território reivindicado pelo poder do DNA. Em 1924, William

Bailey publicou um artigo no *Washington Post* sobre "Radithor", uma água radioativa de seu próprio preparo, com o título "Ciência para curar todos os mortos vivos. O que um famoso sábio tem a dizer sobre o novo plano para fechar os manicômios, acabar com o analfabetismo e reformar os idiotas com seu método de controle da glandular".[7] Nada parecia mais moderno e avançado na década de 1920 do que uma combinação de radioatividade e glândulas. Os sábios famosos do nosso tempo, ao que parece, ainda têm acesso à imprensa em seus esforços para nos vender, com um lucro considerável, a mais nova poção.

Epílogo

A promessa de grandes avanços na medicina – para não falar do nosso conhecimento sobre o que é ser um ser humano a partir do sequenciamento do genoma humano – ainda está para ser cumprida. Embora o DNA que carrega a forma normal de um gene tenha sido colocado no corpo de pessoas que sofrem de uma variedade de doenças genéticas, não há um único caso de terapia genética bem-sucedida em que uma forma normal de um gene tenha se tornado estavelmente incorporada ao DNA de um paciente e assumido a função que estava antes defeituosa. Houve, por exemplo, um relato anterior de que o DNA normal pulverizado nos pulmões de um paciente com fibrose cística fora absorvido pelas células, resultando em recuperação parcial – mas o otimismo era prematuro. Um método alternativo tem sido enxertar células ou tecidos geneticamente normais em um determinado paciente, na esperança de que as células proliferem e assumam a função normal. Foi relatado um caso de redução considerável do nível de colesterol em um paciente que sofria de uma forma extrema de hipercolesterolemia hereditária após a implantação de células hepáticas com a forma normal do gene. Infelizmente, o nível mais baixo ainda era patologicamente alto, aguardamos notícias de novos progressos. Parece não haver nenhuma razão fundamental pela qual esses métodos não funcionem algumas vezes, mas o truque ainda não foi descoberto. Repetidamente, relatos de primeiros sucessos isolados de alguma forma de terapia de DNA aparecem na mídia de massas, mas o

---

[7] Ver M. Allison (1992, p. 73-75).

leitor prudente deve aguardar o segundo relatório antes de começar a investir capital psíquico ou material no tratamento proposto.

Uma das questões levantadas a respeito do Projeto Genoma Humano original era a de que ele parecia não prestar a devida atenção à conhecida variação genética de indivíduo para indivíduo e de grupo para grupo. O genoma de exatamente quem seria representado no "genoma humano"? Como resultado da agitação em torno dessa questão, uma pequena fração do orçamento do projeto foi destinada para estudar a variação genética. Um dos resultados foi a formação do Projeto de Diversidade do Genoma Humano, um projeto cooperativo de vários geneticistas humanos liderados por L. L. Cavalli-Sforza, da Universidade de Stanford, para caracterizar a variação genética no interior da nossa espécie. Originalmente, a intenção era obter uma imagem dos padrões genéticos em uma grande diversidade de pequenas populações ou de grupos em extinção, mas logo se objetou que tal estudo era muito bom para os antropólogos, mas não para proporcionar uma amostra aleatória da humanidade, cuja imensa maioria vive principalmente em regiões densamente povoadas. Outra objeção foi a de que a amostragem de uma variedade de populações indígenas de todo o mundo era uma forma de exploração dessas pessoas sem nenhuma vantagem para elas, apesar do valor que os países tecnologicamente avançados poderiam colher desse conhecimento. A combinação dessas duas objeções resultou, finalmente, no abandono do projeto.

Sequer os principais problemas colocados para o Projeto Genoma pelo polimorfismo genético foram resolvidos. Ainda não teremos como saber se o fragmento do genoma sequenciado de um determinado doador carrega uma cópia de uma sequência defeituosa. Continuaremos sem saber, ao comparar sequências de um grande número de pessoas doentes e saudáveis, qual das muitas diferenças de nucleotídeos entre elas é responsável pela anormalidade. Isso não quer dizer que um projeto de diversidade genômica seja inútil. Ele aumentaria consideravelmente o repertório observado de sequências de DNA transportadas por pessoas saudáveis e doentes e, assim, nos ajudaria a não sermos conduzidos ao erro por uma base de comparação muito estreita. Por exemplo, há mais de 200 alterações de nucleotídeos diferentes que podem causar hemofilia.

A maioria deles foi descoberta por meio do sequenciamento do gene relevante em pessoas de diferentes regiões do mundo. A matriz genética de hemofilias em Calcutá não é a mesma na Alemanha. Assim, um estudo da diversidade poderia fornecer a matéria-prima de que precisamos para entender o que torna uma pessoa hemofílica, mas, no final, a biologia molecular do gene e da proteína precisa ser explorada. Ou seja, vamos ter que compreender como as diferentes alterações de nucleotídeos causam uma deficiência ou ausência da proteína necessária à coagulação, ou então se é o caso que a proteína está presente, mas com uma estrutura anormal, e como essa variação estrutural interfere na reação de coagulação. Saber que uma variação genética está na raiz do distúrbio é inútil, a menos que seja possível fornecer uma história de mediação física que possa ser traduzida em ação terapêutica.

Os principais desenvolvimentos na pesquisa do genoma giraram em torno da geração da própria sequência de informação e da aplicação dessa informação à produção de tratamentos farmacêuticos. Assim como para a clonagem, o curso da pesquisa do genoma humano não pode ser entendido fora do contexto do interesse comercial.[8]

O Projeto Genoma Humano, financiado pelo NIH e pelo Departamento de Energia, teve um competidor comercial privado. No início do projeto, Craig Venter, um dos participantes mais especializados no tema, desentendeu-se com os diretores por causa de uma questão estratégica. Dos três bilhões de nucleotídeos do genoma humano, estima-se que apenas cerca de 5% estejam realmente em genes que codificam proteínas usadas pelo organismo. Os 95% restantes estariam, afirma-se, no DNA "lixo", sem função – o que quer dizer apenas que ninguém conhece sua função. Se for realmente lixo, como Venter apontou não sem alguma razoabilidade, então sequenciá-lo deveria ser um objetivo secundário para um projeto cuja reivindicação de legitimidade é curar doenças humanas e compreender a natureza humana. Venter propôs que o Projeto Genoma Humano poderia economizar muito tempo e dinheiro usando um método de sua invenção que selecionaria apenas o DNA gênico. Quando

---

[8] Ver epílogo do cap. 8, em Lewontin (2000).

os diretores do projeto discordaram, ele pediu demissão e montou um negócio próprio.

Venter depois mudou de ideia sobre o que valia a pena fazer. Seu Instituto para Pesquisa Genômica uniu-se a um fabricante de instrumentos científicos, a Corporação Perkin Elmer, para sequenciar todo o genoma, incluindo o "lixo", usando centenas de sequenciadores automatizados recentemente projetados. Estimou-se que eles estariam disponíveis no mercado aberto por meros 300 mil dólares cada. O custo total projetado era de apenas 250 milhões de dólares e o tempo total necessário foi originalmente estimado em três anos, se os robôs realmente funcionassem. Em março de 1999, a competição entre os projetos de sequenciamento público e privado foi intensificada pelo anúncio de que o projeto público pretendia terminar 90% da sequência na primavera de 2000, enquanto o cronograma de Venter ainda mirava meados de 2001. No final, os consórcios públicos e privados anunciaram suas sequências simultaneamente, por meio de um acordo prévio, em fevereiro de 2001.

Há muito mais em jogo do que o lucro de algumas máquinas ou um contrato para determinar a sequência. Desde o início da década de 1990, os tribunais têm decidido que uma sequência de genes é patenteável, embora seja uma parte de um organismo vivo natural (no final de 1998, o CEO da empresa de genoma Human Genome Sciences, ex-professor da Harvard Medical School, escreveu que sua empresa havia entrado com mais de 500 pedidos de patentes de genes) (Haseltine, 1998). Um valor de uma patente em uma sequência de genes reside em sua importância na produção de drogas direcionadas, seja para compensar a produção deficiente de um gene defeituoso seja para neutralizar a produção errônea ou excessiva de uma proteína indesejada. No primeiro caso, a proteína codificada pelo gene pode ser ela própria a droga, caso em que poderia ser produzida pela transferência do gene para uma bactéria ou para outra célula, que seria então cultivada em massa em fermentadores. Um exemplo clássico é a produção de insulina humana para suprir a falta de sua produção normal em diabéticos. Alternativamente, a produção celular de uma proteína codificada por um determinado gene, ou o efeito fisiológico da proteína geneticamente codificada, pode ser afetada por alguma molécula sintetizada em um processo industrial e vendida como medicamento. O desenho original deste medicamento e a proteção final de sua patente dependerão dos direitos sobre a sequência de DNA que especificou a proteína na qual o medicamento atua. Se os direitos de patente da sequência estivessem nas mãos de uma agência pública como o NIH, um fabricante de medicamentos teria que ser licenciado por essa agência para usar a sequência em sua pesquisa de medicamentos, e mesmo que nenhum pagamento fosse exigido da empresa para o uso comercial, não teria o monopólio, e enfrentaria possível concorrência de outros produtores.

Um caso promissor de medicamento desenvolvido a partir do conhecimento do controle genético da síntese proteica é o Herceptin, registrado, produzido e comercializado pela Genentech para o tratamento de câncer de mama e de ovário. Uma forma desses cânceres é a consequência da duplicação do gene HER-2, que resulta na superprodução de uma proteína que estimula muito a divisão celular. Herceptin é uma molécula de anticorpo que bloqueia especificamente essa estimulação da divisão celular. Resta ver o quão lucrativo o Herceptin será, mas o presente valor de possuir tal droga é estimado em cerca de 5 bilhões de dólares.[9]

Atualmente, várias empresas de genômica estão envolvidas na possível produção de medicamentos, em colaboração com as principais empresas farmacêuticas. Nenhuma ainda ganhou dinheiro vendendo um medicamento baseado no sequenciamento do genoma, mas todos os prospectos preveem lucro em breve. Antes que uma empresa farmacêutica possa ganhar dinheiro com a produção e venda de um medicamento, os ensaios clínicos devem convencer os médicos e o FDA de que o medicamento é eficaz e seguro e, mesmo assim, os custos de produção e comercialização podem vir a se mostrar excessivos. Outra possibilidade de sucesso comercial no futuro está em testes diagnósticos. Por exemplo, usando a sequência de DNA, foi desenvolvido um teste para a mutação BRCA1, relacionada a uma pequena fração dos casos de câncer de mama.

Pode acontecer, no final, que os donos do capital tenham sido tão iludidos pela propaganda do genoma humano quanto as pessoas comuns.

---

[9] Isso é calculado como o valor presente da droga quando o fluxo de renda após os impostos é projetado por 35 anos utilizando-se uma estimativa de longo prazo das taxas médias de retorno (Genomics II, 1998).

O SONHO DO GENOMA HUMANO

A julgar pelos resultados até agora, o investidor prudente talvez tivesse melhor sorte passando uma semana nos cassinos de Saratoga. Somente alguém muito imprudente faria uma previsão de que nenhuma terapia genética jamais terá sucesso comercial. Mesmo em Saratoga, apostas de alto risco às vezes compensam.

Era impossível dizer em 1992 o quão longe o Projeto Genoma Humano ou as terapias medicamentosas baseadas nele iriam se desenvolver em sete anos. O que ficou muito claro desde o princípio, entretanto, foi o futuro das aplicações forenses da tecnologia do DNA. O relatório da Academia Nacional de Ciências foi condenado à lixeira. No início, o Departamento de Justiça e outras agências de aplicação da lei ficaram bastante satisfeitos com o relatório, porque este deu uma aprovação generalizada ao uso de perfis de DNA na identificação. Porém, mais e mais tribunais começaram a considerar as provas de DNA inadmissíveis quando a análise detalhada do relatório foi apresentada nos julgamentos. O problema das diferenças genéticas entre grupos étnicos foi particularmente prejudicial para os cálculos da promotoria, visto que havia a probabilidade de o DNA da cena do crime corresponder a uma pessoa inocente aleatória. Logo ficou óbvio que as agências de promotoria iriam pressionar por alguma ação que validasse as evidências do DNA. E assim elas fizeram. A Academia Nacional de Ciências, por meio de sua subsidiária, o Conselho Nacional Pesquisa, é obrigada a realizar qualquer inquérito para o qual seja competente, desde que esse inquérito seja solicitado e pago por uma entidade do governo federal. A consequência é que, por vezes, é solicitada a revisitar a mesma questão, caso os clientes não estejam satisfeitos com o primeiro resultado. O caso mais notório foi um relatório mostrando que a ração de cachorro com alto teor de proteína fazia mal aos rins dos animais de estimação, um resultado insatisfatório para um grande produtor então engajado em uma campanha publicitária de alta pressão para sua ração de cachorro com alto teor proteico. A influência política da empresa de ração para cachorros foi suficiente para que três relatórios sucessivos fossem solicitados, todos insatisfatórios, até que a empresa e seu representante governamental finalmente desistissem.

Com o caso da ração de cachorro como precedente processual, o diretor do FBI solicitou um novo relatório sobre DNA forense em 1993, e mais dinheiro também foi fornecido por outras agências interessadas. Não houve grande problema em prever o resultado das deliberações do comitê uma vez que os membros foram anunciados, haja visto que em 1993 todos no campo já haviam expressado uma visão clara sobre o assunto. Escrevi ao presidente da Academia Nacional me oferecendo para redigir o relatório – e economizar muito tempo e dinheiro de todos – se ele simplesmente me enviasse a lista dos membros do comitê, mas minha sugestão não foi aceita. Antes mesmo do comitê se reunir, o presidente, um eminente geneticista, fez um discurso em uma reunião da Associação de Ciência Forense, no qual garantiu ao representante do FBI que tudo daria certo dessa vez. As duas principais questões polêmicas do primeiro relatório – o controle de qualidade dos laboratórios criminais e as dificuldades que os leigos têm em compreender modelos de probabilidades em genética – foram cuidadosamente corrigidas. Todos os laboratórios que sequenciam DNA têm problemas de contaminação cruzada entre as amostras. Esse problema se torna particularmente sério quando uma pequena amostra de DNA, digamos de uma raspagem de um pouco de sangue seco, é comparada com uma grande amostra de sangue retirada de um suspeito. Se não forem manuseados com muito cuidado e atenção, o DNA da amostra grande pode acabar contaminando a amostra pequena. Além disso, muitas comparações de DNA não são feitas no laboratório central de crimes do FBI, relativamente sofisticado, mas em instalações forenses locais do estado e do condado. O próprio laboratório do FBI se recusou repetidamente a permitir que avaliadores independentes observassem seus procedimentos ou se submetessem a testes às cegas de proficiência. No entanto, o melhor que o comitê poderia recomendar era que "os laboratórios deveriam aderir a padrões de alta qualidade [...] e fazer todo o esforço para serem credenciados para o trabalho de DNA" (National Research Council, 1996). Bem, talvez nem todo o esforço.

Em relação ao problema dos jurados quanto à compreensão dos modelos de probabilidades descritos no relatório, a recomendação foi que "a pesquisa comportamental deve ser realizada para identificar quaisquer condições que possam fazer com que um júri de fato interprete mal as evidências sobre o perfil de DNA e para avaliar quão bem as várias maneiras de apresentar o testemunho de um especialista em DNA pode reduzir esses mal-entendidos". Essa recomendação claramente ignora a já extensa literatura que mostra que os leigos frequentemente entendem mal a descrição dos modelos de probabilidades em genética, mesmo quando apresentada em uma entrevista individual. Assim, por exemplo, estudos financiados pelo NIH sobre os resultados do aconselhamento genético descobriram que casais que foram informados de que tinham uma chance em quatro de ter um filho afetado respondiam que isso não era motivo de preocupação, já que só queriam ter dois filhos.

Como era de se esperar, com o novo relatório em mãos, os promotores não tiveram mais problemas nos tribunais com a validade das provas de DNA. No entanto, um dos resultados imprevistos da presente validade geral de provas de DNA, e que os ávidos promotores não anteciparam, foi o importante papel que a tipagem de DNA teve na inocentação de acusados, incluindo um vasto número que cumpria pena de prisão por crimes que não haviam cometido. O Projeto Inocência tem usado DNA recuperado de cenas de crime e amostras retiradas de acusados para libertar mais de 300 vítimas falsamente condenadas por um sistema penal que depende fortemente do reconhecimento de suspeitos em filas policiais nas delegacias.

A CULTURA EVOLUI?[1]

Em seu famoso ensaio, "Duas culturas", C.P. Snow descrevia uma distância que separa a cultura humanística e a científica-natural. Admitindo que uma boa parte do sentimento científico é compartilhado por alguns de seus "amigos sociólogos estadunidenses", Snow estava ciente de que havia certo grau de artificialidade em limitar o número de culturas ao "muito perigoso" número dois. Sua distinção binária, entretanto, estava baseada largamente na coesão observada tanto na comunidade das ciências naturais quanto na de humanidades, o que as tornava culturas "não apenas em um sentido intelectual, mas também em sentido antropológico" (Snow, 1964, p. 8-9). A divisão intelectual do trabalho e o desenvolvimento das linguagens disciplinares certamente reforçaram essa referência a duas culturas incomensuráveis. Qualquer um que tenha participado de comissões de revisão de projetos de fundos para pesquisa com cidadãos de cada uma dessas culturas não pode ter deixado de notar o padrão de acusações mútuas de abuso de jargão, e ficado convencido de que, pelo menos na versão acadêmica da bifurcação de Snow, a distância entre as humanidades e as ciências naturais

---

[1] Este capítulo apareceu de forma um pouco distinta em Fracchia, Joseph e Lewontin, Richard. "Does Culture Evolve?". *History and Theory 38*, 1999, p. 52-78.
Tradução: Luiz Menna-Barreto.

aumentou a ponto de se tornar em abismo aparentemente intransponível. Tornou-se um clichê a noção de que as duas culturas simplesmente não têm nada em comum.

Esse abismo, entretanto, talvez tenha sido exagerado. Membros da cultura literária, e das humanidades em geral, podem ficar chocados com as incursões dos cientistas chafurdando no terreno cultural, tentando submetê-lo à "análise científica". Mas os cientistas naturais parecem mais irritados do que intimidados pela aparente independência da cultura humana em relação ao estudo científico. E os cientistas sociais, ao expressarem seu desconforto em terem sido colocados "em suspensão" sobre o abismo, levaram Snow a um "segundo olhar", no qual reconhece a "chegada" de uma "terceira" cultura sócio-científica, com o potencial de "suavizar" a comunicação entre as outras duas (Snow, 1964, p. 70). Além disso, os antropólogos culturais, ou ao menos aqueles com um viés mais "científico" do que "relativístico", poderiam apontar para uma longa tradição em sua disciplina que trata justamente de estreitar o abismo, ao submeter a cultura e sua "evolução" ao estudo científico.

A ideia segundo a qual a cultura evolui apareceu antes da teoria de Darwin sobre a evolução dos organismos e, de fato, Herbert Spencer argumentou a favor de Darwin, afirmando que, afinal, tudo evolui (Spencer, 1914, p. 432-433). É claro que a validação da teoria da evolução orgânica de nenhum modo dependeu desse argumento de generalização. Foi o darwinismo que acabou se tornando a teoria da evolução e uma inspiração para teorias da evolução cultural desde 1859, subvertendo Spencer. Ocorreu, então, uma sangrenta Batalha dos Cem Anos entre antropólogos sobre se é possível afirmar que a cultura evolui, uma guerra na qual as partes em disputa se alternaram em seus períodos de hegemonia sobre o território contestado. A disputa foi uma consequência filosófica de uma diferença no entendimento do que distingue um processo evolutivo de um "mero" processo histórico. Em sua maior parte, no entanto, essa disputa só pode ser entendida como uma confrontação entre o impulso de tornar científico o estudo da cultura e as consequências políticas que parecem derivar de um entendimento evolutivo da história cultural.

Até a última década do século XIX, em parte pela influência darwinista, mas também como uma extensão do pensamento progressista pré-Darwin que caracterizou o capitalismo industrial triunfante, a teoria antropológica foi construída sobre uma ideologia do progresso evolutivo. A construção de Lewis Henry Morgan da história da cultura como progresso a partir da selvageria, passando pelo barbarismo, até a civilização, foi o modelo. Nos anos 1890, Boas desafiou com sucesso o racismo e o imperialismo que apareciam como consequências inevitáveis da visão progressista de Morgan e estabeleceu um tom antievolucionista que caracterizou a antropologia cultural até pelo menos depois da Segunda Guerra Mundial. A partir de 1959, com a celebração do centenário da publicação da *Origem das espécies*, cresceu no interior da antropologia a demanda de reintrodução de uma perspectiva evolutiva na história cultural, que havia sido expurgada pelos discípulos de Boas – uma reivindicação que recebeu apoio colateral por meio do desenvolvimento, a partir da Biologia, das teorias sociobiológicas sobre a natureza humana. Entretanto, mais uma vez, a implicação de estágios "superiores" e "inferiores" da cultura humana – implicação que parecia fazer parte de qualquer teoria evolucionista – não pôde sobreviver diante de suas consequências políticas e, assim, nos anos 1980 a antropologia cultural retornou ao modelo de Franz Boas de mudança cultural, diferenciação cultural e história cultural, mas sem evolução cultural.

Em seu prefácio ao manifesto de reintrodução da evolução cultural, *Evolução e cultura*, Leslie White atacou a tradição de Boas, associando-a ao criacionismo antievolucionista:

> O repúdio ao evolucionismo nos Estados Unidos não é facilmente explicável. Muitos cientistas não antropólogos acham inacreditável que um homem que foi saudado como 'o maior antropólogo do mundo', Franz Boas, um homem que era membro da Academia Nacional de Ciências e presidente da Associação Americana para o Progresso da Ciência, possa ter se devotado, assídua e vigorosamente ao longo de décadas, a uma proposta anticientífica e reacionária. (White, 1960, p. v.)

Mas por que White insiste (ilogicamente e contra os fatos) que uma negação da evolução cultural deve ser considerada simplesmente como antievolucionismo, *tout court*? Há uma pista na expressão "anticientífica", mas isso fica explícito duas páginas depois: "O retorno ao evolucionismo era, evidentemente, inevitável se quiséssemos que [...] *a ciência abraçasse a antropologia cultural*. O conceito de evolução demonstrou ser por demais fundamental e frutífero para ser ignorado indefinidamente por *qualquer coisa que se reivindique como ciência*" (ênfase adicionada, White, 1960, p. vii). Assim, a demanda por uma teoria da evolução cultural é, na realidade, a exigência que a antropologia cultural seja incluída no grande movimento do século XX de cientificização de todos os aspectos dos estudos sociais, para que seja validada como parte da "ciência social". Essa questão foi particularmente premente para os antropólogos culturais, porque estavam engajados em uma luta institucional para angariar apoio às suas pesquisas e prestígio acadêmico junto aos membros de seus próprios departamentos acadêmicos, que praticavam a disciplina indiscutivelmente científica da antropologia física.

Entretanto, a demanda por uma teoria da evolução cultural também veio das ciências naturais, particularmente dos biólogos evolucionistas, para os quais a capacidade de explicar todas as propriedades de todos os organismos utilizando um mecanismo evolutivo comum era vista como um teste definitivo da validade da sua ciência. Sempre desdenhosos do que batizaram como SSSM ("Standard Social Science Model"; modelo padrão das Ciências Sociais baseado no axioma de Durkheim), os biólogos evolucionistas nunca tiveram dúvidas de que a análise e compreensão científicas do lugar e da evolução da cultura na longa história de vida da espécie *Homo sapiens* eram um território legítimo dos investigadores da evolução humana. O advento da cultura foi, afinal, uma adaptação biológica e que, portanto, deve ser explicável pela Biologia. Entretanto, uma combinação de dois fatores inibitórios manteve as incursões dos biólogos evolucionistas dentro do território cultural em estado mínimo, pelo menos desde o final da Segunda Guerra Mundial até a metade dos anos 1970. Esses fatores foram, em primeiro lugar, a conexão estreita entre genocídio e teorias culturais pseudocientíficas baseadas na Biologia, e, em segundo lugar, a ausência de uma teoria adequadamente abrangente. Esse último problema, como muitos evolucionistas concordam, foi finalmente solucionado com o capítulo de conclusão de E. O. Wilson em sua obra "Sociobiologia" ("*Sociobiology: The New Synthesis*" publicado originalmente em 1975), que gerou o impulso para a mais recente rodada de tentativas de sujeitar a história humana a explicações evolutivas. Ali, Wilson esboçou essa certeza segundo a qual, tal como ele mesmo expressou alguns anos depois em *On The Human Nature*, o instrumento apropriado para fechar "a famosa distância que separa as duas culturas" é a "Sociobiologia geral, que consiste simplesmente na extensão da Biologia das Populações e da teoria evolutiva para a organização social" (Wilson, 1978, p. x).

Embora resistindo a respeito de seu direito científico de explicar não apenas a evolução das capacidades culturais humanas como também a evolução da cultura, os biólogos sentem-se inseguros a respeito dessa autoimposição. Isso porque eles apostam na *raison d'être* da ciência como sendo o processo de estabelecer a validade do princípio do reducionismo: para ser sustentável, a ciência deve apresentar poder explicativo, e isso quer dizer "aninhar" as ciências humanas na grande hierarquia das ciências. Se a Biologia evolucionista não puder explicar a cultura humana, então outros fenômenos deverão ser reexaminados. Intrigado pelo desafio, Wilson argumentou que a redução deve ser "temida e aceita a contragosto" por muitos nas ciências humanas (Wilson, 1978, p. 13), e, numa ousada metáfora napoleônica, farejou "um desagradável aroma passageiro de chumbo", na ideia segundo a qual a aplicabilidade da Sociobiologia nos estudos humanos é uma batalha da qual depende o futuro da "teoria da evolução convencional" (Wilson, 1978, p. 34). Fascinado com o desafio e inspirado pelo aparente potencial da síntese sociobiológica, um número crescente de cientistas tentou construções a partir do projeto de Wilson, de modo a preencher o abismo e assim se apossar do território do outro lado.

Alguns pesquisadores das Ciências Sociais, aqueles que preferiam ser considerados como verdadeiros cientistas, e não apenas como defensores de uma "terceira" cultura, estavam ficando inquietos com a proliferação de teorias conflitantes e modelos que aparentemente levavam a produção de conhecimento sócio-científico a uma paralisação. Tais cientistas sociais começaram a questionar seus próprios SSSMs e se voltaram em cada vez maior número para a nova síntese sociobiológica, aparentemente infalível, adotando modelos e mecanismos explicativos que traziam suas disciplinas para patamares científicos adequados. Alexander Rosenberg, por exemplo, lamenta a inabilidade das Ciências Sociais de fazer jus à expectativa de John Stuart Mill sobre elas, a saber, estarem apoiadas em leis explicativas. Numa declaração reveladora, ele afirma que

> as Ciências Sociais seriam apenas de interesse passageiro, fontes de diver-
> timento, como uma novela ou um filme excitante, a menos que aceitassem
> o desafio de prosseguir no rumo dos avanços tecnológicos característicos
> da Ciência Natural. Porque uma Ciência Social concebida como menos
> aplicável simplesmente não contaria como conhecimento, segundo entendo.
> E se não pode contar como *conhecimento*, debates sobre seus métodos e
> conceitos são tão importantes quanto a crítica literária erudita ou artigos
> de revisão de filmes servem para desfrutarmos desinformadamente os livros
> e filmes dos quais gostamos. (Rosenberg, 1980, p. 22-23)

Rosenberg espera que isso seja retificado quando as Ciências Sociais forem tratadas como ciências da vida. Ele prevê, otimista, que o estudo do comportamento humano, uma vez colocado sobre uma base biológica, "admitirá tantas descrições matemáticas quantas o mais matemático economista poderia esperar". Contrariamente aos apelos pela singularidade, ele insiste que as Ciências Sociais tradicionais só se tornarão verdadeiramente científicas quando forem ultrapassadas e incluídas na Sociobiologia (Rosenberg, 1980, p. 4, 158).

Mais recentemente, o antropólogo John Tooby e a psicóloga Leda Cosmides também criticaram as Ciências Sociais por sua "postura autoconsciente de autarquia intelectual", sua "falta de conexão com o restante da ciência deixou um buraco no tecido do conhecimento organizado, do qual as ciências humanas deveriam fazer parte". A falta de progresso nas Ciências Sociais teria sido causada por sua "falha na exploração e aceitação de suas conexões com o resto do corpo da ciência – ou seja, alocação causal de seus objetos de estudo dentro de uma rede ampla de conhecimento científico" (Cosmides e Tooby, 1992, p. 22-23).

Este objetivo é a pedra fundamental da revista *Politics and The Life*, cujos editores e colaboradores insistem em que as Ciências Sociais devem residir dentro das ciências da vida. As expectativas de uma síntese, implícita no nome da revista, foram expressas por Richard Shelly Hartigan em uma resenha elogiosa do livro de Richard D. Alexander, *The Biology of Moral Systems*. Prevendo felicidade conjugal, Hartigan assegura confiantemente que o "prolongado divórcio entre as ciências naturais e sociais está para acabar em união. Embora as bodas possam estar um pouco atrasadas, as partes estão ao menos conhecendo-se mais intimamente" (Hartigan, 1988, p. 96). A união consiste em artigos dedicados à explicação "darwinista" de tópicos como alienação social, a corrida nuclear, o processo legal, estratificação social, argumentação oral na Suprema Corte, a relação entre a inteligência humana e poder das nações, e até mesmo o feminismo.[2]

Esses exemplos poderiam ser multiplicados, porém, como esta breve revisão indica, o maior empreendimento da engenharia de construir uma ponte sobre o abismo entre as culturas das ciências naturais e das humanas nas últimas décadas tem sido deflagrado por cientistas naturais, ansiosos talvez por terem apostado sua *raison d-être* [razão de ser] no sucesso de sua aventura imperialista; e isso rapidamente atraiu a participação daqueles cientistas sociais otimistas quanto à superação de seu complexo de inferioridade e aquisição de respeitabilidade ao fundamentar suas disciplinas nas ciências naturais. A ponte é o conceito de "evolução cultural", cujas vigas científicas são as categorias e leis explicativas, tanto aquelas diretamente emprestadas como também aquelas derivadas de um enfoque selecionista estreito na compreensão da evolução biológica.

Inicialmente, queremos deixar claro do que *não* se trata o tema da evolução cultural. Primeiro, não se trata de questionar se a cultura, como fenômeno, evoluiu da ausência de cultura como consequência de mudança biológica. Se outros primatas têm uma cultura segundo alguma definição, os insetívoros dos quais os primatas evoluíram não o têm. Assim, em alguma etapa da evolução biológica, a cultura apareceu como uma novidade. Segundo, ninguém duvida do fato evidente de que as culturas humanas tenham mudado desde a primeira aparição do *Homo sapiens*, mas nem mesmo a teoria mais biologística propõe que as grandes mudanças dentro desse fenômeno da cultura – digamos, a criação do alfabeto ou da agricultura – tenha sido a consequência de uma alteração na evolução genética do sistema nervoso central humano. A cultura humana tem uma história, mas afirmar que a cultura é consequência de um processo histórico não é o mesmo que dizer que ela evolui. O que constitui um processo evolutivo em contraste com um processo

---

[2] Ver, por exemplo, os seguintes ensaios, todos de *Politics and The Life Sciences*: White (1989); Beckstrom (1991); Ellis (1991); Schubert *et al.* (1992); Amhart (1992).

"meramente" histórico? Qual trabalho explicativo é feito para afirmar que a cultura tem evoluído?

O "grito do coração" de Leslie White ao acusar os seguidores de Franz Boas, de se alinharem ao criacionismo antievolucionista, confunde duas questões bastante distintas. A batalha de meados do século XIX contra a teoria da evolução, refletida atualmente no criacionismo cristão moderno, não foi sobre se a sucessão das formas de vida primitivas até o presente obedece a alguma espécie de lei sobre propriedades que caracterizam essa história. Muito pelo contrário. Tratava-se, como se trata ainda hoje, de negar que organismos vivos tenham história ou que tenham ocorrido mudanças em espécies e que as formas de vida do presente surgiram de outras bem distintas das atuais. Mas ninguém nega que a cultura tenha uma história, que a produção industrial emergiu de sociedades com passado pastoril e agrícola. Nem mesmo os mais literais fundamentalistas pensam que Deus criou o automóvel no sexto dia. Ironicamente isso é uma forma do cristianismo tradicional que simultaneamente nega uma história inteligível da vida orgânica como um todo ao mesmo tempo em que afirma a direcionalidade da história humana, a ascensão dirigida à redenção final afastando-se das profundezas da queda.

A identificação de White da luta na evolução cultural com a luta na evolução orgânica é mais do que uma peça deliberada de propaganda para a legitimação acadêmica, é, na realidade, uma luta sobre a natureza do processo histórico. Na base, essa proposta consiste na rejeição da concepção segundo a qual a história cultural humana é apenas uma coisa qualquer depois de outra, reivindicando que, ao contrário, há um processo nomotético subjacente. Porém, ao afirmar que a cultura evolui, White reivindica mais do que era necessário. A história pode sim fazer algum sentido que sugere leis, mas isso faz o processo histórico se tornar evolutivo? Pode haver limitações nas mudanças sociais que parecem leis, tais como a regra de Ibn Khaldun, segundo a qual "beduínos podem controlar apenas territórios planos", mas isso não nos leva a caracterizar o *Muqaddimah* como uma teoria "evolutiva" da história, como tampouco podemos chamar o terceiro tipo de história de Hegel, a história filosófica, de uma teoria da evolução (Khaldun, 1958, cap. 2, p. 24).

Poder-se-ia afirmar que para teorias se qualificarem como evolutivas, elas devem ir além de limitações ou proibições; elas devem se caracterizar como leis gerais ou mecanismos cuja operação produz as histórias reais. Entretanto, o *Muqaddimah* oferece leis da origem, transformação, diferenciação e eventual extinção de formações políticas: "Dinastias de amplo poder e grande autoridade real têm origem na religião, baseadas em profecias ou propaganda confiável". "A autoridade da dinastia, no início, se expande até seus limites para então estreitar-se ao longo de etapas sucessivas, até que a dinastia se dissolva e desapareça" (Khaldun, 1958, p. 3, 46, 11). No que diz respeito à prosperidade e atividade de negócios, as cidades e os vilarejos diferem de acordo com o tamanho de sua população. Essas afirmativas não são simples generalizações empíricas. Cada uma delas é derivada como uma consequência necessária de propriedades básicas da motivação humana, tal como a guerra de todos contra todos de Hobbes é derivada das premissas básicas segundo as quais os seres humanos tendem, por sua natureza, a expandir suas demandas, e que os recursos para essa expansão são limitados. A facilidade com a qual o conceito de "evolução da cultura" tem sido empregado na Antropologia e na Biologia Humana Evolutiva não encontra paralelo no discurso de historiadores contemporâneos. Quando François Furet e Mona escrevem, no prefácio de *A Critical Dictionary of The French Revolution*, que "ignorar a evolução na historiografia significa desconsiderar um importante aspecto do próprio evento", eles querem apenas dizer que a historiografia mudou, ou seja, que ela tem uma história (Furet e Ozouf, 1989, p. xvi).

Poderia ser que "evolução" e "história" possam ser separadas por questões de escala e composição. Modos de produção, relações familiares e entre grupos, formas de organização política, níveis de tecnologia, são aspectos vistos como características gerais da existência social humana. Eles são também "cultura", e considera-se que "evoluem" ao passo que sequências de eventos temporal e espacialmente singulares, como os eventos na França tais como a transição dos Estados Gerais até o Termidor, acabam sendo repetidos em tempos e lugares diferentes. Assim, Leslie White distingue a particularidade de eventos micro (históricos) da generalidade de eventos macro (eventos evolutivos): "Gostaria de chamar os processos temporais singulares, nos quais os eventos são considerados significativos nos termos de sua particularidade e singularidade, de 'história', chamando os processos temporais generalizadores que lidam com os fenômenos mais do que com eventos singulares, de 'evolução'" (White, 1960, painel 5). Mas se isso é o que se quer dizer com discriminar eventos singulares da mera história, então o evolucionista cultural afasta-se radicalmente das teorias da evolução do mundo físico. Para o darwinismo, não apenas o conjunto da vida orgânica, mas cada espécie e cada população de espécies evoluem. O modelo padrão da evolução orgânica começa com as forças evolutivas que provocam mudanças de relativamente pouco tempo, entendendo a evolução de espécies individuais no tempo a partir de mudanças nas populações das quais fazem parte. Além disso, na versão reducionista usual, a teoria evolucionista explica a evolução da vida como um todo com consequência mecânica da ascensão e queda de espécies individuais. Então por que, se a cultura humana evolui, a cultura beduína, do Oriente Médio e do país chamado Arábia Saudita, não evoluiu?

A tentativa de diferenciar "evolução cultural" de "história" nos leva a um tipo diferente de abismo – um que é mais amplo e mais velho, embora obscurecido pelo mais visível entre as ciências humanas e naturais. Esse abismo demarca fronteiras disciplinares estabelecidas, separando modos nomológicos e históricos de explicação. Guerras civis sempre produzem os ferimentos mais profundos. E as batalhas no interior das humanidades (entre historiadores enfatizando contingências e singularidades e cientistas sociais insistindo em leis gerais e modelos) e no interior das ciências naturais (entre biólogos que insistem em contingências, historicidade da evolução e aqueles que veem leis na evolução dos processos de seleção e adaptação), e, em função da proximidade entre esses antagonistas, são batalhas intensas e frequentes, provocando os efeitos mais prolongados.

O retrato desse abismo proposto por Snow sobre essas batalhas entre linhas disciplinares parece talvez amargo, mas são batalhas que não passam de discussões superficiais intradisciplinares, meras diferenças de perspectiva sobre problemas comuns. Entretanto as afinidades entre disciplinas de "historiadores" *versus* "cientistas" estão mais evidentes do que em qualquer outro lugar sobre esse tema sobre o qual ambos disputam a propriedade: o que aparece ser "evolução cultural" para um grupo, para outro são "histórias humanas". A facilidade, por exemplo, com a qual selecionistas – prestigiados entre os biólogos evolucionistas – e aqueles cientistas sociais buscando igualmente leis explicativas identificam uma causa comum no conceito de evolução cultural indica que, em questões ontológicas e epistemológicas, não há nenhum abismo entre eles. Essa facilidade encontra sua contrapartida na facilidade de acordo entre um historiador e um geneticista sobre um enfoque histórico sobre a mudança cultural. As diferenças entre essas duas perspectivas são incomensuráveis não devido a fronteiras disciplinares, mas sim por envolverem distintas concepções sobre a natureza da "investigação" científica, distintas premissas ontológicas e epistemológicas, e, portanto, distintos modos de explicação.

Teóricos darwinistas da evolução cultural concordam que a seleção é *a* lei explicativa, a chave para o entendimento de todos os desenvolvimentos "evolutivos" ou "históricos" sob quaisquer coordenadas socioculturais e históricas. Assim, a história humana é reduzida a um processo unitário, sua complexa dinâmica a uma reduzida lógica singular, e a singulari-dade do tempo histórico é reduzida a "um tempo abstrato vazio" (Walter Benjamin).[3]

Nós começamos com premissas diferentes sobre os objetos históricos e, coerentemente, sobre o tempo histórico. Nós enxergamos os fenômenos históricos como singularidades imersas em formas socioculturais espe-cíficas, cada uma com suas propriedades sistêmicas, e lógica própria de produção e reprodução, com dinâmica peculiar de paradas e mudanças.

---

[3] Na introdução a uma coleção de ensaios sobre história e evolução (Nitecki e Nitecki, 1992), Matheus Nitecki afirma categoricamente: "O elemento comum à Biologia evolutiva e à história é o conceito de mudança ao longo do tempo". Apesar das grandes diferenças em suas definições das relações entre Biologia e história, todos os autores incluídos no volume (e provavelmente todos os evolucionistas culturais) compartilham a definição de história, concebida por Nitecki, como mudança ao longo do tempo. Esta definição permite a eles elevar a história a um "*status*" científico e sujeita a história a explicações evolutivas, como o fizeram, por exemplo, Boyd e Richerson em suas afirmações categóricas de que "a teoria Darwiniana é tanto científica como histórica" (em Nitecki, 1992, p. 179-180). Apesar de haver muitos problemas com a definição de história simplesmente como mudança ao longo do tempo, nós faremos apenas dois comentários aqui: essa definição resulta, quase que inevitavelmente, no tratamento de pessoas que vivem em sociedades em que alterações não são a norma, como pessoas sem história; e uma vez que a mudança é definida como uma constante trans-histórica, é muito provável, apesar que não logicamente necessário, que o próximo passo será buscar uma lei explicativa trans-histórica – o que, para os evolucionistas culturais, é a seleção.

Cada padrão sociocultural tem seu próprio tempo e própria história, tomando emprestada a feliz frase de Louis Althusser. Como cada fenômeno histórico possui seu *locus* particular dentro de uma constelação sociocultural, com o seu tempo e história singulares, não há nenhuma lei ou generalidade trans-histórica que possa explicar a dinâmica da mudança histórica. Nossa opinião é que as teorias culturais evolucionistas nunca foram (nem serão) capazes de satisfazer seus propósitos de explicar o passado e prever o futuro. E isso é devido a premissas problemáticas sobre a natureza da cultura e a problemática confusão entre processos históricos e evolutivos.

As formas da teoria evolucionista

Modelos da evolução de fenômenos são tradicionalmente modelos de mudanças ao longo do tempo na natureza de conjuntos de elementos. Esses elementos individuais em um conjunto podem ser objetos físicos como organismos ou estrelas ou propriedades como tamanho ou composição química ou estrutura sintática. Assim, quando falamos da "evolução dos seres humanos", estamos nos referindo a uma mudança na composição dos indivíduos físicos que identificamos individualmente como humanos, mas também podemos considerar a "evolução da pintura europeia" como uma mudança no conjunto de materiais, técnicas, sujeitos e princípios de desenho que caracterizam a produção daquela arte. Sejam objetos físicos, atributos ou artefatos, não é nenhum elemento individual, mas sim a composição do conjunto que está no centro de interesse.

Teorias evolucionistas tais como foram construídas para o mundo físico, ao serem transportadas para fenômenos sociais humanos, podem ser classificadas segundo duas propriedades. Em primeiro lugar, elas podem ser sobre transformações ou sobre variações. Em uma teoria da transformação, o conjunto dos elementos muda no tempo porque cada um dos elementos sofre a mesma mudança secular durante sua história individual. Em outras palavras, a evolução do conjunto resulta do padrão de desenvolvimento de cada indivíduo. O modelo transformacional caracterizou todas as teorias da evolução até Darwin, persistindo como o modelo da evolução do universo físico desde que Kant e Laplace produziram a hipótese nebular para a origem do Sistema Solar. A coleção de estrelas no cosmos tem evoluído porque todas as estrelas passam por processos de envelhecimento desde seu surgimento no "Big Bang", por meio de uma sequência de reações nucleares, até exaurir seu combustível nuclear e colapsar em uma massa morta. Esse modelo está incorporado na própria palavra *evolução*, um desdobramento e desenrolar de uma história que já está imanente no objeto.

A alternativa inventada por Darwin para explicar a evolução orgânica seguiu o esquema da variação evolutiva (seleção). Na variação evolutiva, a história do conjunto não é uma consequência do desdobramento uniforme das histórias de vida individuais. Antes disso, a variação evolutiva ao longo do tempo é uma consequência da variação entre elementos de um conjunto em qualquer instante do tempo. Indivíduos diferentes têm propriedades diferentes e o conjunto é caracterizado pela coleção dessas propriedades e sua distribuição estatística. A evolução do conjunto ocorre porque diferentes elementos individuais são eliminados do conjunto ou aumentam em seu número na população em velocidades diferentes. Assim, a distribuição estatística das propriedades muda quando alguns tipos ficam mais comuns e outros morrem. Elementos individuais podem mudar ao longo de sua vida, porém, se isso tiver lugar, essas mudanças ocorrem em direções não associadas à dinâmica do conjunto como um todo e em uma escala temporal mais curta do que a história evolutiva do grupo. Assim, as mudanças no desenvolvimento que caracterizam o envelhecimento de todo organismo vivo não se refletem na evolução da espécie. Todo ser humano pode ficar de cabelos brancos e enrugado com a idade, porém a espécie como um conjunto não ficou assim ao longo de 5 milhões de anos de evolução desde seu ancestral comum aos outros primatas. A evolução orgânica é, então, a consequência de um duplo processo: a produção de alguma variação das propriedades entre elementos individuais, seguida pela diferença na sobrevivência e na propagação de elementos de diferentes tipos. Além disso, a produção da variação é causalmente independente de seu destino eventual na população. É isso o que se quer dizer com a afirmativa segundo a qual a evolução orgânica é baseada na variação "randômica". Não se trata da inexistência de causalidade nas propriedades individuais, ou da consequência de alguma força de mudança fora dos eventos físicos normais. Antes disso, trata-se de forças no interior dos organismos, produzindo indivíduos diferentes, causalmente aleatórias em relação às forças externas que influenciam a manutenção e propagação dessas variações na população.

A invenção do modelo selecional (ou variacional) para a evolução orgânica, com a rigorosa separação entre forças internas de desenvolvimento e forças externas limitadoras, consiste na maior quebra epistemológica conseguida por Darwin. Todos os outros esquemas evolucionistas propostos até o aparecimento de *A origem das espécies*, em 1859, seja para a evolução do cosmos, dos organismos, da linguagem ou das ideias, eram modelos de transformação. O esquema darwiniano da variação, com sua rejeição do papel causal do desenvolvimento individual, consistiu na negação da evolução tal como entendida previamente. Mantendo o termo *evolução*, os darwinistas, enquanto o despiam de sua implicação estrutural anterior, provocaram uma considerável confusão e ambiguidade nas discussões subsequentes sobre evolução cultural, por não haver acordo entre os evolucionistas culturais sobre qual tipo de evolução era admitido por eles.

A escolha de um modelo da transformação para a teoria da evolução, desenvolvimentista, implica propriedades de processo que não pertencem integralmente – embora possam estar presentes – em um modelo selecional: direcionalidade e identificação de etapas. Em um processo de desdobramento, a possibilidade de cada transformação sucessiva depende da conclusão da etapa de transformação anterior, de modo a providenciar o estado inicial para a próxima mudança. Não é necessário que o desdobramento completo seja previsível a partir da própria origem do sistema porque etapas sucessivas podem ser contingentes. Pode haver mais de um desdobramento possível a partir de um determinado estado, e essas alternativas podem ser escolhidas, contingentes a várias circunstâncias externas. As teorias da transformação, apesar disso, assumem uma contingência restrita, colocando fortes limitações sobre quais estados podem suceder uns aos outros, e em qual ordem. De fato, a teoria padrão do desenvolvimento embrionário, que constitui uma base metafórica para as teorias desenvolvimentistas da evolução, assume haver uma – e apenas uma – possível sucessão de estados. Assim, há uma direção ou no máximo algumas poucas direções alternativas possíveis de mudança imanente na natureza dos objetos. A direcionalidade em si não implica que a mudança seja monótona ou que ocorra um ciclo repetitivo entre estados ao longo de algum eixo simples, mas mesmo assim as teorias da transformação assumem o formato de "Lei do aumento da..." complexidade, eficiência, controle sobre fontes de energia, do próprio Progresso.

Uma teoria selecional, em contraste, não contém direcionalidade porque a variação sobre a qual o processo de escolha opera não é intrinsecamente direcional, e mudanças na distribuição estatística dos tipos no conjunto são assumidas como consequências de circunstâncias externas causalmente independentes da variação. Apesar disso, a unidirecionalidade penetrou no darwinismo por meio de uma reivindicação sobre a seleção natural. Se a representação diferencial numérica de diferentes tipos em uma espécie não ocorre ao acaso por eventos de vida e morte, mas sim por propriedades que conferem a alguns organismos maior habilidade de sobrevivência e reprodução no ambiente no qual se encontram, não haveriam algumas propriedades que confeririam vantagens gerais na maioria ou em todos os ambientes? Tais propriedades, então, deveriam se expandir para mais organismos e ao longo da história evolutiva, deixando de lado particularidades da história. Assim, por exemplo, afirmou-se que a complexidade tem aumentado ao longo da evolução orgânica, uma vez que se supõe que organismos mais complexos sejam mais capazes de sobreviver às incertezas de um mundo incerto. Infelizmente não pode haver acordo sobre como medir a complexidade independentemente do trabalho explicativo de sua funcionalidade. É, de fato, característica das teorias da direcionalidade, que os organismos são inicialmente arranjados ao longo de um eixo que vai do inferior ao superior e então uma busca é realizada por uma propriedade que possa ser usada e que evidencie aquela mesma ordem.

Partir da direcionalidade é um pequeno passo para uma teoria de etapas. Teorias desenvolvimentistas da transformação são geralmente descritas como um movimento de uma etapa para outra em sequência: da selvageria ao barbarismo e à civilização; da produção artesanal ao capitalismo industrial competitivo e ao capitalismo monopolista. O desenvolvimento começa com algum gatilho, iniciando um processo a partir de seu germe; a partir disso, é pensada uma série de etapas ordenadas que cada entidade deve atravessar, a passagem bem-sucedida de uma etapa sendo condição para prosseguir para a próxima. Variações entre entidades individuais aparecem porque há alguma variação na velocidade das transições, mas primariamente pelo desenvolvimento comprovado, a falha na transição para a próxima etapa. As teorias de Freud e Piaget são dessa natureza. Não deveria ser surpresa para os antropólogos que as teorias evolutivas da transformação da cultura identifiquem na atualidade caçadores-coletores como vivendo em uma etapa comprovada da evolução cultural.

A segunda propriedade que distingue sistemas evolucionários é a mortalidade dos elementos individuais de um conjunto. Membros do conjunto podem ser ou imortais, ou pelo menos terem durações potenciais de vida da mesma ordem do conjunto como um todo, ou serem mortais ou durarem significativamente menos do que o conjunto cuja evolução deve ser explicada. A existência do universo material tem a mesma duração das estrelas individuais mais antigas. Organismos individuais, em contraste, invariavelmente entram e saem, mas a espécie pode persistir. A classificação de um sistema evolutivo como mortal ou imortal independe do modelo transformacional ou selecional e a construção de uma teoria evolutiva para um domínio de fenômenos – a cultura, por exemplo – vai requerer assumir premissas desses dois modelos. Os dois esquemas são apresentados como exemplos de fenômenos aos quais o conceito de evolução costuma ser aplicado. A evolução das estrelas é uma ação composta de objetos imortais; a evolução orgânica é uma variação e seus objetos, organismos individuais, são mortais. Embora normalmente não pensemos assim nesses termos, um exemplo de um processo evolutivo que segue modelo selecional, porém cujos objetos são imortais, é o uso de uma peneira para separar ouro de outros objetos. As partículas mais leves serão levadas, deixando os pedaços de ouro, de modo que a concentração de ouro se torna maior na medida em que se desenvolve o processo, embora os mesmos pedaços de ouro estejam presentes tanto no final como no seu início. As teorias pré-darwinistas sobre a evolução orgânica seguiam o modelo transformacional, as espécies evoluíam na forma de mudanças lentas nos indivíduos que eram, apesar disso, mortais.

A mortalidade dos objetos individuais em um processo evolutivo suscita um problema fundamental, que é como as mudanças na composição do conjunto que ocorrem ao longo das curtas durações de vida de seus elementos podem se acumular ao longo da evolução a longo prazo do grupo. Seja a evolução transformacional ou selecional, deve haver algum mecanismo por meio do qual uma nova geração de sucessores retenha algum vestígio das mudanças que ocorreram anteriormente. No exemplo lamarquista clássico da evolução transformacional, se os ancestrais das girafas esticaram um pouco seus pescoços para atingirem as árvores altas, todo esse esforço teria sido em vão, porque, depois de suas mortes, os seus descendentes teriam que repetir o processo desde o início. Tampouco o esquema selecional de Darwin resolve o problema. Se girafas com o pescoço um pouco mais longo sobrevivessem mais ou deixassem mais descendentes do que suas semelhantes de pescoço mais curto, assim aumentando a proporção da variante de pescoço maior na espécie, nenhuma mudança cumulativa ocorreria por meio de gerações a menos que o viés introduzido no peneirar do ouro tivesse podido ser percebido na composição da geração seguinte. Ou seja, torna-se necessário um mecanismo de herança de propriedades, em sentido amplo. Para além da observação segundo a qual os descendentes tinham alguma semelhança com seus ancestrais, nem Darwin nem Lamarck tinham uma teoria da herança, e tiveram que se contentar com uma variedade de noções improvisadas sobre a transmissão de características, todas que tinham em comum o fato de propriedades dos indivíduos serem de algum modo influenciadas pelas propriedades de seus ancestrais na época da concepção. Teóricos da evolução da cultura, conscientes da necessidade de uma teoria da herança – sem dispor, no entanto, de evidência convincente sobre um mecanismo particular semelhante a uma lei para o processo transgeracional da mudança cultural – encontram-se em uma posição ainda mais difícil, embora pareçam não se dar conta disso, porque eles nem sabem se o modelo da passagem da cultura de ator para ator, sem falar de ancestrais para descendentes, tem alguma aplicabilidade geral.

Os paradigmas da teoria da evolução cultural: teorias transformacionais da evolução cultural

Uma característica marcante da história das tentativas de criar uma teoria da evolução cultural é a desconexão entre o poderoso impulso dado às tentativas ligadas ao triunfo do darwinismo e o formato assumido nesses ensaios até recentemente. A substituição do esquema transformacional pelo esquema selecional, operada por Darwin no estudo da evolução, eliminou a necessidade de proposição de forças direcionais intrínsecas sobre os processos de mudança, e, consequentemente, de uma teoria do progresso. Se a direcionalidade e sua variante especial, o progresso, forem consideradas características do modelo selecional, elas devem ser importadas por meio de uma força inerente ao próprio processo selecional. Se houver direcionalidade, ela deve vir de organismos de fora, como o proposto, por exemplo, sobre a natureza dos ambientes e suas histórias. Reprodução diferencial e sobrevivência de variações aleatoriamente geradas não contém direção intrínseca. Teorias transformacionistas, desenvolvimentistas, ao contrário, são direcionais obrigatoriamente por terem como mecanismo básico alguma forma de desdobramento a partir de um programa imanente.

A partir dos livros *Primitive Culture*, de Edward Burnett Tylor (1871), e *Ancient Society*, de Lewis Henry Morgan (1877), a teoria da evolução cultural convocada pelo fenômeno histórico do darwinismo foi ignorada, assim como a estrutura da explicação de Darwin, permanecendo transformacional por cerca de 100 anos. Quase todas as teorias da evolução cultural compartilhavam mais as ideias de Herbert Spencer em *Progress: Its Law and Cause* (1857) do que as ideias de Darwin na *Origem das espécies*. Em primeiro lugar, as teorias foram dominadas pelas noções de progresso e direção. Essa ênfase na direção e no progresso foi até mesmo utilizada para caracterizar a própria evolução orgânica. No mais importante manifesto do evolucionismo cultural desde sua revitalização após a Segunda Guerra Mundial, *Evolution and Culture*, Marshall Sahlins oferece um diagrama da evolução aqui reproduzido (Figura 1), mas não da cultura, e sim de toda vida animal. Superposto no eixo vertical, para cima, aparecem os "níveis de progresso geral", identificados por Sahlins como "evolução geral". Também aparecem diversificações menores dentro de um nível de progresso, sintomáticas de "evolução específica" (meramente história, talvez).[4] Enquanto digramas como esse tenham sido

---

[4] *Evolution and Culture* (1960) é resultado do trabalho de quatro autores, cada um contribuindo com um capítulo no volume: Thomas Harding, David Kaplin, Marshall Sahlins, Elman Service. O mais influente deles é o de Sahlins, "Evolution: Specific and General". A abordagem de Sahlins à cultura evoluiu consideravelmente, sem dúvida, desde 1960.

ícones do evolucionismo do século XIX, hoje essas noções de progresso na Biologia foram expurgadas das descrições atuais da evolução orgânica. Na prática moderna de reconstrução de relações filogenéticas, o oposto de "primitivo" não é mais "avançado", e sim "derivado".

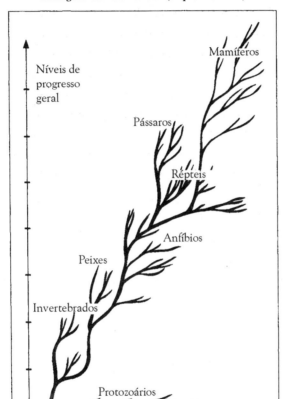

Figura 1 - Diversidade e progresso entre as principais linhagens da vida animal (esquematizado)

Em segundo lugar, dado um comprometimento com direcionalidade e progresso, torna-se necessário decidir quais critérios devem ser usados para determinar progresso além de posterior contra anterior. Nas teorias da evolução orgânica, tentativas recorrentes de uso da noção de progresso, naufragaram nesse tópico. É claro que, dos registros fósseis, não se constata nenhum aumento na duração de espécies desde o registro mais antigo de organismos multicelulares. Tampouco alguém seria capaz de propor que os vertebrados durarão mais do que as bactérias, no caso de uma catástrofe maior eliminar toda a vida na terra. O aumento da complexidade tem sido uma das teorias favoritas tanto para a evolução orgânica como para estruturas culturais e políticas, mas não há acordo entre os físicos sobre como medir a complexidade e existe o perigo recorrente de que ela venha a ser convenientemente definida, *a posteriori*, de modo a colocar o *Homo sapiens* no topo. Sahlins despacha aquela qualidade máxima da teoria econômica burguesa, a eficiência, sob o argumento segundo o qual um organismo pode ser mais eficiente do que outro e, no entanto, ser menos altamente desenvolvido (Sahlins, 1960). Por "altamente desenvolvido" Sahlins quer dizer ter mais partes e subpartes, mais especialização das partes e mais efetiva integração e, a serviço das partes, a transformação de mais energia total. O modo como essa proposição se encaixa exatamente no grande progresso dos peixes aos répteis no diagrama não é esclarecida. Fica claro, no entanto, o trabalho realizado no domínio da cultura. O capitalismo industrial processa mais calorias per capita do que a economia dos Yanomami da floresta úmida do Orinoco, e quase toda descrição da organização política europeia de 1999 mostrará que essa organização tem mais partes e subpartes, maior especialização, do que um feudo na Europa do século XIII, embora a questão da integração relativa das sociedades feudal e burguesa como conjunto possa ser debatida. Tampouco essa caracterização de um crescente nível de progresso cultural pode ser atacada sob a argumentação de que algumas culturas anteriores – digamos, a democracia ateniense –, como muitos as concebem, foram mais progressistas do que o feudalismo carolíngio (séculos VII a IX). A combinação da evolução geral e específica permite exceções localizadas, especialmente se culturas de diferentes partes do mundo estiverem percorrendo trajetórias independentes devido a acidentes geográficos que impedem o contato efetivo entre elas, ou ainda vivenciando a ocorrência de eventos históricos catastróficos que possam ter deixado uma cultura sem população suficiente para mantê-la. É apenas nos eventos de destruição em massa que a história cultural humana pode ser encarada como progressiva. O problema com essa teoria é a dificuldade de imaginarmos qualquer observação que não possa ser racionalizada. A mera grandiosidade numérica da espécie humana torna impossível o retorno ao modo de produção agrícola feudal, embora uma guerra nuclear global com 95% de mortalidade possa dar cabo da tarefa. Seria isso um exemplo específico ou genérico da evolução cultural?

Em terceiro lugar, a evolução transformacional requer um mecanismo, ou, no mínimo, um conjunto de regularidades semelhantes a leis que caracterizem todos os tempos e todos os lugares, mesmo que essas leis não possam ser geradas a partir de mecanismos presentes em níveis inferiores. As teorias transformacionais da evolução cultural, até o ponto no qual tentam gerar supostas tendências para alguns princípios de níveis inferiores, geralmente fazem isso a partir de leis dos níveis médios com o mesmo estatuto ontológico das regras gerais de Ibn Khaldun, mais do que obtê-las explicitamente a partir de propriedades dos seres humanos e suas consequentes interações em conjuntos, como fez Hobbes. *Evolution and Culture* nos oferece uma "Lei da Dominância Cultural" que assegura que culturas mais avançadas se difundem e substituem as menos avançadas quando entram em contato, e uma "Lei do Potencial Evolutivo" afirma que quanto mais especializada e adaptada às circunstâncias locais está uma cultura, menos provável será a sua evolução para um estágio superior. Além de apelar à noção razoável segundo a qual as culturas que controlam mais energia tendem a dominar culturas que controlam menos – desde que elas não se destruam no processo – e ao preconceito mais ideológico segundo o qual o progresso vem da luta, não apresenta evidências de comprovação desses mecanismos de nível inferior a essas leis.

Embora as teorias transformacionais não apresentem mecanismos de nível inferior, cuidadosamente articulados de modo a mediar propriedades para leis de alto nível, há um acordo geral sobre os elementos que entrariam nessa teoria da mediação. Os seres humanos apresentam algumas propriedades:

1. grande poder físico para alterar seus ambientes;
2. consciência, de modo a poder acessar e reagir a seus próprios estados psíquicos;
3. podem imaginar e planejar o que ainda não existe, eles podem inventar novidades;

4. dominam uma função da linguagem que lhes permite comunicar estruturas hipotéticas e previsões causais;
5. nascem e se desenvolvem psiquicamente sempre em grupos.

Essas propriedades são suficientes para que grupos humanos produzam uma série de artefatos e relações grupais para decidir se essas produções atendem suas necessidades físicas e psíquicas, para planejar conscientemente, alterando suas atividades e crenças, e para passar informação sobre essas atividades e crenças entre indivíduos por meio de fronteiras entre gerações. Geram, ainda, a possibilidade de coagir ou convencer outros grupos a adotar padrões particulares de atividades.

O problema dessa lista de propriedades dos seres humanos e dos poderes que derivam delas é que ela não contém afirmativas sobre a natureza da transformação de propriedades individuais em estruturas e propriedades grupais, ou sobre o caminho pelo qual os indivíduos são transformados pelo grupo, ou a maneira pela qual interagem dinamicamente as propriedades do grupo. Ou seja, não há uma teoria social nem uma teoria psicossocial. É claro que uma teoria atomística e reducionista da evolução não deveria requerer tal teoria social, porém nenhuma teoria transformacional da evolução da cultura nega a relevância de causas sociais e psicossociais. Não há acordo sobre quais seriam essas causas e como elas produziriam "leis" de direcionalidade e progresso. Ficou, então, para as teorias selecionistas da evolução cultural, a responsabilidade desempenhar o papel reducionista nesse jogo.

Os paradigmas da teoria da evolução cultural: teorias selecionistas da evolução cultural

Os modelos selecionistas da evolução cultural apareceram nos últimos 20 anos, concomitantemente com a invenção da Sociobiologia e sua transformação em Psicologia Evolutiva. Era a intenção da Sociobiologia oferecer uma explicação darwinista ortodoxa da origem das principais áreas da cultura humana como religião, guerra, estrutura familiar e assim por diante, como manifestações da maior taxa reprodutiva de indivíduos com certas propriedades comportamentais, mas não explicar mudanças que vem ocorrendo no formato desses fenômenos ao longo do processo da história humana. Na verdade, a maior evidência oferecida sobre a origem dessas características por meio da evolução biológica, genética, era precisamente o fato de serem universais. Todas as culturas humanas apresentam religião, todas guerreiam e E. O. Wilson afirmou que a dominação masculina persistiria indefinidamente (Wilson, 1975). A ambição de estender o darwinismo clássico para explicar todos os aspectos da vida das espécies, incluindo o comportamento social, resultou em uma imensa popularidade do modo de pensar adaptativo evolutivo em campos como Economia, Ciência Política e Psicologia, que estavam em busca de esquemas explicativos mais "científicos". Um resultado dessa moda intelectual foi a criação de modelos darwinistas formais de diferenciação e mudança temporal de instituições sociais, porém sem o conteúdo biológico genético da evolução orgânica. É importante ressaltar que as teorias darwinianas sobre a diversidade na cultura humana no tempo e espaço não são, enfaticamente, teorias segundo as quais essa diversidade esteja baseada em diferenças genéticas e que a evolução genética esteja na base das sociedades agrícolas e industriais, ou do desenvolvimento do estado centralizado. Em vez disso, várias teorias de evolução cultural foram propostas dentro da concepção da teoria darwinista da evolução, substituindo diversos elementos biológicos concretos da evolução orgânica por características análogas da cultura.

A estrutura básica do modelo selecionista darwiniano para a evolução orgânica consiste em três afirmativas:

1. organismos individuais dentro das populações diferem entre si em suas características. Essa variabilidade decorre de causas internas dos organismos que são ortogonais aos seus efeitos sobre a vida desses organismos (Princípio da Variação Aleatória);

2. os descendentes assemelham-se na média a seus ancestrais (e outros parentes) mais do que se assemelham organismos não aparentados (Princípio da Hereditariedade);

3. alguns organismos produzem mais descendentes do que outros (Princípio da Reprodução Diferencial). A reprodução diferencial pode ser uma consequência causal direta das características de um organismo (seleção natural) ou ainda pode ser uma variabilidade estatística que tem origem nas diferenças puramente aleatórias de sobrevivência. Essa última possibilidade é frequentemente ignorada em apresentações vulgares da evolução darwiniana, e todas as

mudanças são atribuídas à seleção natural, porém agora é certo que uma boa parte da evolução, especialmente na evolução no plano molecular, é consequência de variações estocásticas na reprodução.

Se não há variação entre os organismos, então mesmo se diferentes indivíduos deixem diferentes números de descendentes, nada mudará. Se não houvesse herança de características, então mesmo se diferentes organismos deixassem diferentes números de descendentes, não haveria efeito sobre as características da geração seguinte. Finalmente, se diferentes organismos deixassem todos exatamente o mesmo número de descendentes, nenhuma mudança seria de se esperar na composição da população. Para produzir um modelo da evolução cultural isomórfico em relação ao modelo darwiniano selecionista os elementos devem ser análogos.

A produção desses análogos ocupou muita gente em diversas disciplinas ao longo das últimas décadas. Com tantos modelos em disputa, não é surpreendente que tenha ocorrido muitos debates animados entre os autores da literatura da evolução cultural – extensa e em expansão.[5] Entretanto,

---

[5] Com base nas duas questões de cada teoria cultural evolucionária, Durham (1991) é capaz de pesquisar completamente o plano evolucionista cultural, e, em o fazendo, fornecer um senso de sua unidade paradigmática. Suas questões são: "é a cultura um segundo sistema de herança? Quais são as melhores unidades para usar no estudo da transmissão cultural?" (p. 155). Baseado nas respostas, ele estabelece, em uma "ordem cronológica aproximada" (p. 155), uma divisão tripartite do terreno evolucionista cultural. As primeiras teorias de evolução cultural tendiam a ser "modelos sem herança dupla". Estas conceituam cultura não "como parte do fenótipo" e explicam "alterações fenotípicas nas populações humanas em termos de um único princípio de aptidão, isto é, aptidão reprodutiva em um de seus disfarces" (p. 155-156). Exemplos incluem tanto as versões forte como a fraca da Sociobiologia, o "determinismo genético" de David Barash, e o modelo de "genes na coleira" de E. O. Wilson em *On Human Nature* (1978). O segundo tipo, "modelos com herança dupla e unidades de traço", também conceitua cultura "como parte do fenótipo", mas a vê "como um segundo sistema não genético de herança cujas unidades são definidas como aspectos culturalmente hereditários do fenótipo. Essas unidades são reconhecíveis como tendo as suas próprias medidas de aptidão dentro do sistema cultural (isto é, "aptidão cultural")... A transmissão diferencial de traços ou comportamentos em uma população constitui evolução cultural" (p. 156). Exemplos incluem: o modelo de transmissão cultural de Cavalli-Sforza e Feldman; o modelo de aprendizado social de Richard Alexander; o modelo de transmissão gênico-cultural de Lumsden e Wilson; e também o seu próprio modelo inicial de coevolução. O terceiro tipo são "modelos com herança dupla e unidades ideacionais". Estes também tratam a cultura "como uma 'pista' de herança informacional", foca não nos traços fenotípicos, mas na transmissão diferencial de ideias, valores, e crenças em uma população (p. 156). Exemplos incluem o modelo de seleção social de Alben G. Keller, o

A CULTURA EVOLUI? **365**

apesar de acalorado, esse debate é essencialmente uma questão mais interna, disciplinar. Isso porque sob todas as diferenças nos detalhes, há uma unidade paradigmática entre as teorias darwinianas da evolução cultural baseadas na premissa segundo a qual a evolução cultural pode e deve ser explicada em termos isomórficos apoiados nos três princípios do esquema selecional de Darwin. Antes que eles possam prosseguir com aquela explicação, todavia, os evolucionistas culturais devem assumir um projeto de limpeza conceitual que esclareça qualquer coisa entre o "biológico" e o "cultural" que possa exercer um efeito constitutivo na produção e "evolução" de formas culturais. Isso implica o desaparecimento do social, ou, pelo menos, tira o social como causa eficiente e assim neutraliza a cultura.

O caminho mais fácil para fazer desaparecer a sociedade é simplesmente dissolvê-la arbitrariamente em uma mera população. Wilson escreve: "Quando as sociedades são vistas estritamente como populações, a relação entre cultura e hereditariedade pode ser definida mais precisamente" (1975, p. 78). Robert Boyd e Peter Richerson afirmam categoricamente que a "evolução cultural", como a evolução genética em uma espécie sexual, é sempre um fenômeno grupal ou populacional, e, em um trabalho posterior, afirmam que, "como a mudança cultural é um processo populacional, ela pode ser estudada usando métodos darwinistas" (Boyd e Richerson, 1985a, p. 292; e Nitecki e Nitecki, 1992, p. 181). Uma forma mais matizada de dissolver a sociedade em uma coleção de indivíduos atomísticos é criar uma escolha entre duas alternativas extremas. Melvin Konner rejeita corretamente a metáfora da sociedade como organismo contrastando a célula, que é "inteiramente devotada à sobrevivência e reprodução do organismo" com "os objetivos do indivíduo humano ligados à sobrevivência e reprodução da sociedade, mas apenas

---

modelo de aprendizado programado de H. Ronald Pulliam e Christopher Dunford, a teoria da cultura Darwiniana de Boyd e Richerson, e o próprio livro de Durham, *Coevolution*. A "evolução" das teorias de evolução cultural tem seguido aproximadamente, como Durham tem mostrado, a sequência dos seus tipos: da definição de cultura comportamental (Clifford Geertz) à cultura ideacional e dos modelos de herança única, cultura com "genes-na-coleira" aos modelos de herança dupla. Essa evolução resulta da insatisfação com os modelos de herança única por "amarrar" a cultura a "trelas" genéticas curtas, e com as definições comportamentais de cultura, por sua insegurança, a impossibilidade de saber com precisão quais memes motivam um determinado comportamento.

de forma transitória e cética". Porém, ele exagera nas consequências dessa constatação óbvia, concluindo que a evolução "projetou o indivíduo com um completo complemento de independência e uma habilidade esperta para subverter, ou pelo menos tentar subverter, os propósitos da sociedade para coincidir com os seus. Sempre que um indivíduo humano não suporta mais sua sociedade, igreja ou clube, ou mesmo sua família, e voluntariamente muda sua filiação, temos uma outra contraprova da metáfora central da ciência social e política (Konner, 1982, p. 414). Aqui ele assume que o repúdio da metáfora obviamente falsa da sociedade como organismo é a justificativa no caso do igualmente falso atomismo individualista que entende a sociedade como uma mera população.

Embora consumada, a dissolução de sociedades em populações ou, em enfoques mais matizados, a redução do poder social diferencial ao nível de variável subordinada, impede a possibilidade de que sistemas sociais tenham propriedades exclusivas deles enquanto sistemas organizados, ou seja, que as relações sociais possam ser caracterizadas por estruturas de poder desigual que afetem tanto o comportamento social dos indivíduos como a adequação dos traços culturais.[6] Essa dissolução significa, por

---

[6] Inconsciente das implicações das suas reduções das sociedades a populações, Boyd e Richerson, para surpresa deles, se viram criticados por David Rindos (1986, p. 315-316) e William Durham (1991) por não terem abordado adequadamente o social. Em sua resposta direta a Rindos (incluída em Rindos, 1986), Boyd e Richerson alegam, corretamente, que eles gastaram um capítulo inteiro do seu *Culture and The Evolutionary Process* com "a escala da organização social humana" implicando, incorretamente, que com isso a matéria estaria resolvida. Esse capítulo primeiro desenvolve uma taxonomia de vieses (diretos, indiretos, e dependentes da frequência) e então constrói modelos para analisar como a frequência desses vieses afetam a transmissão da cultura. Embora tais vieses certamente afetem o comportamento social, sua origem e persistência não são discutidos em lugar nenhum. Consequentemente, os autores acabam explicando como vieses sociais afetam escolhas individuais, transformando clichês em princípios explicativos: "Quando em Roma, faça como os romanos" torna-se a lei do "viés-dependente-da-frequência" (p. 286) e "acompanhando os joneses", a lei dos "vieses indiretos" (p. 287). A questão se todos os romanos fazem o que alguns romanos fazem, ou se "acompanhando os joneses" faz algum sentido em sociedades não baseadas na produção e troca de "*commodities*" são questões cruciais que desaparecem no viés dos autores. Durham faz, talvez o mais acertado esforço para considerar as assimetrias do poder social e a "imposição" de valores de grupo sobre a "escolha" individual (*Coevolution*, p. 198-199). Ele identifica "grupos de referência" dentro de uma dada população, reconhecendo assim "o simples fato de que a evolução cultural é, intrinsecamente, um processo político (p. 211). Como ele não formula as questões essenciais, porque existem determinados "grupos de referência" específicos e qual distinta e discreta

outro lado, que a hierarquia social e a desigualdade são explicadas pelo ajuste diferencial dos indivíduos aos traços culturais que eles carregam, antes de dizer, por exemplo, que se trata de uma consequência de relações sociais antagônicas e apoiadas na exploração.[7]

Tendo dado o passo crucial de dissolver a sociedade, o próximo passo é, talvez surpreendentemente, neutralizar também a cultura. A cultura, para ser qualificada como expressão do modelo selecional de evolução, devendo ter demonstrada sua constituição por entidades individuais isoladas e sendo apenas a soma de suas partes. Faz-se, assim, necessário refutar qualquer um e todos os argumentos segundo os quais as culturas têm propriedades discretas e únicas e lógicas específicas do sistema, que exigem ser analisadas cada uma em seus próprios termos. Isso é algumas vezes feito por premissas arbitrárias dirigidas a um superorganismo, um espantalho. E. O. Wilson, por exemplo, insiste em que "as culturas não são superorganismos que evoluem segundo suas dinâmicas próprias". A cultura, concorda Jerome Barkow, "não é uma 'coisa', não é um objeto concreto, tangível. Não é causa de nada. Descrever um comportamento como "cultural" nos diz apenas que a ação e seu significado são compartilhados e não uma questão de idiossincrasia individual" (Wilson, 1998, p. 78; Jerome Barkow, 1989, p. 142).

Essas definições, com propostas de modelos de cultura semelhantes a populações, receberam pelo menos dois leves desafios. Descontente com uma visão excessivamente atomística da cultura, Bernardo Bernardi constrói uma constelação de "antropemas" consistindo em "etnemas" e

---

lógica social está por trás de assimetrias particulares no poder do grupo, Durham só pode tratar qualquer conjunto particular de grupos de referência e assimetrias sociais de poder como fatores variáveis arbitrários e subordinados que afetam a escolha individual, em vez de fatores constitutivos de formas sociais e culturais e sua "evolução".

[7] O crítico mais perspicaz das teorias que reduzem sociedades a populações foi Karl Marx. O argumento dele é que o marco distintivo da Economia Política e também a fonte de seus erros foi tomar como seu ponto de partida a população sem ter determinado os componentes das populações, seus "subgrupos" ou classes e a lógica de suas relações internas. Tal abordagem produziria não "uma rica totalidade das muitas determinações e relações", mas "abstrações cada vez mais finas" e "uma concepção caótica do todo" (1978, p. 237). Ou, como resumiu mais tarde, ainda mais sucintamente: "A sociedade não consiste de indivíduos, mas expressa a soma das inter-relações, as relações dentro das quais esses indivíduos se encontram" (p. 247). A análise de uma sociedade revela muito sobre sua população, mas o inverso não é necessariamente verdade.

estes, por sua vez, sendo subdivididos em "idioetnemas" e "socioetnemas". Por outro lado, Martin Stuart-Fox divide os memes em mentemes (Bernardi, 1977; Stuart-Fox, 1986, p. 67-90).[8] Embora essas tentativas pareçam rejeitar a noção de memes isolados, individuais, e apontarem para uma complexidade nos sistemas, eles sempre falham. Sintomaticamente, ao sugerir a divisão dos memes em mentemes, Stuart-Fox conscientemente tentou construir uma analogia categórica com a terminologia linguística moderna. Entretanto, ele não deu continuidade a essa abertura ao considerar a ideia fundamental de Saussure sobre a qual está apoiada a linguística moderna de que o significado é sistema-específico, que cada termo adquire seu significado específico em virtude de sua localização no interior de um conjunto discreto de relações diferenciais. Ao desconsiderar essa ideia, tentativas como as de Stuart-Fox e Bernardi estão focadas apenas no agregado mais do que no sistema. Aditivas apenas no método, eles tratam os memes como agregados de entidades menores, moléculas culturais compostas por átomos culturais – o que afeta apenas um leve deslocamento em relação ao seu individualismo ontológico, reproduzindo-o ao nível de compostos.

Os coevolucionistas também se manifestaram abertos ao caráter sistêmico da cultura ao removê-lo de um estado de grande controle e insistir que a cultura evolui de forma relativamente autônoma em sua própria trajetória cultural. Entretanto, apesar do número de trajetórias evolutivas sugeridas, todas as teorias de evolução cultural apenas prestam reverências à complexidade da cultura: porque eles insistem em tratar a cultura como uma soma das unidades culturais individuais em uma dada etapa do processo de seleção, um tipo de "estado dos memes" em um determinado momento no tempo, negando qualquer característica de especificidade em sistemas – e isso, por sua vez, permite que todas as culturas possam ser explicadas segundo a mesma lógica selecionista (trans-histórica e, portanto, ahistórica).

---

[8] Cunhado em 1976 por Richard Dawkins, autor de *O gene egoísta*, "meme" é o termo usado por Dawkins para se referir à unidade mínima herança cultural, em uma analogia ao que o gene representaria para a herança genética. Assim, o "meme" seria uma unidade de seleção, um replicador que se propaga por imitação, sendo, portanto, a base da evolução cultural. (N. E.)

Com a sociedade e a cultura reduzidas a meros agregados e despidas de quaisquer características específicas dos sistemas que as produzem, o terreno fica preparado para a construção de um esquema de evolução cultural que é isomórfico em relação à estrutura darwiniana selecionista. Isso, como mencionado anteriormente, requer a construção de analogias, no plano cultural, aos três princípios fundamentais do esquema selecionista darwiniano.

Em primeiro lugar, uma decisão precisa ser tomada em relação do Princípio da Variação Aleatória sobre a identidade dos objetos que mostram variações, hereditariedade e reprodução diferencial. Seriam esses objetos – os seres humanos individuais – os portadores de diferentes características culturais, que transmitem essas características para outros seres humanos por intermédio de diversos meios, tais como a comunicação social e psicológica, e que têm números variados de "descendentes" culturais? Esse é o enfoque geralmente favorecido por aqueles cujo foco é o comportamento, e que definem a cultura em termos behavioristas. Ou seriam eles próprios as características com propriedades de hereditariedade e reprodução diferencial? Esse é o enfoque mais comum nos anos mais recentes, especialmente entre os "coevolucionistas" que optaram por uma visão "ideacional" da cultura, utilizando os assim chamados modelos baseados em traços do processo evolutivo. Um exemplo do enfoque anterior é a teoria de Cavalli-Sforza e Feldman sobre a transmissão cultural, enquanto os "memes" de Dawkins são exemplos do enfoque posterior (Cavalli-Sforza e Feldman, 1981, Dawkins, 1976).

Em qualquer caso, o problema fundamental resulta da premissa segundo a qual essas unidades culturais – digamos, a ideia do monoteísmo ou do perifrástico "do" – se espalham ou desaparecem em populações humanas, assim, nenhuma teoria de evolução cultural ofereceu as propriedades elementares dessas unidades abstratas. Presumivelmente, essas propriedades são mortais e assim precisam de regras de hereditariedade. Porém, para uma teoria selecionista, deve ser possível contar o número de vezes com que cada variante foi representada. O que seria o equivalente para memes no número de cópias de genes em uma população? Talvez seja o número de seres humanos individuais que os carregam, mas aí então a morte de um portador humano implica a morte de uma cópia de meme e assim os memes tem, apesar de tudo, um problema de hereditariedade. Um problema importante na criação de uma teoria selecionista da evolução cultural é que a tarefa de construir um isomorfismo detalhado não vem sendo levada suficientemente a sério.

Uma vez decididas as unidades individuais, pouco tempo é usado na determinação das fontes de variabilidade dessas unidades, os "análogos culturais das forças de seleção natural, mutação e deriva, que dirigem a evolução genética" (ver Cavalli-Sforza e Feldman, 1981, p. 10; Boyd e Richerson, 1985a, p. 8.; 1985b, p. 182). Na sequência de uma rápida definição determinando as fontes de variabilidade – aleatoriedade e deriva, seleção, e talvez com a adição de uma fonte exclusivamente cultural como a intencionalidade – o passo seguinte é encontrar um análogo cultural para o Princípio da Hereditariedade.

A maioria dos evolucionistas culturais simplesmente aceita que a cultura é um sistema herdado ou pelo menos transmitido unidirecionalmente. Boyd e Richerson afirmam axiomaticamente que "métodos darwinistas são aplicáveis à cultura porque, *como os genes*, constituem uma informação que é transmitida de um indivíduo para outro" (ênfase nossa). Em um ensaio posterior, eles colocam a herança na definição da característica da teoria da evolução cultural. "A ideia que unifica o enfoque darwinista é a de que a cultura constitui um sistema herdado"; após breve discussão que vai da herança às "propriedades no nível populacional", e assim a cultura torna-se "semelhante [...] à carga genética", concluindo que "devido a mudança culturais ser um processo populacional, ela pode ser estudada usando-se os métodos darwinistas." (Richerson e Boyd. 1989, p. 121; Boyd e Richerson, 1985a, p. 181).

Boyd e Richerson se manifestaram de forma muito inconclusiva. Enquanto alguns evolucionistas culturais usam "herança" e "transmissão" indistintamente, outros ficam menos à vontade sobre as implicações de "herança" e preferem "transmissão". Ambos os termos se referem a um processo descendente, que ocorre da mesma maneira unidirecional entre um doador ativo e um receptor passivo. A vantagem semântica de "transmissão" é deixar de lado a conotação genética de "herança", embora preserve o quadro da mudança cultural como processo unidirecional de descendência, incluindo modificação e seleção.

Seja conceituado como "herança" ou "transmissão", a questão problemática do processo seletivo é que ambas as palavras requerem o estabelecimento de algumas leis da herdabilidade de unidades ou de suas características se indivíduos humanos forem as unidades. Aí seriam necessários os detalhes da passagem de cultura para novos indivíduos, análogos ao mecanismo mendeliano de transmissão de informação genética dos ancestrais aos descendentes por meio do DNA. Ao fazer essa analogia, todavia, o modelo biológico implica limitações não aparentes para os evolucionistas culturais. Nós dizemos que ancestrais "transmitem" seus genes (ou ao menos cópias de seus genes) aos seus descendentes, assim modelos de evolução cultural começam com modelos de "transmissão" de traços culturais de um conjunto de atores para outros, analogamente à transmissão de genes. Os progenitores podem transmitir traços para seus descendentes, ou professores para seus alunos, ou irmãos ou outros pares entre si segundo diversas regras simples. Os resultados de modelos evolutivos desse tipo revelam-se extremamente sensíveis às regras propostas para transmissão, e uma vez que não há uma base sólida para escolher as regras, quase tudo é possível. Mas há um problema mais profundo. A cultura é de algum modo "transmitida"? Um modelo alternativo, que está mais de acordo com a experiência atual de aculturação, é o de que a cultura não é "transmitida", mas sim "adquirida". A aculturação ocorre por meio de um processo de imersão constante de cada pessoa em um mar de fenômenos culturais, odores, sabores, posturas, formato de prédios, a ascensão e queda de expressões verbais. Porém, se a passagem de cultura não pode estar contida em um simples modelo de transmissão, mas requer um modo complexo de aquisição a partir da família, classe social, instituições, meios de comunicação, ambientes de trabalho, das ruas, então toda esperança de uma teoria de evolução cultural parece desaparecer. É claro que era mais simples no Neolítico, mas ali ainda havia a família, o bando, as lendas, os artefatos, o ambiente natural.

Alguns opositores apresentam sérios desafios ao modelo de herança/transmissão, embora permaneçam fiéis ao seu princípio explicativo. Martin Daly questiona o valor do modelo de herança porque ele não encontra o análogo cultural para o gene, uma vez que traços culturais "não são imutáveis" como traços genéticos porque a "transmissão cultural não precisa ser replicativa", os receptores não são "simples vasos a serem preenchidos", e a "influência social" torna o processo de mudança cultural menos regular do que o termo "transmissão" sugere (Daly, 1982, p. 402-404). Embora Daly e outros levantem questões legítimas e importantes sobre as analogias com herança e transmissão, eles retiram de suas propostas sua força real ao defenderem, ainda, que a mudança cultural é um processo que pode e deve ser explicado em termos isomórficos ao "o modelo evolutivo do homem" (Daly, 1982, p. 406. Ver também Hull, 1982; Kaufman, 1975; Goldsmith, 1991).

Essa premissa nos leva ao terceiro elemento analógico nas teorias de evolução cultural, o Princípio da Reprodução Diferencial. Tanto quando definem as unidades como átomos ou moléculas culturais, quanto quando falam de mudança cultural como herança ou transmissão a receptores passivos ou aquisidores ativos, todos insistem que a mudança cultural é um processo *descendente* com modificação – e, como tal, tem todos os atributos de um processo evolutivo selecional, elegível para explicação darwinista, ou seja, selecionista. Para todos os evolucionistas culturais se aplica o que Martin Stuart-Fox disse sobre ele mesmo, que eles *"tomam por garantido* a) o *status* científico da teoria sintética da evolução e b) que essa teoria oferece *o modelo mais adequado* para servir de base para uma teoria da evolução cultural" (ênfase nossa) (Stuart-Fox, 1986, p. 68).

Entretanto, as forças que causam a passagem diferencial da cultura entre gerações e entre grupos não parecem estar contidas no modelo reducionista no qual atores individuais têm mais descendentes culturais em função à sua capacidade de persuasão ou poder, ou ao atrativo de suas ideias, ou com memes que derrotam outros por meio de sua utilidade superior ou ressonância psíquica. Modelos atomísticos baseados em características individuais de humanos ou de memes podem ser feitos, porém esses aparecem como estruturas formais, sem possibilidade de terem testada sua reivindicação de realidade. Como podemos explicar o desaparecimento do alemão e do francês como línguas do discurso científico internacional, substituídos universalmente pelo inglês, sem citarmos expressões como *"Nazi persecution of Jews"*, *"industrial output"*, *"military power in the Cold War"*, ou *"gross national product"*?[9] Ou seja, nenhuma teoria de mudança cultural pode ser adequada para a criação de um isomorfismo formal com o individualismo darwinista.

Os fenômenos históricos, políticos, sociais e econômicos devem ser desmontados para se adequarem como matéria prima às teorias evolutivas selecionistas da cultura. Esse desmonte é feito por meio da dissolução dos sistemas sociais com assimetrias de poder em indivíduos por meio da redução de sistemas culturais a agregados ecléticos de memes diferencialmente reproduzidos. Esse processo duplo despe os fenômenos históricos de sua particularidade sociocultural. Uma vez transformados desse modo, esses fenômenos podem ser submetidos à explicação nomológica como instâncias individuais da lei de seleção, exógena, porque trans-histórica. Mesmo com o reconhecimento, oferecido por William Durham e outros, do caráter sistêmico da cultura e da possibilidade de que as assimetrias sociais afetem a transmissão cultural e de que as aptidões possam ser esvaziadas pelos pressupostos fundamentais do paradigma evolucionista cultural, essas teorias perdem o sentido em função das premissas do paradigma do evolucionismo cultural: a definição de cultura como um agregado de unidades individuais, herdáveis, e a explicação selecionista de sua evolução. E, nessas premissas, se encontra a circularidade autovalidada das teorias da evolução cultural: a explicação selecionista da evolução cultural requer unidades culturais individuais, transmissíveis, e a redução da cultura a um agregado de tais unidades torna-a suscetível da explicação selecionista – cujo *status* científico foi pressuposto desde o início.

Tal como sugerido pela etimologia, qualquer "teoria" é um modo de ver o mundo, e o que cada um enxerga é o que é visível por meio do conjunto particular de lentes teóricas. Teorias da evolução cultural, todavia, apoiam-se (e apostam) na proposta de romper com todos os vieses teóricos e atingir status científico nas confirmações dessas teorias, em sua capacidade de pós-avaliar o passado e predizer o futuro da evolução cultural. Com a emergência da hegemonia das ciências físicas, um passo

---

9 Respectivamente, "perseguição nazista aos judeus", "produção industrial", "poder militar na Guerra Fria" e "Produto Interno Bruto". Essas são expressões que, para o autor, representariam o domínio cultural estadunidense. (N. E.)

fundamental da teoria científica tem sido a eliminação da história, e a pedra de toque, sua capacidade de previsão – um tema ao qual os evolucionistas culturais se dirigem com crescente confiança.

Nós já nos deparamos com o otimismo de Alexander Rosenberg sobre o uso de modelos matemáticos nas novas Ciências Sociais dessa corrente Sociobiológica, a respeito de suas capacidades preditivas (Rosenberg, 1980, p. 151). O mesmo otimismo ocorre entre os autores que contribuem para a revista *Politics and The Life Sciences*, convencidos de que os poderes preditivos da nova Ciência Política Evolutiva serão capazes de informar melhor as decisões políticas. Certos de que os modelos darwinistas da evolução cultural podem produzir uma "retroprevisão útil da etnografia", Lumsden e Wilson foram mais prudentes, antecipando apenas previsões de "mudanças de curto prazo nos padrões de distribuição etnográfica". Apesar disso, eles permaneceram – e Wilson tornou-se ainda mais – otimistas. Para eles, "a história da nossa própria era pode ser mais profunda e rigorosamente explicada com a ajuda da teoria biológica". Ademais, segundos esses autores, esse enfoque nos permitirá olhar "por meio desse enfoque possíveis histórias futuras" (Lumsden e Wilson, 1981, p. 358, 360, 362. Ver também Wilson, 1998). Similarmente, Boyd e Richerson superam rapidamente sua precaução inicial para afirmar que "modelos darwinistas pode fazer previsões úteis." (Boyd e Richerson, 1985a, p. 203).

Embora esses autores apostem na validade de suas teorias sobre suas capacidades preditivas, os teóricos da evolução cultural articulam seu jogo especulativo de várias maneiras. Uma delas é cobrindo todas as apostas. Isso pode ser feito com explicações probabilísticas. No salão de jogos, as probabilidades fornecem apenas as chances, mas as previsões probabilísticas da evolução cultural são vencedoras garantidas, uma vez que abrangem todas as possibilidades. Dada nossa evoluída capacidade de raciocínio, nós podemos estar na estrada que leva à sabedoria, coragem e compaixão; ou devido a nossa capacidade inata de agressão, podemos estar nos dirigindo ao Armagedon nuclear – ou a qualquer coisa no meio desse caminho. Ou isso pode ser feito por meio de analogia histórica com as derivas aleatórias das teorias de evolução biológica – uma explicação de tudo o que não pode ser englobado como seleção.

A CULTURA EVOLUI?

375

Um segundo caminho para ajustar esse jogo é por meio de realinhamento *a posteriori*. O evolucionista cultural, como o economista, é um "especialista que saberá amanhã porque o que ele previu ontem não aconteceu hoje" (Peter, 1977, p. 477). As perdas do apostador podem ser recuperadas num jogo posterior, mas não podem ser desfeitas. Na explicação e previsão da evolução cultural, entretanto, o jogo pode ser jogado outra vez, indefinidamente até que o modelo se mostre adequadamente reajustado. Combinado com explicações probabilísticas, esses reajustes *a posteriori* tornam o modelo invulnerável ao desarmarem suas fragilidades.

A ironia aqui é que o recurso constante a esses reajustes *a posteriori* faz com que a ciência da evolução cultural se aproxime muito da "história como ela é" – ou quase. A diferença está na fé no *status* científico da lei da seleção que constitui uma terceira segurança para as teorias da evolução cultural. Essa fé exclui como "não científica" qualquer explicação não evolutiva – ou seja, histórica – da mudança cultural. Como as teorias evolucionistas da cultura estão baseadas em um princípio unitário, trans-histórico, elas produzem explicações que são amplas demais para serem provadas como explicações falsas ou corretas.

Historiadores, os evolucionistas culturais concordam, estão perto demais das contendas e suas escalas temporais são muito curtas – o que os leva a todo tipo de desvios ou falsos inícios que aparecem ao olho histórico como empreendimentos de grande importância. Para adquirir uma melhor perspectiva, os evolucionistas culturais se afastam, ocasionalmente caindo na indulgência de uma viagem espacial imaginária, de modo a atingir um ponto de vista suficientemente distante a partir do qual seja possível ver a espécie humana como uma entre muitas, evitando assim o "antropocentrismo" que afastaria a cultura (uma adaptação biológica) de uma explicação biológica. Porém, o distanciamento pode ser também enganador.

A partir de seu ponto de vista distanciado, os evolucionistas culturais propositalmente só veem os padrões gerais da evolução cultural e ignoram os detalhes históricos contingentes e inconvenientes que não se encaixam nesses padrões. Esse olhar desviado produz teorias da evolução cultural que são explícita ou implicitamente progressistas: uma vez que a cultura é uma adaptação cumulativa e bem-sucedida que se liberta da seleção natural, quanto mais cultura, melhor o bem-estar e sobrevivência dos humanos. Essa lógica linear aponta para o ocidente atual com o mais avançado nível de ciência e tecnologia (as adaptações finais da cultura que garantem o bem-estar e a sobrevivência humanos) como os pontos mais altos da evolução cultural. Mas o percurso da civilização ocidental moderna tomou rumos absolutamente imprevisíveis. Qual teoria de evolução cultural poderia prever o colapso do Império Romano e a Idade das Trevas? Ou ainda a emergência das terras eurasianas em uma nova entidade geocultural chamada Europa? Ou que em um breve momento histórico essa nova cultura sobrepujaria culturas asiáticas muito mais avançadas, estabelecendo-se como a mais poderosa e dominante no mundo, com uma de suas pequenas "populações", os ingleses, tendo adquirido o império no qual o sol nunca se põe? Porém, o resultado de todas essas viradas imprevisíveis – o Ocidente moderno –, que deveria ser o pináculo da evolução cultural, foi o epítome do barbarismo (sobre o qual apenas um pequeno grupo de artistas e intelectuais do "*fin de siècle*", membros da "cultura literária", suspeitava).

De um ponto de vista distante, os evolucionistas culturais podem ignorar atos de barbarismo na história ocidental, como o genocídio de americanos nativos ou o Holocausto nazista, como se fossem apenas grãos de poeira na planície da história, aberrações momentâneas irrelevantes na questão da evolução cultural. Alternativamente, eles podem submeter ambos os eventos ao mesmo princípio explicativo como sendo apenas dois exemplos de agressão humana, explicáveis por meio de uma variação ou combinação de ajustes adaptativos, agressão inata, estresse da superpopulação e/ou da necessidade de "*Lebensraum*" [espaço vital]. Porém, explicar o caráter, as causas e consequências dessas duas formas de genocídio segundo algum princípio trans-histórico levaria a um grosseiro mau entendimento de cada evento e nos informaria pouco sobre as diferenças histórica e politicamente significativas. Tal enfoque, por exemplo, é amplo demais para uma avaliação posterior do sucesso do nazismo ou para predizer as consequências atuais do período nazista, da memória histórica que continua a afetar significativamente não apenas a história da Alemanha e da Europa, como também do Oriente Médio. As teorias da evolução cultural ou subsumem fenômenos históricos disparatados a partir de um princípio explicativo trans-histórico, ou interpretam eventos históricos significativos que não podem ser incluídos como meras contingências. Essas teorias não podem, portanto, responder questões cruciais referentes às singularidades e particularidades de todos os fenômenos históricos. Diante do fracasso de não atingir suas expectativas de explicar a história, incluindo a atual, de modo "mais profundo e rigoroso", as teorias da evolução cultural também fracassam na explicação mais "útil" – para explicar o nazismo, por exemplo, com a precisão suficiente para evitar sua recorrência e desenvolver políticas apropriadas para tratar das consequências.

Tampouco resolve apelar para uma defesa segura – a alegação segundo a qual se trata de um campo ainda jovem, com modelos ainda em construção, e um dia... O problema é mais sério do que "ainda não houve tempo suficiente". As teorias da evolução cultural são cuidadosamente construídas, logicamente consistentes e muito bem montadas. Essa montagem, entretanto, é construída em cima do abandono, como não essenciais, de contingências essenciais para a mudança histórica, ou então subordinando essas contingências a um princípio explicativo trans-histórico. Porém, esse tratamento banal é completamente impróprio nos meandros dos labirintos da complexidade contingente, das muitas nuances e das confusões gerais da história, resultando em explicações lineares que se aproximam o suficiente da história para permitir ao observador distante confundir proximidade com causalidade. Essas linhas analíticas são, na verdade, falsas tangentes – aproximando-se brevemente, mas nunca tocando, os contornos da história.

Concluímos, finalmente, retomando a questão de se algum trabalho pode ser feito considerando a evolução cultural separadamente da história das sociedades humanas. Teorias transformacionais da evolução cultural têm a virtude de ao menos oferecer um quadro de generalidade com o qual dar uma aparência de inteligibilidade à história da humanidade em prazo amplo. Porém, a busca de inteligibilidade não deve ser confundida com a pesquisa sobre os processos atuais. Não há um fim de caminho para tornar a história ordenada. Isomorfismos da escola selecionista com a evolução darwinista sofrem do problema inverso. Antes de serem tão flexíveis e assim acomodar qualquer sequência histórica, eles são tão rígidos estruturalmente que deixam de ser plausíveis. Eles tentam imitar, por nenhum motivo além de buscar parecer ciência, uma teoria de um outro domínio, uma teoria cuja estrutura está ancorada nas particularidades concretas dos fenômenos que lhes deram origem.

O CAPITALISMO É UMA DOENÇA? A CRISE NA SAÚDE PÚBLICA DOS EUA[1]

A tradição científica do "Ocidente" – da Europa e da América do Norte – teve seu maior sucesso ao lidar com o que hoje passamos a considerar como questões centrais da investigação científica: "Do que é feito isso?" e "Como isso funciona?". Ao longo dos séculos, criamos maneiras cada vez mais sofisticadas de responder a essas perguntas. Podemos abrir coisas, fatiá-las muito finamente, colori-las e responder do que são feitas. Fizemos grandes conquistas nessas áreas relativamente simples, mas tivemos fracassos dramáticos nas tentativas de lidar com sistemas mais complexos. Vemos isso especialmente quando fazemos perguntas sobre a saúde. Quando olhamos para os padrões de mudança na saúde ao longo do último século, temos tanto motivo para comemoração quanto para consternação. A expectativa de vida humana aumentou talvez 30 anos desde o início do século XX e a incidência de algumas das doenças mortais clássicas diminuiu ou quase desapareceu. A varíola provavelmente foi erradicada, a lepra é rara e a poliomielite quase desapareceu da maioria das regiões do mundo. As tecnologias científicas avançaram a ponto de

---

[1] Este capítulo apareceu de uma forma um pouco distinta em Levins, Richard. "Is Capitalism a Disease?: The Crisis in U.S. Public Health", *Monthly Review 52*, n. 4, 2000, p. 8-33. Tradução: Mário Miguel.

podermos fornecer diagnósticos muito sofisticados, distinguindo tipos de microorganismos muito semelhantes entre si.

Mas o fosso crescente entre ricos e pobres torna muitos avanços técnicos irrelevantes para a maioria da população mundial. As autoridades de saúde pública foram apanhadas de surpresa pelo surgimento de novas doenças e o reaparecimento de doenças que se acreditava estarem erradicadas. Na década de 1970, era comum ouvir que a área das doenças infecciosas, assim como a área de pesquisa, estava morrendo. A princípio, a infecção havia sido eliminada; os problemas de saúde do futuro seriam doenças degenerativas, problemas de envelhecimento e doenças crônicas. Agora sabemos que este foi um erro monumental. A saúde pública foi pega de surpresa pelo retorno da malária, cólera, tuberculose, dengue e outras doenças clássicas. Mas também foi surpreendida pelo aparecimento de doenças infecciosas aparentemente novas: a mais ameaçadora, que é a Aids, mas também a doença do legionário, vírus ebola, síndrome do choque tóxico, tuberculose resistente a múltiplas drogas, e muitos outras. Não apenas as doenças infecciosas não estavam desaparecendo, mas doenças antigas voltavam com maior virulência e surgiam outras totalmente novas.

Como isso aconteceu? Por que a saúde pública foi pega de surpresa? Por que os profissionais de saúde presumiram que as doenças infecciosas desapareceriam e por que estavam tão errados? As doenças infecciosas diminuíram drasticamente na Europa e na América do Norte nos últimos 150 anos. Um dos tipos mais simples de previsão é que as coisas continuarão do jeito que estão indo. Os profissionais de saúde argumentaram que as doenças infecciosas desapareceriam porque estávamos inventando todos os tipos de novas tecnologias para lidar com elas. Agora podemos fazer diagnósticos tão rapidamente que algumas doenças que podem matar uma pessoa em dois dias podem ser identificadas no laboratório a tempo de permitir o tratamento. Em vez de passar semanas cultivando bactérias, podemos usar o DNA para distinguir entre patógenos que podem ter sintomas muito semelhantes. Mais importante, tínhamos desenvolvido um novo arsenal de armas antimicrobianas, medicamentos e vacinas, bem como pesticidas para nos livrarmos de mosquitos e carrapatos transmissores de doenças. Entendemos que, por meio de mutação e seleção natural, os microrganismos podem representar uma ameaça recorrente. Presumimos que, quaisquer que fossem as mudanças microbianas, o mecanismo causador da doença permaneceria o mesmo enquanto desenvolvíamos armas cada vez mais novas contra ele. Era, acreditávamos, uma guerra entre nós e os micróbios, na qual teríamos a vantagem porque nossas armas estavam ficando mais fortes e cada vez mais eficazes. Outro motivo de otimismo – pelo menos esse foi o argumento apresentado pelo Banco Mundial e pelo Fundo Monetário Internacional – era que o desenvolvimento econômico eliminaria a pobreza e produziria riqueza, tornando todas as novas tecnologias universalmente disponíveis. Por fim, os demógrafos observaram que, embora a maioria das doenças infecciosas seja mortal para as crianças, temos uma população envelhecida, de forma que a proporção de pessoas com probabilidade de contrair essas doenças será menor. Uma coisa que faltou nessa hipótese é que uma das razões pelas quais as crianças são tão vulneráveis é que elas não desenvolveram as imunidades que acompanham a exposição; as pessoas mais velhas reduziram a suscetibilidade precisamente porque foram expostas. Mas, se houver menos crianças, as pessoas mais velhas terão um nível de imunidade mais baixo e contrairão doenças mais velhas. Na verdade, algumas doenças, como a caxumba, são mais graves em adultos do que em crianças.

Então, o que estava errado com nossas suposições epidemiológicas? Precisamos reconhecer que a mentalidade histórica na medicina e ciências correlatas era perigosa e ideologicamente limitada. Quase todos os que se engajaram nas previsões de saúde pública tinham uma visão muito estreita, tanto geográfica quanto temporalmente. Em geral, eles olharam apenas para um ou dois séculos atrás, em vez de toda a extensão da história humana. Se tivessem olhado para um período mais amplo, teriam reconhecido que as doenças vêm e vão quando há grandes mudanças nas relações sociais, na população, nos tipos de alimentos que comemos e no uso da terra. Quando mudamos nossas relações com a natureza, mudamos também a epidemiologia e as oportunidades de infecção.

A praga na Europa

A peste irrompeu na Europa pela primeira vez no século VI, durante o declínio do Império Romano sob Justiniano. O continente sofreu com a ruptura social e o declínio da produção. As instalações sanitárias das grandes cidades antigas estavam ruindo; nessas circunstâncias, quando a peste foi introduzida, ela varreu a população com efeitos devastadores. A peste reapareceu no século XIV, durante o desenvolvimento de uma crise no feudalismo, causando um declínio populacional antes mesmo da peste se espalhar. A história da ocorrência dessa praga é que os marinheiros que desembarcaram em portos ao longo do Mar Negro a trouxeram da Ásia em 1338; então, esta se espalhou para o oeste e, em pouco tempo, alcançou Roma, Paris e Londres. Em outras palavras, a praga se espalhou porque foi introduzida de outro lugar. Mas parece mais provável que a praga tenha entrado na Europa muitas vezes antes, mas realmente não decolou. Só teve sucesso quando a população ficou mais vulnerável, quando o ecossistema humano não pôde enfrentar uma doença propagada por ratos numa época em que a infraestrutura social que teria controlado os ratos desmoronou.

Uma proposta ecológica

Quando olhamos para outras doenças, vemos que elas aumentaram e diminuíram com as mudanças e circunstâncias históricas. Assim, em lugar de uma doutrina de transição epidemiológica, que considera que a doença infecciosa irá simplesmente desaparecer à medida que os países forem se desenvolvendo, é preciso uma proposta ecológica: Com qualquer grande mudança no modo de vida de uma população (tais como densidade populacional, padrões de residência, meios de produção), haverá também uma mudança nas nossas relações com os patógenos, seus reservatórios e com os vetores de doenças. As novas febres hemorrágicas que aparecem na América do Sul, África e em outros lugares parecem estar quase todas relacionadas ao aumento do contato com roedores que os humanos normalmente não encontram, causado pela limpeza de terras para a produção agrícola – grãos, em particular, uma vez que estes também são alimentos para roedores, que sobrevivem comendo sementes e gramíneas. Quando uma floresta é derrubada e grãos são plantados, também eliminamos os coiotes, onças, cobras e corujas que comem roedores. O resultado final é um aumento na alimentação de roedores e uma redução em sua mortalidade. A po-

O CAPITALISMO É UMA DOENÇA? A CRISE NA SAÚDE PÚBLICA DOS EUA

pulação de roedores cresce. Agora, esses transmissores de doenças são animais sociais. Eles se aninham e constroem comunidades; quando surge uma nova geração, os jovens saem em busca de um lar em outro lugar – muitas vezes, entrando em depósitos e residências, o que facilita a transmissão de doenças.

Outra atividade humana, a irrigação, está especialmente relacionada à criação de caramujos, transmissores de doença hepática, e de mosquitos, que disseminam malária, dengue e febre amarela. Quando a irrigação se intensifica, como aconteceu, por exemplo, após a construção da barragem de Aswan, no Egito, foram criados *habitats* para os mosquitos. A febre do Vale do Rift, que ocasionalmente eclodia no Egito, agora pode ser encontrada em tempo integral. O desenvolvimento de cidades gigantes no Terceiro Mundo criou novos ambientes para a disseminação da dengue, transmitida pelo mesmo mosquito transmissor da febre amarela (*Aedes aegypti*). Ele se adaptou à vida nas periferias das cidades. Um pobre competidor contra outras variedades de mosquitos na floresta, esses mosquitos são capazes de se reproduzir em terrenos abandonados, em poças, barris de água e pneus velhos – no ambiente especial que criamos nas gigantes cidades tropicais. A dengue e a febre amarela são particularmente ameaçadoras devido ao crescimento da urbanização nos trópicos, com megacidades como Bangkok, Rio de Janeiro, Cidade do México e outras com populações de dez a 20 milhões de pessoas. À medida que a população humana cresce, surgem novas oportunidades para doenças. Por exemplo, você precisa de algumas centenas de milhares em uma população antes que ela possa sustentar o sarampo. Se houver menos, o sarampo pode infectar toda a população; aqueles que sobreviverem serão resistentes. Mas se não houver bebês novos em número suficiente para manter a doença, ela desaparecerá e terá que ser reintroduzida. Mas, em uma população de um quarto de milhão de pessoas, haverá um número suficiente de bebês novos que não são resistentes para que a doença possa se sustentar na população. Considere o seguinte: se sabemos que existem doenças que exigem um quarto de milhão de pessoas para serem autossustentáveis, que doenças surgirão em populações aglomeradas de dez ou 20 milhões? Claramente, à medida que as condições de vida mudam, também mudam as oportunidades para doenças.

Outro tipo de pensamento distorcido na comunidade de saúde pública surgiu do fato de que os médicos se preocupam com as doenças humanas, mas não prestam muita atenção às doenças da vida selvagem ou de animais domésticos ou plantas. Se eles tivessem feito isso, eles entenderiam a realidade de que todos os organismos podem ter doenças. As doenças vêm da invasão de um organismo por um parasita. Quando ocorre uma infecção, ela pode ou não produzir sintomas. Mas todos os organismos lidam com parasitas e, do ponto de vista do parasita, invadir um organismo é uma forma de escapar da competição na água ou no solo. Por exemplo, a bactéria que causa a doença dos legionários vive na água. Pode ser encontrada em todo o mundo, mas nunca é muito comum porque é um competidor fraco. Ela tem necessidades dietéticas muito exigentes, então normalmente os humanos não a encontram. No entanto, tem duas coisas a seu favor. Pode tolerar altas temperaturas e é resistente ao cloro. Ela resiste ao cloro, escondendo-se dentro de uma ameba. Em um centro de convenções, hotel ou parada de caminhões, a água é aquecida e com cloro. E se for um bom hotel, podemos encontrar um chuveiro que solta um jato fino de pequenas gotas, perfeito para transportar as bactérias para os cantos mais remotos dos pulmões. O que fizemos foi criar o ambiente ideal para a doença do legionário. O cloro e a alta temperatura matam seus competidores, cujos restos formam um revestimento no interior dos canos maravilhosamente rico com os alimentos que a bactéria dos legionários adora.

Se olharmos para outros organismos, veremos uma disputa constante por posição entre parasitas e hospedeiros. Quanto mais comum é uma espécie, mais atraente ela é para novas invasões de parasitas. Os humanos são muito comuns e, portanto, oferecem oportunidades maravilhosas de invasão. Quando observamos os padrões da doença, vemos que a cólera, por exemplo, se espalhou do Oriente para as Américas, entrando no Peru e depois viajando para a América Central. Mas um caminho semelhante foi seguido por uma doença das laranjeiras, pelos vírus do feijão e do tomate, bem como por doenças da vida selvagem. O que vemos, então, é uma constante coevolução entre patógenos e hospedeiros em toda a vida animal e vegetal, em vez de uma situação exclusiva dos humanos. Certamente, teríamos uma compreensão muito melhor dos perigos potenciais se entendêssemos a doença humana dessa perspectiva.

Transmissão de doenças

Que tipos de insetos espalham vírus para as pessoas? Quase todos eles são mosquitos ou moscas, ou pertencem a um segundo grupo que inclui carrapatos, pulgas e piolhos. Esses são os dois grupos principais que disseminam de forma esmagadora as doenças virais humanas, embora existam centenas de milhares de outros tipos de insetos. Existem muito poucas doenças transmitidas por besouros, nenhuma que eu conheça por borboletas ou libélulas. Por quê? Existem circunstâncias nas quais eles podem se tornar transmissores de doenças? Entre as plantas, os principais distribuidores de vírus pertencem a um grupo totalmente diferente de insetos – os pulgões. No entanto, os dois grupos têm bocas semelhantes e subsistem sugando o líquido de seus hospedeiros: o mosquito sugando sangue, o pulgão sugando seiva. Se você já chupou algo por um canudo, sabe que depois de um tempo um vácuo se forma e para poder continuar sugando o líquido, você deve ser capaz de devolver o líquido. Da mesma forma, as glândulas salivares dos mosquitos e dos pulgões devolvem o líquido aos seus hospedeiros quando absorvem o sangue ou a seiva, e nesse líquido você encontra os vírus. É por isso que, quando estudamos vírus, olhamos para as glândulas salivares dos mosquitos, ou dos carrapatos, ou qualquer outra coisa. Podemos começar a encontrar essas generalizações quando deixamos de olhar para os detalhes específicos de uma determinada doença e tentamos obter um quadro mais amplo. Mas isso não foi feito.

O fracasso em estudar evolução e sociedade

Outro tipo de estreiteza científica – uma constrição intelectual autoimposta – é o fracasso em estudar a evolução. A evolução nos diz imediatamente que os organismos respondem aos desafios de seu ambiente. Se o desafio for, por exemplo, um antibiótico, os organismos responderão adaptando-se a esses antibióticos.

Na agricultura, sabemos de centenas de casos de insetos que se tornaram resistentes a pesticidas; na medicina, um número crescente de microrganismos se tornou resistente aos antibióticos destinados a combatê-los. Alguns micróbios se tornaram resistentes aos antibióticos antes mesmo de estes serem usados! Isso acontece quando um antibiótico é lançado no mercado com um novo nome comercial, mas na verdade não é muito diferente de seu antecessor. Pode parecer diferente, mas se agir da mesma forma sobre as bactérias, terá as mesmas defesas. Não basta olhar para o agente da doença; temos que ver o que torna as populações vulneráveis. A saúde pública convencional falhou em olhar para a história mundial, em olhar para outras espécies, em olhar para a Evolução e a Ecologia e, finalmente, em olhar para as Ciências Sociais. Há um crescente corpo de literatura que diz que os pobres e oprimidos são mais vulneráveis a quase todos os riscos à saúde. Mas ainda não reconhecemos diferenças de classe nos Estados Unidos. Os pesquisadores discutem as diferenças de renda ou nível de escolaridade da mãe ou mesmo o status socioeconômico. Mas a epidemiologia dos Estados Unidos não lida com classes, mesmo quando a classe é o melhor indicador de expectativa de vida, de incapacidade na velhice ou da frequência de ataques cardíacos. Como um indicador de doença coronariana, é melhor medir a posição da classe do que medir o colesterol.

Outras explicações

Por que usamos esse tipo de venda intelectual que tem dificultado o estudo e a prática da saúde pública nesse país? Primeiro, há uma multiplicidade de preconceitos intelectuais de longo prazo. Veja, por exemplo, o pragmatismo dos EUA. Os estadunidenses se orgulham de sua praticidade. "Teoria" é quase um palavrão. Quando somos oprimidos pela urgência de uma população que está doente, de crianças que estão morrendo, torna-se um luxo perguntar sobre a evolução. Essa sensação avassaladora de urgência é uma das razões pelas quais os médicos não olham para as doenças dos tomates, não perguntam sobre a competição entre diferentes tipos de mosquitos e certamente não olham para fatores históricos. Há uma inevitável estreiteza de visão embutida na urgência de realizar um trabalho clínico ou epidemiológico aplicado.

Uma segunda razão é a tradição científica ocidental de reducionismo, que diz que a maneira de entender um problema é reduzi-lo aos seus menores elementos e mudá-los, um de cada vez. Isso é muito bem-sucedido quando a pergunta é: "De que é feito isso?" Então podemos isolá-lo, retirá-lo de um organismo, colocá-lo no liquidificador ou no microscópio.

O CAPITALISMO É UMA DOENÇA? A CRISE NA SAÚDE PÚBLICA DOS EUA

Na verdade, temos tido um sucesso maravilhoso em identificar do que as coisas são feitas. É por isso que tivemos uma sofisticação crescente, embora irracional, sobre pequenos fenômenos e eventos em todo o empreendimento científico. Por que somos tão bem-sucedidos em dar tratamento de emergência individual e tão ineficazes em impedir ou prevenir a malária, em antecipar seu retorno ou em lidar amplamente com a saúde de populações inteiras? Temos um sucesso maravilhoso na criação de uma planta de trigo que pode usar melhor o nitrogênio para produzir mais grãos, mas muito menos sucesso em aliviar a fome no campo.

Quatro hipóteses

Portanto, o fracasso típico é a recusa em olhar para a complexidade. Os sucessos têm sido os sucessos dos pequenos, onde podemos nos concentrar em elementos isolados. Nos Estados Unidos, embora gastemos mais do que qualquer outro país em saúde, temos um dos piores resultados entre os países industrializados; certamente estamos atrás dos europeus e, em muitos aspectos, também atrás do Japão, quando se consideram os indicadores usuais de saúde. Isso é algo que preocupa os profissionais de saúde pública: Por que, perguntam, gastamos tanto e temos tão pouco para mostrar em comparação a outros países?

Aqui estão quatro hipóteses:

Primeiro, não recebemos mais cuidados de saúde; nós apenas gastamos mais por isso. Nós sabemos que algo como 20% do nosso projeto de saúde é gasto em administração, isto é, o custo de cobrança e afins. A taxa de lucro da indústria farmacêutica é maior do que a do capitalismo como um todo, e muito disso está nos Estados Unidos. Os salários dos médicos são altíssimos, assim como as despesas com quartos de hospital. A consequência é que o "investimento" por paciente é enorme.

Segundo, mesmo quando recebemos mais cuidados de saúde, nem sempre é um bom atendimento de saúde. Agora, isso pode parecer paradoxal, porque temos mais ressonâncias magnéticas e mais tomografias computadorizadas e mais máquinas de diálise do que a maioria dos outros países. Então, por que nossa saúde não está melhor? As decisões médicas nem sempre são feitas por razões médicas. Existem muitos incentivos para a tomada de decisões sobre que tipo de técnicas usar, que tipos de intervenções – quando fazer uma cirurgia cardíaca, por exemplo – que dão origem a diferenças nos procedimentos médicos entre os países. Fazemos muito mais implantes de marca-passos do que na Europa e fazemos mais cesáreas e histerectomias. Um hospital compra uma máquina cara para atrair médicos e pacientes. Mas uma vez disponível, tem que ser usado. Você não pode permitir que uma máquina de ressonância magnética fique parada no hospital, então os médicos são encorajados a usá-la apenas para amortizar o investimento da instituição. Outra é que, para manter alta a "média de acertos" de um cirurgião, ele precisa realizar operações suficientes (várias centenas por ano) para manter os níveis de habilidade elevados. Um hospital isolado, com apenas um transplante de coração a cada três ou quatro meses, não é um lugar seguro para se ir. O paciente sábio procurará um hospital com um serviço cardíaco conceituado e equipado com a mais recente tecnologia. Mas para ganhar esse prestígio, as habilidades devem ser mantidas, então há um incentivo para manter os cirurgiões e as máquinas trabalhando. Uma vez que o serviço também é caro, ele precisa ser mantido ocupado, mesmo que seja apenas para pagar taxas cirúrgicas. Mas faz sentido ter todo esse equipamento caro? Os administradores do hospital dirão que sim, porque o outro hospital tem. Se o Mass General está competindo com o Beth Israel, e ambos competem com o Monte Sinai, todos eles precisam das máquinas mais avançadas. Depois, há os HMOs (escritórios de administração hospitalar, na sigla em inglês), em que seus contadores tomam decisões médicas, efetivamente racionando os cuidados de saúde. Ambas as abordagens visam maximizar o lucro. O que acontece é que às vezes as pessoas recebem cuidados demais, às vezes, de menos. Mas, em ambos os casos, nossa saúde é um efeito colateral da obsessão em ganhar dinheiro. A irracionalidade do sistema se estende até mesmo aos ricos, que são tratados demais. Matamos quase 200 mil pessoas por ano por meio de intervenções médicas inadequadas. Muitos mais morrem devido ao uso indevido de medicamentos altamente anunciados, remédios de venda sem prescrição e outros preparativos.

A terceira hipótese é que o sistema de saúde é construído sobre a base da desigualdade. Apenas alguns de nós realmente recebem ou têm acesso aos cuidados de saúde de que precisamos, enquanto a maioria não tem acesso a isso.

Por fim, a quarta hipótese é que criamos uma sociedade doente, ao mesmo tempo que investimos cada vez mais para reparar os danos. Estamos expostos a mais poluição e níveis crescentes de estresse e, portanto, expostos, ironicamente, a mais oportunidades de exibir nossas habilidades em cirurgia cardíaca. Tornamos mais pessoas infelizes, então gastamos mais em psiquiatria e drogas psicotrópicas. Isso é claramente evidente na situação da saúde pública na Rússia contemporânea, onde o colapso da cobertura universal de saúde expôs a população a todos os males do capitalismo incipiente. Eles tiveram ondas de epidemias, difteria, coqueluche e a situação, completamente nova nos tempos modernos, de declínio da expectativa de vida – de cerca de 64 para cerca de 59 anos. A nossa é uma sociedade doente, que exige gastos cada vez maiores para reparar os danos à saúde pública que ela mesma infligiu.

Respostas à crise

A condição dos cuidados de saúde não passou despercebida; na verdade, há uma insatisfação generalizada e crescente. Uma série de respostas foram dadas para lidar com a situação:

Saúde do ecossistema. Os ecologistas que examinaram o problema desenvolveram uma abordagem que chamam de saúde do ecossistema. Eles postulam que existem ecossistemas sob estresse por múltiplas causas: desde poluentes, alimentos e água contaminados, alto estresse e mudanças no ritmo de vida diário. Por exemplo, com luz elétrica quase universal, as pessoas dormem menos e nossa fisiologia muda. Se examinarmos a biologia humana como uma biologia socializada, notamos que há coisas que aparecem como constantes da biologia humana que realmente não são. Por exemplo, há muito, é senso comum que, como parte natural do processo de envelhecimento, a pressão arterial aumente com a idade. Mas acontece que, entre os bosquímanos kung do Kalahari, a pressão arterial aumenta com a idade apenas até a puberdade e depois estabiliza. Nosso padrão de pressão arterial é em função do tipo de sociedade em que vivemos. Podemos ver isso no padrão de hormônios de resposta ao estresse, que variam com a posição social de uma pessoa. Estudos recentes de Harvard mostraram que, entre grupos de adolescentes do ensino médio, todos os quais estão indo igualmente bem academicamente, as crianças da classe trabalhadora mostraram aumentos prolongados no cortisol sob qualquer tipo de estresse, enquanto as crianças da classe alta apresentaram um aumento rápido e depois diminuíram. A fisiologia dos jovens da classe trabalhadora foi alterada por sua posição social, independentemente deles reconhecerem ou não sua condição de trabalho. Evidentemente, seu corpo conhece sua posição de classe, não importa o quão bem você tenha sido ensinado a negá-la. A fisiologia humana, então, é uma fisiologia socializada e diferentes posições sociais criam diferentes relações com o meio ambiente. Esse conhecimento levou ao conceito de saúde do ecossistema, reunindo ambientalistas e profissionais da saúde pública para examinar questões sobre como avaliamos a saúde de todo o ecossistema.

Movimento por justiça ambiental. Esse movimento surgiu da observação – por outros – de que a melhor maneira de encontrar um incinerador ou um depósito de lixo tóxico é procurando um bairro afro-americano. Com valores imobiliários mais baixos em bairros minoritários, é mais barato colocar o incinerador lá. As regras de zoneamento, feitas pelos poderosos, também são mais flexíveis nessas áreas. Assim, os riscos à saúde decorrentes da poluição e dos resíduos industriais tornam-se mais uma faceta da opressão. A exposição a poluentes não afeta a todos igualmente. A exposição a riscos para a saúde ocupacional – a exposição de alguém que ganha a vida polindo um prédio com jato de areia, por exemplo – é muito diferente de alguém que trabalha em uma mesa totalizando tabelas. A exposição ao dano ambiental também varia com a classe e a condição de opressão. O movimento de justiça ambiental tem sido uma resposta a isso, lutando contra o despejo de poluentes e tentando equalizar os riscos de uma sociedade industrial.

Determinação social da saúde. Esta abordagem tem sido crescente entre os epidemiologistas, parcialmente em função redescoberta do que Rudolph Wirchow e Friedrich Engels destacaram já no século XIX: o capitalismo pode minar a saúde. É importante ter isso em mente quando comentaristas conservadores e reacionários afirmam que não há mais pobreza real. Eles argumentam que, embora algumas pessoas ganhem mais dinheiro do que outras e possam pagar por uma televisão em cores maior, os pobres não ficam sem suas TVs. O carro de uma família pobre

O CAPITALISMO É UMA DOENÇA? A CRISE NA SAÚDE PÚBLICA DOS EUA

é um pouco mais velho ou talvez eles não comam em restaurantes com tanta frequência, mas essa desigualdade não anula o verdadeiro efeito, como os analistas de direita o veem: basicamente, não existe mais pobreza. Obviamente, uma resposta é facilmente encontrada nos numerosos estudos que mostram que os negros pagam pela opressão racista com uma expectativa de vida dez anos menor do que a dos brancos. Minorias pobres e oprimidas têm 25% menos encontros bem-sucedidos com o sistema de saúde do que grupos mais privilegiados. Enquanto isso, a taxa de mortalidade ou outros resultados prejudiciais aumenta com o nível de pobreza, representada em doenças como doença cardíaca coronária, câncer de todas as formas, obesidade, retardo de crescimento em crianças, gravidez não planejada e mortalidade materna.

Os interessados na determinação social da saúde incluem alguns estudiosos ingleses, como Richard Wilkinson, que examinou as expectativas de vida de diferentes cargos no serviço público inglês. Ele descobriu que havia uma diferença até mesmo entre grupos que estão em melhor situação, quando comparados àqueles expostos a necessidades terríveis óbvias. Ele percebeu que a mera hierarquia social – a diferenciação social – piora a saúde em todos os lugares, não só entre os que vivem em extrema pobreza. Isso pode ser interpretado de duas maneiras opostas, mas não apenas uma delas é operacional. Uma quer dizer que a desigualdade em si, mais do que o nível de pobreza, pode deixar uma pessoa doente. Outra quer dizer, literalmente, que está tudo na sua cabeça. Em apoio a este último, estudos com babuínos que parecem indicar que aqueles com posições mais altas em seu grupo têm melhor saúde são citados. Suas artérias estão mais limpas, eles respondem ao estresse como pessoas da classe alta; o nível de cortisol sobe sob estresse e desce novamente. Os babuínos dos escalões inferiores tendem a ter os efeitos do estresse por mais tempo; suas expectativas de vida são mais baixas. Mas se você intervir nas comunidades animais e alterar sua hierarquia social, dentro de alguns meses a fisiologia do babuíno assumirá as características de sua nova localização social. Isso leva algumas pessoas a dizer que é como as pessoas percebem sua situação na sociedade – e, portanto, que as pessoas devem ser ensinadas a lidar com o lugar onde estão, uma vez que, afinal, criamos nossas próprias realidades. Essa é uma frase comum em alguns dos crescentes movimentos e terapias que vemos hoje em dia: nós criamos nossas próprias realidades. Não é tanto que você seja mal pago e pobre, mas que se sinta mal por isso. Por isso, criamos pílulas para animar: a cura para a depressão não é se livrar da situação deprimente, mas ajudar as pessoas a se sentirem melhor em relação a ela. Outra forma de olhar para essa chamada determinação social da saúde é vê-la não como um simples resultado de rendas inadequadas que precisam ser aumentadas, mas como uma consequência de uma sociedade profundamente estratificada e baseada em classes. Aqueles que enfatizam este último acham que é uma posição mais radical do que simplesmente falar sobre como a privação absoluta faz mal à saúde, porque o remédio para isso parece ser aumentar a renda. Em vez disso, eles dizem, você deve eliminar as desigualdades de classe. Uma vez que os mesmos estudos podem levar a conclusões opostas, precisamos enfatizar que a desigualdade afeta sua saúde de muitas maneiras diferentes. Quando os ricos pensam sobre a pobreza, eles pensam nisso apenas no sentido de ter um pouco menos, sem examinar a estrutura subjacente do empobrecimento. A pobreza afeta as pessoas, em primeiro lugar, como privação crônica, tendo menos comida ou pior comida. Crianças que moram em apartamentos úmidos e mofados têm pior saúde do que crianças que moram em apartamentos secos. Existem muitas outras maneiras pelas quais a própria privação crônica é uma ameaça à saúde.

Existe o que chamamos de ameaças de baixa frequência e alta intensidade, ou seja, aquelas experiências que não acontecem a todos, mas que poderiam acontecer e, portanto, são uma ameaça constante a uma sensação de bem-estar. Robert Fogel, um economista de direita da escola de Chicago, apontou em seu livro, *Time on The Cross: The Economics of Negro Slavery* [Tempo na travessia: a economia da escravidão negra], que a maioria dos escravos não era açoitada. Ele prosseguiu dizendo que a escravidão não era o que imaginaríamos lendo *A cabana do tio Tom*, que tinha uma certa racionalidade econômica. O que ele se esquece de dizer é que o abuso físico de escravos, mesmo quando não empregados, era uma ameaça constante. A maioria dos escravos, talvez, não tenha sido açoitada, mas todos testemunharam ou ouviram falar de espancamentos. Da mesma forma, a maioria das crianças em bairros pobres não

O CAPITALISMO É UMA DOENÇA? A CRISE NA SAÚDE PÚBLICA DOS EUA

leva tiros, mas levar um tiro é uma ameaça constante toda vez que você vai à loja ou sai de casa. Estes são exemplos de ameaças de média e baixa frequência, mas de intensidade muito alta.

Também há insultos de alta frequência e baixa intensidade, o assédio diário que se pode ver, por exemplo, em comunidades afro-americanas. Lá, somos constantemente forçados a tomar decisões estratégicas. Estou andando tão devagar que o policial vai pensar que sou suspeito? Ou estou andando tão rápido que ele vai pensar que estou fugindo da cena de um crime? Se eu entrar no campus à noite para trabalhar em meu laboratório, serei primeiro parado pela polícia, que pensa que sou um ladrão? O representante de Porto Rico uma vez foi parado pela polícia a caminho de seu escritório, em Washington. Eles riram quando ele disse que era membro do Congresso e comissário residente. Ramos Antonini era negro.

Estamos aprendendo agora, com o estudo dos neurotransmissores, que nosso cérebro não é o único *locus* de experiência social. O cérebro reúne experiência social e a transmite por meio de muitos ramos do sistema nervoso para os neurotransmissores. Os neurotransmissores são quimicamente semelhantes às substâncias do nosso sistema imunológico, nas células brancas do sangue. Em certo sentido, pensamos com todo o nosso corpo, sentimos com todo o nosso corpo e, portanto, todo o corpo é o *locus* da experiência social que vem com esses padrões de condições crônicas, de ameaças de baixa frequência ou de insultos de alta frequência. A experiência de privação tem muitas dimensões, mas muitas vezes se perdem nas mãos dos estatísticos, que simplesmente veem a pobreza como uma diferença quantitativa de renda.

O movimento saúde para todos. Este grupo defende um sistema nacional de saúde e tem publicado muitos trabalhos comparando o sistema estadunidense ao sistema canadense; muitos médicos progressistas estão ativos neste movimento.

Medicina alternativa. O movimento de medicina alternativa lida principalmente com a saúde individual. Ele enfatiza dieta, exercícios, homeopatia, quiropraxia e remédios naturopáticos – áreas em que as pessoas sentem que não foram tratadas adequadamente pelo sistema médico estabelecido. Eles se baseiam em uma abordagem holística da saúde, em vez da abordagem direcionada e "mágica" da medicina alopática tradicional. Eles parecem ser particularmente eficazes no tratamento de condições crônicas de longo prazo, em vez de emergências graves. Por exemplo, para aqueles que precisam de radiação e quimioterapia para o câncer, as práticas alternativas são úteis na modulação dos efeitos colaterais negativos. A estratégia da medicina moderna é que o tecido canceroso é suficientemente frágil e pode, de fato, ser envenenado na esperança de que a radiação ou a quimioterapia mate mais o câncer do que você. A abordagem empregada pelas terapias alternativas não é atacar o câncer diretamente, mas tentar construir as defesas do corpo.

Portanto, as duas abordagens se complementam. A medicina alternativa é muito atrativa e poderosa, mas seu principal apelo é para as pessoas que têm controle sobre suas vidas e acesso aos recursos e técnicas de cuidados de saúde alternativos. Não é um movimento de massa; o holismo que ele defende para na sua pele. Não é um holismo social. No entanto, é um antídoto poderoso para aqueles movimentos que simplesmente demandam assistência médica para todos, sem perguntar que tipo de assistência de saúde é essa.

A crítica radical

Uma crítica radical da medicina tem que lidar com as coisas que tornam as pessoas doentes e com o tipo e a qualidade dos cuidados de saúde que as pessoas recebem. Uma abordagem marxista da saúde tentaria integrar as percepções da saúde do ecossistema, da justiça ambiental, da determinação social da saúde, "cuidados de saúde para todos" e da medicina alternativa. Um aspecto de minha abordagem às questões de saúde vem de minha experiência como ecologista. Observei a variabilidade na saúde entre locais geográficos, grupos ocupacionais, grupos de idade ou outras categorias socialmente definidas. Quão variável, eu perguntei, é o resultado da assistência à saúde em diferentes estados dos Estados Unidos, diferentes condados no Kansas, diferentes províncias em Cuba, diferentes distritos de saúde em um estado brasileiro ou em uma província canadense? Padrões interessantes surgiram desse trabalho. Meus colegas e eu examinamos a taxa de mortalidade infantil em cada uma dessas regiões, tanto em média quanto em como, em cada local, as taxas variavam, refletindo a qualidade da assistência à saúde, entre outros fatores, do melhor ao pior. O que vimos foi que as taxas de mortalidade infantil nos Estados Unidos eram mais ou menos comparáveis às de Cuba, que o Kansas tinha uma taxa um pouco superior à média dos EUA e que o Rio Grande do Sul, no Brasil, tinha uma taxa mais típica do Terceiro Mundo – muito mais elevada que as anteriores. O fato de Cuba ter pontuado tão alto não foi muito surpreendente.

No entanto, quando analisamos os mesmos dados sob a perspectiva da faixa das melhores às piores taxas de mortalidade infantil, ou seja, a variabilidade dentro de determinadas populações – uma medida eficaz de justiça –, muito mais foi revelado. Os números dos condados do Kansas mostraram a maior variação, enquanto os dados que compararam os estados dos EUA mostraram uma diferença um pouco menor. A diferença entre os distritos de saúde de Rio Grande do Sul foi ainda menor, tendo Cuba a menor variação. Coisas semelhantes acontecem quando olhamos para todas as causas de morte. Mais uma vez, observamos as taxas médias e também a disparidade; dividimos a variação, a diferença, entre o melhor e o pior, pela média. Para o Kansas, o intervalo dividido pela média é 0,85, mas em Cuba era 0,34. Vimos que as taxas de câncer no Kansas e em Cuba são comparáveis, mas a variabilidade é maior no Kansas do que em Cuba. Quando examinamos os dados canadenses, descobrimos que Saskatchewan estava em algum lugar entre o Kansas e Cuba.

A razão pela qual escolhemos esses lugares é que Brasil, Canadá e Kansas têm economias capitalistas nas quais as decisões de investimento são baseadas na maximização do lucro, em vez de qualquer imperativo social destinado a equalizar as circunstâncias econômicas. Saskatchewan e Rio Grande do Sul, assim como com Cuba, têm sistemas nacionais de saúde que oferecem cobertura bastante uniforme em uma determinada área geográfica. As regiões canadenses e brasileiras têm a vantagem de um sistema de saúde melhor e mais justo, mas, ao contrário de Cuba, têm as desvantagens do capitalismo, dando-lhes uma localização intermediária na variabilidade dos resultados de saúde.

Este método também pode ser aplicado na comparação de diferentes doenças. Uma pergunta que queremos responder é se a variabilidade será maior entre os estados e outras grandes regiões geográficas, ou entre pequenas áreas, como condados. Existem boas razões para que isso aconteça. Por exemplo, o clima pode impactar os dados em grandes áreas como estados. Mas o clima não é a única variável; outros elementos podem variar muito em unidades geográficas menores, apenas para se perder nas médias que desenvolvemos para grandes áreas. Quando somos capazes de olhar para áreas menores, como nos diferentes bairros dentro da cidade de Wichita, Kansas, encontramos uma variação de três vezes na mortalidade infantil. Também notamos que o desemprego no Kansas é em média de 9 ou 10% na maioria dos condados do Kansas, mas é de 30% no nordeste de Wichita. Por quê? Porque os bairros não são simplesmente pedaços aleatórios do ambiente. Eles são estruturados. Onde quer que haja um bairro rico, você precisa de um bairro pobre, como o nordeste de Wichita, para atendê-lo. E assim, sempre que podemos obter dados entre bairros, vemos variações muito grandes nas condições sociais e, como consequência, na qualidade e quantidade dos cuidados de saúde – claramente desnecessários do ponto de vista de qualquer limitação em nossos conhecimentos ou recursos médicos.

Outro caso interessante pode ser encontrado no México, onde um estudo foi realizado em várias aldeias, classificando-as de acordo com o quão marginalizadas eram da vida mexicana. Foram examinadas variáveis tais como se havia água corrente ou a proporção de pessoas que falavam espanhol. A pesquisa mostrou que as comunidades mais marginais tiveram piores resultados de saúde. Mas, inesperadamente, os dados também mostraram que havia uma tremenda diferença entre os resultados em aldeias pobres e em aldeias que foram integradas à economia mexicana.

É um princípio ecológico ainda não reconhecido em saúde pública que, quando uma comunidade ou um organismo individual está estressado por qualquer motivo (baixa renda ou clima muito severo, por exemplo), ele será extremamente sensível a outras disparidades. Portanto, se as pessoas têm renda muito baixa, mudar as temperaturas sazonais torna-se muito importante. No final do outono e início do inverno, as salas de emergência recebem muitas pessoas com queimaduras de fogões a querosene, fornos e outros meios perigosos usados para compensar o aquecimento insuficiente em suas casas. Para essas pessoas, uma pequena diferença de temperatura pode ter um grande efeito em sua saúde – um efeito que não afeta os mais ricos. O mesmo é verdade em relação à comida. Quando as pessoas estão desempregadas ou se os preços sobem, elas reduzem os gastos com alimentação e outros tipos de despesas, com impacto imediato na nutrição. Se você for um comprador excelente e se recortar todos os cupons e examinar os anúncios de supermercado, talvez consiga sobreviver com a cesta de assistência social do Departamento de Agricultura; as pessoas que inventam essas cestas presumem que você é um gênio em encontrar pechinchas. Mas suponha que você não seja tão bom, ou que leia os anúncios, mas não possa sair por duas horas para comparar preços. Ou que você mora em um bairro onde o supermercado local não era tão lucrativo quanto a rede nacional que o possuía achava que deveria ser, e se foi, e com ele sua oportunidade de obter alimentos de qualidade. Ou suponha que você adoraria comer alimentos orgânicos no almoço, mas o que você tem é uma pausa de meia hora suficiente apenas para pegar algo industrializado nas máquinas que vendem esses produtos. Nessas circunstâncias, as diferenças individuais de onde você trabalha, quanta energia você tem ou se você pode ter uma babá podem ter um grande impacto em sua saúde.

A ilusão de escolha

A saúde precária tende a se agrupar em comunidades pobres. Os conservadores dirão: "Bem, obviamente a pobreza não é boa para você, mas, afinal, nem todas as crianças se saem mal. Eu consegui, por que você não pode? Algumas pessoas que vieram dessas vizinhanças se tornaram CEOs de empresas". O que eles perdem de vista é a noção de vulnerabilidade aumentada. A diferença de experiência aparentemente trivial pode ter um grande efeito na saúde de alguém que é marginal. Suponha que uma aluna seja um pouco míope, mas, por ser alta, está sentada no fundo da classe. O professor está sobrecarregado e não percebe que a aluna não consegue ver o quadro negro. Ela se inquieta; ela briga com o garoto da carteira ao lado. De repente, ela se torna alguém com um "problema de aprendizado" e é transferida para um curso profissionalizante, embora pudesse ter sido uma grande poetisa. Em uma comunidade mais rica, onde as turmas são menores e os professores podem prestar mais atenção, essa garota acabaria simplesmente com óculos. As diferenças individuais podem vir de qualquer coisa, de experiências pessoais de crescimento, até mesmo da genética. Mas mesmo quando a genética é responsável por uma determinada característica humana, ela só é responsável dentro de um determinado contexto. Por exemplo, em uma fábrica que emite gases tóxicos, as pessoas desenvolverão câncer em uma taxa mais elevada; aqueles com maior probabilidade de desenvolver câncer também têm fígados que não são capazes de efetivamente processar um determinado produto químico. Esta é uma variável genética e, portanto, uma doença genética, mas ocorre apenas com a exposição a esses gases. O câncer não é resultado apenas da genética; também é causado pelo meio ambiente.

Diferenças biológicas triviais podem se tornar o foco em torno do qual se localizam importantes desfechos de vida; o mais óbvio é a pigmentação. A diferença de melanina entre americanos de origem africana e europeia é, do ponto de vista da genética e da fisiologia, trivial. É simplesmente a maneira como um pigmento é depositado na pele. No entanto, essa diferença pode custar dez anos de vida. Então, seria este um gene letal? Seria este gene, responsável por uma maior propagação da pigmentação, que também torna o indivíduo mais vulnerável à prisão? Um geneticista padrão examinaria os históricos familiares e determinaria que, se seu tio fosse preso, haveria uma probabilidade maior de você ser preso também. Conclusão: a causa da criminalidade é genética. Seguindo as regras da genética dessa maneira mecanicista, ele ou ela terá provado que o crime é hereditário. Isso faz tanto sentido quanto a noção de que os negros contraem mais tuberculose porque têm genes ruins. A genética não é uma explicação alternativa das condições sociais; é um componente de uma investigação de fatores causais. Existe uma íntima interdependência entre fatores biológicos, genéticos, ambientais e sociais.

O comportamento é uma das áreas em que os profissionais de saúde pública desejam intervir, argumentando que muito do que diferencia os resultados de saúde em bairros pobres dos ricos pode estar associado ao comportamento, como fumo, exercícios e dieta alimentar. Os conservadores, finalmente forçados a admitir que há grandes diferenças nos resultados de saúde entre ricos e pobres, agora dizem: "Sim, isso ocorre porque os pobres tomam decisões imprudentes. O remédio apropriado é a educação. Sabemos que as crianças se saem melhor se suas mães tiverem mais escolaridade, então o que precisamos é de programas de educação para ensinar as pessoas a tirar o melhor proveito de sua situação". Mas alguns programas de educação em saúde são valiosos. A orientação de segurança nas fábricas ajuda as pessoas a lidar com condições inseguras. Então, vamos examinar mais de perto esta questão da escolha. O Centro de Controle de Doenças dos Estados Unidos e outros que lidam com essas questões dizem que apenas algumas coisas podem ser escolhidas, enquanto outras são impostas pelo ambiente. Eles querem que façamos uma distinção entre desvantagens que nos são impostas, que podem ser injustas e/ou podem ser eliminadas, daquelas que foram livremente escolhidas e pelas quais só podemos culpar a nós mesmos. Um marxista confrontado com escolhas entre categorias mutuamente exclusivas como escolha *versus* meio ambiente, hereditariedade *versus* experiência, biológico *versus* social, sabe que as próprias categorias devem ser desafiadas. A escolha também implica a falta de escolha. As escolhas são sempre feitas a partir de um conjunto de alternativas que são apresentados a você por outra pessoa. Sabemos disso pelas eleições e pelas compras. Escolhemos os alimentos, mas apenas a partir dos produtos que uma empresa optou por disponibilizar para nós. A escolha se diferencia pela falta de escolha, ou seja, pela falta de escolha. O mesmo se aplica à oportunidade de exercer a escolha. Sempre há pré-condições para o exercício da escolha. Se as condições de vida são muito ruins ou opressivas, algumas das coisas que são escolhas insensatas em outras circunstâncias tornam-se o mal menor.

Os profissionais de saúde pública, como quase todo mundo, se preocupam muito com a gravidez na adolescência, o que geralmente não é uma boa ideia. As mães adolescentes não têm experiência; elas podem ter dificuldade em cuidar de seus bebês e os bebês têm maior probabilidade de estar abaixo do peso. No entanto, verifica-se que a saúde de um bebê de uma adolescente afro-americana é, em média, melhor do que a saúde de um bebê de uma mulher afro-americana na casa dos 20 anos. Por quê? O ambiente de racismo corrói a saúde a tal ponto que faz certo sentido ter seus bebês cedo, se você vai tê-los. Isso é algo que não fica óbvio quando você simplesmente diz: "A gravidez na adolescência é um perigo para as pessoas". Precisamos olhar para a gravidez na adolescência em um contexto social muito mais amplo antes de pensarmos em torná-la simplesmente um problema de saúde pública.

Fumar é outro exemplo. A escolha de fumar aumenta inversamente com o grau de liberdade que se tem no trabalho. Pessoas que têm poucas opções na vida ao menos podem optar por fumar. É uma das poucas maneiras legítimas de fazer uma pausa e sair por um tempo dos locais de trabalho em alguns empregos. Portanto, há pessoas que escolhem: "Sim", dizem, "pode me causar câncer em 20 anos, mas com certeza me mantém vivo hoje". As escolhas prejudiciais que as pessoas fazem não são irracionais. Temos que vê-las como escolhas de racionalidade limitada, tirando o melhor proveito de uma situação ruim. A maioria das decisões aparentemente insensatas que as pessoas tomam têm uma relativa racionalidade quando suas circunstâncias são levadas em consideração, portanto, é improvável que seu comportamento mude simplesmente dando um sermão. Você tem que mudar o contexto dentro do qual a escolha é feita.

Ainda outra dimensão de escolha é encontrada na maneira como percebemos o tempo. Ao fazer uma escolha sobre saúde, presumimos que algo que fazemos agora terá um impacto mais tarde. Isso pode parecer óbvio, mas não é a experiência de todos. A maioria das pessoas não experimenta o tipo ou a qualidade de liberdade que lhes dá controle sobre suas próprias vidas, que lhes permitiria dizer: "Vou parar de fumar agora, para não ter câncer em 20 anos". Nem todos podem organizar suas vidas ao longo de uma escala de tempo anual ordenada. Na cidade de San Juan, Porto Rico, o padrão de vida é tal que se pode trabalhar descarregando um navio 23 horas por dia durante dois dias, dormir três dias e, então, inesperadamente trabalhar em um restaurante por mais dois dias porque seu primo tem que ir a um funeral nas montanhas. O tempo não tem a mesma estrutura quando você não pode fazer planos sólidos agora para o que vai acontecer com você mais tarde.

Em contraste, a vida de, digamos, acadêmicos, é notável pela maneira como o tempo é organizado. Os alunos podem escolher e escolhem cursos que, em dois ou três anos, os preparem para uma carreira. Em uma escala de tempo mais curta, um professor pode organizar convenientemente sua programação de ensino em torno dos padrões de segunda, quarta e sexta-feira ou terça e quinta-feira. Os médicos decidem quando ver os pacientes, quando estar na biblioteca, quando ir aos seminários.

O CAPITALISMO É UMA DOENÇA? A CRISE NA SAÚDE PÚBLICA DOS EUA

Portanto, algumas pessoas podem realmente estruturar suas vidas de tal forma que possamos de fato fazer previsões. Não previsões absolutas, obviamente. Coisas podem surgir; podemos ser atropelados por um carro. Mas, basicamente, quanto mais controle você tem sobre sua vida e sua experiência de vida, mais faz sentido tomar o tipo de decisões que os especialistas em saúde pública recomendam; maior a possibilidade, então, de exercer a escolha. Portanto, a resposta para aqueles que falam sobre tomada de decisão e escolha é dizer-lhes, antes de tudo, para expandir o leque de escolhas. Em segundo lugar, eles precisam fornecer as ferramentas para fazer essas escolhas. Em terceiro lugar, é claro, as pessoas precisam controlar suas próprias vidas, para que possam exercer todas as suas faculdades para fazer escolhas significativas. Ao dar cada um desses passos, desafiamos diretamente as falsas dicotomias que regem o pensamento sobre saúde pública e o restringe dentro de limites sociais predeterminados.

O que pode ser feito?

Em uma reunião recente da qual participei, foi distribuído um documento que apresentava o seguinte dilema: Por que, vivendo em uma democracia, onde todos os cidadãos têm direito a voto, permitimos políticas que criam desigualdades que têm um impacto tão negativo sobre nossa saúde? Como nós explicamos isso? Temos soluções para melhorar a produtividade da agricultura, mas eles aumentam a fome. Criamos hospitais e eles se tornam centros de propagação de novas doenças. Investimos em projetos de engenharia para controlar inundações e eles aumentam os danos causados por inundações. O que deu errado? Uma resposta pode ser que simplesmente não somos inteligentes o suficiente. Ou os problemas são muito complicados, ou somos egoístas, ou temos algum defeito. Ou, depois de não ter conseguido eliminar a fome, melhorar a saúde das pessoas, acabar com as desigualdades e fracassar, talvez precisemos enfrentar os fatos e concluir que isso simplesmente não pode ser feito. Ou talvez sejamos apenas o tipo de espécie incapaz de viver uma vida cooperativa, em uma relação sensata com a natureza.

Devemos rejeitar qualquer uma dessas conclusões indevidamente pessimistas. A história de luta é longa e não sem conquistas. Mas a luta também é difícil. Por exemplo, é fácil depender da ilusão de democracia e de um governo benéfico para resolver nossos problemas. Mas quando olhamos para as políticas que emergem dessas instituições da democracia, vemos que aquelas que ostensivamente visam melhorar a vida das pessoas quase sempre são prejudicadas por alguma condição secundária oculta. Tenho certeza de que, de modo geral, o presidente Clinton prefere que as pessoas tenham seguro saúde do que não o tenham. Mas isso está sujeito à condição secundária de que a lucratividade do setor de seguros deve ser protegida. Ele provavelmente gostaria que os remédios fossem mais baratos, mas apenas se a indústria farmacêutica continuar tendo altos lucros. No exterior, os Estados Unidos gostariam que os camponeses tivessem terras, mas somente se não fossem expropriadas dos proprietários de plantações. O motivo básico do fracasso dos programas não é a incompetência, a ignorância ou a estupidez, mas o fato de serem limitados pelos interesses dos poderosos. Por vezes, descobrimos que parte de um programa é realizada com sucesso, e parte não. Uma zona empresarial pode ser estabelecida em um centro da cidade que realmente gera investimento, mas não há impacto sobre a pobreza porque a suposição de que os investimentos em benefícios cairiam era uma ilusão. Um retorno razoável do investimento era o objetivo dos desenvolvedores. Quando isso foi alcançado, nada mais importou.

Uma boa maneira de ver como essas restrições ocultas, essas barreiras sistêmicas, operam é na prestação de serviços de saúde em outros lugares. O sistema de saúde dos Estados Unidos existe no contexto do capitalismo desenfreado desse país. Descrevemos detalhadamente as perspectivas e os problemas desse sistema. Mas, na Europa, os social-democratas têm historicamente adotado uma abordagem diferente – uma que reconhece a desigualdade como um obstáculo. Eles trataram o desemprego, por exemplo, como um problema social, em vez de um subproduto inevitável de um mercado vigoroso. Uma câmara municipal tratará disso financiando um centro para desempregados, com pessoas capacitadas para aconselhá-los sobre seu direito ao seguro-desemprego e outros programas de benefícios. O centro pode até organizar um grupo de apoio onde as pessoas podem lidar com seus sentimentos por não serem capazes de trazer para casa uma renda para a família. Os governos locais podem abordar outras questões sociais. Em Londres, existe um programa para quebrar o isolamento de jovens mães, onde elas podem se encontrar, compartilhar experiências e dar apoio. Claro, nenhuma dessas medidas afeta a lucratividade ou desafia o mercado. Portanto, o conselho não pode criar empregos. Mesmo os programas mais previdentes iniciados por governos social-democratas europeus não desafiam a ordem capitalista de forma alguma. O que eles fazem é tentar tornar as coisas mais equitativas – por exemplo, por meio de impostos de renda progressivos ou seguro-desemprego generoso. Na Suécia, os trabalhadores do transporte exigiram melhores alimentos para reduzir as doenças cardíacas entre os motoristas de caminhão. Organizaram-se para melhorar a qualidade da comida nas cantinas de beira de estrada e colaboraram com donos de restaurantes e donos de cantinas e a comida foi efetivamente melhorada. Em outros lugares, os sindicatos negociaram acordos coletivos para mudar o turno de trabalho, o horário e as condições de trabalho. Os sindicatos reconheceram que as preocupações com a saúde eram apenas outro aspecto das relações de classe.

Em alguns casos, a melhoria da saúde no trabalho é relativamente gratuita. Nenhum empregador se oporá a colocar uma placa lembrando os trabalhadores de usarem seus capacetes em uma área de construção. Mas começa a ficar um pouco complicado quando você fala em reorganização do trabalho ou gasto de dinheiro. Se o gasto de dinheiro vem de impostos, por meio de programas governamentais para melhorar a saúde, podemos esperar que a classe empresarial se oponha. E se, após cada nova despesa, eles perceberem alguma interferência em sua posição competitiva, sua oposição pode assumir alguma forma política – por exemplo, a revogação de algum aspecto da regulamentação de saúde e segurança. Quando uma despesa tem que vir do empregador individual, talvez por meio de uma demanda sindical, eles serão ainda mais resistentes. Eles dirão que é ruim para a competição e ameaçarão fechar e se mudar para outro lugar. Se as demandas do sindicato tratam da própria organização do trabalho, a administração verá os trabalhadores interferindo no próprio cerne da prerrogativa de classe. Nessa situação, apenas um movimento operário poderoso e bem organizado será capaz de impor mudanças.

Quando a política de saúde é vista do ponto de vista de quais questões envolvem um confronto direto com os interesses fundamentais da classe dominante, quais envolvem simplesmente benefícios relativos para uma classe e quais são relativamente neutras, podemos prever quais tipos de medidas são possíveis. Isso destaca a mentira de que a sociedade está tentando melhorar a saúde de todos. Precisamos ver os cuidados de saúde de uma forma mais complexa. A saúde é parte dos bens salariais de uma sociedade, parte do valor da força de trabalho e, portanto, um objeto regular de contenda na luta de classes. Mas saúde também é um bem de consumo, especialmente para os ricos, que podem comprar melhorias na saúde para si próprios. Em vez de melhorar a qualidade da água, eles compram água engarrafada; em vez de melhorar a qualidade do ar, eles empregam tanques de oxigênio em suas salas de estar. A saúde também é uma mercadoria investida pelas indústrias de saúde, incluindo hospitais, planos de saúde privados e empresas farmacêuticas. Eles vendem cuidados de saúde para um mercado tão grande quanto pode pagar por eles; eles até empurram esses serviços para pessoas que não precisam disso. Como qualquer empresa agressiva, as indústrias de saúde se engajam em relações públicas – a conquista de corações e mentes. Algumas das clínicas que foram estabelecidas no sudeste da Ásia durante a Guerra do Vietnã e até mesmo antes, durante a insurreição da Malásia, tinham esse propósito. Os médicos, com grande sacrifício, iriam para a selva e estabeleceriam clínicas e trabalhariam arduamente em condições muito difíceis e com baixos salários, seja trazendo benefícios para as pessoas que deles precisavam ou, mais conscientemente, tentando impedir o comunismo. Foi mais uma reencarnação do fardo do homem branco que justificou o imperialismo do século XIX.

Se a boa saúde depende da sua capacidade de realizar as atividades que são necessárias e apropriadas de acordo com a sua posição na vida, é importante levar em conta como essa posição é determinada. Aqueles que podem determinar por si mesmos o que constituem atividades necessárias e desejáveis são claramente diferentes das pessoas que têm essa determinação feita por eles. Essa distinção fica clara quando um empregador negocia um seguro saúde para seus empregados; para o empregador, o custo do pacote de benefícios sempre virá antes do que os funcionários podem pensar que precisam. Portanto, a saúde é sempre um ponto de discórdia na luta de classes. O mesmo ocorre com a pesquisa médica e científica; o conhecimento e a ignorância são determinados, como em toda pesquisa científica, por quem é dono da indústria de pesquisa, quem comanda a produção da produção do conhecimento. Há luta de classes nos debates sobre que tipo de pesquisa deve ser feita. Cada vez mais, a pesquisa no campo da saúde é dominada pelas indústrias farmacêutica e eletrônica.

Existem preocupações intelectuais sobre como analisar os dados, sobre como pensar sobre as doenças, sobre o quão amplamente precisamos olhar para as questões epidemiológicas, históricas e sociais que elas levantam; também há questões de serviço de saúde e política de saúde. Mas essas questões são todas partes de um sistema integral que deve ser nosso campo de batalha no futuro. Precisamos considerar a saúde uma questão generalizada, como fazemos com os problemas ambientais; são aspectos da luta de classes, não uma alternativa a ela.

CIÊNCIA E PROGRESSO: SETE MITOS DESENVOLVIMENTISTAS NA AGRICULTURA[1]

No Terceiro Mundo, a visão da ciência como progresso absoluto aparece no desenvolvimentismo, uma visão segundo a qual o progresso ocorre ao longo de um único eixo, do menos para o mais desenvolvido, e que, portanto, a tarefa da sociedade revolucionária é avançar o mais rapidamente possível nesse eixo do progresso para ultrapassar os países avançados. A consequência dessa concepção é a rápida reprodução das piores características da ciência (capitalista) mundial e da tecnologia, com a aceitação acrítica do "moderno". O desenvolvimentismo deixa de reconhecer de que o padrão da tecnologia moderna não é ditado pela natureza, mas desenvolvido por meio da interação entre a necessidade capitalista de controlar a força de trabalho, o desejável resultado das pesquisas sob a forma de mercadoria ("*commodities*"), o clima intelectual sob o qual os cientistas trabalham, o padrão de conhecimento e ignorância proveniente de trabalhos anteriores e a natureza dos problemas científicos a serem resolvidos.

Aqui, examino a ideologia desenvolvimentista aplicada à tecnologia na agricultura, contrastando-a com uma visão mais dialética, política e

---

[1] Este capítulo apareceu de forma um pouco distinta em Levins, Richard. "Science and Progress: Seven Developmentalist Myths in Agriculture". *Monthly Review* 38, n. 3, 1986, p. 13-20.
Tradução: Nelson Marques.

baseada na ecologia. No campo da tecnologia agrícola o desenvolvimentismo está apoiado em sete mitos sobre o que é considerado "moderno":

1. *Agricultura "atrasada" envolve trabalho humano intenso; moderna é a agricultura envolvendo capital.* A partir disso segue-se que as críticas à agricultura de alta tecnologia são um apelo ao retorno às técnicas primitivas de cultivo, sendo os críticos acusados de "tentar negar ao povo os avanços já conquistados". Isso reflete, em primeiro lugar, um mau entendimento de desenvolvimento. Sua visão de tecnologia é muito semelhante à do século XIX, um modelo termodinâmico no qual grandes quantidades de energia são utilizadas para mover grandes quantidades de materiais. Está provado ser o sistema menos produtivo em termos de energia, com danos ao ambiente, erosão, esgotamento hídrico, salinização, destruição de matéria orgânica e organismos presentes nos solos – uma ameaça à saúde do povo e da vida selvagem.

A alternativa que alguns de nós temos proposto está apoiada na fisiologia e na eletrônica. Hormônios e quantidades ínfimas de matéria que produzem grandes efeitos, o impulso nervoso contém uma insignificante quantidade de energia quando comparada ao movimento de que é capaz de produzir. A estratégia da agricultura ecológica não consiste na invenção de uma maior carga de novidades que permitem mais tipos de intervenção na produção de plantios, mas sim na criação de sistemas que demandam uma intervenção mínima. Isso é atingido por meio do conhecimento detalhado dos processos que afetam a fertilidade do solo, a dinâmica populacional de insetos (nocivos e úteis) e a microclimatologia. A nossa posição não é antitecnologia. Minha experiência como fazendeiro nas montanhas de Porto Rico, preparando o terreno com uma enxada, me deixou sem nostalgia daquela tarefa, uma das mais cansativas. Entretanto, em vez de tentar eliminar o esforço físico do preparo da terra substituindo-o por máquinas poderosas, procuramos modos de tornar o solo mais solto, reduzindo as exigências da lavoura. Nossa proposta é que *a evolução da tecnologia agrícola, antes envolvendo mão de obra, depois maquinário, seja substituída por uma tecnologia apoiada no conhecimento.*

2. *Diversidade é atrasada; uniformidade da monocultura é moderna.* Mais uma vez, esse mito está baseado na experiência: a diversidade nos *minifúndios* foi, em muitos casos, substituída pela uniformidade da mo-

nocultura do agronegócio. Porém a monocultura inevitavelmente cria novos e sérios problemas com pragas, nos impede de usar a nosso favor a variabilidade dos solos e climas, empobrece o solo e torna necessário o uso de insumos caros.

Os agroecologistas visualizam as possibilidades de usar padrões da diversidade para manipular o microclima: por exemplo, uma linha de árvores em uma encosta pode funcionar como uma represa, retendo o ar mais frio e criando uma camada de ar mais aquecido por uma distância de cerca de dez vezes a altura das árvores. Esse cinturão, largo o suficiente para permitir o uso de mecanização apropriada, permite um cultivo que requeira temperaturas mais altas. A diversidade ajuda no controle de pragas: por exemplo, um cultivo contendo o néctar buscado pelas vespas que atacam parasitas de outro cultivo ou ainda interrompendo o espalhamento de uma epidemia. A diversidade no cultivo permitiria também um melhor aproveitamento do trabalho diante das incertezas da natureza, uma vez que alguns cultivos, como o do tomate, requerem uma colheita rápida quando amadurecem, enquanto outros, como a mandioca, podem ser deixados no solo até quando for preciso. As vantagens do socialismo aparecerão nem tanto no caso das grandes monoculturas, mas no planejamento da diversidade. A sequência evolutiva iria, assim, da heterogeneidade aleatória dos minifúndios dos camponeses, para a homogeneidade do agronegócio capitalista e daí para a heterogeneidade planejada de uma agricultura racional.

3. *A pequena escala é atrasada; a grande escala é moderna.* As economias da grande escala são reconhecidas, porém as desvantagens devem também ser levadas em consideração. Por exemplo, na produção de leite, ajuda conhecer as vacas individualmente tanto para ajustes na ração como para detecção de primeiros sinais de doenças. Isso significa que rebanhos de mais de 50 ou 100 animais não sejam tão produtivos como rebanhos menores. Cultivos no campo em grande escala impedem a utilização de cada pedaço de terra de acordo com a lavoura mais adequada. Portanto, há uma dimensão das lavouras que não é mais a maior possível, porém grande o suficiente para permitir a mecanização adequada e pequena o suficiente para permitir efeitos marginais, padrões de diversidade, e adaptação dos cultivos à topografia. A unidade do planejamento deve ser

grande o suficiente para levar em consideração os padrões hidrológicos regionais, migrações de pragas, mão de obra disponível e necessidades de consumo. Entretanto, a unidade de planejamento não se confunde com a unidade de produção, que pode ser muito menor. Isso não é uma bandeira "o pequeno é bonito", mas sim a pesquisa por uma escala geográfica ótima para as necessidades de uma sociedade revolucionária.

4. *Atraso é submeter-se à natureza; a modernidade impõe controle total sobre tudo o que acontece no campo, na horta ou na pastagem.* Entretanto, a natureza é inerentemente variável. Nós conseguimos superar parte da variabilidade natural por meio de insumos importantes e caros. Porém, esses criam novas vulnerabilidades, que substituem as antigas. Por exemplo, obras de irrigação reduzem a dependência imediata das chuvas, mas aumentam a vulnerabilidade às variações no preço do petróleo. Lavouras com alta produtividade frequentemente dependem de pacotes tecnológicos completos sob condições ótimas, mas perdem suas vantagens sob condições climáticas severas ou inacessibilidade aos pacotes. Pequenas mudanças climáticas podem alterar drasticamente a sincronização entre lavouras e suas pragas ou polinizadores, assim como entre as pragas e seus predadores. E qualquer intervenção na natureza muda a direção ou a intensidade na seleção natural, causando novas direções na evolução das muitas espécies com as quais convivemos. Novas pragas se adaptam a novas lavouras ou tecnologias, velhas pragas adquirem resistência aos nossos métodos de controle, e predadores úteis podem perder o interesse nas presas que pensávamos para eles.

Uma estratégia ecologicamente racional não deve pretender o estabelecimento totalmente controlado de uma produção, mas sim deve reconhecer e usar a variabilidade de várias maneiras, tais como o monitoramento do clima para esquemas de plantio que levem em consideração as tendências da temperatura e umidade em escalas de anos ou décadas (os anos de plantios pobres e chuvas reduzidas na União Soviética ocorrem aproximadamente a cada dez anos, permitindo alguma previsibilidade); associando plantas com diferenças de exigências climáticas de modo a garantir o suprimento de alimentos independentemente de flutuações climáticas (anos chuvosos no meio oeste dos Estados Unidos são melhores para o milho e piores para o trigo, que sofre com ataques de fungos nos anos mais úmidos); a seleção de variedades de plantas e misturas dessas variedades para uma maior tolerância ao inesperado; dependência de um conjunto de medidas de controle de pragas, com predadores e parasitas que têm padrões singulares de resposta ao ambiente; e sistemas de redistribuição, de modo que lavouras mais produtivas compensem lavouras prejudicadas, minimizando impactos sobre o bem estar humano.

5. *Saber popular é atraso; conhecimento científico é moderno.* A luta contra a superstição tem sido e continua sendo uma parte importante do processo de libertação. Entretanto, em tempos atuais, ocorre uma crescente apreciação de saberes populares, particularmente nas artes da cura e agricultura. As afirmativas agressivas segundo as quais a ciência é o único caminho para o conhecimento têm sido usadas para justificar um desprezo chauvinista e sexista, apoiado em uma visão classista da sociedade, pelos conhecimentos dos povos, mulheres e trabalhadores de todos os países do Terceiro Mundo. Essas afirmativas são falsas. Todo conhecimento vem da experiência, direta ou indireta, e da reflexão sobre aquela experiência com as ferramentas intelectuais derivadas das experiências e do conhecimento prévios. A ciência moderna é, de certo modo, uma organização e uso da experiência de aquisição do conhecimento. Entretanto, todos os povos aprendem, experimentam e analisam. Tanto na agricultura como na saúde e na produção industrial – na verdade, em todos os campos – a melhor condição para a criação de novo conhecimento científico requer a combinação do conhecimento detalhado, íntimo, local e particular que os povos têm de suas próprias circunstâncias com o conhecimento mais geral, teórico e abstrato que a ciência só adquire ao se distanciar das particularidades. Isso só pode ocorrer em condições de igualdade entre os cientistas e os consumidores de ciência, sendo observado mais frequentemente no contexto de sublevações políticas e a reconstrução revolucionária da sociedade.

A participação do povo nas inovações é especialmente possível na agricultura, onde a experiência em um aspecto complementa – mais do que compete com – o conhecimento criado em outro local, onde os objetos de interesse se encontram geralmente na escala da vida cotidiana, distinta daquela de átomos ou moléculas. Também se faz necessário libertar-se do culto da competência e de especialistas. Na agricultura, a adoção de tecnologias gentis e ecologicamente razoáveis deve ser específica para cada local, requerendo o desenvolvimento conjunto de centros de pesquisa e agricultores. Em Cuba, as Brigadas Técnicas de Jovens e a Associação Nacional de Inovações e Racionalidades, bem como de grupos de botânicos amadores e conferências de inovações agrícolas, estimulam esse processo de participação da população. Além de estimular a criatividade da população, essas atividades criam uma consciência da natureza da prática científica, de modo que os agricultores saibam o que é um experimento, possam avaliá-lo criticamente e interagir com os cientistas como iguais, companheiros em um esforço coletivo. E serve também para desmamar os cientistas da tentação de olhar para o Norte em busca de toda sabedoria.

6. *Especialistas são modernos; generalistas, atrasados.* O núcleo racional dessa visão é de que há conhecimento em demasia dentro de cada disciplina, o que nos impede de conhecer tudo. A história do pensamento europeu tem sido uma crescente subdivisão do conhecimento, desde os tempos do filósofo-acadêmico-teólogo, passando pelos "cientistas" generalistas até a presente multiplicação de especialidades antes agrupadas em campos coerentes de estudo. Por exemplo, a Genética, parte da Biologia, agora inclui Genética Molecular, Citogenética, Genética Populacional, Genética Quantitativa (para cuidado de animais e plantas), assim como mais subdivisões por tipos de organismos envolvidos. Países em processo de desenvolvimento proclamam com orgulho os números de especialistas formados em suas escolas. Admiradores acríticos da especialização propõem que grupos de especialistas trabalhando em equipe possam resolver problemas relacionados à subdivisão do conhecimento dentro de uma área.

Entretanto, a especialização impede os pesquisadores de verem a imagem geral, tanto devido à estreiteza de limites de seus treinamentos, como pela ideologia da competência, que torna uma questão de orgulho considerar apenas informações quantitativas e precisas como ciência real e definir todo o resto como "filosofia" (um palavrão na boca dos cientistas positivistas) ou fazer afirmações como "não é o meu departamento". O treinamento de especialistas no lugar da educação de cientistas estimula a combinação da microcriatividade com a docilidade, o que permite que cientistas trabalhem em projetos monstruosos de destruição, sem atentar para suas consequências. Os grandes fracassos na aplicação da ciência para o bem-estar humano acontecem não pela dificuldade em conhecer os detalhes sobre os mecanismos envolvidos, mas sim pela incapacidade de conhecer o sistema em sua complexidade. A estratégia da Revolução Verde é resolver diversos e difíceis problemas do cultivo de plantas, porém os geneticistas não anteciparam os problemas da ecologia das pragas, propriedade rural, ou economia política e, como resultado, aumentos na produção estão algumas vezes associados ao aumento da pobreza. A represa de Assuã foi um sucesso de engenharia na medida em que reteve a água que foi projetada para reter. Porém, ao impedir a cheia sazonal que promovia a fertilização do solo, a represa tornou os agricultores dependentes da importação de fertilizantes; a redução do fluxo de água no mar Mediterrâneo aumentou sua salinidade, afetando negativamente a pesca; o fluxo de água no rio Nilo diminuiu a ponto de não mais impedir a erosão em suas margens; os dutos de irrigação tornaram-se o *habitat* de caramujos transmissores da *Fasciola hepática*, parasita que infecta o fígado humano.

É comum que, em grandes programas de desenvolvimento, os ministérios da saúde e da agricultura não conversem entre si; assim, parece uma surpresa quando a expansão da produção de algodão é acompanhada de maior incidência de malária. O algodão é intensamente pulverizado. Os inimigos naturais dos mosquitos são mortos, permitindo que mosquitos transmitam malária nos *habitats* criados a partir dos desmatamentos. A imigração de mão de obra sem adaptação prévia à malária torna essa mão de obra suscetível de hospedar parasitas. Há uma vasta tradição oral com advertências sobre isso. A questão é que muitas dessas consequências "inesperadas" eram previsíveis, pelo menos a princípio. Não há nenhuma desculpa para os planejadores não terem se perguntado questões óbvias sobre um programa – como, por exemplo, o que acontecerá com as mulheres? Novas tecnologias geralmente envolvem homens e as ocupações tradicionais das mulheres são alteradas. Por exemplo, o uso de herbicidas afasta as mulheres da remoção de ervas daninhas. Como as mudanças nos vegetais interferirão na biologia de potenciais vetores de doenças? Será a nova atividade produtiva compatível com as necessidades de água da população? A produção para exportação tornará o suprimento de alimentos mais vulnerável?

O resultado da especialização de curto alcance é que cada departamento assume como seu ponto de partida os produtos dos departamentos mais próximos. Lavouras são formadas para seu desempenho em monoculturas porque o maquinário foi desenhado para operar em um único cultivo. Os engenheiros desenham maquinário para as monoculturas porque os agrônomos os informam que essas máquinas farão o que os agricultores fazem. Os agricultores plantam monoculturas porque suas variedades e suas maquinarias são adequadas à monocultura. Cada participante está tomando decisões racionais dadas as limitações impostas pelos outros, tornando a trajetória do desenvolvimento tecnológico como algo inevitável e necessário, quando ninguém procura enxergar o processo como um conjunto.

7. *Quanto menor o objeto do estudo, mais moderno ele é.* Isso representa uma continuação da velha ordem hierárquica da ciência, proposta por Comte, que vê o estudo dos átomos como superior ao estudo das moléculas, por sua vez superior ao estudo das células, que é superior ao estudo dos organismos, que é superior ao estudo de populações etc. Essa visão coloca os estudos de laboratório acima dos estudos de campo e de coleções de espécimes, assim como de trabalhos teóricos feitos em bibliotecas. No seu atual formato insidioso, a expressão "Biologia moderna" é utilizada para referir-se à Genética Molecular, Engenharia Genética e Biotecnologia. Os outros níveis da Biologia são, assim, implicitamente relegados a planos inferiores, chegando mesmo a ameaçar a existência de coleções em museus, que demoram décadas para serem montadas. É importante reconhecer que uma Biologia Sistêmica moderna, Genética Populacional moderna, Ecologia Comunitária moderna ou Biogeografia ou Epidemiologia também existam. O viés reducionista implícito nessa visão estreita do "moderno" é especialmente danoso em países em desenvolvimento, onde muitas vezes maior prioridade é atribuída aos ramos mais caros da Biologia moderna, ao mesmo tempo em que são ignoradas outras áreas igualmente importantes, tanto do ponto de vista teórico quanto do prático. Uma ciência biológica saudável requer estudos combinando os diversos níveis de organização, no laboratório, no campo, na biblioteca e no museu.

A luta contra esses mitos desenvolvimentistas sobre a modernização não é anticientífica. É, na verdade, um programa para um outro tipo de ciência. Temos que insistir que a alta tecnologia agrícola "moderna" não é um progresso genérico, mas sim uma forma particular de desenvolvimento tecnológico sob dominação capitalista intelectual e política. A alternativa é o desenvolvimento de novas tecnologias desenhadas não para a criação de novas mercadorias e nem para o controle de uma mão de obra relutante, mas sim para produzir ganhos maiores e sustentáveis com produtos necessários, com o uso mínimo de recursos e de danos ao ambiente e à população, e em um processo de trabalho que promova saúde e criatividade.

Os argumentos esboçados aqui sobre a ciência da agricultura e a tecnologia encontram paralelo nas críticas à medicina, desenho industrial, planejamento urbano, e, sim, também ao conjunto da ciência aplicada. Em cada caso, devemos reconhecer que as necessidades do capitalismo de lucro e controle social sobre os trabalhadores constroem uma agenda para a ciência; o recrutamento e a organização dos cientistas criam uma comunidade que aceita essa agenda; e a ideologia da ciência gera um ambiente intelectual dentro do qual as principais direções parecem ser evidentes e o único caminho a se seguir.

AMADURECIMENTO DA AGRICULTURA CAPITALISTA: O AGRICULTOR COMO PROLETÁRIO[1]

Somos todos familiarizados com a clássica história de como o capitalismo veio a dominar a produção industrial e como relações capitalistas de produção engoliram o produtor artesanal individual. Reconhecemos o poder que o modo capitalista tem de se infiltrar e transformar outras formas da organização de produção e troca. Por vezes, pensamos que o poder dessa transformação é tão grande que todas as ações significantes já ocorreram no passado, ao menos na Europa e América do Norte, e foi essencialmente encerrada no fim do século XIX. Na sociedade em que habitamos, isso é um *fait accompli*, cuja dinâmica só podemos entender ao reconstruir o passado porque isso não está acontecendo ao nosso redor. Pensando com mais cuidado, percebemos que a transição segue em curso, até muito recentemente, em alguns domínios especializados, como os cuidados médicos e o entretenimento, nos quais artesãos individuais puderam dobrar seus comércios durante a maior parte deste século. Ainda assim, esses fósseis das antigas relações capitalistas parecem excepcionais devido aos seus requerimentos de talentos especiais ou habilidades necessárias adquiridas por longo treinamento. Mas a visão de que a transição

---

[1] Este capítulo apareceu de forma um pouco distinta em Lewontin, Richard. "The Maturing of Capitalist Agriculture: Farmer as Proletarian", *Monthly Review 50*, n. 3, 1998, p. 72-84. Tradução: Robson Silva.

para o capitalismo maduro está essencialmente realizada, exceto nas margens do corpo principal da produção de *commodity*, está claramente errada, porque ignora um imenso setor de bens essenciais básicos de produção, a agricultura, que ainda se encontra em plena transição.

A penetração do capital dentro da agricultura foi um longo processo, levado a cabo de uma forma diferente do caso clássico de produção industrial, geralmente exemplificada pela tecelagem nos séculos XVIII e XIX. De fato, a superfície da agricultura pareceria ter sido resistente ao capital. Depois de tudo – e apesar de uma queda de 72% no número de empreendimentos agrícolas individuais nos Estados Unidos –, dos 6,7 milhões em 1930, existem ainda 1,8 milhão de produtores agrícolas independentes hoje. Isso significa que, apesar de somente 6% destes estabelecimentos responderem por 60% do valor total da produção agrícola, existem mais de 100 mil investimentos separados produzindo mais da metade de todo o valor da saída. No setor industrial de manufatura, as quatro maiores empresas respondem por uma média de 40% do valor produzido, e até mesmo em um produto altamente diferenciado, como roupas, as quatro maiores empresas produzem mais de 15% do valor.

Houve, ainda, um grande aumento na proporção de terras agrícolas arrendadas para agricultores que também possuem suas próprias terras. Em torno de 55% da terra agrícola é agora operada por proprietários-arrendatários que são, em sua maioria, pequenos produtores. Finalmente, apesar do senso comum de que a agricultura corporativa está predominando, a proporção de fazenda e terras agrícolas operadas por administradores tem permanecido em cerca de 1% desde o último século. Portanto, se estamos procurando por evidência de transformação capitalista da agricultura, nós não vamos achar um modelo clássico de indústria. Nós não encontramos uma concentração de maior capacidade produtiva nas mãos de um número muito pequeno de fazendeiros, empregando uma grande onda de força de trabalho que realiza suas tarefas sob supervisão direta e de acordo com uma escala firmemente controlada. Existem, com certeza, alguns exemplos de um processo de trabalho semelhante à fábrica na agricultura, especialmente na colheita de frutas e vegetais frescos, e estes são frequentemente apontados como evidências de uma transformação capitalista para uma agricultura industrial. Entretanto, a vasta maioria das empresas agrícolas não empregam uma grande força de trabalho, mas mais tipicamente tem uns dois trabalhadores contratados, geralmente para somente parte do ano.

Analisando o processo da transformação capitalista da agricultura, devemos distinguir entre a agricultura e o sistema agroalimentar. Agricultura é o processo físico de transformar insumos (como sementes, ração, água, fertilizantes e pesticidas) em produtos primários (como trigo, batata e gado) em um local específico (a fazenda) utilizando solo, trabalho e maquinário. O fracasso da concentração capitalista clássica na agricultura surge de aspectos físico e financeiros na produção agrícola. Primeiro, a posse de terra agrícola não é atraente para o capital porque não pode ser depreciado, e investimentos em terras agrícolas têm muito baixa liquidez como uma consequência do mercado imobiliário de pequenos lotes. Segundo, o processo de trabalho nas fazendas muito grandes é difícil de controlar, porque operações agrícolas são espacialmente extensivas. Terceiro, economias de escalas são difíceis de alcançar além do que já foi percebido pelas empresas de médio porte. Quarto, riscos de eventos naturais externos como clima, novas doenças e pestes são difíceis de controlar. Finalmente, o ciclo de reprodução do capital não pode ser encurtado porque está conectado a um ciclo crescimento anual em plantas, ou um ciclo reprodutivo fixo em grandes animais. Uma importante exceção a esta restrição aconteceu com as aves, onde houve sucesso considerável no encurtamento do ciclo reprodutivo, tendo ramificações importantes para o desenvolvimento da agricultura capitalista, como veremos mais adiante. Por todas essas razões, nós não esperamos ver, e não temos visto, a aquisição direta na venda de atacado da posse de grandes fazendas por grandes empresas e empregando um grande contingente de força de trabalho sob intensa supervisão.

O sistema agroalimentar, entretanto, não é simplesmente agricultura. Isso inclui a operação agrícola e a produção, transporte e a comercialização dos insumos para agricultura, bem como o transporte, processo e comercialização para a saída dos produtos agrícolas. Enquanto a agricultura é um passo fisicamente essencial para toda a cadeia da produção agrícola, a provisão de insumos e a transformação de produtos agrícolas para bens de consumo tem vindo para dominar a economia da agricultura. A agricultura, por si só, representa agora somente cerca de 10% do valor adicionado no sistema agroalimentar, com 25% dos investimentos sendo usados para o pagamento de insumos agrícolas e os 65% restantes destinados ao transporte, processamento e *marketing*, que converte produtos agrícolas em mercadorias de consumo. No início do século, o valor adicionado na agricultura girava em torno de 40% do total de investimentos, e muitos dos insumos eram produzidos diretamente na fazenda, na forma de semente, animais de carga, ração para os animais, adubo e adubo verde para fertilizantes, e o trabalho em família. A maior parte desses insumos são agora comprados na forma de semente comercial, tratores, combustível, fertilizantes químicos refinados ou sintetizados, maquinário e substitutos químicos manufaturados para o trabalho. Portanto, é essa produção de insumos agrícolas e a transformação de produtos agrícolas que têm possibilitado uma oportunidade para o capital industrial captar lucros no setor de agricultura.

Como quaisquer outros processos industriais, a produção de maquinários agrícolas, químicos, sementes e a transformação do trigo debulhado em cereal para café da manhã, que é então colocado em uma caixa e vendido no supermercado, são completamente controlados pelo capital e suas demandas. O problema para o capital, entretanto, é que ser mediador do processo de transformação do petróleo em batata chips é um passo essencial; na agricultura, esse processo está nas mãos de dois milhões de pequenos produtores. Eles não podem ser dispensados, eles possuem certos meios essenciais de produção cuja propriedade não pode ser concentrada (terras, em particular) e, apesar de economicamente racionais, consomem seu excedente em vez de transformá-lo em capital. A agricultura é única, entre todos os setores da produção capitalista, por possuir em seu centro produtivo um processo essencial organizado por grandes números de pequenos produtores independentes. É como se a fiação de lã, a tecelagem de roupa e a costura estivessem nas mãos de algumas grandes empresas (como estão), mas o tingimento e o acabamento da matéria-prima fossem inevitavelmente domínio exclusivo de centenas de milhares de pequenos produtores que comprassem as roupas não terminadas e vendessem seus produtos para empresas de roupa.

Produtores agrícolas têm estado, historicamente, em posse de dois poderes que ficaram no caminho do desenvolvimento do capital na agricultura. Primeiro, agricultores puderam fazer escolhas sobre o processo físico de produção agrícola, incluindo o que foi cultivado e quanto, e quais seriam usados. Essas escolhas sempre foram constrangidas – parcialmente devido às condições locais de clima e solo, e parcialmente por causa dos mercados naturais locais para produtos agrícolas. Segundo, produtores foram, por eles mesmos, competidores tradicionalmente potenciais com os provedores comerciais de insumos, porque eles mesmos poderiam escolher produzir sementes, tração e fertilizantes. O problema para a indústria do capital, então, foi arrancar o controle de escolha dos agricultores, forçando-os em um processo agrícola que usa um pacote de insumos de máximo valor para os produtores destes insumos, e adaptando a natureza dos produtores agrícolas a encontrar as demandas por alguns grandes compradores de produtos agrícolas que tem o poder de determinar o preço pago. Quaisquer riscos de produção remanescentes são, decerto, mantidos pelo agricultor. Como este perde qualquer poder para escolher a natureza atual e o andamento do processo de produção no qual ele ou ela está engajado, e perde, ao mesmo tempo, qualquer habilidade de vender o produto em um mercado aberto, o fazendeiro se torna um mero operativo em uma cadeia determinada, cujo produto é alienado do produtor. Isto é, o agricultor se proletariza. É de pouca importância que ele retenha o título legal da terra ou construções e, portanto, em algum senso literal, seja o dono de alguns dos meios de produção. Não há uso econômico alternativo para esses meios. A essência da proletarização está na perda de controle sobre o processo de trabalho de alguém e na alienação do produto desse trabalho.

Como essa transformação de agricultura foi realizada? Nos primeiros estágios, no século entre a invenção das máquinas de colheita e o fim da Segunda Guerra Mundial, inovações na agricultura abarcaram diretamente o problema da disponibilidade, do custo e do controle do trabalho agrícola por meio da mecanização. Nenhum agricultor poderia resistir à chegada do trator, nem poderia construir um trator em sua casa. Após a Segunda Guerra Mundial, tratamentos químicos sintéticos e refinados se tornaram os insumos mais comprados, na forma de fertilizantes, inseticidas e herbicidas que economizam trabalho. De novo, esses insumos comprados não poderiam enfrentar resistência devido ao grande aumento em rendimentos e da redução na mão de obra. Herbicidas, em particular, também reduziam a necessidade de maquinário de cultivo, inseticidas reduziam a incerteza de uma colheita de sucesso, *sprays* de hormônio permitiram um controle rigoroso do tempo de amadurecimento nas colheitas de frutas, e antibióticos preveniram doenças em animais. Uma vez mais, não poderia haver nenhuma competição entres esses produtos industriais e insumos agrícolas de produção própria.

A análise do papel crescente dos insumos do capital não pode ser feita, entretanto, se nós perdemos de vista uma característica central do processo produtivo: *o uso concreto de todos esses insumos é destinado à produção de organismos vivos.* As etapas de mecanização e o uso de produtos químicos não são isolados da natureza dos organismos sendo produzidos. Na agricultura, diferente de outros setores de produção, organismos vivos são os nexos de todos os fluxos de entrada e são recursos primários de toda transformação final. Mas organismos vivos são mortais, então sua produção requer sua *reprodução.* Isto é, todo ciclo de produção agrícola começa com sementes ou animais imaturos aos quais o valor é adicionado pelas operações na fazenda, então as sementes (ou a "semente" animal) são o insumo central para a agricultura. O controle da natureza biológica destes organismos-sementes é um elemento crítico no controle de todo o processo de produção na agricultura, que coloca o fornecedor deste insumo em uma posição única para valorizar outros insumos. Por exemplo, enquanto uma queda dramática no preço do fertilizante nitrogênio no fim da Segunda Guerra Mundial tornou economicamente possível para os fazendeiros usarem este insumo em grandes quantidades, para que esse insumo fosse útil era necessário criar plantas, híbridos de milho em particular, que pudessem transformar uma aplicação massiva de nitrogênio em rendimento de colheita. A mecanização profícua da colheita de tomate foi somente possível por uma cooperação estreita de *designers* de máquinas com criadores de plantas. Os criadores reconstruíram completamente a biologia da planta de tomate, transformando uma planta fraca e ramificada, que floresce e dá frutos facilmente danificados de modo contínuo durante a temporada de crescimento, em uma planta pequena e robusta, parecida com uma árvore de natal, cujos frutos amadurecem ao mesmo tempo.

A consequência da posição central da entrada da semente no processo de produção é que as indústrias de sementes estão potencialmente em uma posição extraordinariamente poderosa para apropriar uma grande fração do excedente na agricultura. Entretanto, há uma barreira para essa realização. A semente de uma variedade desejável, quando plantada pelo agricultor, produz plantas que produzem ainda mais sementes da variedade. Portanto, a indústria de sementes tem provido aos agricultores uma mercadoria gratuita, a informação genética contida na semente, que é reproduzida pelo agricultor inúmeras vezes no ato de cultivar. Alguma maneira deve ser achada para preveni-lo de reproduzir a semente para a colheita do próximo ano. A resposta histórica para esse problema foi o desenvolvimento do método consanguíneo/híbrido de reproduzir, usando cruzamentos híbridos entre linhas consanguíneas, que tornava possível vender sementes que vão produzir plantas híbridas, mas que não reproduzem híbridos. Porque a segunda geração não seria verdadeiramente híbrida e, portanto, perderia rendimento e seria mais variável, o fazendeiro deve voltar à indústria de sementes todo ano para comprar mais sementes. Como resultado do imenso lucro feito pelas indústrias de sementes ao vender sementes híbridas de milho, o método foi espalhado para outros organismos, como tomates e frangos. Além do mais, a principal semente híbrida comercial e criadores de frango como Dekalb, Funk e Northup-King foram, em um primeiro momento, adquiridos pelas companhias químicas e farmacêuticas como CibaGeigy, Monsanto e Dow, embora subsequentemente tenha havido desinvestimentos e realinhamentos. Somente a maior companhia de sementes híbridas do mundo, a Pioneer Hy-Bred, permaneceu obstinadamente independente até que, em 1997, 20% de seu patrimônio e duas cadeiras em seu conselho foram compradas pela Dupont.

Em geral, a habilidade das indústrias de sementes comerciais de controlar o insumo de sementes pelo método sanguíneo/híbrido é radicalmente limitada. Em primeiro lugar, o método não pode ser economicamente viável em algumas colheitas importantes como soja e trigo, ou em grandes animais. Em segundo lugar, embora o método sanguíneo/híbrido tenha sido profícuo para o aumento do lucro geral, grande número de variáveis específicas e importantes – como a resistência a doenças particulares ou resistência aos herbicidas, ou doenças no teor de óleo na semente oleaginosa – não mostram vigor híbrido e devem ser introduzidas por outros métodos de criação. Em terceiro lugar, existem características que seriam desejáveis para introduzir em uma espécie agronomicamente importante, mas que estão presentes em outros organismos que não podem procriar com espécies sob cultivo. O exemplo mais famoso foi o desejo de fazer plantas de milho aptas para fixar nitrogênio da atmosfera, como legumes são aptos de fazer, fazendo suas raízes hospitaleiras para bactérias fixadoras de nitrogênio. Embora isso reduzisse o mercado para fertilizantes nitrogenados, colocaria a provisão de nitrogênio nas mãos das companhias de semente!

As limitações sobre quais mudanças poderiam ser feitas para espécies agronômicas que seriam lucrativas para companhias de semente e suas companhias químicas parceiras ou donos significavam que a penetração do capital na agricultura tinha atingido seus limites aparentes na década de 1970. A introdução das principais novas formas de mecanização na produção agrícola tinha chegado a um fim, em parte por conta da mudança dramática no custo do combustível e em parte porque um fornecimento constante de trabalho imigrante que poderia ser deportado interrompia o avanço na organização do trabalho agrícola. O crescimento na consciência pública dos efeitos da poluição de fertilizantes e pesticidas e o desenvolvimento de regulamentações OSHA para proteger trabalhadores agrícolas dos efeitos deletérios dos *sprays* de inseticida e herbicida desencorajou mudanças radicais nos usos de químicos ou mesmo continuou o crescimento no uso dos materiais mais antigos. Ademais, esses fertilizantes e pesticidas estavam sendo usados em taxas muito altas, provavelmente maiores do que poderiam ser economicamente justificadas pelos agricultores. Não houve, por exemplo, nenhum crescimento no uso de fertilizantes após o ano de 1975 ou nas taxas de aplicação de pesticidas sintéticos a partir de 1980. Qualquer outra possibilidade além dessa para os provedores de insumos e compradores de produtos para aumentar sua apropriação do excedente na agricultura dependia de 1) fazer algumas mudanças radicais na biologia de espécies agronômicas; 2) garantir que tais sistemas de mudança biológica permaneceriam dentro de sua propriedade e controle. Ademais, aquela apropriação poderia ser grandemente aumentada por uma consolidação maior dos setores de produção de insumos e pós-fazenda (comprando, processando e distribuindo), para providenciar um controle próximo do monopólio. Entra aí a biotecnologia.

Biotecnologia e o controle de propriedade

O propósito do uso comercial da biotecnologia é estender o controle do capital sobre a produção agrícola. Para atingir este propósito, a inovação biotecnológica deveria atender três critérios. Primeiro, o tempo e o custo de seu desenvolvimento devem estar dentro dos limites estabelecidos pelos investimentos do capital na pesquisa. Portanto, a tentativa de introduzir a fixação de nitrogênio em plantas não leguminosas foi grandemente abandonada por Agricetus, Agrigenetica, Biotechnica e outras empresas de biotecnologia depois de gastarem cerca de 75 milhões de dólares no problema por mais de dez anos – embora houvesse evidência de que isso seria possível, e apesar dos imensos lucros que poderiam ser obtidos em caso de sucesso. Segundo, o desenvolvimento não deveria provocar um desafio significativo das forças politicamente efetivas no que concerne à saúde e questões do meio ambiente. Todas as inovações biotecnológicas foram desafiadas com bases nos riscos ambientais e de saúde, e isso contribuiu significativamente para o desaparecimento de ao menos um projeto de biotecnologia anterior. Um importante estímulo para a introdução da biotecnologia é que a resistência à promoção de aplicações de fertilizantes e pesticidas estava impedindo a promoção de um aumento na apropriação dos excedentes da agricultura pelos produtores de insumos. Terceiro, *a propriedade e o controle do produto de biotecnologia não devem passar para as mãos dos fazendeiros, mas deve permanecer com o provedor comercial do insumo.*

O requisito para que o inovador biotecnológico mantenha propriedade e controle sobre a variedade alterada cria uma contradição. Como anteriormente discutido, o fazendeiro adquire um bem gratuito – a informação genética contida na semente – quando compra uma nova variedade, e o criador perde sua propriedade. A proteção aos direitos de propriedade oferecidos pelo método sanguíneo/híbrido é limitada a poucos organismos e a umas poucas caraterísticas agronômicas, e a biotecnologia foi introduzida precisamente nessas instâncias onde o método sanguíneo/híbrido não se aplica. Como, então, podem os criadores se apropriar de uma maior participação do excedente quando eles estão doando o material crítico, os genes? A resposta foi disponibilizada por uma combinação de armas legais e biotecnológicas nas mãos dos criadores. Estas armas são direitos legais outorgados aos criadores pela Lei de Proteção das Variedades das Plantas e subsequentes decisões da Corte, em combinação com o uso de "impressão digital" de DNA padrão que permite uma determinação inequívoca da origem dos produtos agrícolas. Isso é, agora, um padrão: um agricultor que deseja comprar uma semente da bioengenharia deve assinar um contrato com o produtor de sementes cedendo todos os direitos de propriedade da próxima geração de sementes produzidas pela colheita. Não apenas faz o agricultor se comprometer a não vender sementes da colheita para outros agricultores (ensacamentos marrons, ou *brown bagging*), mas, mais revolucionário ainda, *ele está proibido de usar a próxima geração de semente para produzir a colheita do próximo ano na sua própria fazenda.* Todos os que compram sementes de soja da Roundup Ready da Monsanto, ou daquela companhia de sementes de batata que tem uma variedade especial que faz a batata chips "light", com menos retenção de óleo, deve, pelos termos do contrato, retornar à Monsanto na próxima temporada se quiserem continuar a produção dessas variedades (Monsanto é a produtora de Roundup, um potente herbicida que mata todas as plantas, incluindo soja. Sojas "Roundup Ready", produzidas por engenharia genética, podem ser produzidas em campos pesadamente tratados com Roundup sem matá-los e, presumivelmente, sem afetar materialmente seu solo). A aplicação de tal contrato depende da habilidade de Monsanto em identificar uma colheita, e isso pode ser facilmente feito com uma planta solta ou mesmo com uma única semente, porque o DNA da variedade construída contém certas sequências características, colocadas lá deliberadamente pelos engenheiros genéticos e que são únicas da variedade. O teste das colheitas para tais sequências etiquetadas é chamado de "controle de genoma" pelos laboratórios biotecnológicos de produtores de semente, e um considerável esforço de laboratorial foi empreendido para desenvolver essas técnicas de detecções. Não obstante, alguns ensacamentos marrons e replantações foram ganhando terreno.

AMADURECIMENTO DA AGRICULTURA CAPITALISTA: O FAZENDEIRO COMO PROLETÁRIO **427**

Em reação, a Monsanto colocou propagandas de folha inteira em revistas lidas por fazendeiros, ameaçando e persuadindo:

> quando um agricultor guarda e replanta sementes Monsanto biotecnologicamente patenteadas, ele entende que o que está fazendo é errado. E que, mesmo que não tenha assinado um acordo no momento em que adquiriu a semente [ou seja, replantou ou comprou sementes de 'ensacamentos marrons' de um vizinho], ele está cometendo um ato de pirataria [...]. Além disso, a pirataria de sementes pode custar milhares de acres para um fazendeiro, em dinheiro e taxas legais, mais múltiplos anos de inspeções de registros de negócios e da fazenda.

Bastam somente que algumas decisões jurídicas sejam divulgadas para manter todo o resto na linha.

Mas a história dos direitos de propriedades tem ainda mais um capítulo. O método sanguíneo/híbrido apenas se aplica para uns poucos organismos, e o sistema de contrato requer ameaças, monitoramento e litígios para fazê-lo funcionar. É a biotecnologia que tem agora aperfeiçoado a solução para a propriedade de culturas de sementes. Em 3 de março de 1998, houve o anúncio de que uma patente havia sido concedida para uma manipulação genética que permitiria a uma semente gerar uma planta e, portanto, viabilizar uma colheita, *mas tornaria essa semente nova inapta para germinar*. Portanto, com um só golpe, o problema da produção capitalista da semente – abordada primeiro pela invenção do método sanguíneo/híbrido no começo do século XX – foi resolvido para todas as colheitas de sementes. Como os inventores apontaram, ainda são necessários mais desenvolvimentos antes dessa parte da biotecnologia se tornar uma realidade comercial, mas parece não haver barreiras para a transferência dessa tecnologia para nenhuma colheita. E quem são os inventores e donos dessa patente? Eles são a Delta e Pine Land Company, que é líder na produção de sementes de algodão e de soja, e o Serviço de Pesquisa do Departamento de Agricultura dos Estados Unidos. Ainda não há nenhum indício de que este desenvolvimento será de algum benefício para os agricultores ou consumidores. Nós dificilmente poderíamos pedir por um caso mais flagrante do apoio estatal a interesses da iniciativa privada e que não revertem nenhum benefício público.

O uso do contrato para fazer valer os direitos de propriedade dos criadores nos permite fazer algumas previsões sobre as limitações da engenharia genética. Atualmente, o hormônio BST, que faz com que as vacas leiteiras direcionem mais seu metabolismo para a produção de leite, é produzido comercialmente pela Monsanto na forma de fermentos, usando bactérias geneticamente modificadas. Mas o gado normalmente produz seu próprio BST, e não há razão para que o DNA regulatório que controla a produção dessa proteína nas vacas não pudesse ser alterado para aumentar sua quantidade. Isso tornaria a compras e a administração de BST comercial desnecessárias. Podemos prever, entretanto, que isso é improvável. Em primeiro lugar, os rebanhos [de vacas] sempre foram, em grande parte, autorreprodutivos nas empresas de pequeno e médio porte, e não existem criadores comerciais de rebanho leiteiro equiparáveis às principais empresas de semente. Em segundo lugar, a aplicação seria muito difícil. É fácil para um representante da Monsanto "adquirir" uma batata ou poucas sementes do campo de qualquer um dos agricultores, ou de um comerciante local. É consideravelmente mais invasivo tirar amostras de sangue ou tecido de um rebanho leiteiro de um agricultor para o "controle de genoma". Além do mais, uma vez que os rebanhos leiteiros não são todos reproduzidos de uma só vez, mas têm gerações sobrepostas, seria impossível dizer, exceto depois de alguns anos, se uma vaca vinha do estoque das originalmente compradas ou se é uma descendente.

Contratos de produção, biotecnologia e o controle agrícola

Se o único efeito da biotecnologia e do sistema de contrato de garantia dos direitos de propriedade fosse estender o domínio dos insumos manufaturados para a agricultura, nada de muito revolucionário teria ocorrido. Por muito tempo, fazendeiros foram os compradores de insumos manufaturados. As maiores mudanças estruturais que estão ocorrendo na agricultura surgem de uma integração vertical da produção agrícola de tal maneira que os compradores de produtos agrícolas tomam o controle de todo o processo de produção. Essa integração vertical é possível por 1) uma conexão técnica dos insumos e produtos; 2) a dupla função de uma empresa de capital único como compradora monopsonista (próxima do monopólio) de produtos e provedora de insumos críticos; e 3) um mecanismo de contrato que conecta fazendeiros ao ciclo de insumos e produtos. O uso de tais contratos é anterior à biotecnologia. Onde quer que o comprador

AMADURECIMENTO DA AGRICULTURA CAPITALISTA: O FAZENDEIRO COMO PROLETÁRIO

de produtos agrícolas seja também o processador desses produtos para o mercado, a possibilidade da integração vertical existiu. A agricultura por contrato tem sido uma modalidade comum de produção vegetal para enlatados. Fábricas de conserva de tomate em Ohio foram construídas em uma localização central para os fazendeiros; as empresas de conservas proviam sementes e produtos químicos e coletam os tomates maduros. O agricultor provia a terra e o trabalho. Mas o sistema se desenvolveu bastante desde os primeiros contratos. O papel crítico desempenhado pela biotecnologia tem sido na ligação material de insumos e produtos. Para garantir um sistema integrado de produção eficiente, os insumos biológicos na cadeia de produção e os organismos produzidos são fabricados para se encaixar no pacote dos outros insumos, dos mecanismos do processo agrícola e das qualidades que o produto final terá para o mercado. Considerando que alguns desses objetivos possam ser realizados pelo método convencional de criação de organismos, algumas das qualidades necessárias – como resistência a doenças específicas ou mudanças qualitativas na composição do organismo – são mais bem produzidas por manipulações biotecnológicas. Além disso, várias clonagens e técnicas de cultura celular tornam isso possível ao reduplicar grandes números de organismos de entrada (insumo) com qualidades de hereditariedade desejadas, não importa como essas qualidades foram originalmente produzidas.

Um exemplo dessa característica do contrato agrícola está na produção de frangos para o abate, onde o sistema está especialmente consolidado. Um grande fornecedor de frangos para supermercados e restaurantes fast-food é a Tyson Farms, da Carolina do Sul. Os frangos da Tyson são produzidos não pela "fazenda", mas por pequenos agricultores, possuindo cerca de 100 acres, que produzem cerca de 250 mil frangos por ano, com uma renda de cerca de 65 mil dólares e uma rede em torno de 12 mil dólares.

Essa produção está controlada por um contrato de quatro anos com a Tyson (ou outra firma regional similar), que faz da Tyson a provedora exclusiva das aves a serem criadas, além de ração e serviços veterinários. A companhia é também quem determina, com exclusividade, a quantidade, a frequência e o tipo de aves providos. A Tyson então coleta as aves crescidas após sete semanas, em data e tempo de sua própria determinação, provendo as escalas nas quais as aves serão pesadas e os caminhões para levá-las. O agricultor provê o trabalho, as construções nas quais as aves são criadas e a terra na qual as construções ficam. O controle detalhado dos insumos e práticas agrícolas estão inteiramente nas mãos da Tyson. Então, "o produtor (agricultor) justifica que ele não vai usar ou permitir serem usados [...] quaisquer tipos de ração, medicação, herbicidas, pesticidas, raticidas, inseticidas ou quaisquer outros itens, exceto os fornecidos ou aprovados na carta escrita pela companhia." Mais que isso, o agricultor deve aderir ao "guia de criação dos frangos" da companhia e, em caso de desrespeito, o fazendeiro recebe um *status* de "gestão intensificada" sob a supervisão direta do setor de "gestão de frangos e aconselhamento técnico" da companhia.

O produtor de frangos deixou de ser um criador independente, comprando materiais, transformando-os pelo seu trabalho e vendendo o produto no mercado. O contrato do agricultor não compra nada, não vende nada, nem toma nenhuma decisão sobre o processo físico da transformação. O agricultor possui alguns dos meios de produção, terra e construções, mas não tem controle sobre o processo de trabalho ou sobre o produto alienado. Ele se torna, então, o típico "trabalhador excluído" dos primeiros estágios de produção capitalista nos séculos XVII e XVIII. O que ele ganhou é uma fonte mais estável de renda, ao preço de se tornar um operador em uma linha de montagem. A mudança na posição do agricultor, passando de um produtor independente vendendo no mercado com muitos compradores para um proletário sem opções é refletido na natureza da recomendação, datada de 1998, da Comissão Nacional das Pequenas Fazendas:

> o congresso deveria fazer uma emenda à AFPA (Agricultural Fair Practices Act, Lei de práticas agrícolas justas) para fornecer à USDA autoridade administrativa e autoridade de penalidade civil que, por sua vez, *habilita produtores a organizar associações e negociar coletivamente, sem medo de discriminação ou represália.* [grifo nosso]

A combinação da manipulação biotecnológica com o contrato agrícola pode também ter um efeito catastrófico nas economias do Terceiro Mundo. Muitas das importações de produtos agrícolas do Terceiro Mundo consistem em produtos qualitativamente únicos como café, tempero, essências e óleos comestíveis com propriedades especiais. Além disso, a produção desses materiais apresenta baixo nível tecnológico com altos insumos de trabalho, em países com regimes políticos e economia instáveis. Como resultado, o preço e a disponibilidade de, digamos, óleo de palma das Filipinas são instáveis. As características tornam tais produtos agrícolas alvos principais para transferência de genes para espécies domésticas que vão, então, crescer com colheitas especiais sob contrato para os processadores. Calgene projetou uma cepa de canola (semente de colza) com alto teor de ácido láurico para óleos que são usados para sabão, shampoos, cosméticos e produtos alimentícios que antes exigiam óleos de palma importados. Essas cepas especiais de canola são agora produzidas no Centro Oeste sob contrato, substituindo a produção filipina, da qual uma larga fração da população rural daquele país depende economicamente. E os genes para a biossíntese da cafeína podem também ser transferidos com sucesso para a soja. Se os genes do óleo essencial para o sabor do café também puderem ser transferidos, então a América Central e do Sul, assim como a África, perderão seu mercado para grãos destinados ao café em pó.

Seria um erro pensar que a agricultura seguiu o quadro clássico da propagação do capitalismo. Diferente da produção industrial, o primeiro passo na captura da agricultura pelo capitalismo foi o imenso florescer de indústrias de insumo e processadores de produtos, que apropriaram o excedente na agricultura ao vender ao pequeno fazendeiro empreendedor o que ele precisava e comprar o que ele produzia. Não existe nenhum paralelo na esfera industrial. É somente com a saturação dessa possibilidade de apropriação que técnicas completamente novas entraram em jogo. Ao se concentrar na conexão de material central na produção agrícola, o organismo vivo, que ao mesmo tempo foi o mais resistente à capitalização, a biotecnologia realizou dois passos na penetração do capital. Primeiro, alargou a esfera da produção de *commodity* ao incluir uma ampla gama de organismos que tinham anteriormente escapado. Segundo, e mais profundo, fez a integração vertical possível, com o correspondente processo de transformar o agricultor em proletariado. É justamente esse segundo estágio que representa a agricultura capitalista do futuro, porque a natureza física de produção agrícola, inevitavelmente ligada à terra, é tal que inevitavelmente mantém sua organização singular como um processo produtivo.

COMO CUBA ADERIU À ECOLOGIA[1]

A questão que tentarei responder é: como Cuba está fazendo isso?[2]
Enquanto os problemas ambientais do mundo continuam a piorar, apesar da pesquisa e da retórica intensivas, como um país pobre do Terceiro Mundo, assediado por um vizinho hostil, foi capaz de embarcar em um paradigma ecológico de desenvolvimento que alia metas de sustentabilidade, igualdade e qualidade de vida? Como esse país abraçou o compromisso com um programa integral que abrange áreas de proteção, agricultura ecológica e orgânica, níveis de saúde pública atrás apenas dos países escandinavos, educação ambiental, planejamento urbano e desenvolvimento econômico compatível com a proteção ambiental, em conformidade com os principais tratados mundiais sobre o ambiente?[3]

---

[1] Este capítulo apareceu de forma um pouco distinta em Levins, Richard. "How Cuba Is Going Ecological" *Capitalism, Nature, Socialism* 16, n. 3, 2005, p. 7-25.
Tradução: Antonio Takao.

[2] Este trabalho foi preparado para o encontro da Latin American Studies Association, de 6 a 8 de outubro de 2004.

[3] As referências seguintes apresentam cada uma das áreas de realizações cubanas não discutidas neste trabalho. Jerry M. Spiegel e Annalee Yassi, "Lessons from the Margins of Globalization: Appreciating the Cuban Health Paradox", *Journal of Public Health Policy* 25, n. 1 (2004), p. 85-110; *Anuario Estadístico*, Ministerio de Salud Publica de la República de Cuba, Candido López Pardo, Miguel Márquez e Francisco Rojas Ochoa, "Desarrollo Humano y Equidad em America Latina y el Caribe", XXV Internacional Congreso of the Latin American Studies Association, October 2004; Francisco Rojas

Embora o compromisso com a agroecologia e o desenvolvimento ecológico seja relativamente novo, não é, como é frequentemente mal retratado, uma resposta emergencial improvisada ao período especial, a crise econômica trazida pelo colapso das relações comerciais de Cuba com a União Soviética e o acirramento da guerra econômica promovida pelos Estados Unidos. Ao contrário, suas raízes se fincam em uma complexa história de ciência colonial, anti-imperialismo, o surgimento de uma comunidade autoconsciente de ecologistas e a transformação da sociedade cubana desde 1959.

Acadêmicos de diferentes disciplinas tendem a preferir diferentes referenciais analíticos para explicar os processos observados. Os historiadores podem traçar a sequência de passos desde as primeiras campanhas de alfabetização e os planos para jardins botânicos até o atual plano nacional de desenvolvimento. Os sociólogos podem apontar para o arcabouço institucional, o papel das Nações Unidas, departamentos de governo, instituições de pesquisa e ONGs com suas análises e propostas. Analistas políticos podem concentrar-se no arcabouço jurídico e em como e quando decisões particulares foram tomadas ou observar eventos únicos – a pessoa certa no lugar e no momento certo para atender o compromisso ecológico. Os historiadores das ideias podem mostrar o desenvolvimento e o aprofundamento da consciência e da preocupação ambiental, os conflitos sobre pesticidas e os sustentáculos filosóficos que tornaram quase inevitável esse compromisso. Os economistas podem apontar para o Período Especial e mostrar como as urgências da escassez forçaram que se repensassem as estratégias industrial e agrícola (Sinclair e Thompson, 2001, p. 56).

Ochoa e Candido Lopez Pardo, "Desarrollo Humano y Salud en America Latina y El Caribe", *Revista Cubana de Salud Publica 29*, n. 1 (2003), p. 8-17; United Nations Development Program, "Report on Human Development, 2004", online em http://www.undp.org; Mario Coyula e Jill Hamburg, "Understanding Slums: The Case of Havana, Cuba", *David Rockefeller Center for Latin American Studies* 4 (2004-5); Maria Caridad Cruz e Roberto Sanchez Medina, *Agriculture in the City: A Key to Sustainability in Havana*, Cuba (Kingston, Jamaica: Ian Rändle Publishers, 2003), 210; Miren Uriarte, *Cuba Social Policy at the Crossroads: Maintaining Priorities, Transforming Practice* (Boston: Oxfam America, 2002).

COMO CUBA ADERIU À ECOLOGIA

Como marxista, vejo essas abordagens como modos diferentes de abstração aplicados à mesma realidade complexa e multiforme, o todo que é a explicação integral. Portanto, tentarei colocar essas várias descrições e interpretações no contexto de um socialismo muito cubano e em evolução.[4] Uma explicação complexa e com nuances de um fenômeno não é a antítese da teoria e da generalização. Ao contrário, exige uma teoria da complexidade e do processo.[5]

Minha principal preocupação não é a descrição do estado do meio ambiente cubano ou catalogar sucessos e fracassos, mas como evoluiu a relação da sociedade cubana com a natureza. Minha tese é que cada tipo de sociedade desenvolve suas próprias relações com a natureza e que um paradigma ecológico de desenvolvimento está pelo menos latente no desenvolvimento socialista, equiparando-se com a igualdade e a participação. Apesar de todos os ziguezagues, vacilações e disputas, ela surge como uma característica cada vez mais central. E isso é imperativo, pois o socialismo não será bem-sucedido sem se comprometer com um paradigma ecológico. Na verdade, o fracasso da União Soviética e da Europa Ocidental nesse tema foi um sintoma da desintegração do projeto socialista europeu.

---

[4] Para os propósitos deste estudo, *socialismo* se refere a uma sociedade em que produtores associados (trabalhadores do passado, presente e futuro) possuem a maior parte dos meios de produção local ou nacionalmente, em cooperativas ou empresas estatais, e tomam decisões sobre a sociedade por meio de uma combinação de democracia participativa e representativa (estatais e não estatais). A produção é decidida com base nos julgamentos das necessidades humanas, a distribuição é feita de acordo com o trabalho e a necessidade, e a força de trabalho não é uma mercadoria comercializável. Dentro desta estrutura, muitos tipos de organização e meios de trabalho foram e têm sido testados.

[5] *Complexidade* tornou-se um jargão da moda nas discussões sobre ciência, um reconhecimento de que a ciência fragmentada, reducionista e a-histórica tem causado grandes desastres e deixa-nos despreparados para o ressurgimento de doenças infecciosas, para a resistência das bactérias a antibióticos, e a resistência aos pesticidas na agricultura, para enchentes como resultado da engenharia de controle de inundações, para a emergência de hospitais como focos de infecção, a ajuda alimentar levando à fome, o crescimento econômico dando origem a novas formas de pobreza. A redescoberta da complexidade enfatiza a incerteza, a não linearidade, a conectividade, a interação entre acaso e determinismo, e a quase organização do caos. Em certo sentido, é tatear em direção à dialética sem reconhecer a tradição Marxista. Ver os capítulos "Dialética e Teoria dos Sistemas" e "A borboleta *ex Machina*", neste volume.

Começarei pela ciência cubana em geral, seguida pela ciência e política ambientais e, por fim, tratarei do caso específico da agricultura.

Ciência

À valoração modernista de José Martí do aprendizado juntou-se o apreço socialista pela ciência para incentivar os jovens revolucionários a dar alta prioridade à ciência desde os primeiros dias da revolução (Benedit, 1994, p. 209). A tradicional visão socialista era de que o conhecimento científico fora produzido a partir da riqueza gerada pelos trabalhadores, mas fora monopolizado pelos ricos para ser usado para o lucro e para construir instrumentos de poder. Portanto, a reconquista do conhecimento científico pelo povo era uma meta comum dos radicais em todo o mundo e qualquer aprendizado científico era considerado uma vitória. E mais: a alfabetização científica era vista como a libertação do obscurantismo religioso e da intolerância. Notícias e polêmicas científicas frequentemente apareciam nas publicações socialistas e comunistas. Palestras públicas na Inglaterra, nos Estados Unidos, na Rússia contribuíram para esse fim. Na Cuba pré-revolucionária, os *lectores* nas fábricas de fumo eram contratados pelos trabalhadores para ler clássicos universais e literatura científica enquanto trabalhavam.

Assim, era natural para os revolucionários cubanos enxergar a ciência como instrumento de desenvolvimento econômico e como parte da cultura necessária a um povo livre. Em 1960, Fidel Castro foi convidado para discursar na Sociedade Espeleológica Cubana.[6] Nessa palestra, ele propôs que "o futuro de nosso país será um futuro de homens de ciência" (no livro de 2003 de Silvia Martinez, ela corrige o sexismo e parafraseia: "homens e mulheres de ciência") (Puentes, 2003, p. 112).

As condições prévias para a ciência cubana dos dias atuais foram fundadas nos primeiros anos da revolução, com as campanhas de al-

---

[6] A Sociedade Espeleológica Cubana foi criada por adolescentes de Havana que adoravam explorar o interior. Eles começaram como uma tropa de escoteiros, mas romperam quando perceberam que os escoteiros eram uma organização conservadora e militarista dominada pelos Estados Unidos. O geógrafo Antonio Nuñez Jimenez era membro e apresentou Fidel Castro à exploração de cavernas já nos primeiros anos. A Sociedade continuou posteriormente como uma pequena ONG com foco na ecologia.

COMO CUBA ADERIU À ECOLOGIA

fabetização, começando com a batalha pela sexta série. Os inimigos da revolução compreenderam a importância da educação, e os bandos contrarrevolucionários patrocinados pela CIA assassinaram dois jovens alfabetizadores, Conrado Benitez Garcia e Manuel Ascunce Domenech. Mas o país se tornou plenamente alfabetizado e continuou a expandir a educação de massas para o Ensino Médio e, cada vez mais, para o nível universitário, com centros universitários em cada município e programas especiais para idosos, evadidos, deficientes e trabalhadores desempregados pela reestruturação da indústria açucareira. Agora, Cuba, com apenas dois por cento da população da América Latina, tem 11% dos seus cientistas, uma grande parcela composta de mulheres. Mais de 1,3% da população trabalha na ciência, um nível comparável aos países mais desenvolvidos. Há mais de 100 grandes centros de pesquisa, assim como departamentos de pesquisa em instituições dedicadas a outros fins. A física sozinha tem 40 grupos de laboratório com cerca de 500 pesquisadores concentrados na física do estado sólido e nuclear, óptica, física espacial, geofísica, física matemática e física médica. Há cerca de 80 centros fazendo pesquisas em ciência social, estudando temas como marginalidade, disfunção social, problemas de raça e gênero e desigualdade residual e recentemente surgida. A ciência cubana tem sido excepcional nas áreas de saúde pública e medicina, agricultura, eletrônica e pedagogia.

Algumas das principais realizações da ciência e tecnologia cubanas:
- 271 novos medicamentos;
- 24 sistemas diagnósticos;
- Suma (Sistema Ultramicroanalítico para detecção do HIV);
- produção de 90% da demanda de remédios;
- melagenina (84% de eficácia contra o vitiligo);
- vacina contra o meningococo B;
- vacina contra a hepatite B;
- vacina contra o *Haemophilus influenzae*;
- fator de crescimento da pele para o tratamento de queimaduras;
- anticorpo monoclonal HB3 para tumores epiteliais, especialmente da cabeça e pescoço;

- agente PPG anticolesterol;
- medicamentos antirretrovirais contra a Aids;
- controle do HIV/Aids a uma taxa de prevalência de 0,03% da população de risco por meio da detecção, quarentena, tratamento e educação;
- mortalidade infantil de 6,5 por mil nascidos vivos (empatado com o Canadá em primeiro lugar no hemisfério);
- eliminação da poliomielite, malária e Aids infantil;
- programa integrado para o tratamento da retinose pigmentar;
- centro de neurorreabilitação;
- ortopedia: desenvolvimento de fixadores externos;
- psiquiatria: ênfase no tratamento ambulatorial, terapia ocupacional e integração na comunidade;
- banco de sangue 100% livre de HIV;
- produção higiênica de sementes;
- derivados da cana-de-açúcar para líquido de arrefecimento, remédios, energia e produção de papel;
- métodos biológicos para preservar e melhorar a fertilidade do solo;
- sistema de controle biológico de pragas através da introdução de parasitas;
- reflorestamento e áreas de proteção

Para qualquer país do Terceiro Mundo, se levanta o problema de como se pode criar uma ciência que seja ao mesmo tempo internacional, no sentido de estar vinculada às comunidades avançadas da ciência mundial, e que ainda tenha sua própria agenda direcionada às necessidades de sua sociedade. E como um país pode fazer isso com baixo orçamento? Em Cuba, isso representa cerca de 10 mil pesos por trabalhador científico. O peso cubano corresponde atualmente a 26 dólares americanos, mas isso subestima em grande medida seu real valor em Cuba. Nos Estados Unidos, o gasto é de aproximadamente 200 mil dólares por cientista.

A falta de recursos faz da rigorosa priorização uma necessidade. Isso produz um evidente desequilíbrio de disponibilidade. Enquanto todos que precisam de diálise a recebem, os reagentes frequentemente não estão disponíveis para serem estudados pelos discentes nos laboratórios

COMO CUBA ADERIU À ECOLOGIA

de química. Enquanto escrevo, um grupo de colegas meus que estudam o desenvolvimento de mosquitos nos locais de proliferação em Havana não conseguem medir a temperatura da água regularmente pois não possuem termômetros suficientes.

A ciência cubana está em pé de igualdade com o melhor da ciência mundial, mas também tem suas características especiais. Primeiro, a ciência é de propriedade pública. Com o recente programa para abrir centros universitários em todos os 149 municípios e transformar todos os centros de aprendizagem em "microuniversidades", a pesquisa está ainda mais amplamente difundida.

A propriedade pública permite planejar a ciência para incorporá-la em planos nacionais, além de ter políticas que vinculam o recrutamento e o treinamento de cientistas com as áreas de concentração de pesquisa. As campanhas de alfabetização em massa dos anos 1960 aumentaram a disponibilidade de cientistas em potencial, enquanto as lutas pela igualdade das mulheres e contra o racismo revelaram novas fontes de talento. Hoje, as mulheres, muitas em posição de liderança, representam 52% da mão de obra científica e 65% da mão de obra científica e técnica (Puentes, 2003, p. 128).[7] Entre as pessoas com quem trabalhei, inclui--se a ministra da Ciência, Tecnologia e Meio Ambiente. Assim como a reitora da Faculdade de Matemática da Universidade de Havana, a diretora do Instituto para a Pesquisa das Frutas, a diretora do Centro para a Proteção Animal e das Plantas, seu Laboratório de Fitopatologia, o Centro para a Matemática e Cibernética Aplicadas para a Medicina, o Instituto Carlos Finlay, e duas das quatro diretoras de Departamento no Instituto de Ecologia e Sistemática. Um número crescente de cientistas é afrocubano. A educação é gratuita. O estudo é visto como trabalho produtivo, ou seja, como a tarefa de produzir um cidadão capacitado e bem informado, mais do que um investimento com alto retorno no futuro. Portanto, não há barreiras econômicas para se estudar.

Quando o marxista britânico J. D. Bernal primeiro expôs a necessidade de um planejamento do trabalho científico coletivo nos anos 1930, a ideia em si foi vista com escárnio e hostilidade (Bernal, 1939). Foi

---

[7] Fidel Castro, discurso no encerramento do Congresso de Pedagogia, 2 de fevereiro, 2003.

denunciada como a repressão totalitária da ciência livre e individualista. Mas agora as estratégias científicas são aceitas como parte da política dos governos em todo o mundo.

O planejamento científico enfrenta uma importante contradição: como você planeja para o que ainda é desconhecido? Podemos mapear as necessidades nacionais e estabelecer prioridades. Mas surpresas são inevitáveis na ciência e, portanto, é necessário ser capaz de seguir os novos rumos que se apresentam durante a existência do plano. Mas como você reconhece as surpresas que devem ser seguidas? Novas e empolgantes direções e inovações são o que não é consenso ainda em uma comunidade científica, são antes iniciativas de poucos indivíduos. Entretanto, o que foi decidido como prioridade representa o consenso dos líderes da ciência – aqueles que criaram o caminho tal qual ele é – e, portanto, são os menos prováveis a realizar críticas sobre sua direção. Torna-se necessário ter uma forma flexível de planejamento com margem para mudanças no plano.

O planejamento científico cubano define metas gerais. No plano nacional, algumas metas gerais de pesquisa são propostas como áreas prioritárias. Os governos provinciais têm suas próprias prioridades assim como os vários ministérios e instituições. Cada instituição participa de projetos que coincidem com suas áreas e há margem para os indivíduos empreenderem seu próprio trabalho onde os recursos permitirem. Os projetos que chegam de cima na verdade chegaram lá pela iniciativa dos pesquisadores para que o processo de planejamento se mova para cima e para baixo muitas vezes na estrutura formal antes que um plano seja adotado. Há relatórios de acompanhamento frequentes durante uma investigação científica. São incluídas discussões com pares e com o público que será afetado para que a pesquisa seja ainda mais um processo coletivo do que as equipes interdisciplinares sugerem (Valdes-Briro, Habib e Báster, 1985, p. 305-316).

Em 2001, 3093 resultados formais de pesquisa foram reportados, dos quais 403 vieram de programas nacionais, 1584 de ministérios e instituições da sociedade e 1077 de autoridades territoriais. Do lado não profissional, a Associação Nacional de Inovadores e Racionalizadores (Anir) apresenta dezenas de milhares de inovações a cada ano, o que

COMO CUBA ADERIU À ECOLOGIA **441**

indica a dimensão da participação em massa na inovação cubana (a Anir tem mais de meio milhão de membros que criaram mais de 100 mil soluções para problemas técnicos, em sua maioria). Essa experiência refuta a noção de que a inovação estagnaria com a ausência de oportunidades de enriquecer com invenções. Grupos amadores em computação, botânica e outros campos suplementam a pesquisa profissional.

A natureza pública da ciência a torna ciência aberta. Não se escondem informações por razões de propriedade, como é cada vez mais comum nos Estados Unidos e outras sociedades capitalistas. Os inventores podem receber prêmios econômicos por suas invenções, mas eles não têm autoridade para suprimi-las ou restringir seu uso. Há pouca duplicação de esforços entre entidades concorrentes. Isso permite aos cientistas cubanos colaborar para além dos limites institucionais. O desenvolvimento recente da vacina completamente sintética contra o *Haemophilus influenzae* foi o trabalho de muitos centros de pesquisa envolvidos com a bioquímica, a imunologia, a clínica e os aspectos industriais desse projeto inovador. O Estudo Nacional de Biodiversidade foi preparado com a colaboração do Ministério da Ciência, Tecnologia e Meio Ambiente (MCTMA), o Ministério da Educação Superior, o Ministério da Agricultura, o Ministério da Saúde Pública, o Ministério da Economia e Planejamento e muitos institutos pertencentes a esses ministérios. O mesmo aconteceu com o Atlas Nacional e outros esforços de monta, sendo que todos envolveram ampla colaboração. Na ausência da obscena corrida por patentes, Cuba tem a capacidade de esperar e ver quais consequências inesperadas uma inovação pode trazer. Os cubanos têm trabalhado com organismos geneticamente modificados há mais de 17 anos, mas não lançou nenhuma variedade de planta GMO porque ainda estão explorando os possíveis riscos ao meio ambiente (Borrólo, 2002, p. 257).

Um grande obstáculo à seriedade da avaliação dos esforços em pesquisa e políticas nos Estados Unidos é que os relatórios anuais dos bolsistas e das agências para seus patrocinadores são uma mistura de avaliação real e autoelogio, minimizando as dificuldades para "cavar" mais financiamento. A grande escala de muitos projetos torna impossível replicar ou, para examinadores externos, entendê-los bem o suficiente para avalia-los criticamente. O MCTMA é capaz de olhar mais objetivamente para o estado do meio ambiente e identificar pontos fracos. Em janeiro de 1997, o MCTMA convocou uma oficina sobre o meio ambiente como uma consulta nacional, "Rio + 5", para avaliar a conformidade de Cuba com os acordos originados da Conferência das Nações Unidas sobre o Meio Ambiente e Desenvolvimento, a Cúpula da Terra, que fora sediada no Rio de Janeiro em 1992 (CITMA, 1997, p. 74). Os convites foram estendidos a vários departamentos de governo, agências, ONGs e delegações de províncias vizinhas. Os participantes consideraram cada uma das categorias discutidas na Agenda 21, a declaração e o plano de ação que surgiu da Cúpula da Terra no Rio, e também adicionaram várias por conta própria. Para cada área de problema, eles descreveram as realizações e também as principais dificuldades. Por exemplo, no capítulo sobre a agricultura, a lista das realizações incluiu o sistema para previsão de doenças das plantas, a criação de centros para a reprodução dos inimigos naturais das pragas e doenças e a expansão da policultura. Entre as deficiências listadas estão o trabalho de extensão insuficiente e instável, a falta de estudos dos impactos ambientais dos novos sistemas de produção, e, especialmente interessante, "uma opinião geral de que a prática da agricultura sustentável é somente uma consequência do período especial destinada a desaparecer quando as limitações presentes permitissem e que haverá uma regressão aos altos níveis de emprego de fertilizantes, pesticidas, mecanização etc." (CITMA, 1997, p. 22).

Ainda naquele ano, a Estratégia Ambiental Nacional avaliou a experiência recente até então (até 1997). Após listar suas realizações, o relatório narrava (minha edição da versão cubana):

> Em paralelo a esses ganhos houve erros e deficiências, devidos principalmente à insuficiente consciência, conhecimento e educação ambientais, falta de melhor gestão, à limitada introdução e generalização das realizações científicas e tecnológicas, à ainda insuficiente incorporação da dimensão ambiental nas políticas, planos e programas de desenvolvimento e à ausência de um sistema jurídico suficientemente integrado e coerente. Além disso, a escassez de recursos materiais e financeiros nos impediu de atingir níveis mais elevados de proteção ambiental, o que piorou nos últimos anos devido à situação econômica na qual o país tem se encontrado pela perda dos laços econômicos com o antigo bloco socialista e pelo bloqueio econômico contínuo e intensificado pelos Estados Unidos.

Embora seja afirmado com frequência nos Estados Unidos que o governo cubano os culpa por todos os seus problemas, vemos aqui nuances na análise que inclui a guerra econômica contra Cuba como apenas um dos fatores entre muitos que influenciam a situação.

Um equívoco comum é que a ciência de um país em desenvolvimento deveria concentrar-se na aplicação das realizações da ciência mundial e que a pesquisa básica é um luxo dos ricos. Contudo, isso seria condenar um país à dependência da pesquisa básica realizada em outros países por outras razões. Uma comunidade científica coerente tem de desenvolver seus próprios fundamentos para seu trabalho e para a educação e a autoestima de seus participantes. No Programa Nacional do Meio Ambiente e Desenvolvimento, criado pelo MCTMA em 1995, há um grupo trabalhando na proteção da atmosfera. Isso inclui tarefas práticas imediatas, como o monitoramento da poluição do ar em diferentes escalas de tempo e espaço, associando-a a dados de morbidade e mortalidade. O grupo também estuda a química da chuva e a interação oceano/atmosfera, e inclui neurobiólogos que trabalham com problemas de autismo, trauma e os correlatos neurológicos da emoção, investigando conexões potenciais entre a poluição do ar e esses problemas.

Na agricultura, uma tese de doutorado tem de incluir uma seção sobre a contribuição do trabalho para a prática e como ela enriquece a ciência. Contudo, a ciência cubana inclui temas que não estão diretamente relacionados à prática, como arqueologia subaquática e a Teoria dos Sistemas complexos. Por exemplo, um recente simpósio internacional sobre a complexidade incluiu apresentações de cubanos como "Entropia e complexidade: o problema da irreversibilidade; contingência e causalidade em desastres naturais"; "Complexidade e morfogênese: das propriedades dos sistemas à existência mesma dos sistemas"; "Construção de um modelo crítico-analítico para o estudo das identidades culturais na complexidade social"; "Estética e raciocínio sobre a complexidade: uma abordagem epistemológica e metodológica"; "Evidência da mente como um atrator dinâmico"; "O tratamento do déficit de atenção como um estado de não equilíbrio"; "Transformações de um agroecossistema cítrico em conversão para orgânico"; e a "Barreira da complexidade: o próximo desafio para a imunologia" (The Second Biennial International..., 2004). Como é cada vez mais comum em Cuba, o simpósio incluiu apresentações musicais como parte das sessões plenárias.

Embora a ciência cubana tenha um estilo especial, ela é muito influenciada pela filosofia marxista dialética da ciência, com sua ênfase na historicidade, na determinação social da ciência, na totalidade, na conectividade, nos níveis integrados dos fenômenos e na priorização dos processos sobre as coisas. Todos os candidatos a doutorado devem estudar os problemas sociais da ciência e tecnologia, que surgiram nos anos 1990 como um campo independente de estudo.

O impacto dessa preparação pode ser observado na visão autoconsciente do desenvolvimento da ciência como um processo social. A organização, o recrutamento, as prioridades, as abordagens preferidas e as ferramentas de investigação, todos são reconhecidos como produtos das relações sociais que promovem, apoiam, empregam e recompensam o empreendimento científico. Isso proporciona um exame crítico do *status* de uma área de estudo internacionalmente, e a capacidade de fazer escolhas ativas sobre em que se concentrar. Por exemplo, ao reconhecer que as indústrias farmacêuticas desenvolvem somente os medicamentos para os quais há grandes e lucrativos mercados, os cubanos foram capazes de selecionar áreas de pesquisa que eram ignoradas porque o conhecimento não é facilmente transformado em *commodity* ou porque a doença é incomum entre os ricos. Assim, Cuba tem sido vanguarda no trabalho em retinose pigmentar, vitiligo e malária. Incentiva-se uma visão da ciência que alie suas contribuições para a economia e para a cultura geral da sociedade a uma consciência de suas próprias necessidades internas, para um equilíbrio entre as disciplinas, a integração de preocupações práticas e teóricas e a organização cooperativa da pesquisa.

Uma característica preponderante na perspectiva dialética marxista é a totalidade e a crítica do reducionismo. Um tema recorrente em toda a ciência cubana é a amplitude com a qual os problemas são abordados e a disposição de abranger níveis de organização. Agostín Lage, imunologista e diretor do Centro para Imunologia Molecular, tem sido um crítico aberto do reducionismo molecular e genético. Ele vê o sistema imune como "um sistema de reconhecimento e controle da composição de seu próprio organismo, cuja regulação depende não somente da presença ou ausência de clones celulares específicos, mas também da interação desses clones entre si (propriedades supraclonais)" (Lage, p. 145). Ele vê o futuro da imunologia com a inclusão da interação com a neurobiologia e defende a síntese das ciências moleculares de alta tecnologia com a medicina social. Lage também levanta questões éticas na ciência, particularmente a questão de a ciência ser usada para aumentar ou eliminar a desigualdade no mundo.

Esta abordagem multidisciplinar permeia muito da ciência cubana. Em medicina, modernas ferramentas técnicas coexistem com a fitomedicina (a "farmácia verde"), a epidemiologia social e vários tipos de medicina alternativa. Não são vistas como opostos: o Instituto Carlos Finlay, que é pioneiro no desenvolvimento da biologia molecular para produzir vacinas, antibióticos e agentes anticolesterol, também tem um programa experimental controlado para testar a dieta macrobiótica. A muito bem-sucedida resposta de Cuba ao HIV/Aids aliou quimioterapia (todos que necessitam de drogas retrovirais as recebem) com intervenções na população que incluem quarentena temporária e educação comunitária. O trabalho de reabilitação une neurociência avançada e terapia ocupacional. A prevalência do HIV/Aids em Cuba está atualmente em 0,035% e não há mais casos de infecção infantil desde 1997. Como resultado de seu forte compromisso e de uma abordagem ampla, Cuba é o país do Terceiro Mundo mais saudável e está empatado com o Canadá com a mais baixa mortalidade infantil no hemisfério, tornando-o um líder global em saúde.

Outro tema dialético é a prioridade dada aos processos sobre as coisas. Nilda Perez, uma importante agroecologista cubana, propõe a mudança de uma agricultura de insumos para uma agricultura de processos.

A ciência em Cuba é definida mais amplamente do que nos Estados Unidos. Um recente colóquio que produziu a obra *Cuba, aurora do Terceiro Milênio: ciência, sociedade e tecnologia* e incluiu participantes tanto das áreas de estudo usuais quanto das econômicas; pedagogia; ciência, sociedade e tecnologia; e comunicações e mídia audiovisual. As discussões começaram com cada participante descrevendo o *status* de sua própria área e perspectivas para o futuro, e a seguir iniciaram uma discussão aberta sobre questões gerais. Problemas éticos foram temas recorrentes.

Assim, a ciência cubana possibilitou o compromisso eficaz com um paradigma ecológico de desenvolvimento ao configurar-se como propriedade pública, planejada, colaborativa, holística e multidisciplinar como parte integrante da educação de todos os cubanos e comprometida em atender às necessidades materiais e culturais do povo.

A descrição acima acentua as direções nas quais a ciência cubana é diferente da ciência nas sociedades capitalistas. Em Cuba, nem todas as instituições trabalham da maneira que se espera, nem todas pensam dialeticamente e podemos sempre achar exemplos de estreiteza e interesse paroquial. Mas o que é significativo em Cuba é a direção global da mudança, o paradigma que está sendo construído.

Desenvolvimento de um programa ambiental

O programa político da Revolução Cubana não teve, no início, uma perspectiva ecológica explícita. As preocupações urgentes do novo governo eram eliminar a extrema pobreza, fornecer água e saneamento, habitação e alfabetização. Mas mesmo antes do triunfo, o comandante do Movimento 26 de Julho em Matanzas, Onaney Muñiz, já estava planejando um jardim botânico. A destruição das florestas de Cuba, a erosão causada pela monocultura e a economia da cana-de-açúcar, a preponderância de doenças infecciosas que poderiam ser prevenidas e a necessidade de desenvolver os recursos do país para eliminar a pobreza levaram à criação de programas específicos que posteriormente fortaleceram o desenvolvimento ecológico como uma meta consciente.

A campanha de alfabetização dos anos 1960 possibilitou um maciço comprometimento com a ciência, que por sua vez alicerçou as ciências do ambiente. Assim que *Primavera Silenciosa* de Rachel Carson chegou a Cuba, Fidel Castro o fez circular entre seus seguidores e a consciência ambiental começou a se difundir. Já nos 1960, foram implementados programas de reflorestamento, o Sistema Voisin de pastoreio rotativo, a escavação de milhares de lagos como microrreservatórios, a eliminação de focos de infecção e campanhas de imunização em massa. O Instituto de Planejamento Físico, uma nova disciplina para Cuba, empreendeu os primeiros estudos ambientais para a seleção de locais para desenvolvimento (Rey, 1989). O grupo, vinculado ao Centro para Desenvolvimento

COMO CUBA ADERIU À ECOLOGIA

Integral da Capital, é um dos catalisadores para o desenvolvimento inovador e participativo dos bairros.

As metas prioritárias da agricultura foram o fornecimento estável de alimentos, renda e segurança para a população rural, açúcar para exportação e insumos para a indústria. Os perigos no uso de pesticidas foram reconhecidos e enfrentados, de início, principalmente com medidas para proteger os trabalhadores agrícolas. Mas o desenvolvimento agrícola ainda estava enraizado no paradigma da Revolução Verde, que dependia de variedades de plantas de alto rendimento e maciça utilização de insumos mecânicos e químicos, importados em sua maioria.

Ainda não havia um campo organizado da Ecologia. A Biologia cubana era típica da Biologia colonial nos trópicos: Biologia aplicada à Medicina e à Agricultura, Botânica e Zoologia sistemáticas, com sistematistas fazendo observações ecológicas. Na Universidade de Havana, o currículo de Zoologia começou com dois anos de uma Zoologia em sua maior parte descritiva, elencando as principais famílias da fauna. Nas discussões na universidade em 1968, a administração e os estudantes apoiaram propostas para disciplinas eletivas em assuntos ecológicos, mas muitos no corpo docente acreditaram que isso forçaria a omissão de famílias inteiras de animais no currículo, "perdendo assim o cenário geral da evolução", como se a evolução fosse um catálogo de seus resultados. Em qualquer caso, o corpo docente ainda não estava preparado para ensinar esses temas. Mas já havia experimentação com o sistema de pastoreio rotativo de Voisin, com a policultura e o controle biológico da peste.

A tabela 1 mostra alguns eventos determinantes na evolução na perspectiva compromisso ambientais. Em geral, os anos 1960 foram um período fundador para desenvolvimentos posteriores. O sistema de saúde público foi capaz de eliminar a pólio em 1963, a malária em 1968 e a difteria em 1971. A primeira lei de reforma agrária em 1959 disponibilizou as terras nacionais para programas de desenvolvimento. Em três anos, o analfabetismo foi quase erradicado. A abolição do racismo legal, o reconhecimento dos direitos iguais para as mulheres, e a expansão da educação e de bolsas de estudo gratuitas ampliaram a fonte de potenciais cientistas. Cuba enviou milhares de estudantes para estudar no exterior, a maioria nos países do Leste Europeu. Prepararam-se mapas referentes ao solo, aos recursos hídricos e às espécies ameaçadas.

Tabela 1 – Alguns marcos no desenvolvimento do paradigma ecológico

Anos 1960	Fundação do Instituto de Planejamento Físico e do Grupo para Desenvolvimento Integrado da Capital; Introdução do Sistema Voisin de pastoreio rotativo; Início da restauração de áreas de mineração de lavra a céu aberto; Construção de cerca de 1.400 microrreservatórios para energia, recursos hídricos, recreação e produção pesqueira
Anos 1970	Transição para uma agricultura de baixo nível de insumo; Criação de jardins botânicos
1972-1973	Atlas Nacional
1974	Cuba ingressa no Programa da Unesco "Homem e Biosfera" e escolhe a floresta tropical de montanha Sierra del Rosario como área de estudo
1975	Zoneamento de Havana; O Primeiro Congresso do Partido Comunista adota a tese do meio ambiente; Instalações de tratamento de resíduos são exigidas para todas as fábricas
1976	Constituição promulgada. O Artigo 27 une a proteção ambiental ao desenvolvimento econômico e social sustentável e reconhece as obrigações do Estado e dos cidadãos na proteção do meio ambiente; A Comarna (Comissão Nacional de Proteção ao Meio Ambiente e Recursos Naturais) é criada
1978	É aprovada lei permitindo veto a projetos de desenvolvimento que agridam o meio ambiente
Anos 1980	Experiências com a agroecologia e os *organopônicos*; Criação de Centros para a Reprodução de Entomoparasitas e Entomopatógenos (CREE) para controle biológico de pragas; São criadas estruturas jurídicas e institucionais para inspeção ambiental e licenciamento de projetos de desenvolvimento; É implementado o Plano Turquino-Manatí para o desenvolvimento sustentável das montanhas; Adoção generalizada de *organopônicos* urbanos
Anos 1990	É implementada a Estratégia Nacional do Meio Ambiente; São desenvolvidos instrumentos jurídicos para a proteção, inspeção e aplicação da lei ambiental; É criada a Pesquisa Nacional da Biodiversidade; Criação de uma rede de áreas protegidas; Declaração de visão da Fundação para a Natureza e Humanidade Antonio Nuñez Jimenez: "uma sociedade cubana com uma consciência ambiental desenvolvida que reconhece a natureza como parte de sua identidade, e uma instituição atuante no desenvolvimento dos valores ambientais e culturais em Cuba e no mundo"; Estabelecimento de uma rede de áreas de proteção; A cobertura florestal alcança 23% da área terrestre; Sistema de áreas de proteção

COMO CUBA ADERIU À ECOLOGIA

Nos anos 1970, Carlos Rafael Rodriguez apresentou seu argumento diferenciando desenvolvimento de crescimento e discutindo o desenvolvimento integral, estabelecendo as bases para uma meta de desenvolvimento harmonioso da economia e das relações sociais com a natureza. Implicava a rejeição da abordagem de Stalin, uma visão difundida entre os governos comunistas do Leste Europeu de que a produção decidia tudo, e que somente após a abundância ser alcançada a sociedade seria capaz de enfrentar a tarefa de harmonizar as relações sociais com a economia. Apesar das discordâncias em relação a Rodriguez sobre como a economia deveria ser organizada, até partir para a Bolívia, em 1967, Che Guevara já havia reiterado que as relações sociais e o desenvolvimento econômico deveriam evoluir juntos. Ao mesmo tempo, a Unesco iniciava seu Programa Biológico Internacional, um programa de dez anos de estudos biológicos que se concentravam na produtividade de recursos biológicos e na adaptação humana à mudança ambiental. Cuba participou e selecionou a área de montanha e floresta tropical Sierra del Rosario como sua área de estudo. Lá, sentados na areia ensopada de uma chuva tropical sem fim, zoólogos e botânicos começaram juntos a pensar a si mesmos como ecologistas.

No Primeiro Encontro Nacional sobre Ecologia, em 1981, a que compareci com fitoecologistas, com representantes de grupos de pesquisa em Botânica, Zoologia, Agricultura, Oceanografia, e de representantes do setor de turismo e alimentos industrializados, todos se reuniram para debater sobre os pesticidas e considerar o que poderia ser feito com os resíduos industriais. Os fabricantes de alimentos industrializados chamaram nossa atenção para a poluição que eles estavam causando e perguntaram o que poderiam fazer com as montanhas de casca de arroz e caroços de manga que estavam acumulando. O instituto de turismo perguntou como construir instalações ambientalmente adequadas. Encerramos o encontro com uma resolução reivindicando poder de aplicação da lei para a Comissão do Meio Ambiente. Isso foi logo concretizado e a comissão foi promovida a *status* de gabinete, o atual Ministério da Ciência, Tecnologia e Meio Ambiente (MCTMA). Sua formação "resolveu uma contradição na velha estrutura de liderança da atividade ambiental no país na qual os ministros estavam a cargo de assuntos ambientais pelo mesmo recurso que eles exploravam para fins de produção, tornando-os tanto 'juízes' como 'parte interessada' na mesma atividade" (CITMA, 1997). A indústria do açúcar era responsável por cerca de 47% da carga de poluição nos ecossistemas costeiros. Mas essa indústria foi pioneira em sistemas de reciclagem, usando resíduos para a produção de energia e um sistema quase fechado de produção.

Uma década depois, os institutos de Zoologia e Botânica finalmente se fundiram no atual Instituto de Ecologia e Sistemática. Esse grupo tem exercido liderança em programas de desenvolvimento em biodiversidade, áreas protegidas e proteção de costas e florestas.

Um problema que não foi inteiramente resolvido é a energia nuclear. Para um país dependente da importação de combustível, uma usina de energia nuclear parecia bastante atraente. O auxílio técnico e econômico soviético encorajou Cuba a começar a construção de uma usina nuclear em Juraguá, perto de Cienfuegos. Temores sobrevieram: Cuba estaria segura no caso de um desastre? Em um país pequeno, um grande vazamento radioativo seria ainda mais devastador do que na Rússia. Mesmo operações normais, sem um evento catastrófico, envenenariam os arredores com radioatividade? A usina demandaria muita água? Haveria garantia de encontrar um lugar seguro e protegido para armazenar os resíduos mortais? Mas enquanto os cubanos ponderavam essas questões, a União Soviética entrava em colapso, mais nenhuma ajuda viria e formas alternativas de geração de energia avançaram. A usina inacabada ainda permanece lá e o problema está em suspenso. Segundo o engenheiro José Luis García, Cuba, na prática, renunciou à via eletronuclear, em parte porque alternativas surgiram no curto prazo baseadas em óleo e gás natural. "Mas sem dúvida", ele diz, "em termos estratégicos, não podemos eliminar a possibilidade de em certo momento optar pela energia eletronuclear" (Garcia, p. 306). Em setembro de 2004, a principal turbina na usina de Juraguá foi removida para substituir uma turbina danificada na usina termelétrica de Guiteras.

Como em outros campos, os cubanos têm uma visão ampla sobre o meio ambiente. A concepção de um paradigma ecológico de desenvolvimento está surgindo das perspectivas de conservação de áreas naturais, da agricultura, da saúde pública, do planejamento urbano, da energia alternativa, da produção e descarte limpos, da participação comunitária,

COMO CUBA ADERIU À ECOLOGIA

da educação ambiental e de problemas envolvendo diferentes setores da sociedade, particularmente *habitats* vulneráveis. Problemas de poluição no trabalho e no bairro estão incluídos no mesmo cenário.

O Plano Nacional do Meio Ambiente de 1995 integra uma ampla gama de problemas e propostas e é executado pelos esforços coordenados das agências governamentais, de ONGs, e da participação comunitária (CITMA, 1995).

Agricultura

Uma das mais destacadas conquistas do progresso de Cuba quanto ao desenvolvimento ecológico é a aceitação da agroecologia como estratégia nacional. O desenvolvimento agrícola foi de início dominado pela perspectiva de alta tecnologia da Revolução Verde defendida pela comunidade internacional de desenvolvimento. Mas logo os cubanos, em muitas instituições, começaram uma reavaliação crítica da estrutura econômica da agricultura, da geografia da produção, da organização das fazendas, da gestão das pragas, da fertilidade do solo e da mecanização.

Isso veio à tona com a convergência de várias iniciativas diferentes. Na agricultura, pessoas como Nilda Perez, Luis Ovies, e Tenelfe Perez na proteção das plantas, Miriam Fernandez na entomologia, Magda Montes na pesquisa de cítricos, Rafael Martinez Viera e Antonio Castañeiras no Instituto Alexander Humboldt de Pesquisas Fundamentais na Agricultura Tropical, e Ricardo Herrera no Instituto de Ecologia e Sistemática conduziram projetos em policultura, microbiologia do solo e controle biológico da peste.[8] Os ecologistas começaram a contestar a ladainha dos pesticidas.

Houve acalorados debates sobre os pesticidas e o paradigma ecológico. O ponto de vista progressivista tradicional do socialismo europeu defendia o inevitável progresso do "antigo" para o "moderno". O capitalismo inibia o pleno desenvolvimento do "moderno" e monopolizava seus benefícios ao desafogar os custos sobre os trabalhadores e camponeses. Portanto, a tarefa de um país libertado era trilhar o mais rápido possível o paradigma

---

[8] As pessoas mencionadas neste artigo são uma amostra idiossincrática de nomes que me vieram à memória e de pessoas com quem trabalhei. Outras, cujas contribuições são tão importantes quanto, foram omitidas.

do "progresso", evitando as barreiras inerentes sob a governança capitalista. Entre as características da modernização agrícola, incluíam-se a transição do uso intensivo do trabalho para o uso intensivo do capital, da pequena escala às economias de grande escala, da heterogeneidade da colcha de retalhos da produção camponesa à homogeneidade racionalizada do agronegócio e das fazendas estatais especializadas, da sujeição à natureza à conquista da natureza, da superstição ao conhecimento científico. Defensores dessa abordagem se viam como rigorosos materialistas e riam do ponto de vista ecológico como "idealista", nostalgia sentimental de algum passado dourado que nunca existiu de verdade.

Como defensores do socialismo ecológico, retrucávamos com o argumento de que era o cúmulo do idealismo esperar que se aprovassem resoluções sobre produção e a natureza obedeceria. Argumentávamos que o desenvolvimento era um processo com ramificações no qual escolhas técnicas não eram socialmente neutras e que cada tipo de sociedade tinha de encontrar seu próprio padrão de relacionamento com a natureza. O acúmulo de experiência mostrava que a agroecologia era produtiva, econômica e mais segura que as técnicas à base da química (Funes, Garcia, Bourque, Perez, Rosset, 2002, p. 307). Em particular, propúnhamos que além da dicotomia do uso intensivo de trabalho ou capital, havia um conhecimento – agricultura de uso intensivo do pensamento. Em vez de mobilizar vastas quantidades de energia para mover grandes massas de material, buscávamos o *design* de sistemas que fossem o mais auto- -operante possível. A mecanização era, por vezes, muito importante, mas em outras, era destruidora do solo, ineficiente em solos muito úmidos, muito cara e um empecilho para outras práticas agronômicas. Uma combinação de tratores e tração animal, dependendo das circunstâncias, parecia uma melhor escolha.

Em vez de ter de decidir entre a produção industrial de grande escala e uma abordagem *a priori* "quanto menor, melhor", vimos a escala da agricultura como dependente de condições naturais e sociais, com as unidades de planejamento abraçando várias unidades de produção. Diferentes escalas de cultivo seriam ajustadas às bacias hidrográficas, às zonas climáticas, à topografia, à densidade populacional, à distribuição dos recursos disponíveis e à mobilidade das pestes e seus inimigos.

A colcha de retalhos aleatória da agricultura camponesa, restringida pela posse de terra, e as extensões de terra arrasadas pelo cultivo industrial seriam ambos substituídos por um mosaico planejado de usos da terra no qual cada lote contribui com sua produção própria mas também auxilia a produção de outros lotes: florestas dão madeira, combustível, frutas, grãos e mel, mas também regulam o fluxo de água, equilibram o clima a uma distância de cerca de dez vezes a altura de suas árvores, criam um microclima especial em sua extensão, oferecem sombra para o gado e os trabalhadores, e abrigam os inimigos naturais das pestes e dos polinizadores das safras. Não haveria mais fazendas especializadas produzindo somente uma coisa. Empreendimentos mistos propiciariam reciclagem, uma dieta mais variada para os produtores e uma proteção contra surpresas climáticas. Haveria uma demanda de mão de obra mais uniforme ao longo do ano. Um exemplo é a UBPC "El Carmen", uma nova cooperativa em Ciego de Ávila que assumiu liderança nacional na formulação da transição da monocultura de cítricos convencional para uma produção diversificada de frutas, com safras anuais e produtos para o gado.

A presunção arrogante da conquista da natureza teve de ser substituída por uma estratégia de intervenções pontuais na natureza e, ao mesmo tempo, pelo respeito à sua autonomia e complexidade. O conhecimento tradicional não poderia ser descartado como supersticioso, mas deveria ser entendido em sua oscilação entre *insights* e falta de esclarecimento, como é a ciência moderna. Nossa tarefa era olhar para ambos criticamente para integrar o conhecimento detalhado, particular e cheio de nuances dos camponeses com o conhecimento mais geral e comparativo, mas abstrato da ciência agrícola, uma integração que dependia dos cientistas e produtores se enxergando como iguais em uma empreitada comum. Isso foi facilitado pelo fato de que muitos agrocientistas vieram de famílias camponesas. Mais recentemente, o sistema australiano de permacultura está sendo difundido em Cuba por grupos humanitários da New Zealand and Pro Naturaleza, uma ONG criada pela Fundação Antonio Nuñez Jimenez.

O período especial, com graves carências de combustível, de insumos químicos e comida, revelou a fragilidade da agricultura de alta tecnologia e incentivou a adoção da agricultura ecológica. Mas também reduziu a capacidade de executar medidas já adotadas. As inspeções ambientais decaíram por falta de suprimentos de monitoramento e combustível para chegar aos locais a serem inspecionados. Uma espessa e espinhosa cobertura de ervas daninhas invadiu os campos abandonados por falta de tratores. Ônibus altamente poluentes foram mantidos em serviço por falta de peças sobressalentes. Premências econômicas incentivaram que se ignorassem regulamentos de proteção. Tivemos a situação paradoxal na qual as condições ambientais pioraram enquanto a consciência ambiental se aprofundava. Quando medidas rigorosas foram introduzidas, alguns produtores se convenceram de seu valor não só como medidas emergenciais. Nossa tarefa passou a ser a conversão desses ecologistas pela necessidade em ecologistas por convicção antes que a emergência cessasse e voltassem à tranquila destruição de Cuba. Essa conversão está sendo executada pela educação em todos os níveis, o treinamento de agrônomos ecologicamente orientados e pelo debate contínuo.

Enquanto isso, nos anos 1970 e 1980 o Ministério da Defesa desenvolveu uma nova doutrina de defesa que assumia a possibilidade de Cuba estar parcialmente ocupada por uma potência hostil. A resposta cubana seria uma guerra financiada por todos os seus cidadãos. Mas isso requeria autossuficiência local na ausência de organização central e de trocas. Um manual de defesa civil dessa época tinha capítulos dedicados a primeiros socorros, fitomedicina, organização de escolas e produção de alimentos. Isso levou a experiências militares com a agricultura de baixo nível de insumos. E em 1987, Raul Castro cobrou a introdução generalizada de *organopônicos*, canteiros elevados de solo enriquecido e compostado onde se poderiam obter colheitas em áreas pequenas sem dependência de recursos externos. O primeiro piloto de *organopônico* em Havana, na Quinta Avenida e na Rua 44, em Playa, foi organizado pelas Forças Armadas e ainda é um exemplo de agricultura urbana. Hoje, a agricultura está evoluindo na direção da produção agronômica e socialmente sustentável que enfatiza a combinação de cultivos rural, suburbano e urbano; diversificação; e controle biológico e natural das pragas.

Combinando os cultivos rural, suburbano e urbano

A agricultura urbana ocorre agora em cerca de 30 mil hectares produzindo mais de três milhões de vegetais frescos por ano para 11 milhões de pessoas. Como a maioria dos programas cubanos, serve para múltiplos fins. Fornece vegetais frescos e abundantes ao longo do ano todo para os consumidores. Transformou a dieta cubana nas comunidades, escolas e no local de trabalho, e encorajou a disseminação de restaurantes vegetarianos. Reduz custos de transporte e armazenamento com a venda direta ao consumidor. Gera empregos para cerca de 300 mil pessoas quando o capital não está disponível para investimento na indústria. Requer cerca de dez pessoas por hectare, um sistema de uso intensivo do trabalho que seria visto como altamente ineficiente nos Estados Unidos, embora cada trabalhador produza fartamente vegetais para alimentar 36 pessoas. No contexto de desemprego surgido com o período especial, é socialmente eficiente. A agricultura urbana aumenta a área verde das cidades, desintoxica o ar e proporciona espaços de integração social nas comunidades.

Diversificação

A diversificação geográfica é uma proteção contra desastres regionais como furacões, que podem atingir mais de 300 mil quilômetros. Mais localmente, em vez de grandes fazendas monocultoras, os empreendimentos estão migrando para uma produção mista de frutas, vegetais, grãos, gado e pescado. O resultado é um mosaico de usos da terra que aproveita melhor a topografia e os microclimas, e permite a reciclagem na fazenda. Cada peça do mosaico tem seus próprios produtos, mas também contribui com o todo. Como mencionado acima, as áreas florestais fornecem uma ampla variedade de produtos florestais e serviços ecológicos. As pastagens suportam a produção de gado de corte e leiteiro, de esterco para compostagem, combatem a erosão e servem como fonte de néctar para vespas benéficas produtoras de mel. Os bois se integram com os tratores em uma estratégia complexa de tração e os cavalos e outros animais são úteis para o controle da erva daninha. A diversificação é uma proteção contra desastres naturais que afetam determinados cultivos e estende mais uniformemente a necessidade de mão de obra, garantindo a diversidade local de alimentos. Aliando a avaliação constante e a tomada de decisão com a dura labuta física do trabalho agrícola, a diversificação também aumenta o nível técnico da mão de obra agrícola para uma população rural educada demais para aspirar a uma vida limitada a soldar uma machadinha. A fertilidade do solo é mantida pela compostagem, pela rotação de cultivos, pelo uso de bactérias fixadoras do nitrogênio, fungos que mobilizam o potássio, fósforo e outros minerais, assim como a criação de minhocas.

Controle biológico e natural de pragas

Os métodos biológicos e naturais de controle de pragas estão se provando mais eficazes que o controle químico, mais econômico e com mais proteção da saúde das pessoas e do meio ambiente. Apenas um exemplo: batatas-doces cultivadas usando uma gestão integrada das pragas renderam 8,9 toneladas por hectare com um valor líquido por hectare de US$904,70 comparado com as 7,8 toneladas no valor de US$818,60 por hectare de batatas-doces cultivadas com métodos convencionais usando pesticidas. A proteção ecológica faz uso da policultura e da organização espacial dos cultivos, da rotação, de predadores, como a introdução de vespas e fungos parasitas e, finalmente, produtos biológicos como *neem*. Toda a agricultura urbana agora é orgânica e muito do restante da agricultura cubana está avançando nessa direção. A Fundação Antonio Nuñez Jimenez para a Natureza e o Homem é uma importante ONG em Cuba, que desenvolve documentos estratégicos para a sustentabilidade humana e é o principal grupo para a promoção da permacultura (Cruz e Medina).

Os ecologistas acabaram vencendo a batalha contra o desenvolvimentismo. Levou muito tempo e o debate foi, por vezes, acalorado, mas teve uma feição muito diferente de debates similares nos Estados Unidos. Todas as partes estavam procurando por meios de atender as necessidades da sociedade de modo que as discordâncias eram apenas discordâncias, não sucedâneos para interesses conflitantes. Ninguém estava impondo pesticidas ou a mecanização para auferir lucros. E os defensores da agroecologia não eram demonizados como luditas ou algo pior.

Socialismo cubano e meio ambiente

Podemos agora retornar à questão original: como Cuba está fazendo isso? No nível mais abstrato, a primeira resposta é o socialismo, isto é, os arranjos sociais do socialismo e as prioridades ideológicas fazem do desenvolvimento ecológico um correlato quase "natural" do desenvolvimento econômico e social, e do compromisso com o melhoramento da qualidade de vida como a principal meta de desenvolvimento. Mas uma abstração não mobiliza recursos ou muda cabeças. A mudança ocorre por meio das ações das pessoas, por meio das decisões que elas tomam. E as decisões são tomadas em resposta às questões que são formuladas, à configuração social na qual as respostas são procuradas, às ferramentas disponíveis para fornecê-las e aos critérios para julgar se a solução é satisfatória.

A lógica da tomada de decisão sob o socialismo cubano começa com a prioridade dada à necessidade humana. Portanto, questões sobre o meio ambiente são levantadas de forma mais ou menos independente, em áreas como desenvolvimento urbano, saúde, agricultura, defesa, conservação e economia. Externalidades como danos ambientais não podem ser empurradas para cima da sociedade enquanto se negam responsabilidades.

Em cada uma dessas esferas, o compromisso ideológico geral é reforçado pela lei. Se uma esfera fica para trás, as outras avançam, e a convergência de imperativos ecológicos a partir de diferentes fontes indica a direção do movimento.

Os mecanismos de resposta na sociedade favorecem a Ecologia. Cada sucesso encoraja a ampliação do compromisso ecológico ao mostrar que é possível se desenvolver de uma maneira que abandona a sabedoria convencional do desenvolvimentismo. Isso é resposta positiva. Quando a racionalidade ecológica está subordinada à conveniência e decisões destrutivas são tomadas, os erros ficam visíveis e há um incentivo coletivo para corrigi-los. Um caso é a passagem sobre o aterro de pedra construída desde a costa cubana até o centro turístico de Cayo Coco. Os ecologistas haviam alertado que isso afetaria a hidrologia da área e agrediria o mangue. Mas a urgência econômica prevaleceu. A passagem sobre o aterro foi construída apesar dos alertas e os mangues começaram a morrer. Quando isso foi observado, trechos da passagem foram removidos e substituídos por pontes para permitir o fluxo da água.

Em contraste, na sociedade capitalista, cada vitória restringindo a livre destruição de nossa biosfera pelos negócios intensifica a resistência corporativa com uma urgência de defender não só seus lucros, mas seus direitos de propriedade. Assim, há uma poderosa resposta antiecológica expressada como "revolta", em meio a alegações de que os ambientalistas estão "indo longe demais". E as vitórias ambientais não necessariamente incentivam mais lutas.[9] Quando elas não desencadeiam uma reação antiambiental, elas são frequentemente cooptadas como exemplos de "parceria". Claro, sob o capitalismo há também respostas positivas, que são importantes para construir um movimento.

A despeito dos incentivos e compromissos com um paradigma ecológico, os cubanos poderiam ter pensado diferente. De fato, assim agiram no início quando, na ausência de uma consciência ecológica, a urgência em atender as necessidades do povo levou a decisões prejudiciais. Mas, quando da primeira Revolução Verde, a abordagem desenvolvimentista revelou-se destruidora da capacidade produtiva e envenenou pessoas e a natureza, houve razão suficiente para reexaminar a estratégia. Não se viu instituições gananciosas comprometidas com a defesa da tendência prejudicial, usando lobistas, consultorias de relações públicas, advogados e testemunhas contratadas. Isso significou que a liderança científica e política de Cuba, que está fortemente comprometida com uma abordagem ampla, dinâmica e integral, teve a capacidade de reconhecer as origens das diferentes estratégias de desenvolvimento na economia política mundial e as implicações de escolhas alternativas. Significa que havia cientistas preparados para debater a favor do desenvolvimento ecológico, assim como ouvidos receptivos na liderança, um público com abertura para receber os argumentos e uma lógica de tomada de decisão que encarou o paradigma ecológico com igualdade e coletividade como uma parte essencial do socialismo cubano. Assim é que eles estão fazendo.

---

[9] Um exemplo clássico é o caso do Alar, um possível carcinogênico aplicado no cultivo de maçãs. Os ambientalistas tiveram sucesso na remoção do Alar do mercado estadunidense em 1989, após uma exposição decisiva no programa jornalístico *60 Minutos,* da CBS. Mas isso se transformou em uma grande derrota para o ativismo ambiental após uma campanha bem-sucedida de relações públicas, patrocinada pelas indústrias química e de alimentos, que transformou aquela vitória legítima em "alarmismo ambiental", um rótulo que se tornou uma arma potente contra o ambientalismo em geral.

VIVENDO A 11ª TESE[1]

Os filósofos não fizeram mais do que interpretar de diversos modos o mundo; trata-se, agora, de transformá-lo.

Karl Marx, *Teses sobre Feuerbach*

Quando menino, sempre imaginei que, quando crescesse, seria ou cientista ou um "comuna". Em vez de me deparar com o problema de como conciliar a militância com a academia, eu teria muita dificuldade em separá-las.

Antes mesmo de saber ler, meu avô lia para mim o livro *Ciência e história para meninas e meninos* (*Science and History for Girls and Boys*), do bispo excomungado John Brown.[2] Meu avô acreditava que todo trabalhador socialista deveria estar familiarizado, no mínimo, com a cosmologia, a evolução e a história. Nunca separei história, da qual éramos participantes ativos, da ciência, da descoberta de como as coisas são. Minha família rompera com a religião organizada havia cinco gerações, mas meu pai me fazia estudar a Bíblia todas as sextas porque era parte importante da cultura que nos rodeava e era importante também, para muitos, como uma narrativa

---

[1] Richard Levins agradece a Rosario Morales pela assistência na concepção e edição deste trabalho.
Tradução: Antonio Takao.

[2] John Montgomery Brown era Bispo Episcopal Luterano do Sínodo do Missouri, e foi excomungado quando se tornou marxista. Nos anos 1930, ele publicou a revista trimestral *Heresy*.

fascinante de como as ideias evoluem em condições mutáveis – razão por que todo ateu deveria conhecê-la, assim como os fiéis.

Em meu primeiro dia de escola, minha avó instou-me a aprender tudo que pudessem me ensinar – mas também a não acreditar em tudo. Ela era muito consciente da "ciência racial" da Alemanha dos anos 1930 e das justificativas eugenistas e da supremacia masculina, tão populares em nosso país. Sua atitude vinha de seu conhecimento dos usos da ciência a serviço do poder e do privilégio e da desconfiança de uma trabalhadora a respeito de seus governantes. Seu conselho deu forma a meu posicionamento na vida acadêmica: conscientemente na, mas não da, universidade.

Cresci em um bairro progressista do Brooklyn, onde as escolas fechavam no Primeiro de Maio e onde conheci meu primeiro republicano, aos 12 anos. Problemas de ciência, política e cultura eram debatidos em grupos no calçadão de Brighton Beach, e temperavam nossas conversas na hora da refeição. O compromisso político era uma certeza: como atuar perante esse compromisso era tema de acalorados debates.

Na adolescência, quando comecei a me interessar por genética, era fascinado pelo trabalho do cientista soviético Lysenko. No fim das contas, ele estava totalmente equivocado, especialmente por tentar chegar a conclusões biológicas a partir de princípios filosóficos. Entretanto, sua crítica à genética de seu tempo me conduziu à obra de Waddington, Schmalhausen e outros que não só o rechaçariam, à moda da Guerra Fria, mas que tinham que responder a seu desafio desenvolvendo uma visão mais profunda da interação organismo-ambiente.

Minha esposa, Rosario Morales, me apresentou a Porto Rico em 1951 e os 11 anos que passei ali deram uma perspectiva latino-americana à minha compreensão de política. As várias vitórias da esquerda na América do Sul foram uma fonte de otimismo nestes tempos sombrios. A vigilância do FBI em Porto Rico me impediu o acesso a oportunidades de trabalho e acabei trabalhando como agricultor em uma fazenda nas montanhas do lado ocidental da ilha para ganhar a vida.

Quando era estudante da Cornell University School of Agriculture, me ensinaram que o principal problema da agricultura nos Estados Unidos era o descarte dos excedentes das fazendas. Mas, como agricultor em uma região pobre de Porto Rico, pude compreender o significado da agricultura para a vida das pessoas. Essa experiência me apresentou às realidades da pobreza, e sua relação com a deterioração na saúde, na expectativa de vida, na redução de oportunidades e como tudo isso frustra o desenvolvimento pessoal, além das formas específicas que o sexismo assume nas áreas rurais pobres. Eu conciliava a organização direta da força de trabalho em plantações de café com o estudo. Rosario e eu escrevemos o programa agrário do Partido Comunista de Porto Rico, no qual aliamos análises econômicas e sociais amadorísticas com os primeiros *insights* sobre os métodos de produção ecológica, diversificação, conservação e cooperativismo.

Eu fui a Cuba pela primeira vez em 1964, para ajudar no desenvolvimento da genética de sua população e observar a Revolução Cubana. Ao longo dos anos, me envolvi na contínua luta cubana pela agricultura ecológica e por uma via ecológica de desenvolvimento econômico que fosse justo, igualitário e sustentável. O pensamento progressista, tão forte na tradição socialista, esperava que os países em desenvolvimento deveriam acompanhar o nível dos países avançados exclusivamente pela modernização. Rechaçava os críticos à via da alta tecnologia da agricultura industrial, taxando-os de "idealistas", sentimentalistas urbanos nostálgicos de uma idade de ouro rural bucólica que nunca existiu. Mas havia outra visão, a de que cada sociedade cria suas próprias formas de se relacionar com o restante da natureza, com seu padrão particular de uso da terra, com sua tecnologia adequada e seus próprios critérios de eficiência. Essa discussão se tornou mais acirrada em Cuba nos anos 1970 e, nos anos 1980, o modelo ecológico era a norma, embora sua implementação ainda fosse levar tempo. O Período Especial, o momento de crise econômica após o colapso da União Soviética, quando materiais de alta tecnologia se tornaram indisponíveis, fez com que os ecologistas por convicção recrutassem os ambientalistas por necessidade. Isso só foi possível porque os ecologistas por convicção haviam preparado o caminho.

Meu primeiro contato com o materialismo histórico se deu nos primeiros anos da adolescência, por meio dos trabalhos dos cientistas marxistas britânicos J. B. S. Haldane, J. D. Bernal, Joseph Needham e outros, e, posteriormente Marx e Engels. Aquilo me fascinou tanto intelectual quanto esteticamente. Uma visão dialética da natureza e da sociedade tem sido um tema importante da minha pesquisa desde então. Encantei-me com a ênfase dialética na totalidade, a conexão e o contexto, a mudança, a historicidade, a contradição, a irregularidade, a assimetria, e na multiplicidade de níveis dos fenômenos, um animador contrapeso ao reducionismo dominante na época e agora.

Um exemplo: quando Rosario me sugeriu que fizesse uma observação da mosca drosófila na natureza – e não somente em frascos de laboratório –, comecei a trabalhar com a drosófila no bairro onde morávamos em Porto Rico. Minha pergunta era a seguinte: como as espécies de drosófila suportam os gradientes temporais e espaciais em seu meio? Comecei a examinar as muitas maneiras em que diferentes espécies de drosófila reagiam a desafios ambientais semelhantes. Em um único dia, podia reunir Drosophila nos desertos de Guánica e na floresta tropical de nossa fazenda, no alto da serra. Algumas espécies se adaptam fisiologicamente a altas temperaturas em dois ou três dias, com relativamente poucas diferenças genéticas na tolerância ao calor ao longo de um gradiente de três mil pés. Outras tinham subpopulações genéticas únicas para cada hábitat diferente. Outras se adaptavam e habitavam só uma parte dos ambientes. Uma das espécies do deserto tinha tanta tolerância ao calor quanto qualquer drosófila da floresta tropical, mas era muito melhor em buscar microlugares frescos e úmidos e esconder-se neles depois das oito da manhã. Essas descobertas levaram-me a descrever os conceitos da seleção por cogradiente, na qual o impacto direto do ambiente aumenta as diferenças genéticas entre as populações, e da seleção por contragradiente, em que as diferenças genéticas compensam o impacto direto do ambiente. Uma vez que em meu transecto a alta temperatura estava ligada a condições secas, a seleção natural atuava aumentando o tamanho das moscas em Guánica, enquanto o efeito da temperatura em seu desenvolvimento as deixava menores. A conclusão é que as moscas do deserto no nível do mar e as da floresta tropical tinham mais ou menos o mesmo tamanho em seus próprios *habitats*, mas as moscas de Guánica eram maiores quando cresciam à mesma temperatura que as do bosque tropical.

Neste trabalho, questionei o viés reducionista dominante na Biologia, ressaltando que os fenômenos ocorrem em diferentes níveis, cada um com suas próprias leis, mas conectados. Meu enfoque foi dialético: a interação nas adaptações nos níveis fisiológico, comportamental e genético. Minha preferência por processo, variabilidade e mudança foi o norte da minha tese.

O problema era como as espécies podem se adaptar ao ambiente quando o ambiente não é sempre o mesmo. Quando comecei a trabalhar na tese, fiquei intrigado com a fácil suposição de que, frente a demandas conflitantes – por exemplo, quando o ambiente favorece um tamanho pequeno em parte do tempo e um tamanho grande o resto do tempo –, um organismo teria que adotar um estado intermediário como uma forma de adaptação. No entanto, esta é uma aplicação acrítica, um lugar--comum liberal: a de que, quando há visões opostas, a verdade fica em algum lugar no meio do caminho. Em minha dissertação, o estudo dos padrões de adaptação foi uma tentativa de analisar quando uma posição intermediária é realmente a ideal e quando é a pior escolha possível. Em resumo, o que se observou é que, quando as alternativas não são muito diferentes, uma posição intermediária é seguramente a ideal, mas quando elas são muito diferentes em comparação com a amplitude de tolerância da espécie, então é preferível um extremo ou, em alguns casos, uma mistura de extremos.

O trabalho da seleção natural em populações genéticas supõe quase sempre um ambiente imutável, mas o que me interessava era sua mutabilidade. Propus que a "variação ambiental" deve ser uma resposta a muitas questões de ecologia evolutiva e que os organismos se adaptam não só a características ambientais específicas, tais como alta temperatura ou alcalinidade do solo, mas também ao padrão do ambiente: sua variabilidade, sua incerteza, suas discrepâncias, as correlações entre diferentes aspectos do ambiente. Além disso, esses padrões do meio não são simplesmente dados, exteriores ao organismo: os organismos selecionam, transformam e definem seus próprios ambientes.

Independentemente do objeto de pesquisa (ecologia evolutiva, agricultura ou, mais recentemente, saúde pública), meu principal interesse sempre foi o de compreender a dinâmica de sistemas complexos. Além disso, meu compromisso político exige que eu questione a relevância do meu trabalho. Em um poema Brecht diz: "Realmente vivemos em uma época terrível [...], quando falar de árvores é quase um crime, porque é uma maneira de calar a injustiça". Brecht, é claro, estava errado em relação às árvores: hoje em dia, quando se fala em árvores, não estamos ignorando a injustiça. Mas ele estava certo: quando a pesquisa acadêmica é indiferente ao sofrimento humano, é imoral.

A pobreza e a opressão custam anos de vida e saúde, diminuem os horizontes e eliminam os talentos potenciais antes que possam florescer. Tanto meu compromisso com as lutas dos pobres e oprimidos, como meu interesse na variabilidade, fizeram e dirigiram minha atenção às vulnerabilidades sociais e fisiológicas das pessoas.

Tenho estudado a capacidade do corpo de se recuperar depois de sofrer desnutrição, contaminação, insegurança e cuidados insuficientes com a saúde. O estresse continuado prejudica os mecanismos estabilizadores nos corpos das populações oprimidas, tornando-as mais vulneráveis mesmo a pequenas diferenças em seus ambientes. Isso se mostra na maior variabilidade da pressão arterial, no índice de massa corporal e na expectativa de vida, em comparação com resultados mais uniformes em populações privilegiadas.

Ao examinar os efeitos da pobreza, não basta analisar a predominância de doenças específicas em diferentes populações. Enquanto certos patógenos ou contaminantes possam precipitar o aparecimento de determinadas doenças, as condições sociais criam uma vulnerabilidade mais difusa, que corresponde a doenças sem relação clínica. Por exemplo, a desnutrição, infecção ou contaminação podem vencer as barreiras de proteção do intestino. Uma vez rompidas por quaisquer dessas razões, tornam-se um *locus* de invasão de contaminantes, micróbios ou alergênicos. Portanto, os problemas de nutrição, as doenças infecciosas, o estresse e substâncias tóxicas causam uma grande variedade de doenças aparentemente sem relação.

A noção dominante desde os anos 1970 era que as doenças infecciosas desapareceriam com o desenvolvimento econômico. Na década de 1990, contribuí para a criação, em Harvard, do Grupo para Doenças Novas e Reincidentes, que rechaçava essa ideia. Nosso argumento foi em parte ecológico: a rápida adaptação de vetores a *habitats* mutáveis – desmatamento, projetos de irrigação e deslocamento de populações pela guerra e pela fome. Também nos concentramos na igualmente rápida adaptação dos patógenos a pesticidas e antibióticos. Mas também criticávamos o isolamento físico, institucional e intelectual da pesquisa médica em relação à patologia da flora e aos estudos veterinários, que poderiam ter mostrado mais rapidamente o padrão amplo de recrudescimento não só da malária, cólera e Aids, mas também da febre suína africana, da leucemia felina, da doença da "tristeza dos citros" e do vírus do mosaico do fumo. Pode-se esperar por mudanças epidemiológicas com o crescimento das disparidades econômicas e com as mudanças no uso da terra, o desenvolvimento econômico, o assentamento humano e a demografia. A fé na eficácia dos antibióticos, vacinas e pesticidas contra os patógenos das plantas, dos animais e humanos é ingênua à luz da evolução adaptativa. As esperanças desenvolvimentistas de que o crescimento econômico levará o resto do mundo à abundância e à eliminação das doenças infecciosas estão sendo desmentidas pelos fatos.

O ressurgimento das doenças infecciosas é apenas uma das muitas manifestações de uma crise mais geral: a síndrome da angústia ecossocial. Uma crise em vários níveis, e onipresente nas relações disfuncionais dentro de nossa espécie e entre ela e a natureza. Ela integra uma rede de padrões de ação e reação das doenças, as relações de produção e reprodução, a demografia, nosso esgotamento e destruição obstinada e sem sentido de fontes naturais, a mudança no uso da terra e no assentamento e as mudanças climáticas globais. É mais profunda do que as anteriores, que penetra mais profundamente na atmosfera, mais profundamente na terra, mais extensamente no espaço, mais duradoura e em mais dimensões de nossas vidas. É, a um tempo, uma crise geral da espécie humana e uma crise específica do capitalismo mundial. Portanto, constitui a preocupação fundamental tanto da minha ciência como da minha ação política.

A complexidade dessa síndrome mundial pode ser paralisante. Ainda assim, esquivar-se da complexidade deixando o sistema de lado para tratar os problemas individualmente pode ser desastroso. Os grandes fracassos da tecnologia científica decorrem de uma visão reducionista dos problemas. Os cientistas da agricultura que propuseram uma Revolução Verde sem levar em conta a evolução das pragas e a ecologia dos insetos, seguem esperando que os pesticidas controlarem as pragas, se surpreendem com a aspersão ter aumentado o problema das pragas. De forma semelhante, os antibióticos criam novos patógenos, o desenvolvimento econômico cria a fome e o controle de inundações gera inundações. Todos os problemas têm de ser resolvidos em sua rica complexidade; o estudo da complexidade torna-se um problema teórico e prático que demanda urgência.

Esses são os interesses que moldam meu trabalho político: dentro da esquerda, minha tarefa tem sido questionar que nossas relações com o restante da natureza não podem se desvincular de uma luta global pela libertação humana; e, no movimento ambientalista, minha tarefa tem sido questionar e desafiar o idealismo da "harmonia natural" do ambientalismo do primeiro período e insistir na identificação das relações sociais que conduzem à disfuncionalidade atual. Ao mesmo tempo, minha política determinou minha ética científica. Creio que estão equivocadas todas as teorias que promovam, justifiquem ou tolerem a injustiça.

Uma crítica pela esquerda da estrutura da vida intelectual é um contraponto à cultura das universidades e fundações. O movimento antiguerra dos anos 1960 e 1970 levantou questões como a natureza da universidade como um órgão de dominação de classe e fez da própria comunidade intelectual tanto um objeto de interesse teórico quanto prático. Eu mesmo me uni à Science for the People, uma organização que começou em 1967 com uma greve de pesquisadores no MIT em protesto à pesquisa militar no campus. Como membro, ajudei desafiar a Revolução Verde e o determinismo genético. A militância antiguerra também me levou ao Vietnã para investigar os crimes de guerra (especialmente o uso de desfolhantes) e, a partir disso, a organizar o *Science for Vietnam*. Denunciamos o uso do Agente Laranja (desfolhante usado nas selvas do Vietnã), que estava causando defeitos congênitos em camponeses vietnamitas. O Agente Laranja foi um dos mais cruéis usos de herbicidas químicos.

O movimento de independência de Porto Rico criou em mim uma consciência anti-imperialista que me serve bem em uma universidade que promove a "reforma estrutural" e outros eufemismos do império. O contundente feminismo de classe de minha esposa é uma fonte constante de crítica do elitismo e sexismo onipresentes. O trabalho frequente com Cuba me mostra em cores vivas que há uma alternativa a uma sociedade competitiva, individualista e exploradora.

VIVENDO A 11ª TESE

467

As organizações comunitárias, especialmente em comunidades marginalizadas, e o movimento de saúde das mulheres levantam questões que o mundo acadêmico prefere ignorar: as mães de *Woburn* percebendo que muitos de seus filhos, todos do mesmo bairro, desenvolviam leucemia; as centenas de grupos de justiça ambiental que perceberam que o despejo de produtos tóxicos se concentravam em bairros negros e latinos; o projeto Women's Community Cancer e outros que insistiam sobre as causas ambientais do câncer e outras doenças, enquanto os laboratórios universitários estão à procura de "genes culpados". Suas iniciativas ajudaram-me a manter uma agenda alternativa para a teoria e a ação.

Dentro da universidade, tenho uma relação contraditória com a instituição e com os colegas, uma combinação de cooperação e conflito. Podemos compartilhar uma preocupação pelas diferenças na saúde e na persistente pobreza, mas divergimos quanto ao financiamento privado da pesquisa sobre moléculas patenteáveis e agências governamentais, como a Agência para o Desenvolvimento Internacional (AID, na sigla em inglês), que promovem os objetivos do império.[3]

Eu nunca aspirei ao que se convencionou chamar de uma "carreira de sucesso" na academia. Eu não busco meu reconhecimento como pessoa com o sistema formal de reconhecimento e premiação da comunidade científica e tento não compartilhar do que minha comunidade profissional assume como verdade. Isso me proporciona uma grande liberdade de escolha. Assim, quando me recusei a participar da National Academy of Science [Academia Nacional de Ciência] e recebi muitas cartas de apoio elogiando minha coragem ou considerando-a uma decisão difícil, eu pude dizer francamente que não foi uma decisão difícil, mas apenas uma escolha política tomada coletivamente pelo grupo Science for the People [Ciência para o povo], em Chicago. Julgamos que era mais útil posicionar-se publicamente contra a colaboração da Academia na Guerra

---

[3] A AID lança programas para saúde e desenvolvimento em países estrategicamente escolhidos do Terceiro Mundo. Seus programas, de maneira isolada, algumas vezes são úteis, e seus participantes, motivados por preocupações humanitárias. Mas a agência é também uma organização terrorista, ajudando grupos contrarrevolucionários na Venezuela, Haiti e Cuba. Também apoiou a Law Enforcement Assistance Program (Programa de Assistência à Aplicação da Lei, Leap na sigla em inglês), que agia junto às polícias uruguaia e brasileira.

do Vietnã-EUA do que unir-se à Academia e tentar influenciar suas ações a partir de dentro. Dick Lewontin já havia tentado sem sucesso e renunciado, juntamente com Bruce Wallace.

A maior parte da minha pesquisa coloca seus objetivos em dois níveis: o problema particular do momento e alguma questão teórica ou controversa fundamental. O estudo da adaptação à temperatura de moscas das frutas também foi um argumento para múltiplos níveis de causalidade. A Teoria do Nicho também foi uma incursão à interpenetração de opostos (organismo e ambiente). A biogeografia tratava dos múltiplos níveis da dinâmica ecológica e evolutiva. O manejo ecológico das pragas também foi uma demanda por estratégias holossistêmicas. O trabalho sobre doenças infecciosas novas e reincidentes aliava Biologia e Sociologia. Examinamos por que a comunidade de saúde pública ficou surpresa quando a doença infecciosa não desaparecia. Foi, portanto, um exercício de autocrítica da ciência.

Sempre gostei de usar a matemática e vê-la tornar óbvio o obscuro. Emprego com regularidade uma espécie de matemática de nível médio em formas não convencionais para alcançar uma compreensão, mais do que uma previsão. Grande parte do modelo atual tenta chegar a equações que produzam previsões precisas. Isto faz sentido na Engenharia. Na política, faz sentido para os assessores dos poderosos que imaginam ter o controle suficiente do mundo para otimizar ao máximo seus esforços e investimentos de recursos. Mas aqueles entre nós que estamos em oposição não temos ilusões. O melhor que podemos fazer é decidir onde pressionar o sistema. Para isso, uma matemática qualitativa é mais útil. Meu trabalho com dígrafos marcados ("análise de *loop*") é uma dessas abordagens. Ao rejeitar a oposição entre análise qualitativa e quantitativa, e a noção de que quantitativo é superior a qualitativo, trabalhei principalmente com as ferramentas matemáticas que apoiam a conceitualização de fenômenos complexos.

O ativismo político, é claro, atrai a atenção das agências de repressão. A esse respeito, eu tive sorte, já que experimentei apenas uma repressão relativamente leve. Outros não tiveram tanta sorte: carreiras perdidas, anos de prisão, ataques violentos, assédio contínuo até mesmo contra suas famílias, deportações. Alguns, em sua maioria de movimentos de

VIVENDO A 11ª TESE

libertação porto-riquenhos, afro-americanos e nativos americanos, assim como os cinco antiterroristas cubanos presos na Flórida, ainda são presos políticos.

A exploração mata e fere as pessoas. O racismo e o sexismo destroem a saúde e frustram as vidas. Estudar a ganância, brutalidade e petulância do capitalismo tardio é doloroso e enfurece. Às vezes tenho que recitar a *Ballad of Evil Genius*, de Jonathan Swift:

> Como o barqueiro do Tâmisa,
> Passo remando a insultar.
> Como o sábio de eterno riso
>
> Gasto minha raiva em escárnio...
> Ouçam-me bem:
> Eu os enforcaria, se pudesse.

A pesquisa e o ativismo me deram, em sua maior parte, uma vida agradável e gratificante, trabalhando no que entendo ser intelectualmente estimulante, socialmente útil e com as pessoas que eu amo.

REFERÊNCIAS

AFANASEV, Viktor G. *The Scientific Management of Society*. Moscow: Publishers, 1971.

ALLISON, M. "The Radioactive Elixir". *Harvard Magazine*, January-February 1992.

AMHART, Larry. "Feminism, Primatology, and Ethical Naturalism", vol. II, n. 2, 1992.

ANUARIO ESTADÍSTICO, Ministerio de Salud Publica de la República de Cuba, Candido López Pardo, Miguel Márquez e Francisco Rojas Ochoa, "Desarrollo Humano y Equidad em America Latina y el Caribe", XXV Internacional Congreso of the Latin American Studies Association, October 2004.

ASHBY, William Ross. *Design for a Brain*. New York: Wiley, 1960.

BECKSTROM, John H. "Evolutonary Jurisprudence: Prospects and Limitations on the Use of Modern Darwinism Throughout the Legal Process", vol. 9, n. 2, 1991.

BENEDIT, Josefina Toledo. *La Ciencia y la Técnica en José Martí*. Havana: Editorial Ciencia y Técnica, 1994.

BERNAL, J. D. *The Social Function of Science*. London: Routledge, 1939.

BERNARDI, Bernardo. "The Concept of Culture: A New Presentation". *In: The Concepts and Dynamics of Culture*. The Hague: Mouton: 1977.

BERTALANFFY, Ludwig Von. "An Outline of General Systems Theory", *British Journal for the Philosophy of Science 1*, n. 2, 1950.

BISHOP, Jerry E e WALDHOLZ, Michael. *Genome*: The Story of the Most Astonishing Scientific Adventure of Our Time – The Attempt to Map the Genes in the Human Body. New York: Simon and Schuster, 1990.

BORRÓLO, Carlos. Discussão. *In:* CASTRO DIAZ-BALART, Fidel. *Cuba. Amañecer del Tercer Milenio*. Madrid: Publishing Debate, 2002.

BOUMA, M. J.; SANDORP, H. E. and VAN DER KAAY, H. J. "Climate Change and Periodic Epidemic Malaria". *The Lancet 343*, 1994.

BOYD, Roben e RICHERSON, Peter. *Culture and the Evolutionary Process*. Chicago: University of Chicago Press, 1985a.

BOYD, Roben e RICHERSON, Peter. "How Microevolutionary Processes Give Rise to History". In: *Culture and the Evolutionary Process*. Chicago: University of Chicago Press, 1985b.

BRECHT, Bertolt. "To Posterity". *In:* GRIMM, Reinhold e MOLINA, Vedia Caroline (ed.). *Poetry and Prose.* New York: Continuum Press, 2003.

CAIRN, John Günther; STENT, S. e WATSON, James D. (eds.) *Phage and the Origins of Molecular Biology.* Cold Springs Harbor, N.Y.: Cold Spring Harbor Laboratory of Quantitative Biology, 1966.

CARRUTHERS, Peter. Interview on *Talk of the Nation*, National Public Radio, january 17, 1994.

CASTRO, Fidel. *Discurso no encerramento do Congresso de Pedagogia*, 2 de fevereiro de 2003.

CAVALLI-SFORZA, L. L. e FELDMAN, M. W. *Cultural Transmission and Evolution:* A Quantitative Approach. Princeton. N.J.: Princeton University Press, 1981.

CHOPRA, Deepak. *Quantum Healing.* New York: Bantam Books, 1989.

CITMA, National Environment Strategy, 1997.

CITMA, Programa Nacional de Medio Ambiente y Desarrollo, 1995.

CITMA. Ministerio de Ciencia, Tecnología y Medio Ambiente, Taller "Medio Ambiente y Desarrollo: Consulta Nacional Rio + 5". Havana: CITMA, 1997.

CLAUSEN, Jens; KECK, David D. e HIESEY, William W. "Environmental Responses of Climatic Races of Achittea". *Carnegie Institution of Washington Publication* 581, 1958.

COMMITTEE ON DNA TECHNOLOGY IN FORENSIC SCIENCE. *DNA Technology in Forensic Science.* Washington, DC: National Academy Press, 1992.

COMMITTEE ON MAPPING AND SEQUENCING THE HUMAN GENOME. *Mapping and Sequencing the Human Genome.* Washington, DC: National Academy Press, 1988.

COSMIDES, Leda and TOOBY, John. "The Psychological Foundations of Culture". *In: The Adapted Mind.* BARKOW, Jerome H.; COSMIDES, Leda e TOOBY, John. New York: Oxford University Press, 1992.

COSMIDES, Leda e TOOBY, John. "Beyond Intuition and Instinct Blindness: Toward and Evolutionary Rigorous Cognitive Science". *In:* MEHLER, Jacques e FRANCK, Susana (ed.). *Cognition on Cognition.* Cambridge: MIT Press, 1995.

COYULA, Mario e HAMBURG, Jill. "Understanding Slums: The Case of Havana, Cuba", *David Rockefeller Center for Latin American Studies 4*, 2004-5.

CROSBY, Alfred. *The Columbian Exchange.* Westport, Conn.: Greenwood Press, 1972.

CRUZ, Maria Caridad e MEDINA, Roberto Sanchez. *Agriculture in the City:* A Key to Sustainability in Havana, Cuba. Kingston, Jamaica: Ian Rändle Publishers, 2003.

DALY, Martin. "Some Caveats about Cultural Transmission Models". *Human Ecology 10*, 1982.

DAVIS, Joel. *Mapping the Code:* The Human Genome Project and the Choices of Modern Science. New York: Wiley, 1990.

DAWKINS, Richard. *The Selfish Gene.* New York: Oxford University Press, 1976.

DNA TECHNOLOGY IN FORENSIC SCIENCE. *Relatório do Committee on DNA Technology in Forensic Science.* Washington, DC: National Academy Press, 1992.

DURHAM, William. *Coevolution:* Genes, Culture and Human Diversity. Stanford, Calif.: Stanford University Press, 1991.

EDELMAN, Gerald M. *Neural Darwinism: The Theory of Neuronal Group Selection.* New York: Basic Books, 1989.

ELLIS, Lee. "A Biosocial Theory of Social Stratification Derived from the Concepts of Pro/ Antisociality and r/K Selection", vol. 10, n. 1, 1991.

EPSTEIN, Paul. "Commentary: Pestilence and Poverty – Historical Transitions and the Great Pandemics". *American Journal of Preventive Medicine 8*, n. 4, 1992.

FABER, Daniel. *Environment Under Fire.* New York: Monthly Review Press, 1993.

FRYE V. UNITED STATES, 293 F. 2nd DC Circuit 1013, 104, 1923.

FUNES, Fernando; GARCIA, Luis; BOURQUE, Martin *et al. Sustainable Agriculture and Resistance: Transforming Food Production in Cuba.* Oakland: Food First Books, 2002.

FURET, François and OZOUF, Mona (eds.) *A Critical Dictionary of the French Revolution.* Cambridge, Mass.: Belknap Press, 1989.

GARCIA, José Luis. Discussão. *In:* CASTRO DIAZ-BALART, Fidel. *Cuba. Amañecer del Tercer Milenio.* Madrid: Publishing Debate, 2002.

GENOMICS II, Lehman Brothers, January 23, 1998.

GROVE, Edward A.; LADAS, G.; LEVINS, Richard e PUCCIA, C. "Oscillation and Stability in Models of a Perennial Grass". *Proceedings of Dynamic Systems and Applications 1.* 1994.

HARDING, Thomas; KAPLIN, David; SAHLINS, Marshall e SERVICE, Elman. *Evolution and Culture.* Ann Arbor: University of Michigan Press, 1960.

HASELTINE, William A. "Life by Design: Gene Mapping, Without Tax Money". *New York Times,* May 21, 1998.

HULIARD, Michael. "The Future of East Germany After the GDR: Interview with Peter Kruger". *Rethinking Marxism 6,* n. 1, 1993.

HULL, David. "The Naked Meme". *In:* PLOTKIN, H. C. (ed.) *Learning, Development and Culture:* Essays in Evolutionary Epistemology. Chichester, UK: Wiley, 1982.

ILLICH, Ivan. *Medical Nemesis.* New York: Bantam Books, 1976.

JAMES, Hubert M.; NICHOLS, Nathaniel B.; e PHILLIPS, Ralph S. (eds.) *The Theory of Servomechanisms.* New York: McGraw-Hill, 1947.

KAUFMAN, H. "The Natural History of Human Organizations". *Administration and Society 7,* 1975. GOLDSMITH, Timothy. *The Biological Roots of Human Nature:* Forging Links between Evolution and Behavior. New York: Oxford University Press, 1991.

KEVLES, Daniel J. e HOOD, Leroy (eds.) *The Code of Codes:* Scientific and Social Issues in the Human Genome Project. Cambridge, Mass.: Harvard University Press, 1993.

KEVLES, Daniel J. *In the Name of Eugenics:* Genetics and the Uses of Human Heredity. Berkeley: University of California Press, 1986.

KHALDUN, Ibn. The Muqaddimah. Princeton, N.J.: Princeton University Press, 1958.

KINGSOLVER, J. G. e MOFFAT, R. S. "Thermo Regulation and the Determinants of Heat Transference in Colias Butterflies". *Oecologia 53,* 1983.

KONNER, Melvin. *The Tanked Wing:* Biological Constraints on the Human Spirit. New York: Holt, Rinehart, and Winston, 1982.

KRIEGER, Nancy. "Epidemiology and the Web of Causation: Has Anyone Seen the Spider?" *Social Science of Medicine 30,* n. 7, 1994, p. 887-903.

LAGE, Agustín. Discussão. *In:* CASTRO DIAZ-BALART, Fidel. *Cuba. Amañecer del Tercer Milenio* Madrid: Publishing Debate, 2002.

LEVENE, H.; PAVLOVSKY, O. e DOBZHANSKY, T. "Interaction of the Adaptive Values in Polymorphic Experimental Population of Drosophila pseudoobscura". *Evolution 8,* 1954.

LEVINS, Richard. "Strategies of Abstraction", *Biology and Philosophy 21,* 2006.

LEVINS, Richard e LEWONTIN, Richard. *The Dialectical Biologist.* Cambridge, Mass.: Harvard University Press, 1985.

LEVINS, Richard e VANDERMEER, John H. "The Agroecosystem Embedded in a Complex Community". *In:* CARROLL, C. Roland; VANDERMEER, John H. e ROSSET, Peter. *Agroecology.* New York: Wiley, 1990.

LEVINS, Richard. "The Strategy of Model Building in Population Science". *American Scientist 54,* 1966, p. 421-431.

LEWONTIN, Richard. "It Ain't Necessarily So: The Dream of the Human Genome and Other Illusions". New York: New York Review Books, 2000.

LEWONTIN, Richard e LEVINS, Richard. "On the Characterization of Density and Resource Availability", *American Naturalist 134*, n. 4, 1989.

LEWONTIN, Richard e LEVINS, Richard. *The Dialectical Biologist.* Cambridge, Mass.: Harvard University Press, 1985.

LI, Tien-Yien e YORKE, James A. "Period Three Implies Chaos", *American Mathematical Monthly 82*, n. 10, 1975.

LORENZ, N. Edward. "Deterministic Nonperiodic Flows". *Journal of Atmospheric Science 20*, 1963.

LUMSDEN, C. S. e WILSON, E. O. *Genes, Mind and Culture.* Cambridge, Mass.: Harvard University Press, 1983.

LUMSDEN, Charles e WILSON, E. O. *Genes, Mind and Culture:* The Revolutionary Process. Cambridge, Mass.: Harvard University Press, 1981.

MAY, Robert. "Simple Mathematical Models with Very Complicated Dynamics", *Mature 261*, 1976.

MEADOWS, Donella H.; MEADOWS, Dennis L. e RANDERS, Jörgen. *Beyond the Limits.* Post Mills, Vt.: Chelsea Green, 1992.

MERCHANT, Caroline. *The Death of Nature.* San Francisco: Harper & Row, 1983.

NATIONAL RESEARCH COUNCIL. *The Evaluation of Forensic DNA Evidence.* Washington, DC: National Academy Press, 1996.

NELKIN, Dorothy e TANCREDI, Laurence. *Dangerous Diagnostics:* The Social Power of Biological Information. New York: Basic Books, 1989.

NITECKI, Matthew e NITECKI, Doris (ed.) *History and Evolution.* Albany: State University of New York Press, 1992.

NORTH, C. C. e HALT, P. K. "Jobs and Occupations: A Popular Evaluation". *In:* WILSON, Logan; BARBER, Bernard; KOLB, William Lester (ed.) *Sociological Analysis.* New York: Harcourt Brace, 1949.

O'NEILL, Robert V.; DEANGELIS, D. L.; WAIDE, J. B. e ALIEN, T. H. E. *Hierarchical Concepts of Ecosystems.* Princeton, N. J.: Princeton University Press, 1986.

OILMAN, Bertell. *Dance of the Dialectics:* Steps in Marx's Method. Chicago: University Of Illinois Press, 2003.

OILMAN, Bertell. *Dialectical Investigations.* New York: Routledge, 1993.

PETER, Laurence J. *Peter's Quotations:* Ideas for Our Time. New York: Morrow, 1977.

PUCCIA, C. and LEVINS, Richard. *Qualitative Analysis of Complex Systems.* Cambridge, Mass.: Harvard University Press, 1985.

PUENTES, Silvia Martinez. *Cuba Mas Allá de los Sueños.* Havana: Editorial Jose Marti, 2003.

RALOFF, Janet. "Something's Fishy". *Science News 146*, 1994.

REY, Gina. "Cuba, Integral Development, and the Environment", apresentação na Dalhousie University, 1989.

RICHERSON, Peter J. e BOYD. Robert. "A Darwinian Theory for the Evolution of Symbolic Cultural Traits". *In:* FREILICH, Morris (ed.) *The Relevance of Culture.* New York: Bergin & Garvey Publishers, 1989.

RINDOS, David. "The Evolution of the Capacity for Culture: Sociobiology, Structuralism, and Cultural Selectionism", *Cultural Anthropology 27* [1986].

ROBERTS, Lesley. "Fight Erupts over DNA Fingerprinting", *Science.* December 20, 1991.

ROE, Shirley. *Matter, Life and Generation: Eighteenth-Century Embryology and the Hatter-Wolff Debate.* Cambridge: Cambridge University Press, 1981.

ROJAS OCHOA, Francisco e Lopez Pardo, Candido. "Desarrollo Humano y Salud en America Latina y El Caribe", *Revista Cubana de Salud Publica 29*, n. 1, 2003.

REFERÊNCIAS

ROSENBERG, Alexander. *Sociobiology and the Preemption of Social Science*. Baltimore: Johns Hopkins University Press, 1980.

SAHLINS, Marshall. "Evolution: Specific and General", in: *Evolution and Culture*, 20.

SCHUBERT, Harnes N. *et al.* "Observing Supreme Court Oral Argument: A Biosocial Approach", vol. 11, n. I, 1992.

SHELLY HARTIGAN, Richard. "A Review of The Biology of Moral Systems" (by Richard D. Alexander), *Politics and the Life Sciences 7*, n. 1, 1988.

SHIVA, Vandana. *The Violence of the Green Revolution*. London: Zed Books, 1991.

SINCLAIR, Minor and THOMPSON, Martha. *Cuba Going Against the Grain: Agricultural Crisis and Transformation*. Boston: Oxfam America, 2001.

SMITH, John Maynard. "Molecules Are Not Enough". *Review of The Dialectical Biologist*. London Review of Books 6, February 1986.

SNOW, C. P. *The Two Cultures and a Second Look*. Cambridge, UK: University Press, 1964.

SOBER, E. e LEWONTIN, Richard. "Artifact, Cause and Effect". *Philosophy of Science 49*, 1982.

SPENCER, Herbert. *The Principles of Biology* [1867]. New York and London: D. Appleton and Company, 1914.

SPIEGEL, Jerry M. e YASSI, Annalee. "Lessons from the Margins of Globalization: Appreciating the Cuban Health Paradox", *Journal of Public Health Policy 25*, n. 1, 2004.

STRONG, Donald R.; MCCOY, Earl D. e REY, Jorge R. "Time and the Number of Herbivore Species: The Pests of Sugar Cane". *Ecology 58*, n. 1, 1977.

STUART-FOX, Martin. "The Unit of Replication in Socio-Cultural Evolution". *Journal of Social and Biological Structures 9*, 1986.

SUZUKI, David and KNUDTSON, Peter. *Genethics: The Ethics of Engineering Life*. Cambridge: Harvard University Press, 1990.

THE SECOND BIENNIAL INTERNATIONAL. Seminar on the Philosophical, Epistemological and Methodological Implications of Complexity Theory and Parallel Workshop on Complex Biological Systems, Havana. January 7-10, 2004.

THERBON, Goran. *What Does the Ruling Class Do When It Rules?* London: New Left Books, 1978.

TILMAN, David and WEDIN, David. "Oscillations and Chaos in the Dynamics of a Perennial Grass", *Nature 353*, 1991.

TUCKER, Robert (ed.) *Marx-Engels Reader*. New York: Norton, 1978.

UNITED NATIONS DEVELOPMENT PROGRAM, "Report on Human Development, 2004", online at http://www.undp.org.

URIARTE, Miren. *Cuba Social Policy at the Crossroads:* Maintaining Priorities, Transforming Practice. Boston: Oxfam America, 2002.

VALDES-BRIRO, Jorge Aldoregia; HABIB, Pablo Resik e BÁSTER, Hector Rodríguez. "Organización y Administración de la Investigación", *Revista Cubana de Administracióm de Salud 11*, 1985.

VANDERMEER, J. "The Competitive Structure of Communities: An Experimental Approach Using Protozoa", *Ecology 50*, 1969.

WAITZKIN, H. "The Social Origins of Illness: A Neglected History". *International Journal of Health Services 1*, n. 2, 1981.

WHITE, Elliot "Self-Selection and Social Life: The Neuropolitics of Alienation –The Trapped and the Overwhelmed". vol. 7, n. 1, 1989.

WHITE, Leslie. "Preface". *In:* SAHLINS, Marshall and SERVICE, Elman (ed.) *Evolution and Culture*. Ann Arbor: University of Michigan Press, 1960.

WHITE, Leslie. "Social and Cultural Evolution, vol. 3. Tax, S. e Callender, C. (ed.) *Issues in Evolution*. Chicago: University of Chicago Press, 1960.

WIENER, Norbert. *Cybernetics:* Or, Control and Communication in the Animal and the Machine. Cambridge: MIT Press, 1961.

WILLS, Christopher. *Exons, Introns, and Talking Genes:* The Science Behind the Human Genome Project. New York: Basic Books, 1991.

WILSON, E. O. "Human Decency Is Animal", *The New York Times Magazine*, October 12, 1975.

WILSON, E. O. *Consilience*. New York: Knopf, 1998.

WILSON, E. O. *On Human Nature*. Cambridge, Mass.: Harvard University Press, 1978.

WILSON, M. E.; LEVINS, Richard e SPIELMAN, A. "Disease in Evolution: Global Changes and the Emergence of Infectious Diseases". *Annals of the New York Academy of Sciences*, 1994.

WILSON, E. O. Darwin; BARKOW, Jerome. *On Human Nature. Sex and Status:* Biological Approaches to Mind and Culture. Toronto: University of Toronto Press, 1989.

WINGERSON, Lois. *Mapping Our Genes:* The Genome Project and the Future of Medicine. New York: Dutton, 1990.

Este livro foi composto com tipografia Goudy e impresso em papel Bivory 65g e MetsaBoard Prime Fbb Bright 235g na gráfica Cromosete, para a Editora Expressão Popular, em setembro de 2022.